TensorFlow 深度学习

手把手教你掌握100个精彩案例

（Python版）

柯博文 编著

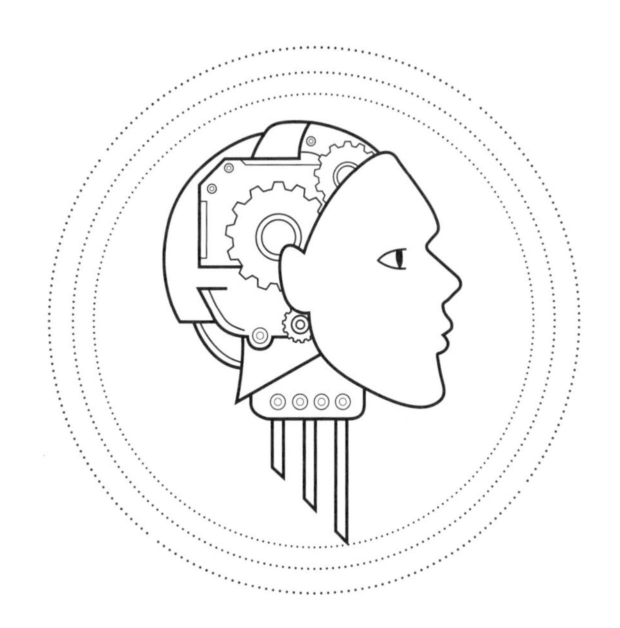

清華大學出版社
北京

内 容 简 介

本书是一本系统论述 TensorFlow 编程的新形态图书（含纸质图书、程序代码及微课视频）。全书分为22章：第1～5章介绍了 TensorFlow 基础；第6～8章介绍了神经网络多层感知层编程；第9～12章介绍了人工智能数学；第13章介绍了存储和读取；第14章介绍了回归预测数据结果；第15～17章介绍了图形辨识和 CNN；第18～20章介绍了 CNN 数学基础；第21～22章介绍了物体的影像辨识。

为便于读者高效学习，快速掌握人工智能和机器学习编程与实践，本书提供所有实例的完整源代码，并配套制作了微课视频。本书适合作为广大高校计算机专业相关课程的教材，也可以作为从事深度学习与机器学习技术开发者的参考用书。

图书在版编目(CIP)数据

TensorFlow 深度学习：手把手教你掌握100个精彩案例：Python 版/柯博文编著. —北京：清华大学出版社，2022.1(2022.9重印)

(人工智能科学与技术丛书)

ISBN 978-7-302-57809-3

Ⅰ. ①T…　Ⅱ. ①柯…　Ⅲ. ①人工智能－算法　Ⅳ. ①TP18

中国版本图书馆 CIP 数据核字(2021)第055380号

责任编辑：盛东亮　钟志芳
封面设计：李召霞
责任校对：李建庄
责任印制：朱雨萌

出版发行：清华大学出版社
网　　址：http://www.tup.com.cn，http://www.wqbook.com
地　　址：北京清华大学学研大厦A座　　**邮　　编**：100084
社 总 机：010-83470000　　**邮　　购**：010-62786544
投稿与读者服务：010-62776969，c-service@tup.tsinghua.edu.cn
质量反馈：010-62772015，zhiliang@tup.tsinghua.edu.cn
课件下载：http://www.tup.com.cn，010-83470236
印 装 者：三河市君旺印务有限公司
经　　销：全国新华书店
开　　本：186mm×240mm　　**印　　张**：24　　**字　　数**：539千字
版　　次：2022年1月第1版　　**印　　次**：2022年9月第2次印刷
印　　数：2001～3200
定　　价：89.00元

产品编号：082641-01

前言

PREFACE

全世界都在感叹人工智能时代的到来，人工智能时代的到来带给了人们更多的就业机会，而生在这大好的时代，为何不给自己一个机会进入人工智能行业中？本书给没有任何人工智能开发经验的读者提供了一个全新的入口，通过 Python 语言对 TensorFlow 进行详细的讲解，并结合大量的实际案例，让读者能够成为在人工智能界驰骋的高手。

笔者有着多年在公司做顾问和专案主管的经验，现将在国内外各大企业教授机器学习、人工智能课程的内容汇集于本书。书中提供了大量实例，对人工智能开发爱好者有很大的帮助。本书以笔者在各大企业授课时使用的讲义为基础编写，经过业界顶尖工程师的多次验证，并且为了让读者阅读和学习更方便，书中文字、程序代码和微课视频都进行反复编写和录制，只为让有心进入人工智能行业的读者能够有更好的学习效果。

最重要的是要感谢购买此书的读者，让笔者更有动力，继续写作。

本书主要由柯博文编写。此外，陈素真做了部分内容的编写，并做了全书的审读工作。感谢清华大学出版社盛东亮老师和钟志芳老师的大力支持，他们认真细致的工作保证了本书的质量，逐字校对尽心尽力，用最专业的角度推荐写作的方式，就是为了把最好的内容呈现给读者，相信读者在阅读时，也可以感受到本书的专业与大家的用心。

因笔者在美国硅谷居住和工作了大半辈子，书中的遣词用字难免有不妥与疏漏之处，还请见谅。希望本书能成为读者工作与学习上的助手。如果在阅读时有任何问题，欢迎到笔者的个人网站一同讨论与交流。

祝大家在人工智能的学习过程中一帆风顺！

柯博文

2021 年 10 月于美国硅谷

目录
CONTENTS

第1章 Python 程序设计语言

CHAPTER 1

1.1 Python 程序设计语言历史

1989 年，为设计出一种供非专业程序员使用的计算机语言，阿姆斯特丹的 Guido van Rossum 在圣诞假期开发了 Python，并采取开放策略，使 Python 能够完美结合其他计算机程序设计语言，如 C、C++和 Java 等。

Python 可以在不同的操作系统（如 Windows、Mac 和 Linux 等）上运行。在 2019 年 10 月的 TIOBE 编程语言排行榜中，Python 位居第 3 名，仅次于 C 和 Java 语言。

Guido van Rossum 在 CWI（荷兰国家数学与计算机科学研究中心）的一个名为阿米巴虫（Amoeba）的分布式操作系统项目中工作，作为曾经使用 ABC（一种程序语言）的程序员，Guido van Rossum 在 2003 年 1 月接受 Bill Venners 采访时说："我记得我所有的经验和对 ABC 的一些失望，所以决定尝试设计一种简单的脚本语言，它将拥有一些比 ABC 更好的属性，但没有 ABC 程序语言的问题。"当 Guido van Rossum 设计 Python 程序设计语言，并创建一个简单的虚拟机、一个简单的程序解析器和一个简单的运算功能时，他创建了一个基本的语法，使用缩进语句来取代大括号，并开发了少量强大的数据类型——字典、列表、字符串和数字。

1.2 Python 程序设计语言简介

Python 是跨操作系统的直译式程序设计语言，程序运行时才将源代码编译成可执行代码。Python 程序设计语言之所以广受欢迎，是因为其程序全部是未编译的，只需用文本软件打开代码，即可看到原始程序，并了解它是如何运行的。如图 1-1 所示为 Python 的 Logo。

图 1-1　Python 的 Logo

1.3 Python 版本简介

Python 当前最新版本是 3.8(截至本书写作完成时),目前仍有很多 Python 开发者在使用旧的版本,这是开源软件中常见的状态,因为很多旧软件在开发时使用了当时的版本,未跟随 Python 版本的更新而更新,本书在开发时尽量考虑版本兼容问题,将使用 64 位的 Python 3.6.6 版或 3.6.7 版。为了与 TensorFlow 的 2.1.0 版本兼容,请尽量避免使用其他版本。如图 1-2 所示为 Python 的官方网页。

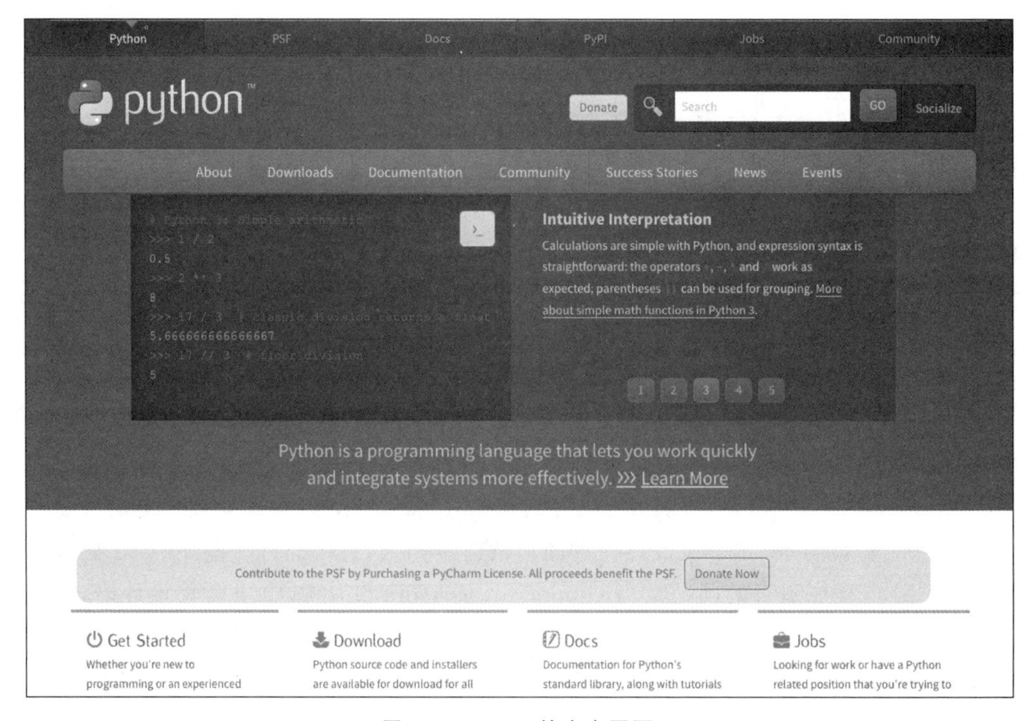

图 1-2 Python 的官方网页

微课视频:01Python-01-Start.mp4(读者可扫描下方二维码观看微课视频)。

第 2 章 CHAPTER 2 安装和运行 Python 开发环境

2.1 在 Windows 操作系统中安装 Python

本节将介绍如何在 Windows 操作系统中下载和安装 Python 开发环境。

(1) 进入 Python 官方网站。打开浏览器，输入 https://www.Python.org/Python 进入官方网站，并单击 Downloads 进入下载页面，如图 2-1 所示。

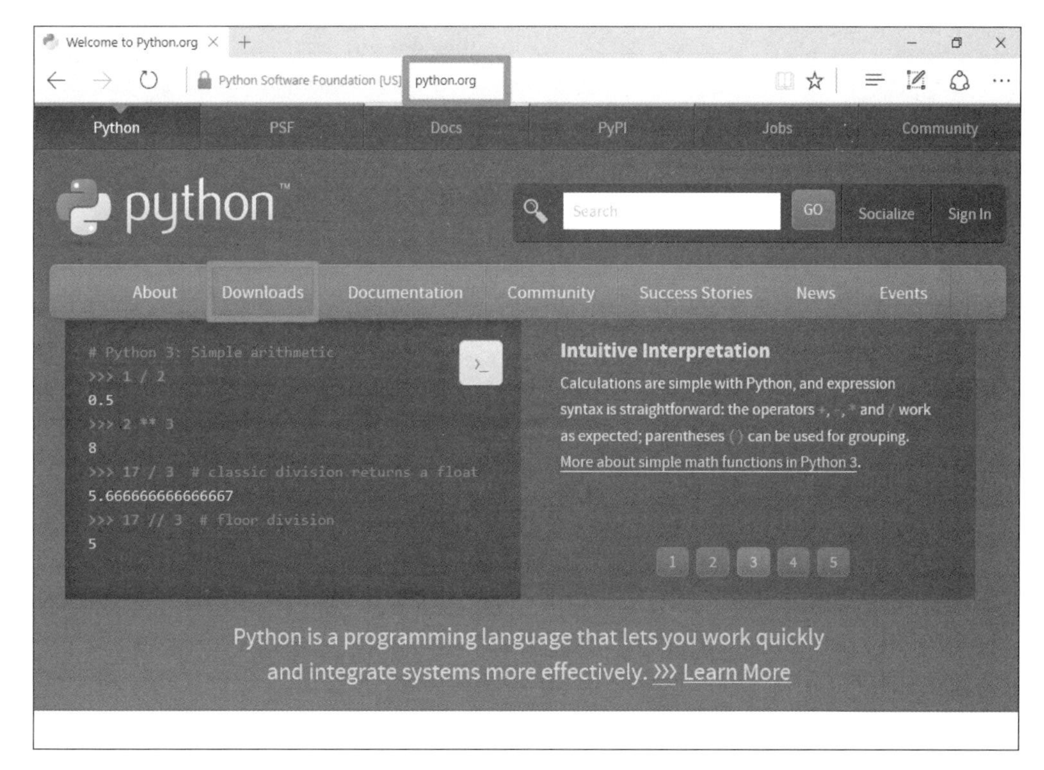

图 2-1 Python 官方网站

(2) 下载 Python 3.6.6 的 64 位版本。在下载页面中,单击 Download 下载 Python 版本列表中 Python 3.6.6 的 64 位版本(请下载 Windows x86-64 executable installer),如图 2-2 所示。经测试,本书所有实例也可在 Python 3.6.7~Python 3.6.10 上正常工作。

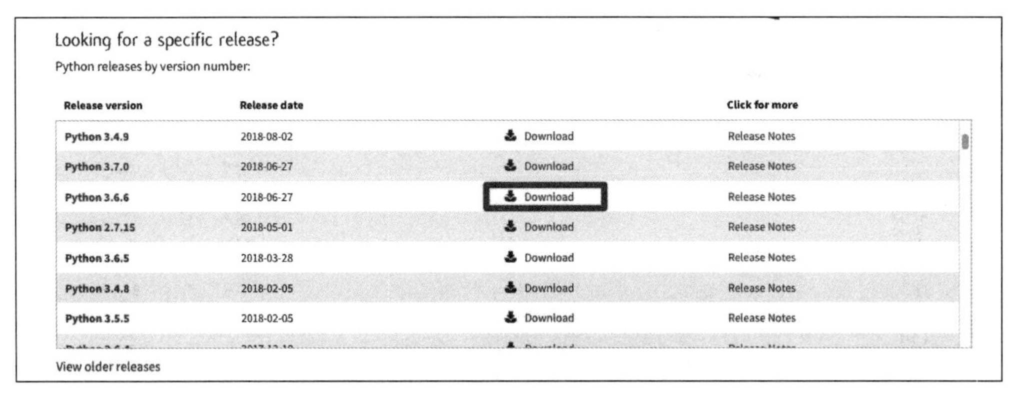

图 2-2 下载 Python 3.6.6 的 64 位版本

(3) 安装。下载完成后单击 Run 按钮即可安装,如图 2-3 所示。

图 2-3 安装

(4) 在安装设置页面上,需选中 Add Python 3.6 to PATH 复选框,如图 2-4 所示,单击 Install Now 链接进入下一步。

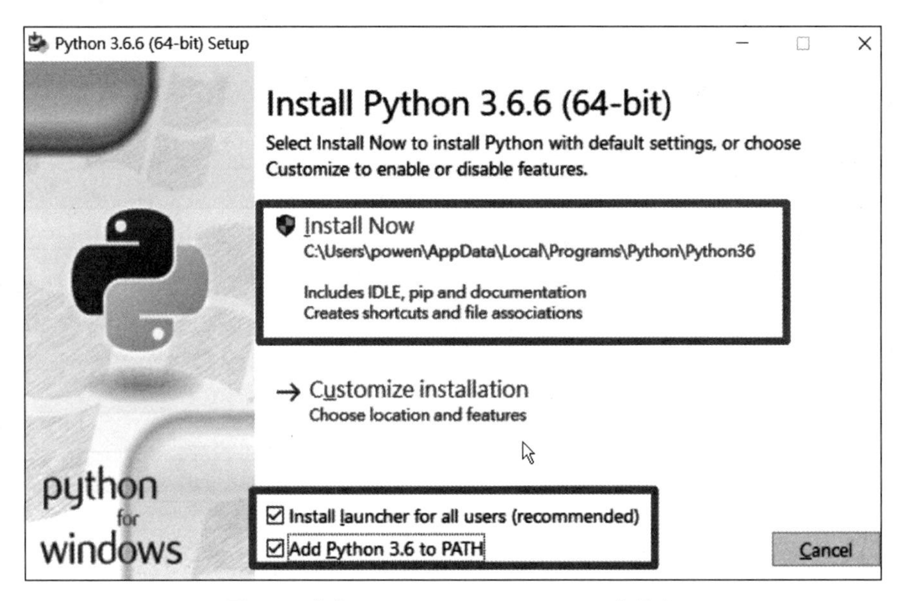

图 2-4 选中 Add Python 3.6 to PATH 复选框

(5) 出现如图 2-5 所示的页面后，Python 开发环境便安装成功了。

图 2-5　安装完成

微课视频：01-Python-windows-install. mp4。

2.2　在 Windows 操作系统中测试与运行 Python

在 Windows 操作系统中测试与运行 Python 的步骤如下。

(1) 通过 cmd 命令进入 Command Prompt(命令提示符)模式，如图 2-6 所示。

(2) 输入以下命令，进入开发模式：

```
python
```

结果如图 2-7 所示。

成功后将出现如图 2-8 所示的提示。请留意图中的 Python 版本编号，这里是 Python 3.6.6 的 64 位版本，如果显示为其他版本，表示当前计算机上已有其他版本的 Python。建议删除其他版本，因为函数库和程序会有部分不兼容。

(3) 如果要离开 Python 环境，输入以下命令：

```
exit()
```

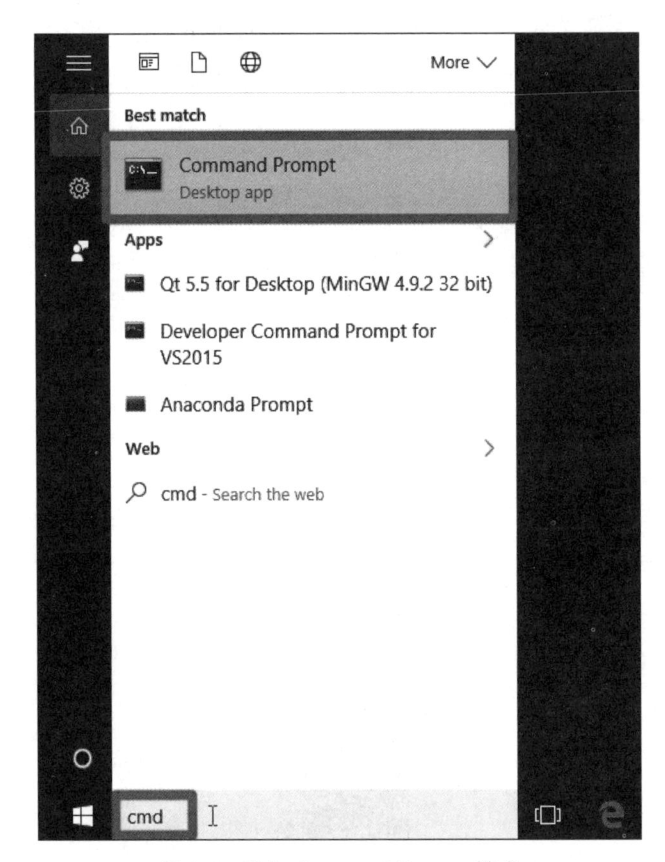

图 2-6 进入 Command Prompt 模式

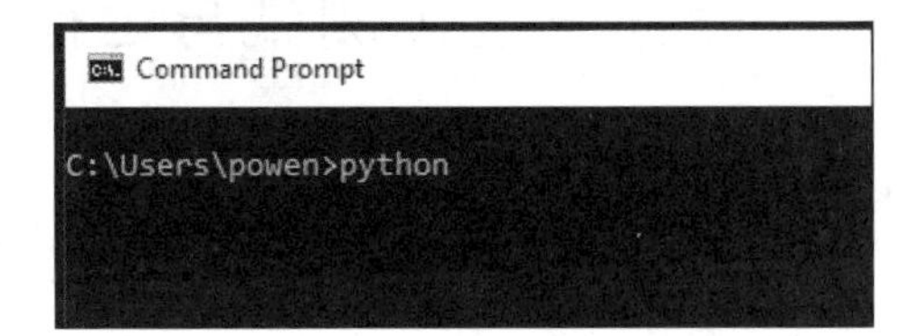

图 2-7 运行 Python 程序

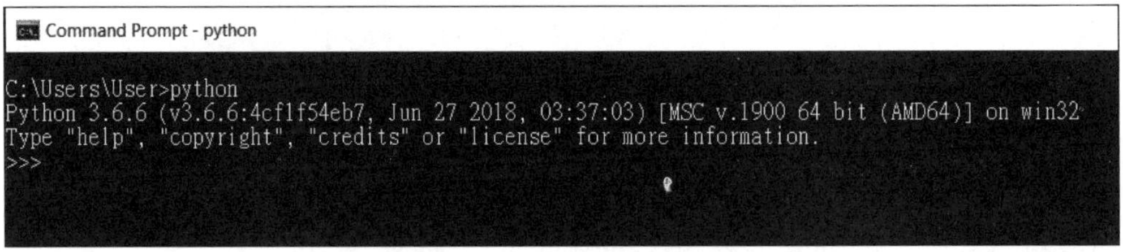

```
Command Prompt - python

C:\Users\User>python
Python 3.6.6 (v3.6.6:4cf1f54eb7, Jun 27 2018, 03:37:03) [MSC v.1900 64 bit (AMD64)] on win32
Type "help", "copyright", "credits" or "license" for more information.
>>>
```

图 2-8 进入 Python 开发环境

结果如图 2-9 所示。

```
Select Command Prompt
Microsoft Windows [Version 10.0.17763.253]
(c) 2018 Microsoft Corporation. All rights reserved.

C:\Users\User>python
Python 3.6.6 (v3.6.6:4cf1f54eb7, Jun 27 2018, 03:37:03) [MSC v.1900 64 bit (AMD64)] on win32
Type "help", "copyright", "credits" or "license" for more information.
>>> exit()

C:\Users\User>
```

图 2-9 离开 Python 开发环境

微课视频：02-Python-windows-testing. mp4。

如果未出现如图 2-8 所示的界面，应该是 Windows 路径问题导致系统找不到 Python，请通过以下方式安装：

（1）找到 Python. exe 的路径。

① 通过搜索功能查找 python. exe，如图 2-10 所示。

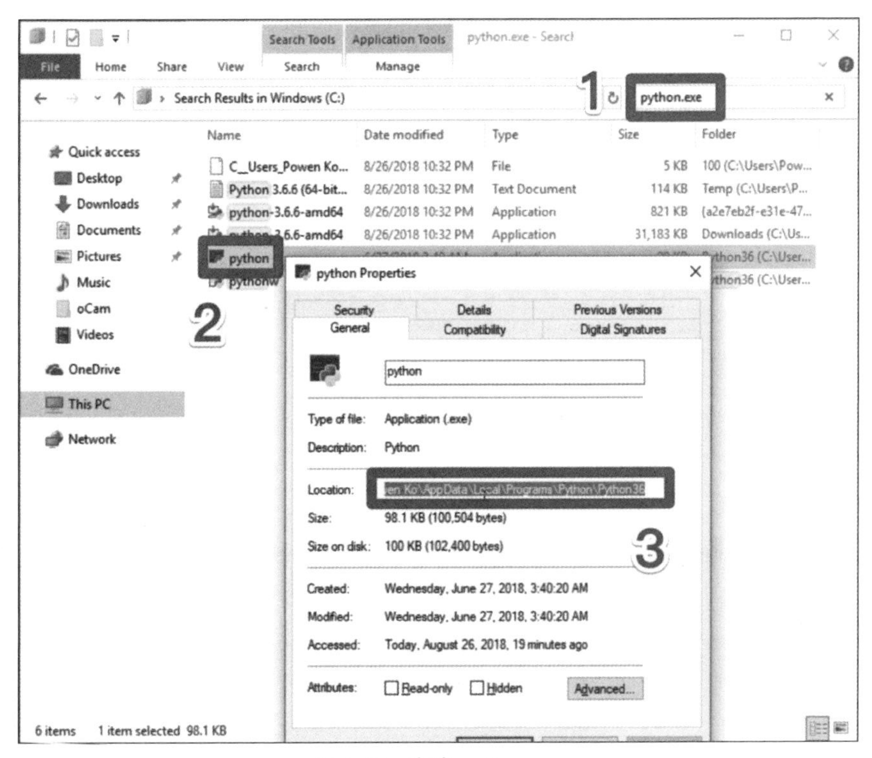

图 2-10 查找 python. exe

② 在找到的 python.exe 文件上右击，并在弹出的菜单中选择 Properties(属性)命令。

③ 在弹出的 Properties 对话框中复制 Location(位置)中的路径。

(2) 取得 Windows 的路径。

① 如图 2-11 所示，通过 File→Open 命令在 This PC 上右击选择 System Properties 命令。

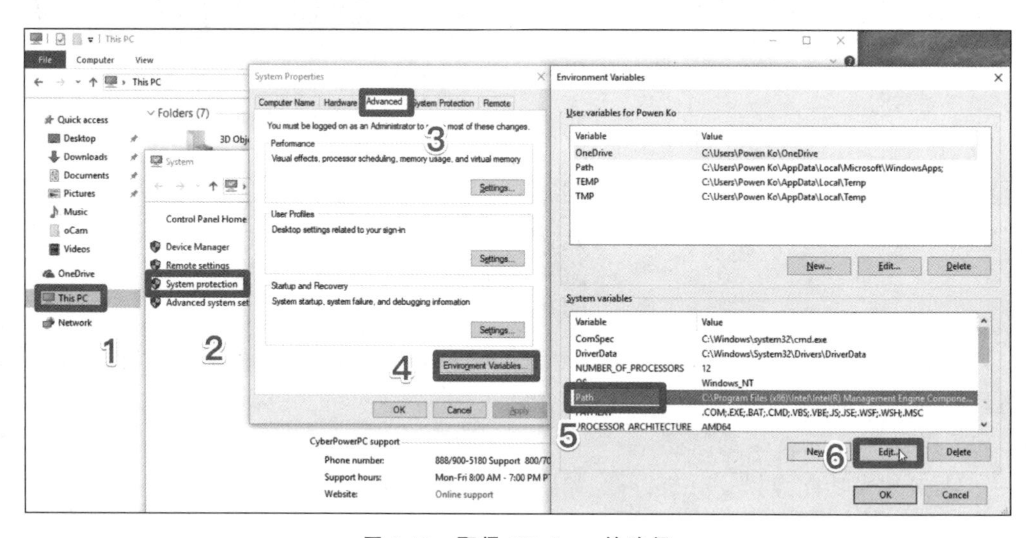

图 2-11 取得 Windows 的路径

② 单击 System protection 选项。

③ 选择 Advanced 选项卡。

④ 单击 Environment Variables 按钮。

⑤ 在 System variables(系统变量)文本框中，找到 Path 选项并选择。

⑥ 单击 Edit 按钮。

(3) 新增路径。

① 单击 New 按钮，如图 2-12 所示。

② 粘贴 python.exe 的路径。笔者计算机中的路径为 C:\User\Powen Ko\AppData\Local\Programs\Python\Python36。

③ 单击 OK 按钮。

(4) 将 pip.exe 的路径按同样方法添加到 Windows 路径中。

注意：Python 的运行文档有 Python 3.exe 和 Python.exe，这是因为早期要区分 Python.exe 与 Python 2.X 的版本以及 Python 3.exe 与 Python 3.X 的版本，但是在 Python 3.6.6 中，这两个文档完全相同，读者选择其一运行即可。建议卸载其他版本，以免出现版本冲突。

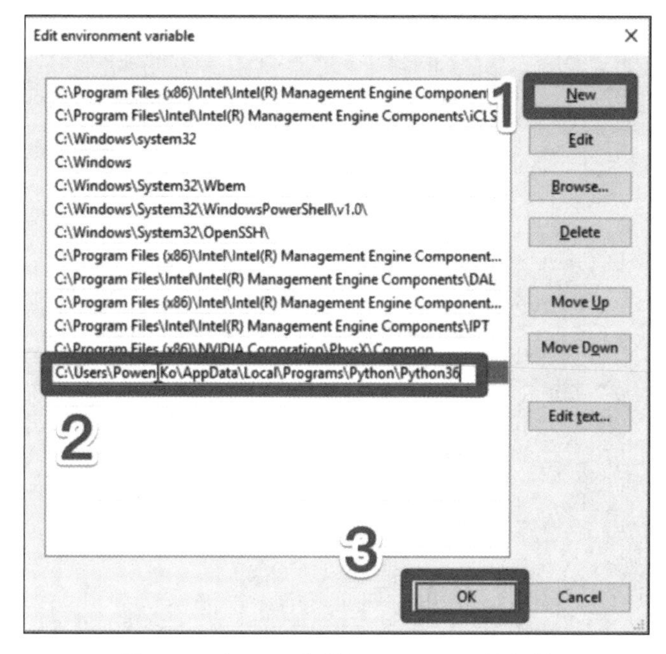

图 2-12　在 Path 中添加 python. exe 的路径

微课视频：03-SetupPath. mp4。

2.3　在 Mac 操作系统中安装 Python

在 Mac 操作系统中安装 Python 的步骤如下：

(1) 进入 Python 官方网站。首先打开浏览器，输入 https://www. Python. org/Python 进入官方网站，如图 2-13 所示，单击 Downloads 进入下载页面。

(2) 下载 Python 安装软件。下载页面如图 2-14 所示。网页将自动判断使用的操作系统并自动切换至 Mac 版本。选择下载 Python 3. 6. 6 的 64 位安装软件 macOS 64-bit installer。

(3) 安装。下载完成后单击 Python-3. 6. 6-macosx10. 9. pkg，即可开始安装，如图 2-15 所示。

(4) 在 Install Python 安装介绍页面上单击 Continue 按钮继续，如图 2-16 所示。

(5) 在 License 声明版权页面上单击 Continue 按钮继续，并在 Destination Select 页面中选择安装位置，单击 Install 按钮进行安装，如图 2-17 所示。

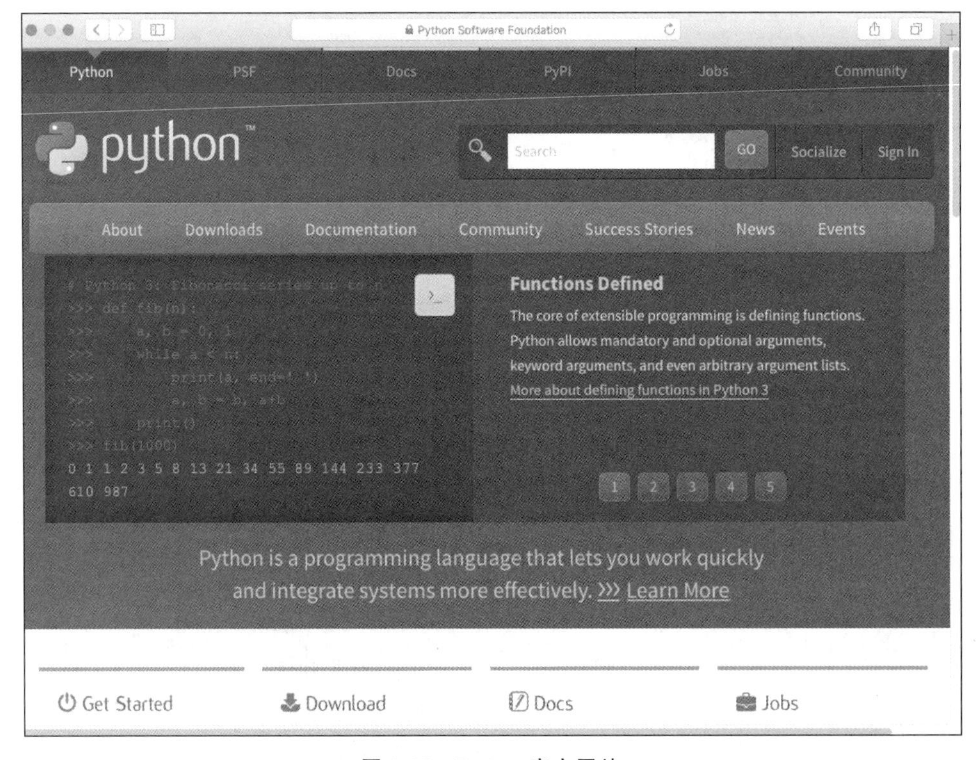

图 2-13　Python 官方网站

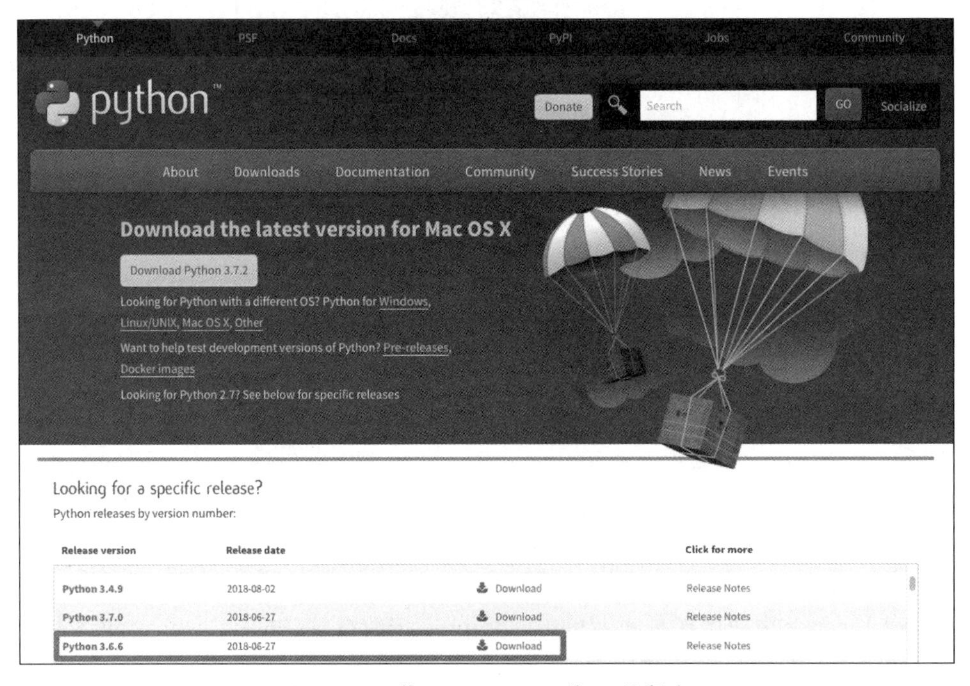

图 2-14　下载 Python 3.6.6 的 64 位版本

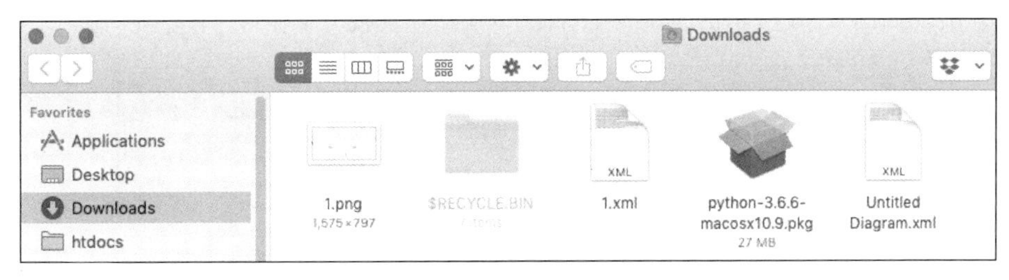

图 2-15　安装

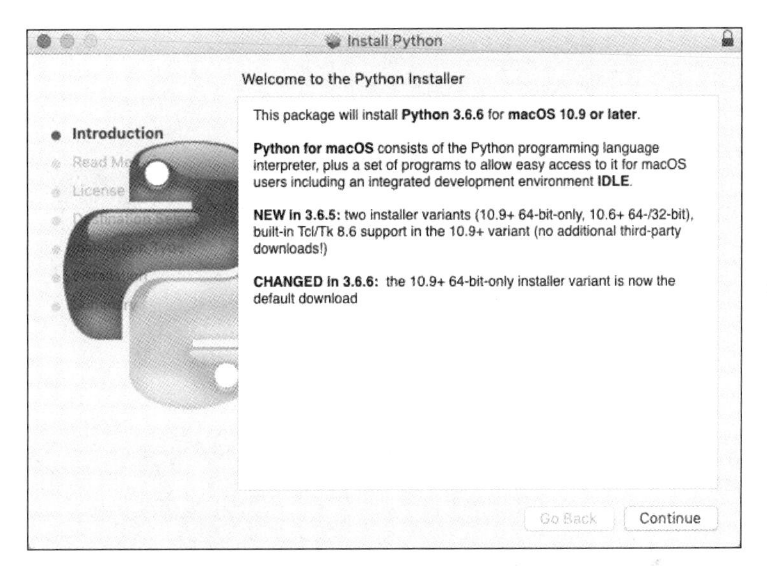

图 2-16　单击 Continue 按钮继续

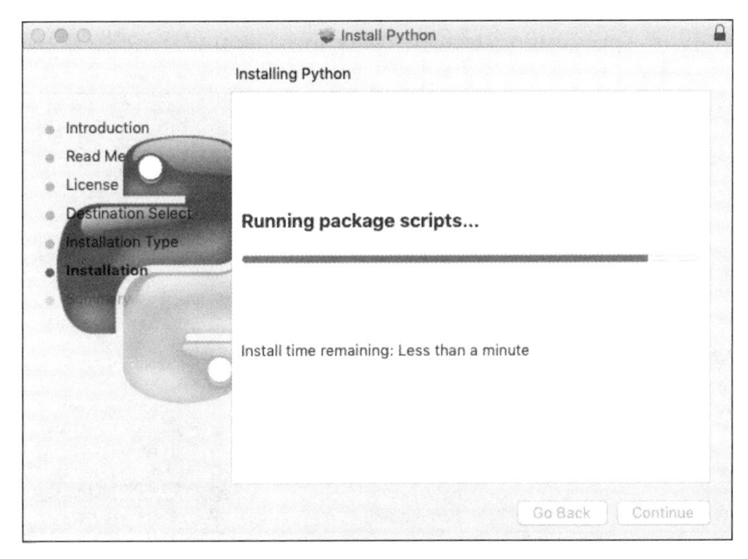

图 2-17　单击 Install 按钮进行安装

(6) 出现如图 2-18 所示的页面后,Python 开发环境便安装成功了。

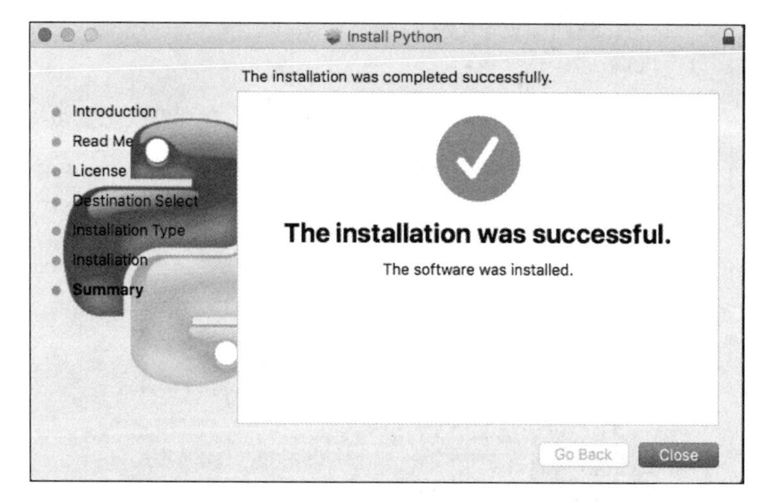

图 2-18 完装完成

微课视频:04-Python-Mac-install. mp4。

2.4 在 Mac 操作系统中测试与运行 Python

通过 Finder 打开 Applications\Utilities\Terminal. app 程序,如图 2-19 所示。

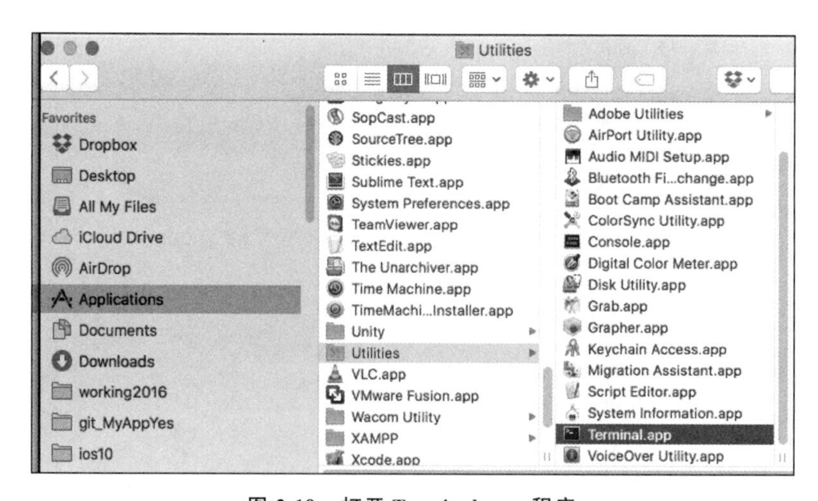

图 2-19 打开 Terminal. app 程序

输入以下命令进入 Python 开发模式：

```
Python 3
```

结果如图 2-20 所示。

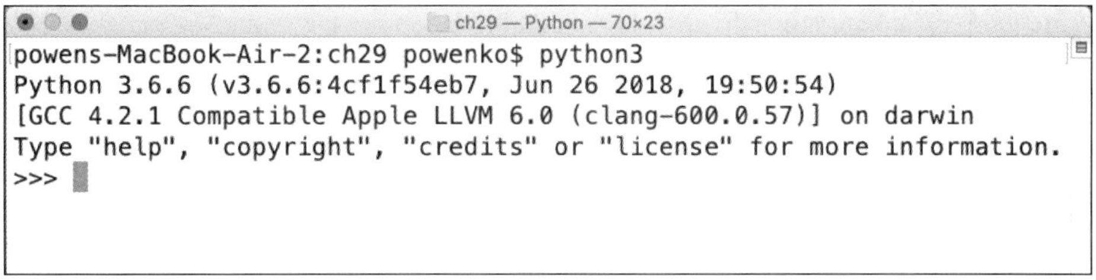

```
ch29 — Python — 70×23
powens-MacBook-Air-2:ch29 powenko$ python3
Python 3.6.6 (v3.6.6:4cf1f54eb7, Jun 26 2018, 19:50:54)
[GCC 4.2.1 Compatible Apple LLVM 6.0 (clang-600.0.57)] on darwin
Type "help", "copyright", "credits" or "license" for more information.
>>> 
```

图 2-20　进入 Python 开发模式

完成后的界面如图 2-21 所示。请留意图 2-21 中的 Python 版本编号是否为所下载的版本。若 Mac 系统上原本就有 Python 2 的版本，则可将其删除，或用 Python 3 的命令强制运行本书所推荐 Python 3.6.6 的 64 位版本。

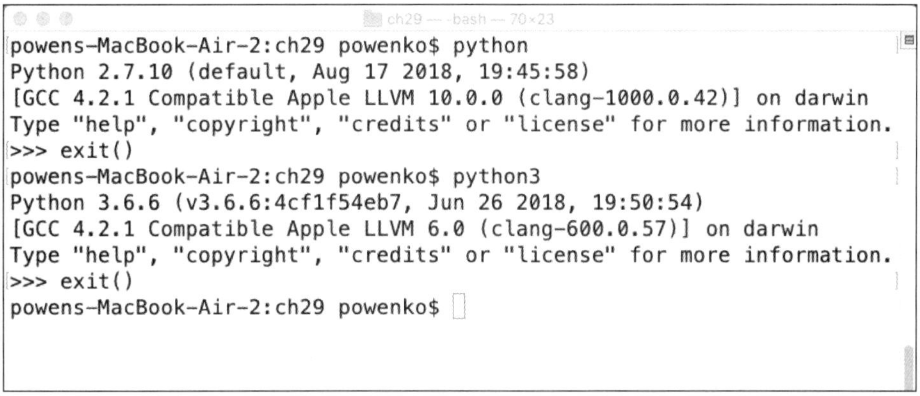

```
ch29 — -bash — 70×23
powens-MacBook-Air-2:ch29 powenko$ python
Python 2.7.10 (default, Aug 17 2018, 19:45:58)
[GCC 4.2.1 Compatible Apple LLVM 10.0.0 (clang-1000.0.42)] on darwin
Type "help", "copyright", "credits" or "license" for more information.
>>> exit()
powens-MacBook-Air-2:ch29 powenko$ python3
Python 3.6.6 (v3.6.6:4cf1f54eb7, Jun 26 2018, 19:50:54)
[GCC 4.2.1 Compatible Apple LLVM 6.0 (clang-600.0.57)] on darwin
Type "help", "copyright", "credits" or "license" for more information.
>>> exit()
powens-MacBook-Air-2:ch29 powenko$ 
```

图 2-21　进入 Python 开发环境

输入以下命令退出 Python 开发环境：

```
exit()
```

微课视频：05-Python-Mac-testing. mp4。

2.5 在 Linux 和树莓派中安装 Python

在 Linux 中也可运行 Python。这里以树莓派(Raspberry Pi)为例进行讲解，在 Debian 和 Ubuntu 版本中安装 Python 的方法与树莓派相同。

安装 Python 前需要更新系统的 apt-get 安装程序，可输入如下命令进行更新：

```
$ sudo apt - get update
$ sudo apt - get upgrade
```

在树莓派的新版本 Rasbian 操作系统上基本都有 Python，可通过以下命令测试是否能进入 Python 环境：

```
$ Python 3
```

可运行以下命令确认所使用的 Raspberry 机器是否已安装 Python 3.6.6：

```
$ sudo apt - get install Python 3.6
```

如已安装，再次安装不会影响系统，所以推荐直接安装，以便顺利运行 TensorFlow 中推荐使用的 Python 3.6.6 的 64 位版本和本书的实例。安装命令如图 2-22 所示。

```
pi@raspberrypi ~ $ sudo apt-get install python3.6
Reading package lists... Done
Building dependency tree
Reading state information... Done
python3.6 is already the newest version.
0 upgraded, 0 newly installed, 0 to remove and 16 not upgraded.
```

图 2-22 安装 Python

2.6 在 Linux 或树莓派中测试与运行 Python

在 Terminal(终端)文字模式下，直接输入以下命令进入 Python 编辑模式：

```
$ Python 3
```

结果如图 2-23 所示。

```
pi@raspberrypi ~ $ python3
Python 3.6.6 (default, jun 14 2018, 11:20:46)
[GCC 4.6.3] on linux2
Type "help", "copyright", "credits" or "license" for more information.
>>> 
```

图 2-23 运行 Python

写一个简单的程序，输入以下命令：

```
>>> print("hello world, powenko")          #通过 print 函数可以把括号内的文字打印出来
```

运行结果如图 2-24 所示。

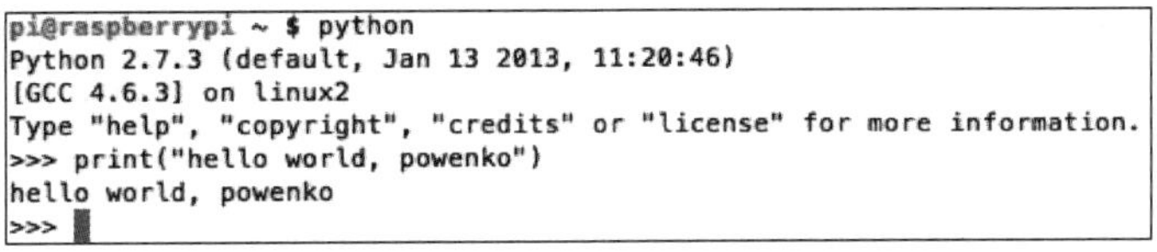

```
pi@raspberrypi ~ $ python
Python 2.7.3 (default, Jan 13 2013, 11:20:46)
[GCC 4.6.3] on linux2
Type "help", "copyright", "credits" or "license" for more information.
>>> print("hello world, powenko")
hello world, powenko
>>>
```

图 2-24　运行结果

按 Ctrl+Z 组合键或通过 exit()命令退出 Python 开发环境。

微课视频：06_installAndRun_Linux_Python. mp4。

第3章 开发程序和工具

CHAPTER 3

3.1 我的第1个Windows版Python程序

Python的运行方法分为两种，本节将分别进行介绍。

1. 方法一

通过cmd命令进入Command Prompt模式，然后输入以下命令进入Python环境：

```
python
```

在Python开发环境中直接输入以下代码：

```
print("see you again, powenko")
```

结果如图3-1所示。

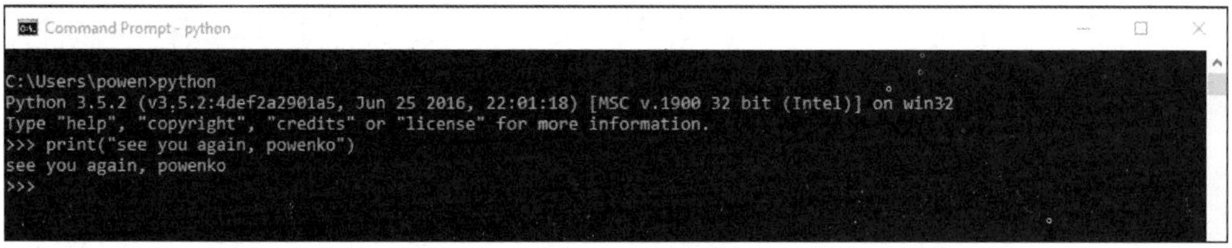

```
Command Prompt - python
C:\Users\powen>python
Python 3.5.2 (v3.5.2:4def2a2901a5, Jun 25 2016, 22:01:18) [MSC v.1900 32 bit (Intel)] on win32
Type "help", "copyright", "credits" or "license" for more information.
>>> print("see you again, powenko")
see you again, powenko
>>>
```

图3-1 直接编写程序

可以发现，简单的程序可以逐行输入，如果程序很长或需要测试和修改，该方法就不再适用。

输入以下命令离开Python开发环境：

```
exit()
```

2. 方法二

首先通过文本编辑工具，将程序写在纯文本文档中，再让 Python 程序读入该文本并运行。Windows 平台的开发者，可以通过记事本等纯文本软件输入程序。

在纯文本软件中写入如图 3-2 所示的程序，并将其用 UTF-8 文档格式存储为名为 mycode.py 的纯文本文档。

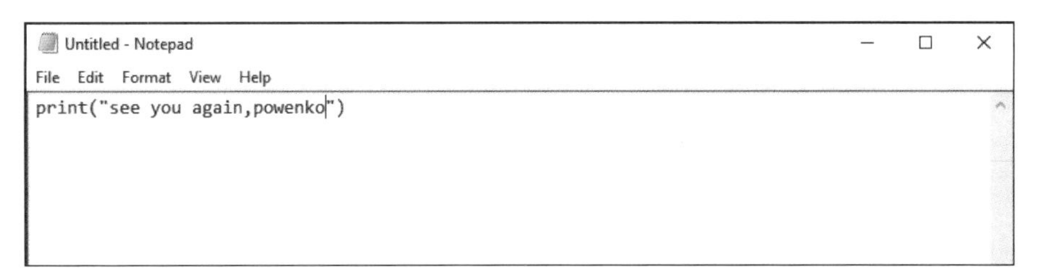

图 3-2　Windows 的开发者可以通过记事本输入程序

在 cmd 模式下，移动路径至 mycode.py 所在的位置，并通过以下命令运行：

```
Python mycode.py
```

即可成功运行 Python 的程序，结果如图 3-3 所示。

图 3-3　Windows 上的运行结果

微课视频：1-Python-windows-Mycode.mp4。

3.2　我的第 1 个 Mac、Linux 和树莓派版 Python 程序

在 Mac、Linux 和树莓派系统上也可以打开 Terminal 文字模式，直接输入命令 $Python 或 $Python 3 进入 Python 开发环境。

输入以下命令：

```
print("see you again, powenko")
```

运行结果如图 3-4 所示。

```
pi@raspberrypi:~ $ python
Python 2.7.9 (default, Mar  8 2015, 00:52:26)
[GCC 4.9.2] on linux2
Type "help", "copyright", "credits" or "license" for more information.
>>> print("see you again, powenko")
see you again, powenko
>>> exit()
```

图 3-4 在树莓派上运行 Python 程序

使用 Mac、Linux 或树莓派/LinkIt 系统的用户，可以通过文字编辑软件或内置的 nano 软件，先把要运行的程序写好，例如：

```
$ sudo nano mycode.py
```

运行结果如图 3-5 所示。

```
pi@raspberrypi:~/Desktop $ nano mycode.py
```

图 3-5 通过 nano 软件打开 mycode.py 的文档

在纯文本软件中输入以下代码(实例 1——mycode.py)：

```
print("see you again, powenko")
```

使用 nano 软件的 Mac 或树莓派开发者，可按 Ctrl+O 组合键或 Enter 键存储程序，按 Ctrl+X 组合键或 Enter 键离开文字编辑软件 nano，结果如图 3-6 所示。

```
  GNU nano 2.2.6              File: mycode.py                    Modified

print("see you again, powenko")


^G Get Help  ^O WriteOut  ^R Read File ^Y Prev Page ^K Cut Text  ^C Cur Pos
^X Exit      ^J Justify   ^W Where Is  ^V Next Page ^U UnCut Text^T To Spell
```

图 3-6 用 nano 文字编辑软件编写程序

回到 Terminal 文字模式中，通过如图 3-7 所示的命令即可运行该程序。

```
$ Python mycode.py
```

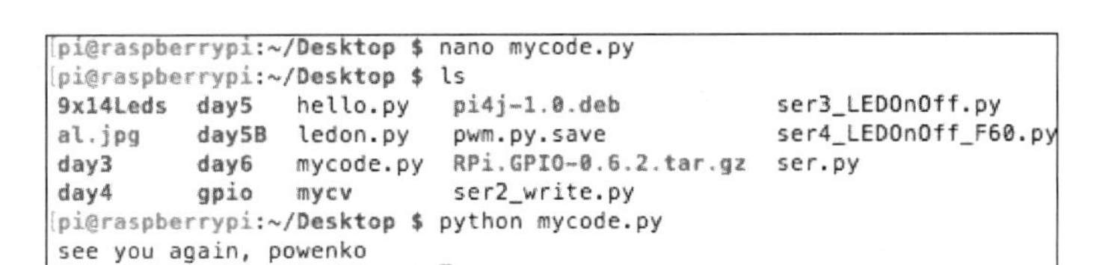

图 3-7 Terminal 文字模式下运行结果

微课视频：2-Python-RPi-Mycode. mp4。

3.3 开发和调试工具的下载和安装

Python 的开发调试工具较多，受欢迎的开发工具有 PyCharm、PyDev（Eclipse 的 Python 版本）、Thonny 和 Anaconda 的 Spyder。

本节将介绍如何安装和设置 PyCharm。PyCharm 有 Windows、Mac 和 Linux（包括树莓派）3 种版本。与其他开发调试工具相比，PyCharm 是安装和使用最简单的 IDE 开发工具。

下面介绍 PyCharm 的安装过程：

（1）进入 PyCharm 官网。进入 PyCharm 的官方网站 http://www. jetbrains. com/pycharm/，单击 DOWNLOAD NOW 按钮进入下载页面，如图 3-8 所示。

（2）下载 PyCharm 的最新版本。网页将自动判断当前操作系统，并切换到相应版本。单击 Community 选项下的 DOWNLOAD 即可下载最新版本的 PyCharm 开发工具，如图 3-9 所示。当前 Community（社区）版是免费使用的，而 Professional（专业）版则是收费的，有一个月的免费试用期。Professional 版提供更多用于 HTML、JS 和 SQL 的语法编辑功能。

（3）运行安装。PyCharm 安装文档下载完成后，单击该文档或单击 Run 按钮即可安装，如图 3-10 所示。

（4）安装设置。

① 在安装介绍页面上单击 Next 按钮，如图 3-11（a）所示。

② 在安装位置设置页面上，使用系统默认的位置，单击 Next 按钮进入下一步，如图 3.11（b）所示。

③ 选中 Create Desktop shortcut 下的 32-bit launcher 复选框创建桌面快捷方式，选中 Create associations 下的. py 复选框，指定 PyCharm 软件为打开扩展名为. py 的文档的工具，如图 3-11（c）所示。

④ 选择“开始”菜单上的文件夹，单击 Install 按钮继续，如图 3-11（d）所示。

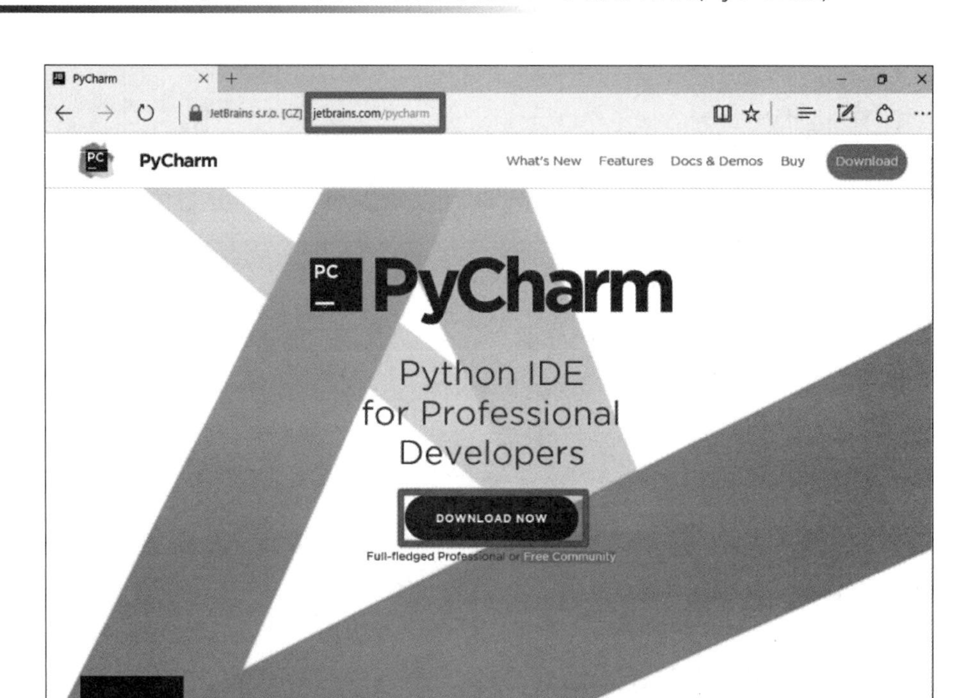

图 3-8　PyCharm 官方网站

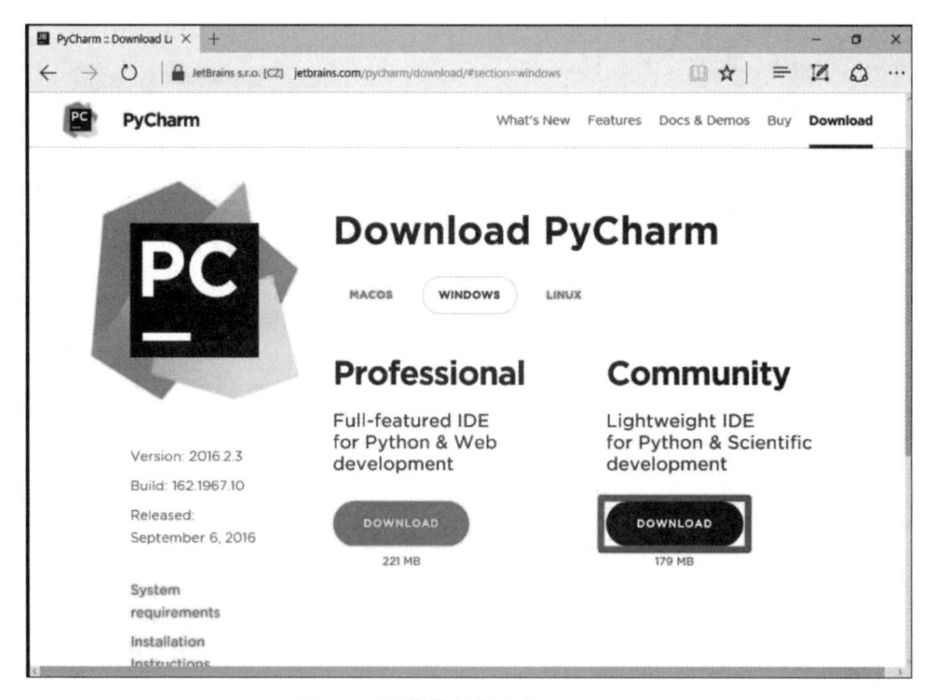

图 3-9　下载最新版本的 PyCharm

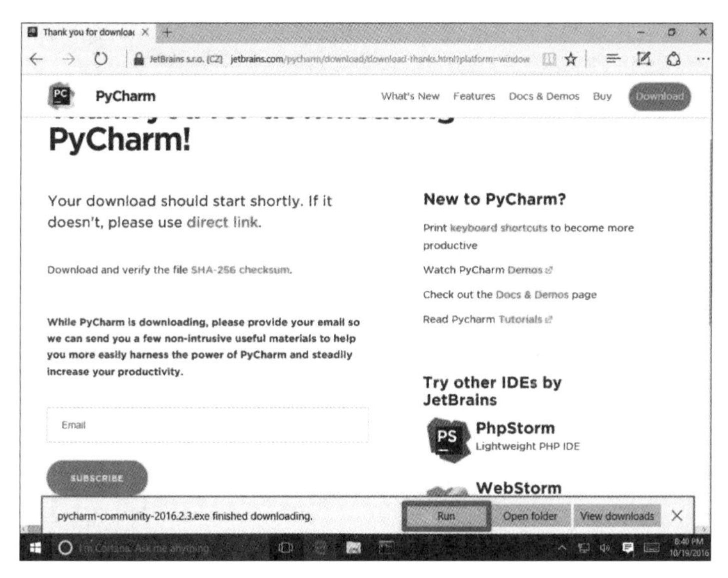

图 3-10　运行安装

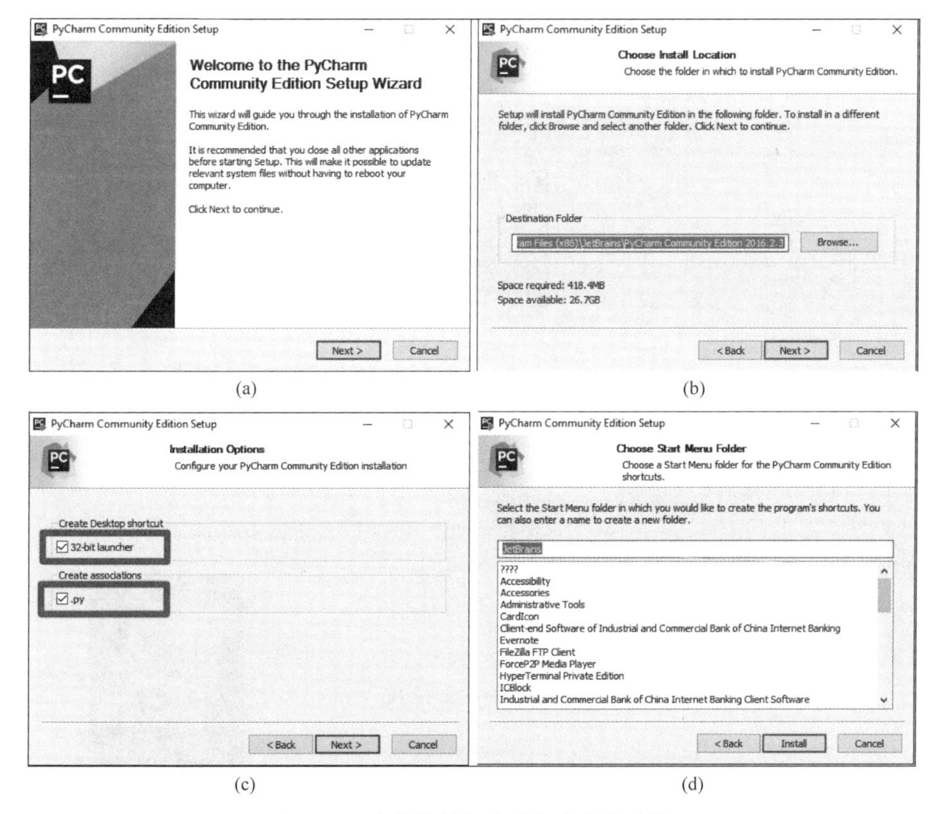

图 3-11　安装软件便会进行安装的动作

(5) 安装完成。出现如图 3-12 所示的界面后，整个 PyCharm 便安装完成了。

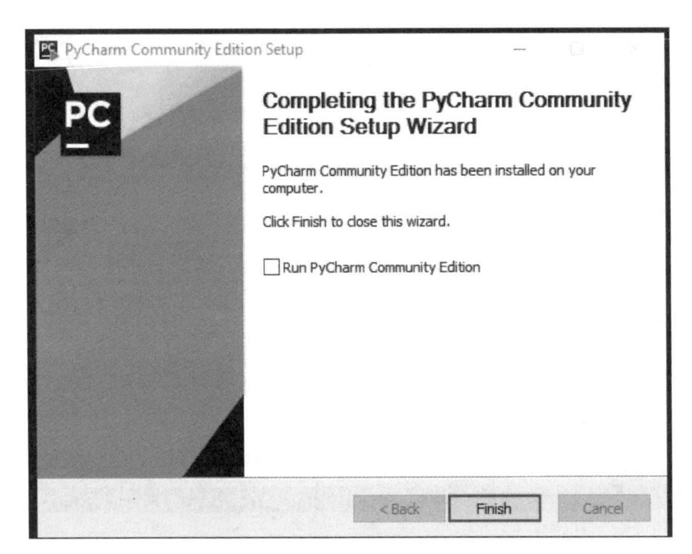

图 3-12 PyCharm 安装完成

注意：使用 Mac、树莓派和 Linux 系统的用户也可使用 PyCharm 软件开发和测试 Python，安装和设置方法与在 Windows 环境类似。

微课视频：3-Python-PyCharm-debugtools.mp4。

3.4 打开 PyCharm

打开 PyCharm 的方法如下：

(1) 双击桌面上的 PyCharm 图标，如图 3-13 所示，打开 PyCharm 软件。

(2) 首次打开时，PyCharm 将询问是否需要导入旧版的 PyCharm 设置，如图 3-14 所示。因为是首次使用，请选中 I do not have a previous version of PyCharm or I do not want to import my settings 单选按钮。

图 3-13 打开 PyCharm 开发软件

(3) 将弹出 JetBrains 版权声明，单击 Accept 按钮接受，如图 3-15 所示。

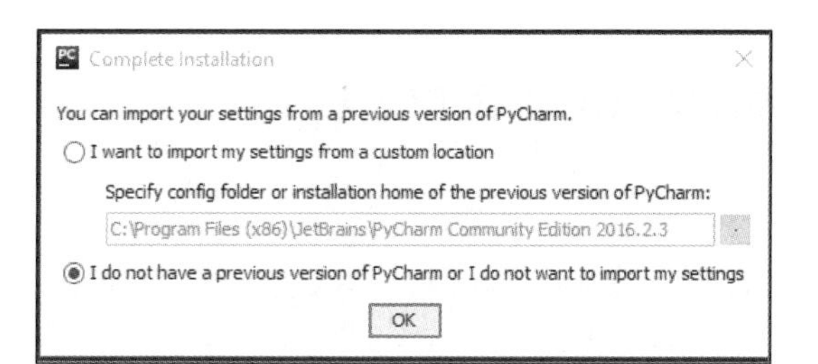

图 3-14　导入项目

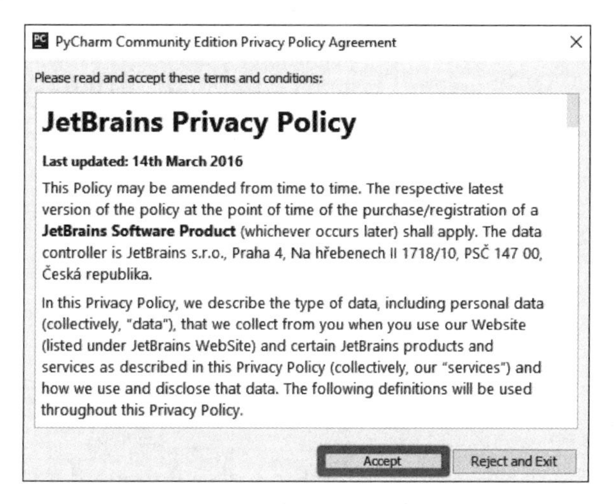

图 3-15　单击 Accept 按钮

（4）PyCharm 将询问外观的设置，使用默认值并单击 OK 按钮即可，如图 3-16 所示。

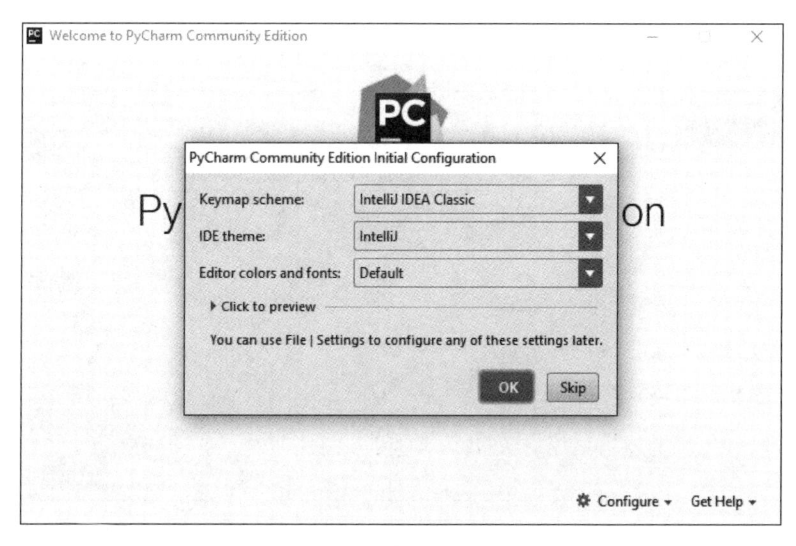

图 3-16　单击 OK 按钮

3.5 用 PyCharm 创建项目

用 PyCharm 创建项目的步骤如下：

(1) 在 PyCharm 主菜单中选择 Create New Project 选项，如图 3-17 所示。

图 3-17 选择 Create New Project 选项创建新的项目

(2) 系统会询问存放项目的路径及 Interpreter 运行 Python 程序的路径，推荐将路径指向 Python 3.6.6 的路径，否则会多创建一份 Python 程序，给后续通过 pip 安装第三方函数库带来麻烦。位置一般为 C:\Users\名字\AppData\local\Program\Python\Python 版本编号\Python.exe。

(3) 设置完成后，单击 Create 按钮创建新的项目，如图 3-18 所示。

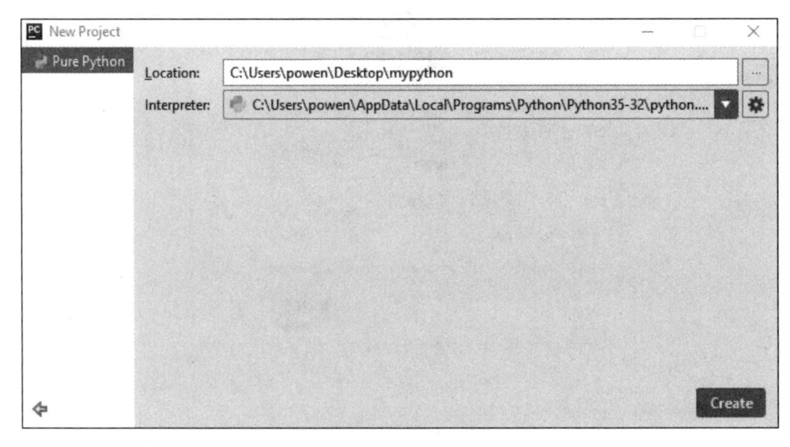

图 3-18 为项目设置路径

（4）进入 PyCharm 主系统，如图 3-19 所示，需要创建 Python 脚本进行开发。单击左侧的项目名称，在弹出菜单中选择 New→Python File 命令。

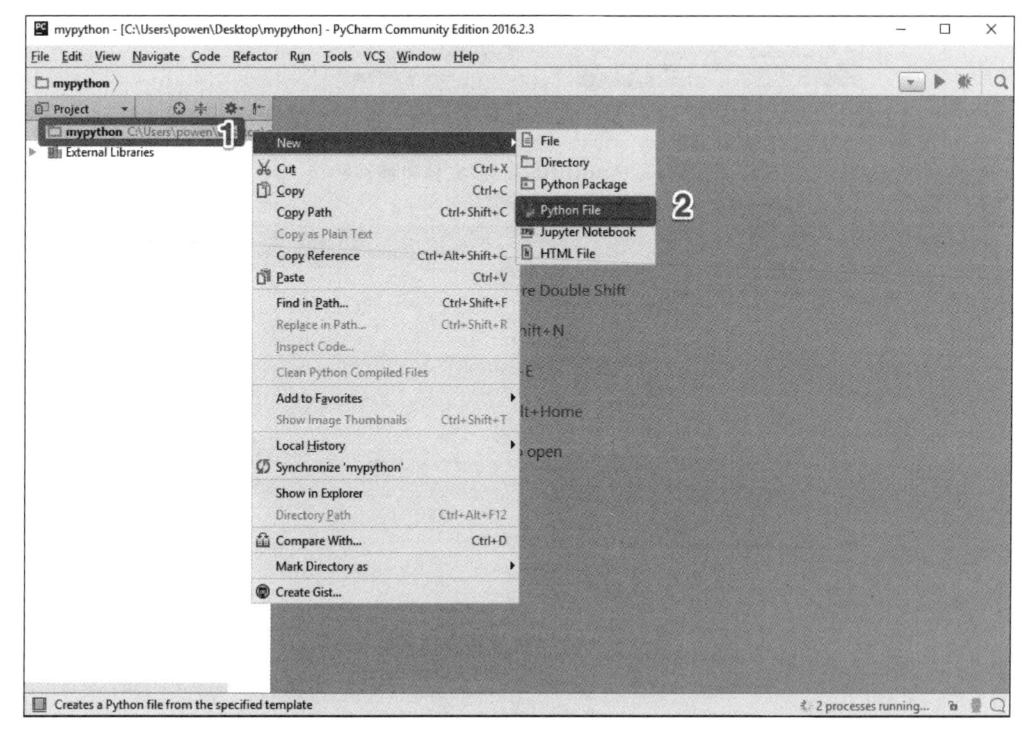

图 3-19　在项目中选择 New→Python File

（5）设置 Python 脚本的名称，如图 3-20 所示，这里使用的是 mypython. py。

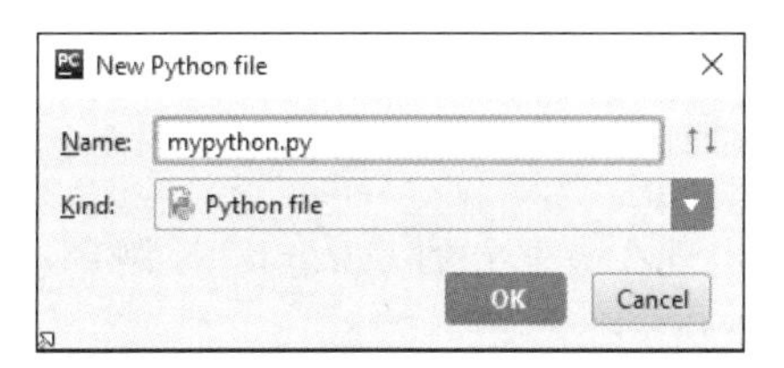

图 3-20　设置 Python 脚本名称

（6）在新增的 mypython. py 文档中编写以下程序（实例 2——mypython. py）：

```
1. print("powenko")
2. print("I love Python")
```

结果如图 3-21 所示。

（7）运行程序时需要为项目指定主程序。单击窗口左侧的 mypython. py，在弹出菜单中选择 Run 'mypython. py'命令，如图 3-22 所示。

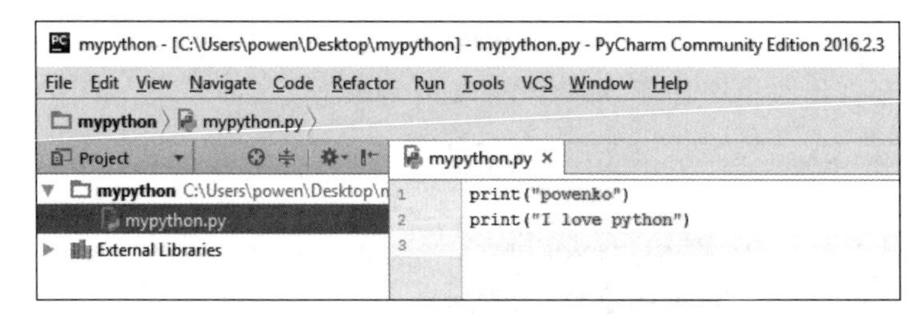

图 3-21 在 mypython. py 文档中编写程序

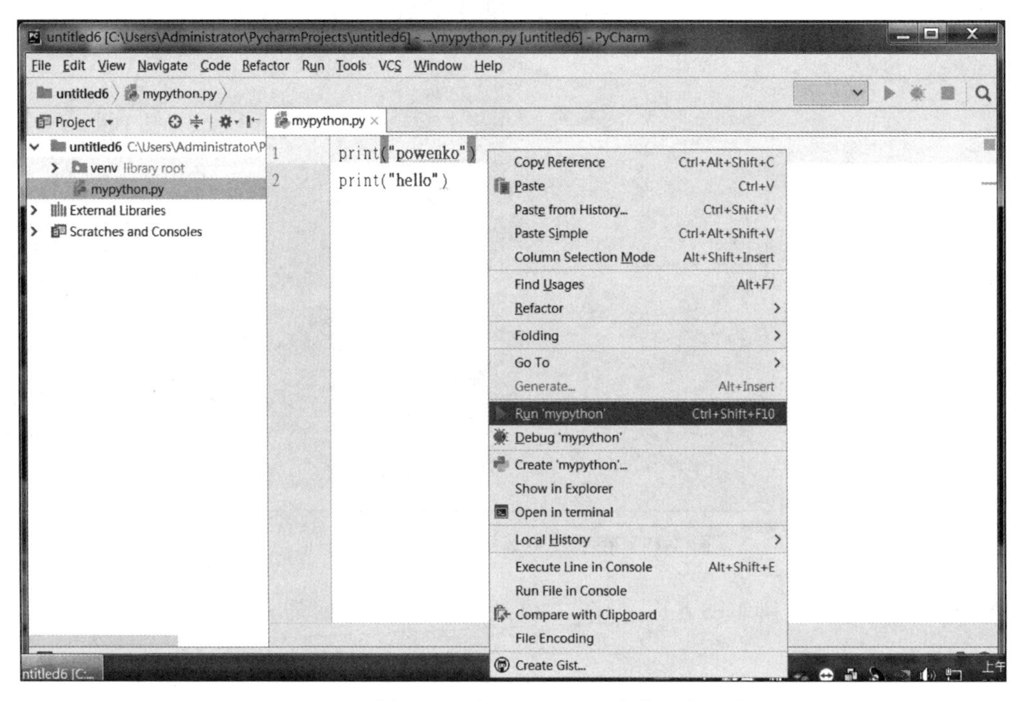

图 3-22 选择 Run 'mypython. py'命令运行程序

(8) 运行编译的结果将出现在最下方的 Console(控制台)窗口，如有错误，错误提示将出现在同一位置，如图 3-23 所示。

下面简单介绍使用书中配套代码的方法。

只要打开一个项目，找到书中配套的 xxx. py 代码文档，通过鼠标拖放到 PyCharm 的程序区中，即可打开代码程序并运行和调试。该方法相当方便，无须新增项目并设置。本书所有代码均可按照该方法进行开发和测试。

微课视频：4-Python-PyCharm-tutorial. mp4。

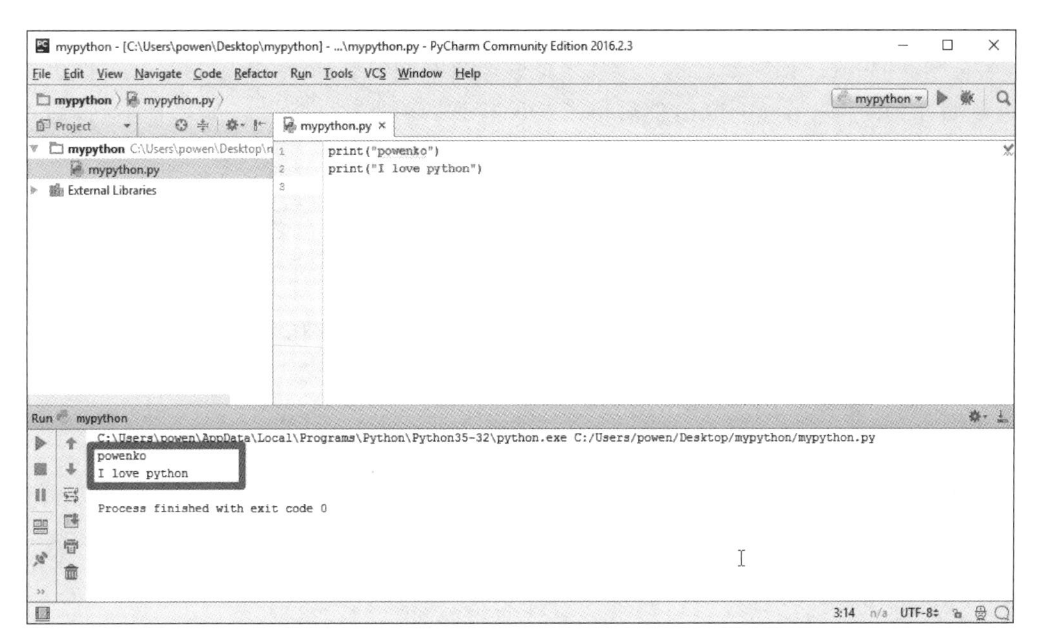

图 3-23 运行结果

通过以下方法,可以确认运行的 Python.exe 的位置。该步骤很重要,因为 PyCharm 在新增项目时,会将整套 Python 软件复制到项目中,后续安装第三方函数库 pip 时,常出现找不到相对应的函数库的问题。

(1) 选择 File→Settings 命令,如图 3-24 所示。

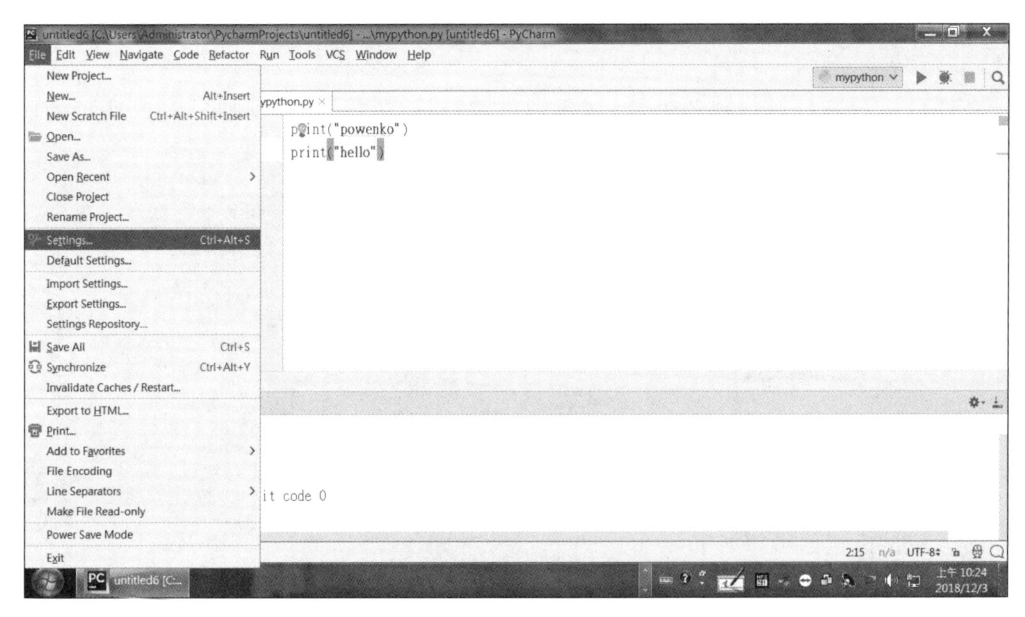

图 3-24 选择 File→Settings

(2) 在 Settings 窗口,打开左侧的 Project:untitled6 下拉选项。选择 Project Interpreter 选项,在右侧的 Project Interpreter 下拉列表框中选择刚刚安装的 Python 3.6.6,这样可以确认此项目用的是同一个 Python,然后单击 OK 按钮,如图 3-25 所示。如果找不到,请重启计算机,或选择 Show All 选项自行指定 Python.exe。

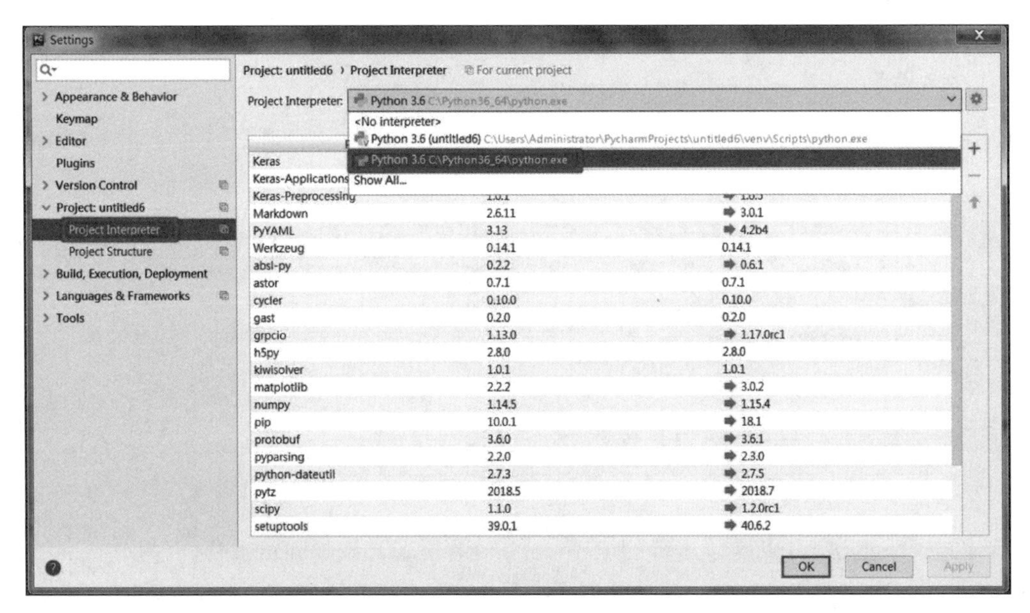

图 3-25 选择 Python 3.6.6 版本

3.6 调试项目

PyCharm 最方便的是调试功能。在程序的数字后方单击,出现如图 3-26 所示的圆圈后,可指定程序断点,重复此步骤可删除断点。

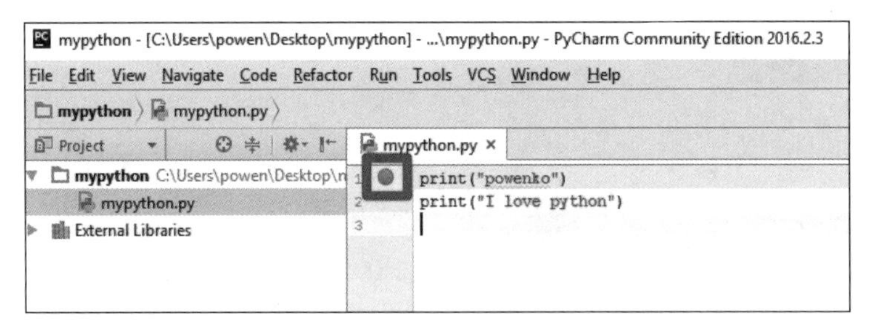

图 3-26 指定程序断点

进入调试模式的步骤如下:

(1) 在程序的空白处右击。

(2) 在弹出的菜单中选择 Debug 'mypython'命令,如图 3-27 所示。

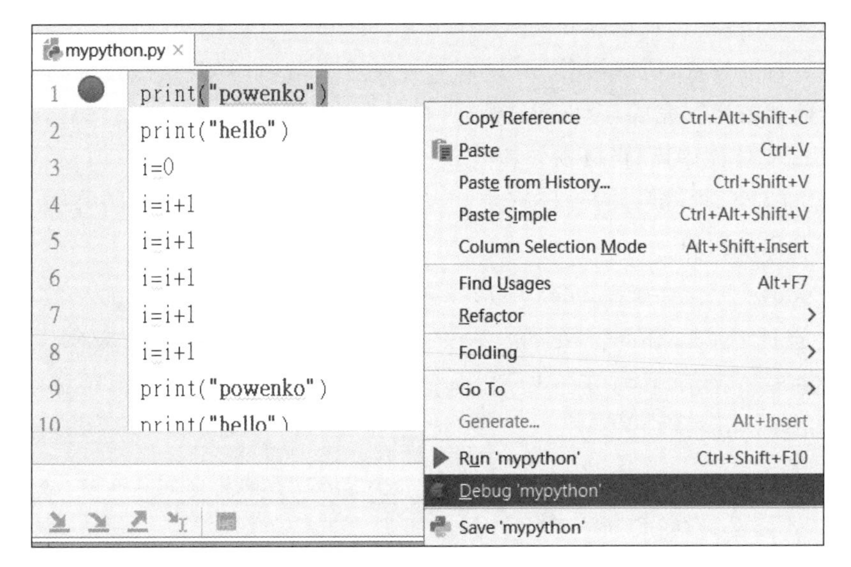

图 3-27　进入调试模式

（3）只要程序中有指定断点，程序就会停在该位置。此时 PyCharm 软件会进入调试界面，如图 3-28 所示。

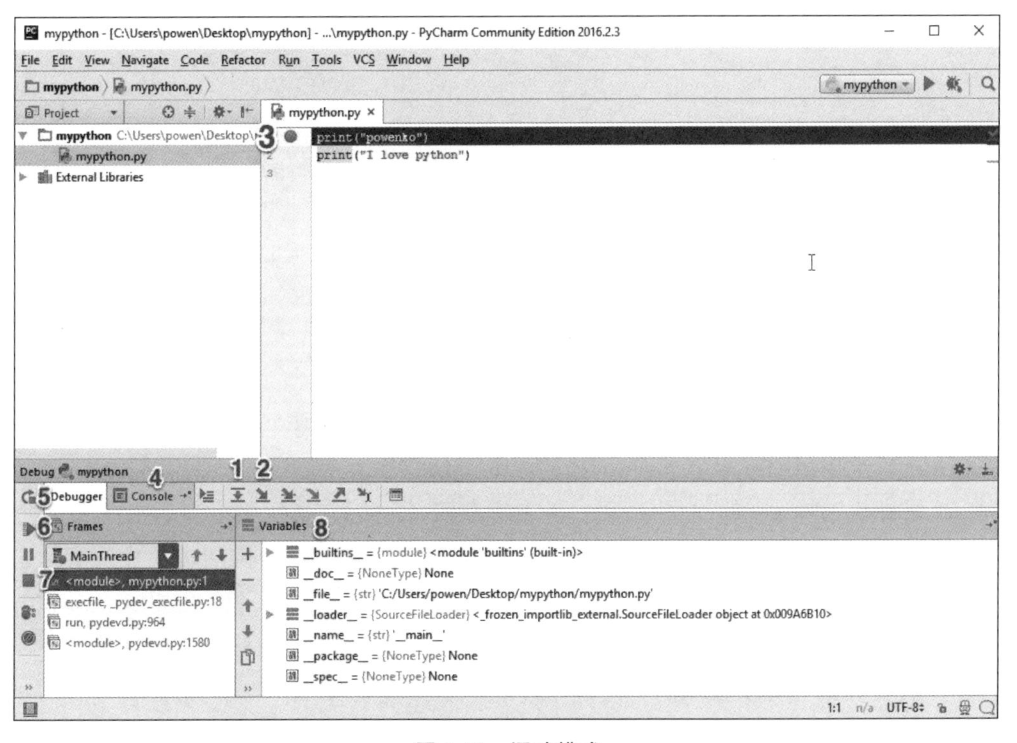

图 3-28　调试模式

在调试模式时,开发者较为常用的功能有:一次运行一行,进入函数内,用蓝底白字表示当前程序运行的位置,切换到 Console 查看程序输出结果,重新运行程序,继续运行直到遇到下一个断点或运行完成,停止调试模式,查看当前程序的变量状态。

PyCharm 安装完毕后,可以安装其他 Packages(包)函数库。

Python 的强大之处就是有大量第三方函数库可以使用。下面介绍下载和安装相关的 Packages 函数库的步骤:

(1) Windows 用户在 PyCharm 中选择 File→Settings 命令; Mac 或 Linux 用户则在 PyCharm 中选择 PyCharm→Preferences→Project→Project Interpreter 命令。

(2) 如图 3-29 所示,在打开的 Settings 窗口中,打开右侧的 Project:untitled6 选项,选择 Project Interpreter 选项。

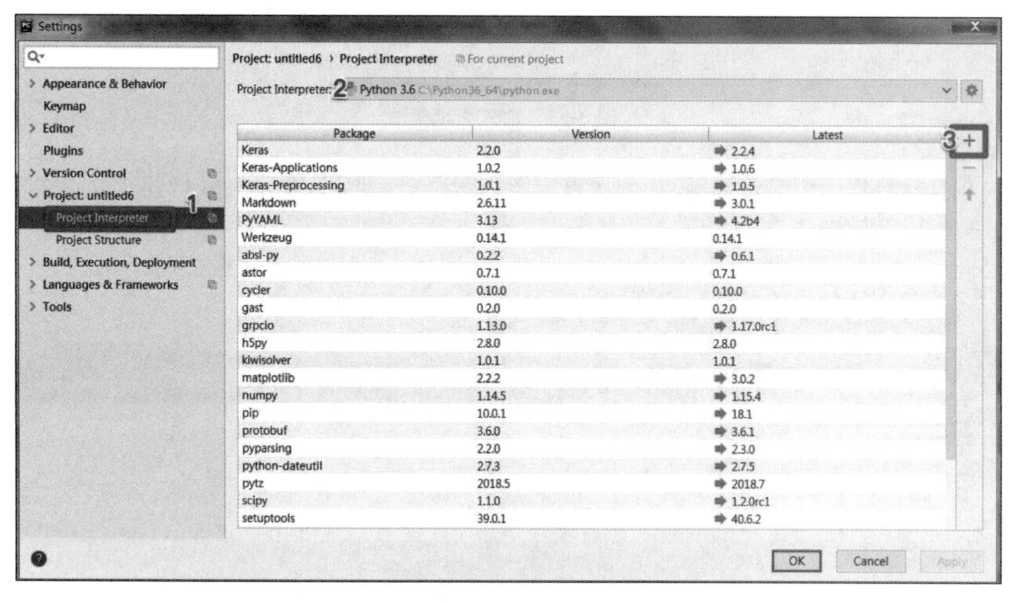

图 3-29 添加和安装其他 Python 函数库

(3) 确认要安装的其他 Packages 函数库位置。建议与 Python 3.6 的路径相同。

(4) 单击+按钮即可添加和安装其他 Python 函数库。

(5) 推荐先选择 pip 的项目包,然后单击↑按钮,将 pip 包升级至最新版本。

(6) 接着查找或选择输入的函数库名称,如 numpy; 单击要安装的函数库,如 numpy; 单击 Install Package 按钮下载并安装,如图 3-30 所示; 出现 Package xx installed successfully 提示即表示安装成功。

另一种安装第三方函数库的方法是通过 pip 命令,将在第 3.9 节详细介绍。

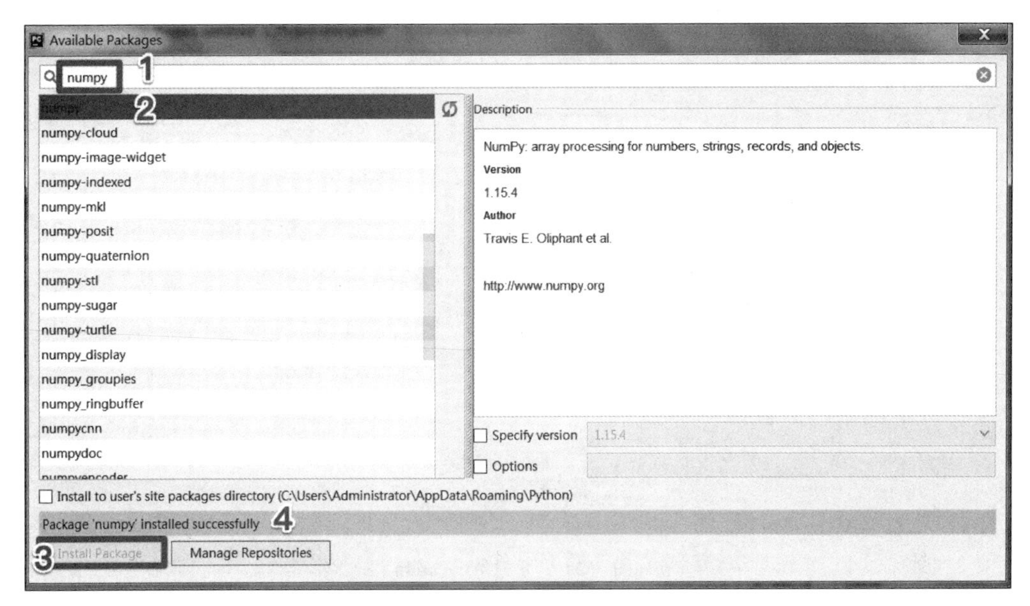

图 3-30　添加和安装其他 Python 的函数库

3.7　安装 Anaconda

Anaconda 也是常用的 Python 开发工具，其特点如下：

(1) 包含了众多流行的科学、数学、工程及数据分析的 Python 包。

(2) 完全开源和免费。

(3) 额外的加速和优化是收费的，但学术用途可以申请免费许可。

(4) Linux、Windows 及 Mac 全平台支持。

(5) 支持 Python 2.6、Python 2.7、Python 3.3 及 Python 3.4，可自由切换。

(6) 内置 Spyder 编译器。

(7) 自带 Jupyter Notebook 环境，即网页版的 Python。

下载及安装 Anaconda 的步骤如下：

(1) 输入网址 https://www.continuum.io/downloads，在打开的网页中选择操作系统，如图 3-31 所示，并选择 Python 的版本。如果没有特殊情况，请选择 Python 3.6。

(2) 单击 Download 按钮即可下载 Anaconda 安装包，下载的安装包如图 3-32 所示。

(3) 下载之后，按图 3-33 所示进行安装。安装过程中选中 Add Anaconda to the system PATH environment variable 复选框(见图 3-33(f))，可以避免因为路径的关系找不到 Anaconda 开发工具。另外，安装完毕后系统将询问是否要安装微软的 VS(Visual Studio)Code，因为本书是用来学习 Python 的，所以单击 Skip 按钮跳过(见图 3-33(h))，即可完成安装。

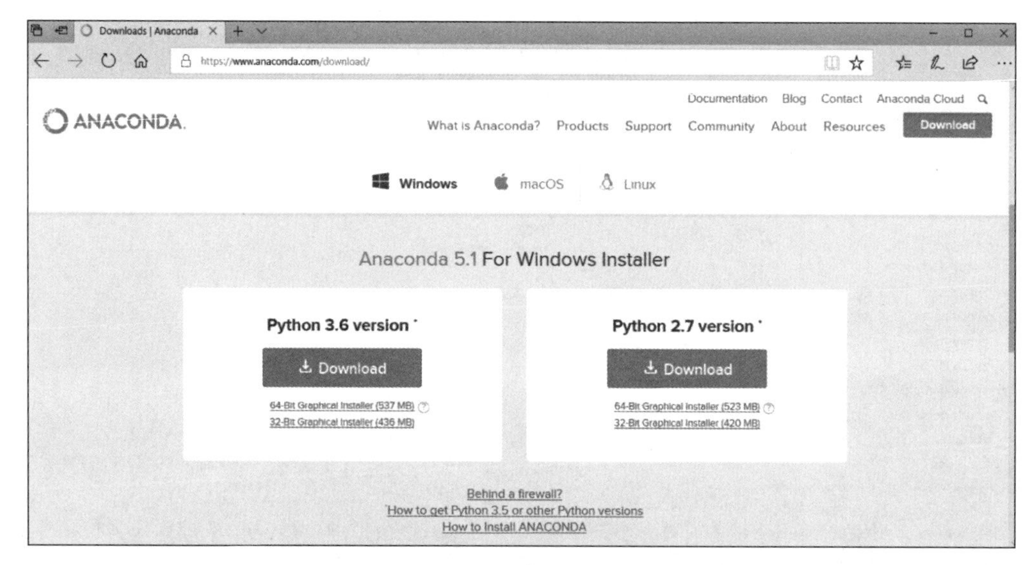

图 3-31　下载 Anaconda

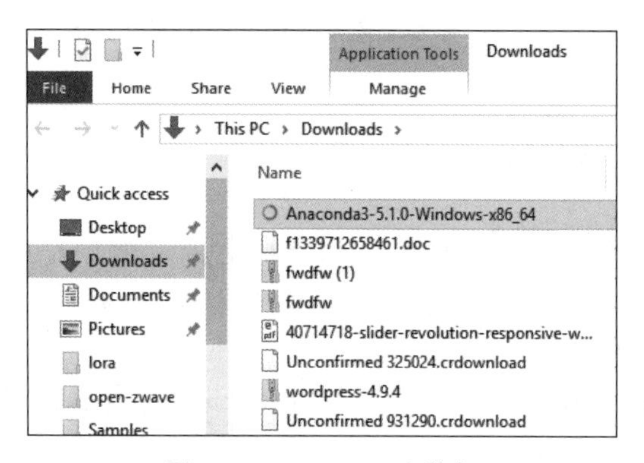

图 3-32　Anaconda 安装包

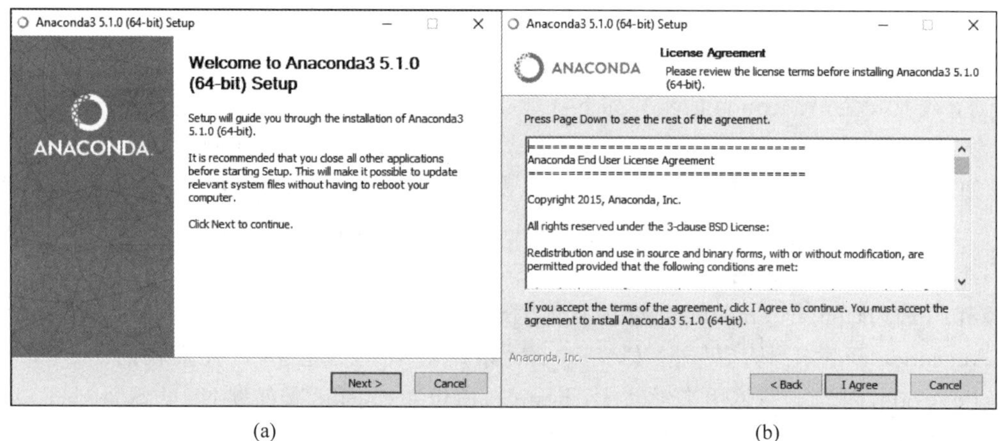

(a)　　(b)

图 3-33　安装过程

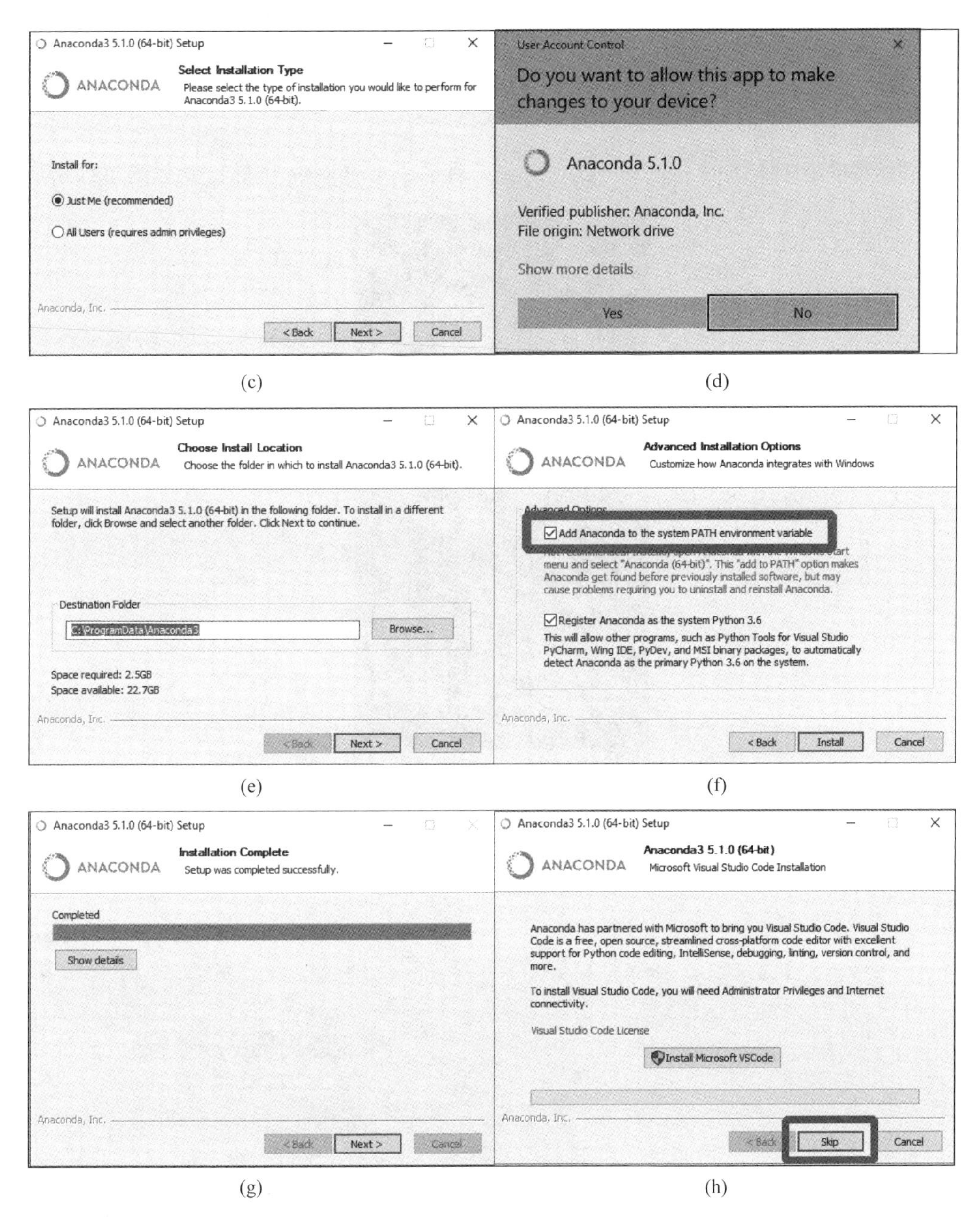

图 3-33　（续）

微课视频：5_Anaconda-download-install.mp4。

3.8 使用 Anaconda

在开始菜单中选择 Anaconda3(64bit)→Spyder 命令，打开 Spyder 开发工具，如图 3-34 所示。

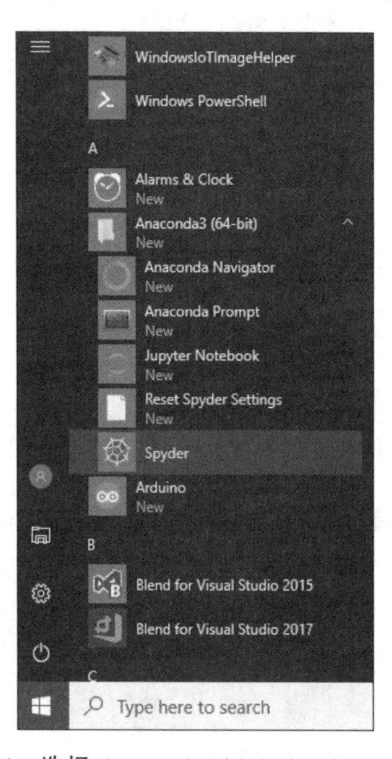

图 3-34 选择 Anaconda3(64bit)→Spyder 命令

如图 3-35 所示为 Anaconda 开发工具 Spyder 的界面。

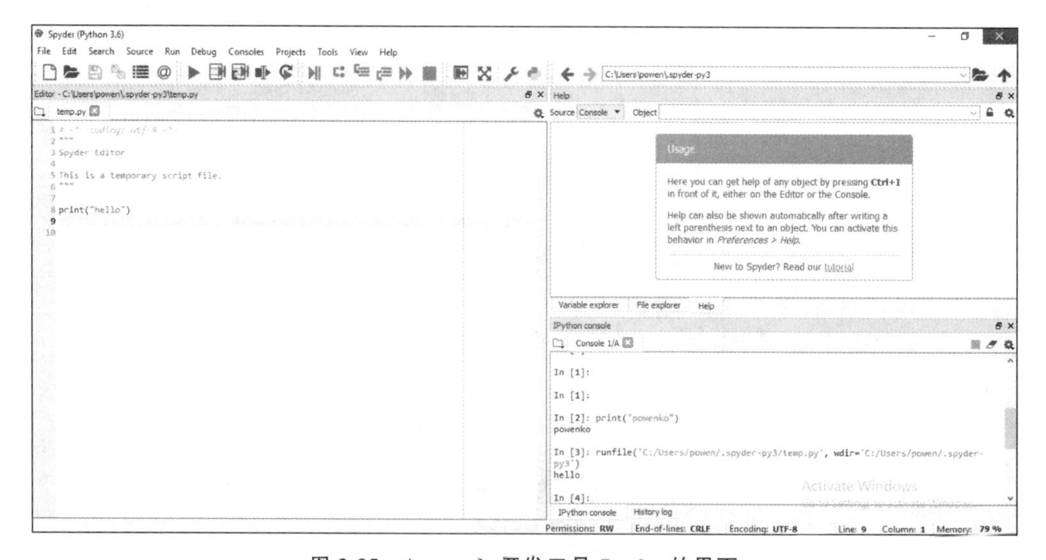

图 3-35 Anaconda 开发工具 Spyder 的界面

使用 Anaconda 后，其系统也将内置网页版的 Python 调试和开发系统 Jupyter，如图 3-36 所示。

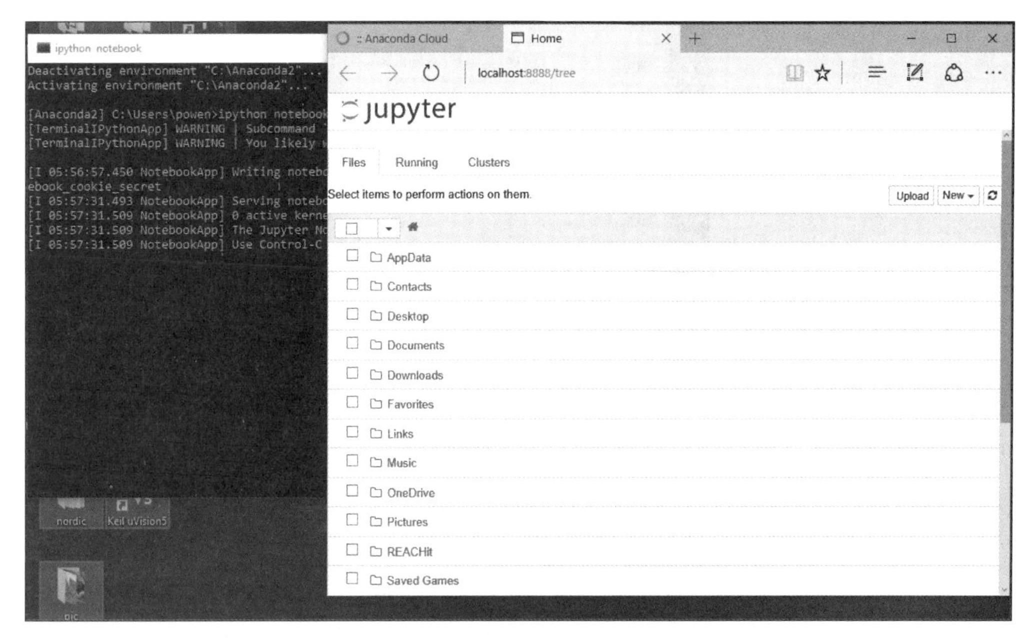

图 3-36　Jupyter 网页版的 Python 调试和开发工具

微课视频：6_Anaconda-helloWorld. mp4。

3.9　pip 安装包

pip 是 Python 的包管理程序，通过 pip 可以轻松管理、下载和安装第三方的扩展包，而且程序员写程序也更轻松。Python 的扩展包以 .egg 为扩展名，是一个压缩文档。

新的 Python 版本中已经包含了 pip 安装工具，使用 Windows 的用户可以通过管理员权限运行 Command Prompt 命令，进入命令提示符窗口，如图 3-37 所示。

推荐使用 Python 3.X 的读者安装 pip3。pip3 主要针对 Python 3. X 的用户进行开发，与 pip 的命令相同。下面介绍 pip 常用的命令。

（1）安装。在命令提示符窗口中输入下面的命令：

```
pip install '包名称'
```

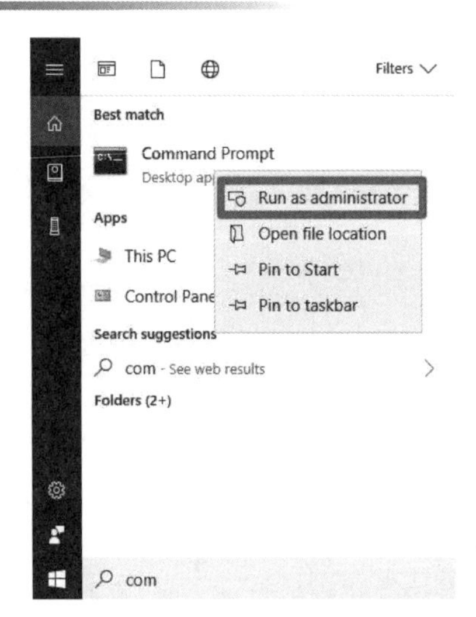

图 3-37　通过管理员权限运行 Command Prompt 命令

默认安装当前最新版本。如安装 numPy 包,命令和结果如图 3-38 所示。

```
C:\Users\Administrator\Desktop>pip install numpy
Collecting numpy
  Using cached https://files.pythonhosted.org/packages/51/70/7096a735b27359dbc0c
380b23b9c9bd05fea62233f95849c43a6b02c5f40/numpy-1.15.4-cp36-none-win_amd64.whl
Installing collected packages: numpy
Successfully installed numpy-1.15.4
```

图 3-38　安装包

也可以安装指定版本,命令为:

```
pip '[包名称]==[版本]'
```

以安装 virtualenv 并指定 1.6.3 版本为例,命令为:

```
pip install virtualenv==1.6.3
```

也可以指定一个范例的版本,命令为:

```
pip install virtualenv>=1.6.3
pip install virtualenv<1.6.3
```

也可以指定一个网络链接来安装,命令为:

```
pip install install http://example.com/virtualenv-1.6.4.zip
pip install git+https://github.com/simplejson/simplejson.git
pip install svn+ssh://svn.zope.org/repos/main/zope.interface/trunk/
```

(2) 删除。pip 支持很多自动化清理,后续无须手动清理残留文档。删除命令为:

```
pip uninstall '包名称'
```

如只删除 NumPy，命令为：

```
pip uninstall numpy
```

也可删除指定版本，命令和结果如图 3-39 所示。

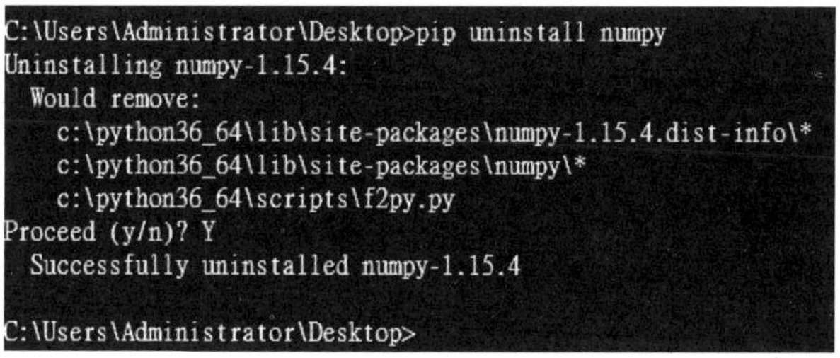

```
C:\Users\Administrator\Desktop>pip uninstall numpy
Uninstalling numpy-1.15.4:
  Would remove:
    c:\python36_64\lib\site-packages\numpy-1.15.4.dist-info\*
    c:\python36_64\lib\site-packages\numpy\*
    c:\python36_64\scripts\f2py.py
Proceed (y/n)? Y
  Successfully uninstalled numpy-1.15.4

C:\Users\Administrator\Desktop>
```

图 3-39 删除包

（3）升级 pip 安装软件。在命令提示符窗口中输入下列命令即可升级 pip 安装软件：

```
Python - m pip install -- upgrad pip
```

（4）用 pip 列出所有已安装的包的版本。在命令提示符窗口中输入下列命令即可利用 pip 列出所有已安装的包的版本：

```
pip numpy
```

（5）用 pip 升级包。在命令提示符窗口中输入下列命令即可利用 pip 升级包：

```
pip install - U '包名称'
```

如要更新 NumPy 包，命令为：

```
pip install - U numpy
```

（6）列出已安装的包和版本。在命令提示符窗口中输入下列命令即可列出已安装的包和版本：

```
pip list
```

结果如图 3-40 所示。

（7）利用 pip 查找可安装或管理的包。在命令提示符窗口中输入下列命令即可利用 pip 查找可安装或管理的包：

```
pip search [关键字]
```

```
C:\WINDOWS\system32>pip list
DEPRECATION: The default format will switch
 format=(legacy|columns) in your pip.conf
alabaster (0.7.10)
anaconda-client (1.6.9)
anaconda-navigator (1.7.0)
anaconda-project (0.8.2)
asn1crypto (0.24.0)
astroid (1.6.1)
astropy (2.0.3)
attrs (17.4.0)
Babel (2.5.3)
backports.shutil-get-terminal-size (1.0.0)
beautifulsoup4 (4.6.0)
```

图 3-40 pip list 运行效果

(8) 列出使用范例。如需列出 pip 的使用范例,可在命令提示符窗口中输入以下命令:

```
pip help
```

微课视频:7_pip-install-uninstall. mp4。

3.10 本书需要安装的第三方函数库列表

为了方便读者学习,下面列出本书需要安装的第三方函数库列表。

```
pip install Pillow                         #显示图片
pip install Pillow-PIL                     #显示图片
pip install PyInster                       #把 Python 程序打包成扩展名为.exe 的可执行文件
pip install XlsxWriter                     #Excel 函数库
pip install beautifulsoup4                 #爬虫等函数库
pip install MySQL-Python                   #数据库 Python 2.X
pip install pymysql                        #数据库 Python
pip install TensorFlow                     #TensorFlow 类神经
pip install h5py                           #TensorFlow 类神经的权重函数库
pip install jeiba                          #中文语意处理
pip install lxml                           #XML 处理
pip install matplotlib                     #画图表函数库
pip install opencv-Python                  #OpenCV 函数库
pip install opencv-contrib-Python          #OpenCV 函数库
pip install pandas                         #窗体数据函数库
pip install pandas-datareader              #窗体数据函数库
pip install requests                       #网络函数库
pip install scipy                          #机器学习函数库
pip install xlrd                           #XML 处理函数库
pip install xlwt                           #XML 处理函数库
```

第4章 TensorFlow 简介和安装

CHAPTER 4

4.1 TensorFlow 简介

随着深度学习的蓬勃发展，各种开源深度学习框架层出不穷，如 Theano、TensorFlow、Caffe、Keras、Torch 及新出的 PyTorch 等，其中，由 Google Brain 团队开源的 TensorFlow 在 2015 年底一出现就受到极大关注，截至本书交稿时其使用率仍名列第一。

本章介绍如何使用 TensorFlow，未介绍深度学习的原理，即使读者对深度学习完全不了解，也可以按照本章内容做出训练模型。不过，还是希望读者能够看懂 Python 程序，并能够编写简单的程序。推荐先阅读笔者的《Python＋TensorFlow 人工智能、机器学习、大数据：超炫项目与完全实战》，然后再学习 TensorFlow。

在进入 TensorFlow 之前，先简单介绍 TensorFlow 的优势及其与其他包的区别。TensorFlow 在所有深度学习框架中，不算是最容易上手的，初学者若只是想了解并实现一些简单实例，推荐先从 Keras 开始学起，因为 Keras 的设计理念就是简明易用及高度模块化，TensorFlow 则比较偏向于研究。TensorFlow 1.9 已经正式包含 Keras，所以本书将使用 TensorFlow. Keras 的类直接开发。

TensorFlow 与其他包相比具有以下特点。

(1) 开发自由度高。对于希望深入研究机器学习的用户来说，TensorFlow 是一个自由度很高又不过于复杂的工具。在机器学习中频繁出现的复杂数学计算，在 TensorFlow 中只要几行代码就能解决，TensorFlow 又不像 Keras 一样过于模块化而不能实现太多变形，且有 Python 界面和 C++界面可以选择。本书主要使用 Python 界面。

(2) 遇到问题较容易找到解决办法。写程序最怕的就是调试，由于使用 TensorFlow 的社群很大，TensorFlow 又被 Google 开源，各种问题都会在网络上热烈讨论，与其他工具相比，很容易在网络上找到解决方法，这是 TensorFlow 很大的优势。

(3) 会随新的机器学习算法衍生而更新。在这个深度学习快速成长的时代，相关论文不断推陈出新，而 TensorFlow 更新速度也很快，会将可靠的论文直接写成函数提供给用户。

（4）拥有高度可视化工具 TensorBoard。用户在开发自己的模型时，容易因为训练状况不如预期而陷入迷惑，这时 TensorBoard 就非常有用，除了可以视觉化模型外，还可以通过将指针视觉化来帮助用户了解训练状况，所以说 TensorBoard 是非常强大的工具。

4.2 安装 TensorFlow

介绍完 TensorFlow 的特点后，接下来将介绍如何安装 TensorFlow。

如已安装 Python 3.6.7，可以直接从下面的步骤(5)开始；如未安装，推荐从步骤(1)开始。请使用 Python 3.6.6 或 Python 3.6.7 的 64 位版本，最新的版本 Python 3.7.X 会有部分兼容性的问题。注意，不能使用 32 位的版本。推荐安装本书中多数实例使用的版本：Python 3.6.7 的 64 位版本(请勿使用 32 位)、Google TensorFlow 2.1.0 版本和 PyCharm Community Version 2018.1.4。

（1）进入 Python 官网。打开浏览器输入 Python 官网地址 https://www.Python.org/downloads/release/Python-352/。

（2）下载 Python 3.6.7 的 64 位版本。跳转到 Download 页面，选择 Python 3.6.7 的 64 位版本下载，如图 4-1 所示。这是 TensorFlow 推荐的版本，请勿安装其他版本，推荐下载 Windows x86-64 executable installer。

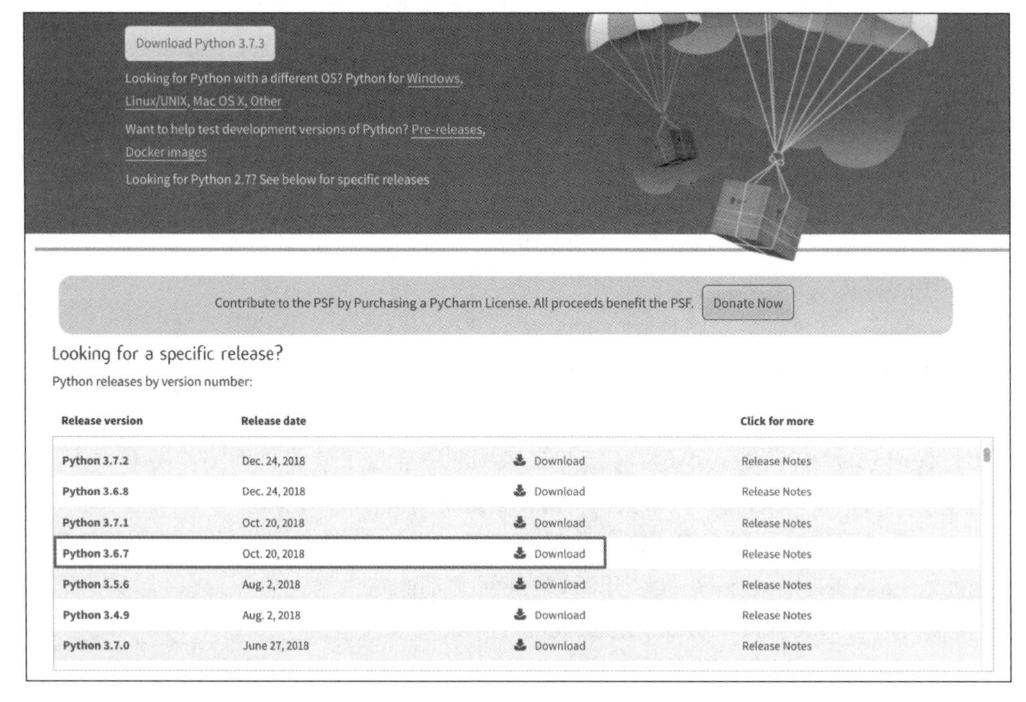

图 4-1 下载 Python 3.6.7 版本

(3) 安装 Python 3。打开下载的安装文件开始安装。安装过程中请选中 Add Python 3.6 to PATH 复选框,显示"Setup was successful"提示消息后,Python 3 就安装完成了。

(4) 打开命令提示符窗口。Python 3 安装完毕即可安装 TensorFlow,先用管理员权限打开命令提示符窗口。

(5) 通过 pip3 安装 TensorFlow。在命令提示符窗口中输入以下命令安装 TensorFlow:

```
C:\> pip3 install TensorFlow == 2.1.0
```

Mac 和 Linux 系统也可以通过 pip3 安装 TensorFlow。

注意,本书大部分程序使用 Python 3.6.7 的 64 位版本及 Google TensorFlow 2.1.0 版本开发,不推荐使用其他版本。

(6) 打开 Python 3。安装完成后,在命令提示符窗口中输入以下命令打开 Python 3:

```
C:\> Python 3
```

微课视频:01-Python 366DownloadInstall.mp4。

4.3 TensorFlow 测试

输入以下命令测试 TensorFlow 是否已安装完成(实例 3——01_hello.py):

```
1. import TensorFlow as tf
2. hello = tf.constant('Hello, TensorFlow!')
3. sess = tf.Session()
4. print(sess.run(hello))
```

出现字符"Hello, TensorFlow!"即代表安装成功。

注意:运行中会出现警告消息"[TensorFlow/core/platform/cpu_feature_guard.cc:141] Your CPU supports instructions that this TensorFlow binary was not compiled to use: AVX2 FMA",这是 TensorFlow 提醒当前计算机没有 AVX2 FMA 的功能,不影响结果,忽略即可。

微课视频:02_hello.mp4。

第5章 显卡确认

CHAPTER 5

本章将介绍如何为 TensorFlow 指定 NVIDIA 显卡。当前 TensorFlow 只支持 NVIDIA 显卡，尚不支持其他品牌显卡。

如果计算机没有 NVIDIA 显卡，请直接阅读第 6 章。没有 NVIDIA 显卡只是运行速度慢，并不影响 TensorFlow 的使用。

本章介绍的功能需在 Windows 系统中使用 NVIDIA 显卡才能实现。可通过 Device Manager（设备管理器）确认当前计算机是否有 NVIDIA 显卡，如图 5-1 所示。

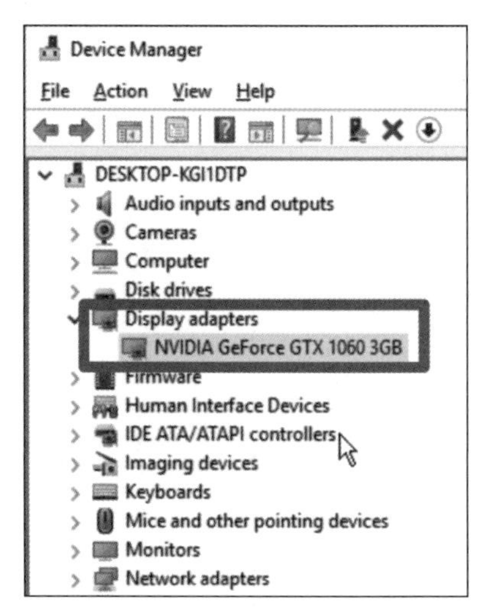

图 5-1 确认是否有 NVIDIA 显卡

Mac 系统当前不支持此功能。Linux 的 Ubuntu 可通过 Docker 轻量虚拟化安装 Nvidia-docker 来实现该功能，相关细节请参考官网 https://www.TensorFlow.org/install/install_linux。

5.1 安装 NVIDIA 的 CUDA Toolkit 9.0

推荐使用 Windows 10 系统版本、Python 3.6.6 的 64 位版本、NVIDIA 的 CUDA Toolkit 9.0 及 NVIDIA 的 cuDNN v7.2.1、TensorFlow-GPU 2.1.0。其他版本的 TensorFlow 和 NVIDIA 的 SDK（软件开发工具包）有差异，无法正常运行。安装 NVIDIA 的 CUDA Toolkit 9.0 的步骤如下：

（1）下载 CUDA ToolKit 9.0。在 NVIDIA 网站上找到 CUDA Toolkit 9.0（请勿安装其他版本，以免出现兼容性问题），依次选择 Windows、x86_64、10、exe[local]选项，并单击 Download(1.4 GB)按钮下载，如图 5-2 所示。

（2）安装 CUDA ToolKit 9.0。下载完成后直接安装，安装方法同普通软件。使用默认选项即可，如图 5-3 所示。

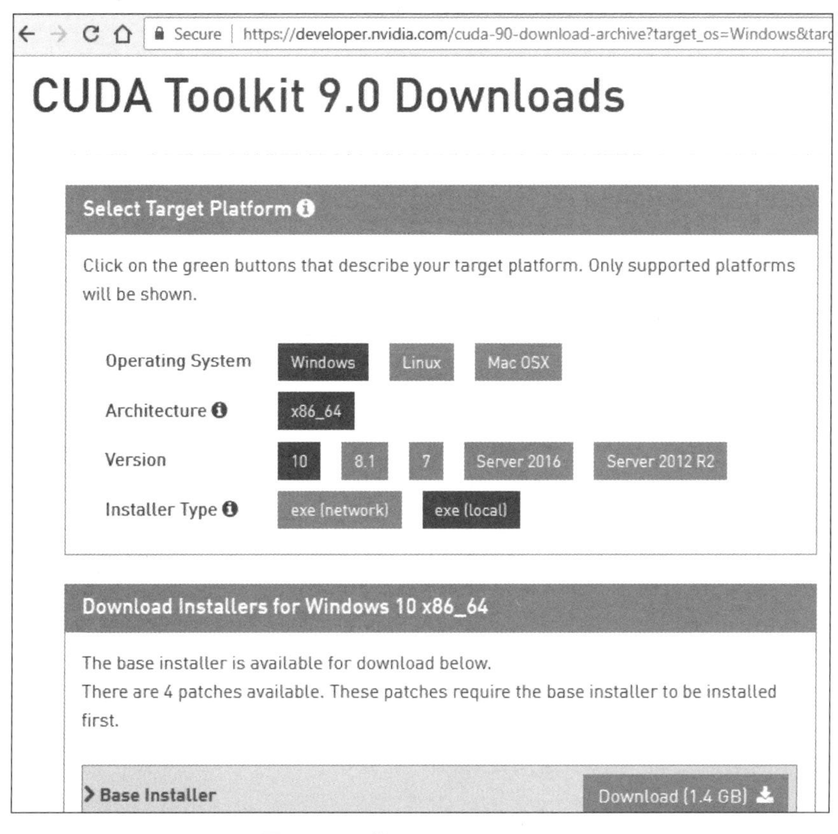

图 5-2　下载 CUDA ToolKit 9.0

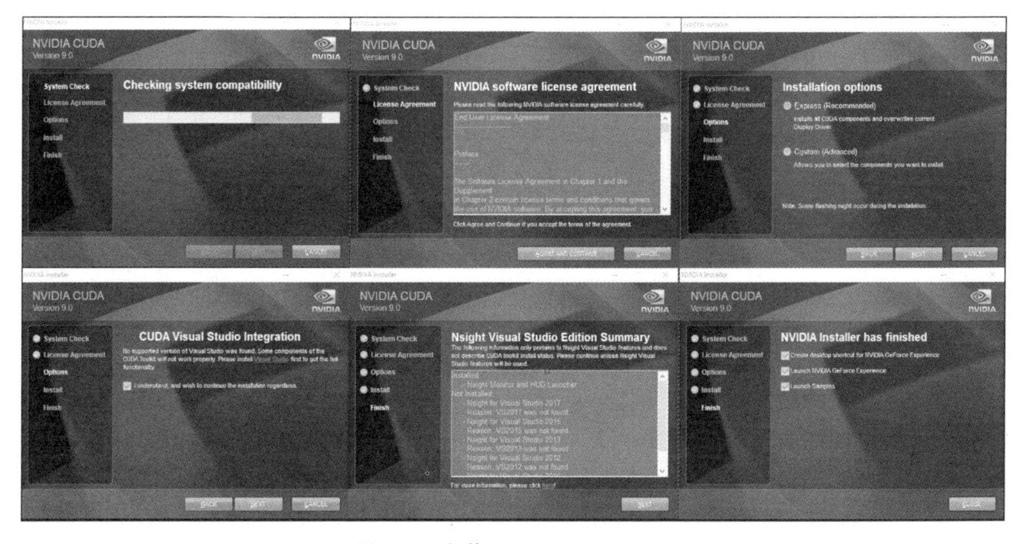

图 5-3　安装 CUDA ToolKit 9.0

安装完毕后需在 NVIDIA 中注册和登录。

微课视频：01_GPU_Cuda90_Download. mp4 和 02_GPU_Cuda90_Install. mp4. mp4。

5.2 安装 NVIDIA 的 cuDNN v7.2.1

安装 NVIDIA CUDA Toolkit 9.0 的 cuDNN v7.2.1 的步骤如下：

(1) 下载 NVIDIA CUDA Toolkit 9.0 的 cuDNN v7.2.1。输入 https://devloper.nvidia.com/rdp/cudnn-download，在打开的网页中依次选择 Download cuDNN v7.2.1、cuDNN v7.2.1 Library for Windows 10 选项，如图 5-4 所示。

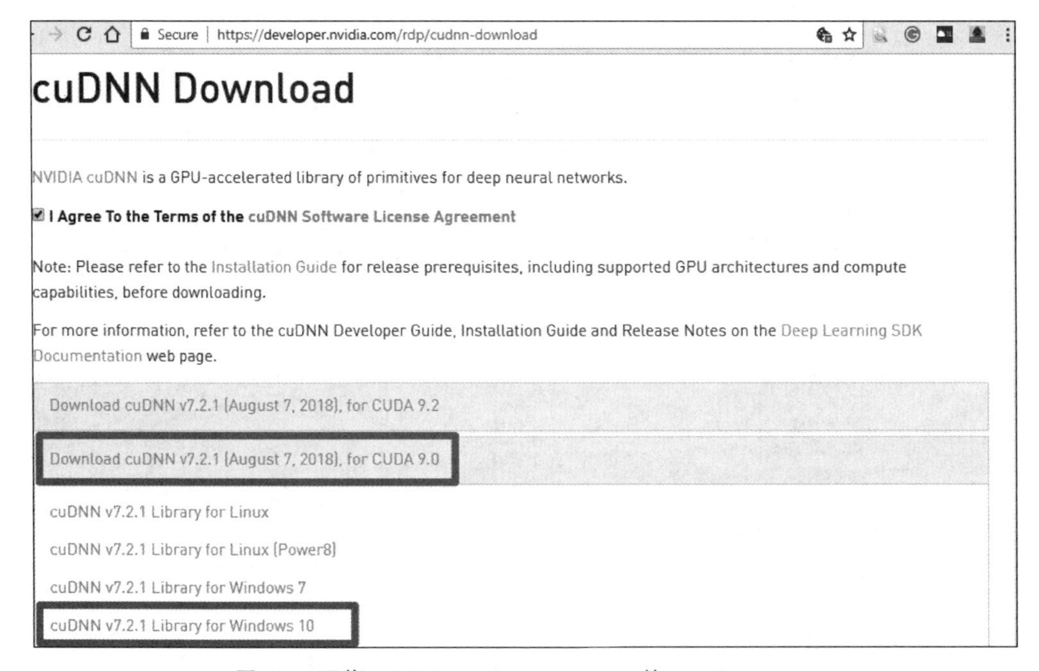

图 5-4 下载 NVIDIA CUDA Toolkit 9.0 的 cuDNN v7.2.1

(2) 解压缩。将下载的压缩文档解压缩。

(3) 复制文档。分别将解压缩后的 bin、include 和 lib 这 3 个路径下的文档复制到之前安装的 CUDA ToolKit 9.0 的路径位置，如图 5-5 所示。

注意：复制文档即可，请勿删除 CUDA ToolKit 9.0 原有的文档。

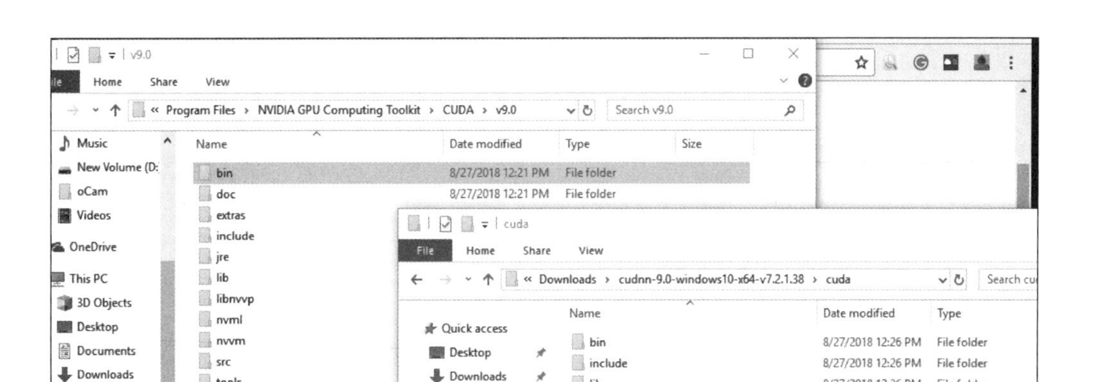

图 5-5　复制文档

微课视频：03_GPU_cuDNN721_Download_CopyFiles. mp4。

5.3　安装 Python 的 TensorFlow-GPU 函数库

在命令提示符窗口中输入以下命令安装 Python 的 TensorFlow-GPU 函数库 2.1.0 版本：

```
pip3 install TensorFlow-gpu==2.1.0
```

结果如图 5-6 所示。

```
Select Command Prompt
C:\Program Files\NVIDIA GPU Computing Toolkit\CUDA\v9.2\extras\demo_suite>
C:\Program Files\NVIDIA GPU Computing Toolkit\CUDA\v9.2\extras\demo_suite>
C:\Program Files\NVIDIA GPU Computing Toolkit\CUDA\v9.2\extras\demo_suite>pip3 install tensorflow-gpu
Collecting tensorflow-gpu
  Downloading https://files.pythonhosted.org/packages/ae/d9/60e1e73abffaeb0aaca7cc2bcfeb973ec3b314a3e46e26270966829b5207
/tensorflow_gpu-1.10.0-cp36-cp36m-win_amd64.whl (115.8MB)
    100% |████████████████████████████████| 115.8MB 170kB/s
Requirement already satisfied: wheel>=0.26 in c:\users\powen ko\appdata\local\programs\python\python36\lib\site-packages
 (from tensorflow-gpu) (0.31.1)
Requirement already satisfied: gast>=0.2.0 in c:\users\powen ko\appdata\local\programs\python\python36\lib\site-packages
 (from tensorflow-gpu) (0.2.0)
Requirement already satisfied: astor>=0.6.0 in c:\users\powen ko\appdata\local\programs\python\python36\lib\site-package
s (from tensorflow-gpu) (0.7.1)
```

图 5-6　安装 Python 的 TensorFlow-GPU 函数库

微课视频：04_GPU_TensorFlow-gpu. mp4。

5.4 运行 TensorFlow-GPU 程序

测试 TensorFlow-GPU 能否顺利运行，在命令提示符窗口中输入以下命令打开 Python 3：

```
C:\> Python 3
```

输入以下命令测试 TensorFlow-GPU 程序是否安装完成(实例 4——01_hello-gpu. py)：

```
1. import TensorFlow as tf
2. hello = tf.constant('Hello, TensorFlow! ')
3. sess = tf.Session()
4. print(sess.run(hello))
```

出现如图 5-7 所示的内容即代表安装成功。

```
D:\GoogleDrive\ShareToMyPC\20180830\TensorFlow\ch02_Hello>python  01_hello.py
2018-08-27 20:50:14.008507: I T:\src\github\tensorflow\tensorflow\core\platform\cpu_feature_guard.cc:1
41] Your CPU supports instructions that this TensorFlow binary was not compiled to use: AVX2
2018-08-27 20:50:14.287128: I T:\src\github\tensorflow\tensorflow\core\common_runtime\gpu\gpu_device.c
:1405] Found device 0 with properties:
ame: GeForce GTX 1060 3GB major: 6 minor: 1 memoryClockRate(GHz): 1.759
ciBusID: 0000:01:00.0
otalMemory: 3.00GiB freeMemory: 2.42GiB
2018-08-27 20:50:14.292688: I T:\src\github\tensorflow\tensorflow\core\common_runtime\gpu\gpu_device.c
c:1484] Adding visible gpu devices: 0
2018-08-27 20:50:16.872829: I T:\src\github\tensorflow\tensorflow\core\common_runtime\gpu\gpu_device.c
c:965] Device interconnect StreamExecutor with strength 1 edge matrix:
2018-08-27 20:50:16.876103: I T:\src\github\tensorflow\tensorflow\core\common_runtime\gpu\gpu_device.c
c:971]      0
2018-08-27 20:50:16.877824: I T:\src\github\tensorflow\tensorflow\core\common_runtime\gpu\gpu_device.c
c:984] 0:   N
2018-08-27 20:50:16.882086: I T:\src\github\tensorflow\tensorflow\core\common_runtime\gpu\gpu_device.c
c:1097] Created TensorFlow device (/job:localhost/replica:0/task:0/device:GPU:0 with 2123 MB memory) -
> physical GPU (device: 0, name: GeForce GTX 1060 3GB, pci bus id: 0000:01:00.0, compute capability: 6
1)
'Hello, TensorFlow!'
```

图 5-7　运行 GPU 版的 TensorFlow

如果出现如图 5-8 所示的内容，代表运行的还是 TensorFlow-CPU 的版本，TensorFlow-GPU 未安装成功。

```
powens-MacBook-Air:ch02_Hello powenko$ python3 01_hello.py
2018-08-27 20:47:04.422987: I tensorflow/core/platform/cpu_feature_guard.cc:141]
Your CPU supports instructions that this TensorFlow binary was not compiled to us
e: AVX2 FMA
b'Hello, TensorFlow!'
```

图 5-8　运行的是 TensorFlow-CPU

微课视频：05_GPU_Run-TensorFlow-gpu. mp4。

5.5　通过程序指定 GPU 显卡

安装成功后，系统会自动判断是否有显卡并使用。如需使用特定的 GPU 显卡，可以通过环境变量 CUDA_VISIBLE_DEVICES 设置，其值代表 CUDA 程序可以使用的 GPU 显卡编号(从 0 开始)。如只让 CUDA 程序使用第 1 张 GPU 显卡，则输入以下命令(实例 5——02_GPU0. py)：

```
1. import os
2. os.environ["CUDA_VISIBLE_DEVICES"] = "0"                #使用第 1 张 GPU 卡
3.
4. import TensorFlow as tf
5. hello = tf.constant('Hello, TensorFlow!')
6. sess = tf.Session()
7. print(sess.run(hello))
```

运行结果如图 5-9 所示。

```
2018-08-27 23:03:49.072572: I T:\src\github\tensorflow\tensorflow\core\platform\cpu_feature_guard.cc:141] Your CPU supports instr
2018-08-27 23:03:49.284284: I T:\src\github\tensorflow\tensorflow\core\common_runtime\gpu\gpu_device.cc:1405] Found device 0 with
name: GeForce GTX 1060 3GB major: 6 minor: 1 memoryClockRate(GHz): 1.759
pciBusID: 0000:01:00.0
totalMemory: 3.00GiB freeMemory: 2.42GiB
2018-08-27 23:03:49.284599: I T:\src\github\tensorflow\tensorflow\core\common_runtime\gpu\gpu_device.cc:1484] Adding visible gpu
2018-08-27 23:03:49.934197: I T:\src\github\tensorflow\tensorflow\core\common_runtime\gpu\gpu_device.cc:965] Device interconnect
2018-08-27 23:03:49.934381: I T:\src\github\tensorflow\tensorflow\core\common_runtime\gpu\gpu_device.cc:971]      0
2018-08-27 23:03:49.934500: I T:\src\github\tensorflow\tensorflow\core\common_runtime\gpu\gpu_device.cc:984] 0:   N
2018-08-27 23:03:49.934710: I T:\src\github\tensorflow\tensorflow\core\common_runtime\gpu\gpu_device.cc:1097] Created TensorFlow
b'Hello, TensorFlow!'
```

图 5-9　实例 5 运行结果

在 Linux 平台下也可以输入以下命令：

```
export CUDA_VISIBLE_DEVICES = 0
Python 01_hello.py
```

这样，当 Python 程序 01_hello. py 运行时，就只会用到设备上的第 1 张 GPU 显卡。若要指定多张 GPU 显卡，则用逗号分隔：

```
import os
os.environ["CUDA_VISIBLE_DEVICES"] = "0,2"          #使用第 1 张和第 3 张 GPU 显卡
```

在 Linux 平台下也可以通过以下命令使用第 1 张与第 3 张 GPU 显卡：

```
export CUDA_VISIBLE_DEVICES=0,2
```

如果在 Linux 平台下需要使用固定的 GPU 显卡，可以将 CUDA_VISIBLE_DEVICES 的设置写在 ~/.bashrc 中，添加以下命令：

```
CUDA_VISIBLE_DEVICES=0
```

这样在登录 Linux 系统时即可自动设置好。如果要在不同程序中指定 GPU 显卡，可以在该运行程序时直接以 CUDA_VISIBLE_DEVICES 指定。

微课视频：06_GPU0.mp4。

5.6 指定 GPU 显卡内存上限

在 TensorFlow 中，可以使用 tf.GPUOptions 来调整程序占用的 GPU 显卡内存上限。假设只使用 20%的 GPU 显卡内存，可以通过以下程序完成：

```
gpu_options = tf.GPUOptions(per_process_gpu_memory_fraction=0.2)
sess = tf.Session(config=tf.ConfigProto(gpu_options=gpu_options))
```

下面来看一个具体的实例(实例 6——03_GPU0Memory.py)。

```
1. import os
2. os.environ["CUDA_VISIBLE_DEVICES"] = "0"                    #使用第 1 张 GPU 显卡
3. import TensorFlow as tf
4. hello = tf.constant('Hello, TensorFlow!')
5. gpu_options = tf.GPUOptions(per_process_gpu_memory_fraction=0.2) #内存占用 20%
6. sess = tf.Session(config=tf.ConfigProto(gpu_options=gpu_options))
7. print(sess.run(hello))
```

另外，系统默认使用全部 GPU 显卡内存，也可通过以下程序达到使用全部 GPU 显卡内存的目的：

```
gpu_options = tf.GPUOptions(allow_growth=True)
sess = tf.Session(config=tf.ConfigProto(gpu_options=gpu_options))
```

下面来看一个具体的实例(实例 7——04_GPU0MemoryAuto.py)。

```
1. import os
2. os.environ["CUDA_VISIBLE_DEVICES"] = "0"                # 使用第 1 张 GPU
3. import TensorFlow as tf
4. hello = tf.constant('Hello, TensorFlow!')
5. gpu_options = tf.GPUOptions(allow_growth = True)        # 使用全部 GPU 内存
6. sess = tf.Session(config = tf.ConfigProto(gpu_options = gpu_options))
7. print(sess.run(hello))
```

微课视频：07_GPU0Memory.mp4 和 08_GPU0MemoryAuto.mp4。

第6章 TensorFlow神经网络模型快速上手

CHAPTER 6

6.1 人工智能开发步骤

本章将用最精简的程序，轻松使用TensorFlow的神经网络函数库，编写、训练并预测数据。

人工智能开发的步骤如下：

(1) 准备数据。准备数据并标出每一笔数据的答案。本章将通过随机函数创建包含1000个数据的一维数组，如果该随机数的范围为0～1，答案设定为0；数字范围为1～2，答案设置为1。这里的随机数用x表示，又称特征(features)值；而答案0和1用y表示，又称标记(label)值。

人工智能数据库会影响结果，内容正确和精准的数据会在很大程度上影响后期预测的结果。大多数人工智能开发者，会花很多时间整理、调整数据库的内容，以符合创建人工智能的模型的要求。

(2) 构建模型(model)。TensorFlow.keras可简化很多复杂的数学函数，多层感知器(Multi-Layer Perceptron，MLP)、卷积神经网络(Convolutional Neural Network，CNN)、循环神经网络(Recurrent Neural Network，RNN)、长短期记忆网络(Long Short-Term Memory，LSTM)等4种主要的神经网络模型就足以处理大多数应用。

(3) 编译。模型创建之后，通过编译代码，即可在深度学习时找出最短路径。

(4) 训练。数据和模型通过代码拟合，按照epochs参数调整深度学习的次数。机器运行代码后，将尽可能地反复运算，模型将从数据中找到一个答案，使之能符合最短路径。

(5) 测试。在退出步骤(4)后，可以得到权重(weights)的答案，即针对所提供的数据找出最符合大多数的答案。一般使用步骤(1)的数据，通过函数model.evaluate来计算正确率。

(6) 预测。当有新的数据出现时，即可按照之前的模型和权重来计算相应的答案。

以上是大多数人工智能程序的开发步骤，人工智能程序员的工作就是让预测的正确率尽可能接近100%。下面进行详细介绍。

6.2 创建训练集

为了使用神经网络，实例 8 将通过程序创建训练集，并找出该训练集创建的数学式，通过随机函数创建包含 1000 个数据的一维数组。其中，前 500 个数的范围为 0～1，答案设置为 0；后 500 个数的范围为 1～2，答案设置为 1。程序如下(实例 8——01_FirstMLP. py)：

```
1. import TensorFlow as tf                          # 导入 TensorFlow 库
2. import numpy as np                               # 导入 NumPy 库
3. x1 = np.random.random((500,1))                   # 创建 500 个随机数，范围为 0～1
4. x2 = np.random.random((500,1)) + 1               # 创建 500 个随机数，范围为 1～2
5. x_train = np.concatenate((x1, x2))               # 数据的特征
6. y1 = np.zeros((500,), dtype = int)               # 创建 500 个 0
7. y2 = np.ones((500,), dtype = int)                # 创建 500 个 1
8. y_train = np.concatenate((y1, y2))               # 数据的答案，相加后是 1000 个答案
```

产生的训练集特征值 x_train 为[0.11,0.12,…,1.11,1.12]；产生的训练集标记值 y_train 为[0,0,…,1,1]。

注意：一维数组 x_train 和 y_train 的长度均为 1000。然后运行人工智能程序，让程序找出这个数据的区分数学式。

请思考一个问题：如果该数据要区分答案是 0 还是 1，x 的区分权重是多少？

答案是：当 $x<1$ 时 y 为 0，$x\geqslant 1$ 时 y 为 1。

你答对了吗？所以写人工智能程序时，了解手头的数据非常重要，这样才能写出好的人工智能程序。很多时候因数据错误，导致预测也是错的。

6.3 构建模型

如何通过程序算出答案？在 TensorFlow. keras 中可以通过 tf. keras. models. Sequential()创建一个空的神经网络模型，并通过 tf. keras. layers. Dense()加上神经元。程序如下：

```
1. model  =  tf.keras.models.Sequential([                         # 创建神经网络模型
2. tf.keras.layers.Dense(10, activation = tf.nn.relu, input_dim = 1),
                                                                   # 10 个神经元，输入一维数组
3. tf.keras.layers.Dense(10, activation = tf.nn.relu),            # 10 个神经元，使用 ReLU 算法
4. tf.keras.layers.Dense(2, activation = tf.nn.softmax)           # 两种答案，用 Softmax 算法
5. ])
```

接下来使用 TensorFlow 创建 MLP 神经网络模型。

需要注意以下两个重点：

(1) 输入部分 input_dim=1,因为输入的(特征值)是一维数组;

(2) 输出部分 model.add(Dense(2, activation='softmax')),因为输出的标记值有两种答案。

activation(激活)函数可以指定使用的区分数据的算法,这里使用 ReLU 和 Softmax 激活函数。

创建的 MLP 神经网络模型如图 6-1 所示。

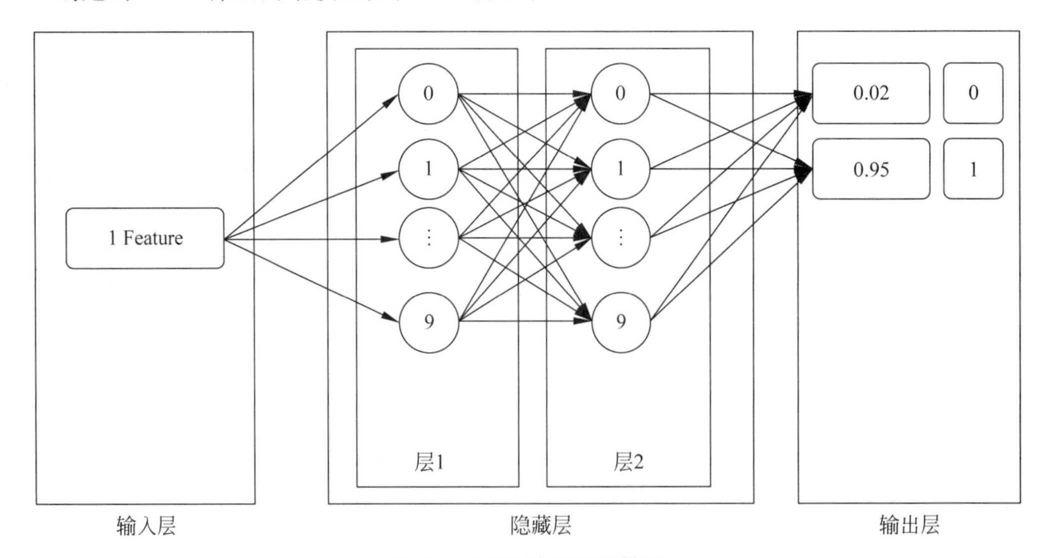

图 6-1 MLP 神经网络模型

根据笔者多年教学经验,先不要急着去看 ReLU 和 Softmax 等数学式,因为看到复杂的数学原理后,大多数人都会放弃。推荐用程序员的思维方式,将其看作一个函数变量参数,了解何时使用和如何使用,先让程序顺利运行后,再去理解该神经网络模型。相关原理将在后续章节中介绍。

完整的范例程序如下(实例 9——02_FirstMLP_Build.py):

```
1. import TensorFlow as tf
2. import numpy as np
3.
4. #产生 1000 个数据
5. x1 = np.random.random((500,1))                 #产生 500 个 0~1 的随机数
6. x2 = np.random.random((500,1)) + 1             #产生 500 个 1~2 的随机数
7. x_train = np.concatenate((x1, x2))             #训练的 1000 个特征值
8. y1 = np.zeros((500,), dtype = int)             #产生 500 个 0
9. y2 = np.ones((500,), dtype = int)              #产生 500 个 1
10. y_train = np.concatenate((y1, y2))            #训练的 1000 个标记值
11.
12. model = tf.keras.models.Sequential([          #创建神经网络模型
```

```
13.    tf.keras.layers.Dense(units = 10, activation = tf.nn.relu, input_dim = 1),
                                                      #10 个神经元,一维数组的训练集
14.    tf.keras.layers.Dense(units = 10, activation = tf.nn.relu),
                                                      #10 个神经元,使用 ReLU 算法
15.    tf.keras.layers.Dense(units = 2, activation = tf.nn.softmax)
                                                      #两种答案,使用 Softmax 算法
16. ])
```

运行结果如图 6-2 所示。

```
powens-MacBook-Air:ch20-NN powenko$ python 01_FirstMLP.py
Using TensorFlow backend.
```

图 6-2 实例 9 运行结果

至此创建了训练数据的特征和答案,并创建了一个 MLP 神经网络模型。

微课视频：01_FirstMLP.mp4。

6.4 编译

创建完神经网络模型,需要通过编译,才能让神经网络按照所提供的数据进行学习。下面分别设置编译处理函数 model.compile()中的 3 个重要参数：

(1) “optimizer='adam'”,确定使用 Adam 算法,以找出优化的答案——即每次查找时,按照 Adam 算法,找出接近 100%的目标。

(2) “loss='sparse_categorical_crossentropy'”,使用稀疏分类交叉熵算法处理损失率(损失率用于估计模型的预测值与真实值之间的差异)。

(3) “metrics=['accuracy'])”,设置编译处理时的指针,以正确率为评价指标。使用方法如下(实例 10——03_FirstMLP_compile.py)：

```
model.compile(optimizer = 'adam',                          #设置编译处理使用 Adam 算法优化
        loss = 'sparse_categorical_crossentropy',          #损失率的处理方法
        metrics = ['accuracy'])                            #设置编译处理时的指针
```

6.5 训练

在程序中通过 model.fit()函数训练,让神经网络按照所提供的数据进行学习。训练集 model.fit()中有下面 4 个重要参数：

(1) x=x_train,设置训练的特征值的数组数据。

(2) y=y_train,设置训练的标记值(答案)的数组数据。

(3) epochs=20,设置训练的次数。

(4) batch_size=128,设置每次训练的笔数。

程序如下:

```
model.fit(x = x_train, y = y_train,                    #设置训练的数据
     epochs = 20,                                      #设置训练的次数
     batch_size = 128)                                 #设置每次训练的笔数
```

通过以下程序,即可使用 MLP 神经网络模型按照 x_train(训练的特征值)和 y_train(训练的标记值),找出彼此间的关系,即找出区分不同的结果的分界线。完整程序如下(实例 11——04_FirstMLP_train. py):

```
1. import TensorFlow as tf
2. import numpy as np
3. #创建 1000 个数据
4. x1 = np.random.random((500,1))                        #创建 500 个 0~1 的随机数
5. x2 = np.random.random((500,1)) + 1                    #创建 500 个 1~2 的随机数
6. x_train = np.concatenate((x1, x2))                    #训练的特征值数量,500 + 500 个
7. y1 = np.zeros((500,), dtype = int)                    #创建 500 个 0
8. y2 = np.ones((500,), dtype = int)                     #创建 500 个 1
9. y_train = np.concatenate((y1, y2))                    #训练的标记值是 1000 个
10. model  =  tf.keras.models.Sequential([               #创建神经网络模型
11.    tf.keras.layers.Dense(units = 10, activation = tf.nn.relu, input_dim = 1),
                                                          #10 个神经元,输入一维数组
12.    tf.keras.layers.Dense(units = 10, activation = tf.nn.relu),
                                                          #10 个神经元,使用 ReLU 算法
13.    tf.keras.layers.Dense(units = 2, activation = tf.nn.softmax)
                                                          #两种答案,使用 Softmax 算法
14. ])
15. model.compile(optimizer = 'adam',                     #设置编译处理,使用 Adam 算法优化
16.         loss = 'sparse_categorical_crossentropy',     #损失率的处理方法
17.         metrics = ['accuracy'])                       #设置编译处理时的指针
18. model.fit(x = x_train,y = y_train,                    #设置训练的数据
19.        epochs = 20,                                   #设置训练的次数
20. batch_size = 128)                                     #设置每次训练的笔数
```

运行结果如图 6-3 所示。

从实例 11 可以看出,TensorFlow 的神经网络按照训练的数据进行训练。训练 20 次后,其正确率为 0.926,即全部训练集有 92%是正确的。图 6-3 中有下面几个重点:

(1) Epoch 19/20,指共训练 20 次,当前为第 19 次的结果。

(2) 128/1000,compile 函数中的 batch_size=128,故每次获取的数据笔数是 128,直到完成 1000/1000 笔的训练集,才算完成一次的训练,因为共有 1000 笔数据。

```
Epoch 17/20
 128/1000 [==>...........................] - ETA: 0s - loss: 0.4008 - acc: 0.8594
 896/1000 [=========================>....] - ETA: 0s - loss: 0.3741 - acc: 0.8828
1000/1000 [==============================] - 0s 56us/step - loss: 0.3724 - acc: 0.8810
Epoch 18/20
 128/1000 [==>...........................] - ETA: 0s - loss: 0.3293 - acc: 0.9141
1000/1000 [==============================] - 0s 18us/step - loss: 0.3492 - acc: 0.9120
Epoch 19/20
 128/1000 [==>...........................] - ETA: 0s - loss: 0.3237 - acc: 0.9375
1000/1000 [==============================] - 0s 17us/step - loss: 0.3315 - acc: 0.9210
Epoch 20/20
 128/1000 [==>...........................] - ETA: 0s - loss: 0.3251 - acc: 0.9297
1000/1000 [==============================] - 0s 13us/step - loss: 0.3170 - acc: 0.9260
```

图 6-3 实例 11 运行结果

(3) loss：0.3170，损失率为 0.3170，用于说明模型预测值与真实值的差距。

(4) acc：0.9297，找到的权重当前的正确率为 0.9297。

微课视频：02_FirstMLP_train.mp4。

6.6 评估正确率

下面通过 model.evaluate 函数评估找出的权重的正确率，主要目的是测试该模型和用训练用的数(train)训练后的权重结果，看是否能够解决问题。通常会用另一组测试用数据来评估其正确率，model.evaluate 函数所做的就是把全部测试用数据按照特征做出预测，并计算正确率，以评估模型和权重的优劣。

评估正确率 model.evaluate 函数有下面 3 个重要的参数：

(1) x=x_test，设置验证的测试特征的数据组。

(2) y=y_test，设置验证的标记答案的数据组。

(3) batch_size=128，设置每次训练的数量，即一次评估几笔。

程序如下(实例 12——05_FirstMLP_evaluate.py，这是仅给出本实例部分代码。限于篇幅，书中有些实例仅给出部分代码)：

```
1. x_test = np.array([[0.22],[0.31],[1.22],[1.33]])               #测试特征的数据组
2. y_test = np.array([0,0,1,1])                                   #测试标记答案的数据组
3. score = model.evaluate(x_test, y_test, batch_size = 128)        #计算测试正确率
4. print("score:",score)                                          #输出测试正确率
```

运行结果如下：

```
score: [0.3375784456729889, 1.0]
```

意思是损失率(loss)为0.33,正确率为1.0,即正确率为100%。

6.7 预测

预测时要用到两个对应的函数 model.predict 和 model. predict_classes,预测方法有两种,下面分别进行介绍。

1. 通过 model.predict 获取每一个结果的概率

通过 predict 获取每一个结果的概率,程序如下(实例 13——06_FirstMLP_predict.py):

```
1. predict = model.predict(x_test)                    #获取每一个结果的概率
2. print("predict:",predict)                          #输出
```

运行结果如下:

```
predict: [[0.743571 0.25642905]
 [0.72984934 0.27015063]
 [0.3309655 0.6690345]
 [0.28622374 0.71377623]]
```

由结果可以看出,第1个测试特征值0.22送入神经网络模型计算后,预估是0的标记答案的概率为0.743571,是1的标记答案的概率为0.256,所以是0的概率比较大。

一般来说,求出的答案可以通过 numpy.argmax 函数找出最大的概率,程序如下:

```
np.argmax(predict[0])
```

如果要处理前4笔的预测数据,可以通过以下程序实现:

```
print("Ans:",np.argmax(predict[0]),np.argmax(predict[1]),
                np.argmax(predict[2]),np.argmax(predict[3]))
```

输出结果如下:

```
Ans: 0 0 1 1
```

2. 通过 model.predict_classes 获取答案

通过 predict_classes 函数来预测答案,程序如下:

```
predict2 = model.predict_classes(x_test)              #得到预测答案
print("predict_classes:",predict2)                    #输出预测答案
print("y_test",y_test[:])                             #输出实际测试的结果
```

输出结果如下：

```
predict_classes: [0 0 1 1]
y_test [0 0 1 1]
```

一个完整程序如下(实例 14——07_FirstMLP_predictclass.py)：

```
1.  import TensorFlow as tf                                  # 导入 TensorFlow 函数
2.  import numpy as np                                       # 导入 NumPy 函数
3.  # 创建训练集
4.  x1 = np.random.random((500,1))                           # 创建 500 个 0~1 的随机数
5.  x2 = np.random.random((500,1)) + 1                       # 创建 500 个 1~2 间的随机数
6.  x_train = np.concatenate((x1, x2))                       # 创建训练 1000 个数据的因(特征值)
7.  y1 = np.zeros((500,), dtype = int)                       # 创建 500 个 0
8.  y2 = np.ones((500,), dtype = int)                        # 创建 500 个 1
9.  y_train = np.concatenate((y1, y2))                       # 创建训练 1000 个数据的果(标记值)
10.
11. # 创建模型和训练
12. model = tf.keras.models.Sequential([                     # 创建神经网络模型
13.   tf.keras.layers.Dense(units = 10, activation = tf.nn.relu, input_dim = 1),
                                                             # 一维数组(因)
14.   tf.keras.layers.Dense(units = 10, activation = tf.nn.relu),
                                                             # 10 个神经元,使用 ReLU 算法
15.   tf.keras.layers.Dense(units = 2, activation = tf.nn.softmax)
                                                             # 两种答案,使用 Softmax 算法
16. ])
17. model.compile(optimizer = 'adam',                        # 编译使用 Adam 算法优化
18.          loss = 'sparse_categorical_crossentropy',       # 损失率使用稀疏分类交叉熵
19.          metrics = ['accuracy'])                         # 设置编译处理时的指针
20. model.fit(x_train, y_train,                              # 进行训练的因和果的数据
21.        epochs = 20,                                      # 设置训练次数
22.        batch_size = 128)                                 # 设置每次训练的笔数
23.
24. # 创建测试集
25. x_test = np.array([[0.22],[0.31],[1.22],[1.33]])        # 自定义测试集的因
26. y_test = np.array([0,0,1,1])                             # 自定义测试集的果
27. score = model.evaluate(x_test, y_test, batch_size = 128)  # 计算测试正确率
28. print("score:",score)                                    # 输出测试正确率
29.
30. predict = model.predict(x_test)                          # 得到每一个结果的概率
31. print("predict:",predict)                                # 输出
32. print("Ans:",np.argmax(predict[0]),np.argmax(predict[1]),
      np.argmax(predict[2]),np.argmax(predict[3]))          # 输出
33. predict2 = model.predict_classes(x_test)                 # 得到预测答案
34. print("predict_classes:",predict2)                       # 输出预测答案
35. print("y_test",y_test[:])                                # 输出实际测试结果
36.
```

运行结果如图 6-4 所示。

```
Epoch 20/20
 128/1000 [==>...........................] - ETA: 0s - loss: 0.5710 - acc: 0.8594
1000/1000 [==============================] - 0s 18us/step - loss: 0.5692 - acc: 0.8830
4/4 [==============================] - 0s 21ms/step
score: [0.5505263805389404, 1.0]
predict: [[0.581889   0.418111  ]
 [0.57134825 0.42865178]
 [0.43154642 0.56845355]
 [0.41493836 0.58506167]]
Ans: 0 0 1 1
predict_classes: [0 0 1 1]
y_test [0 0 1 1]
```

图 6-4　实例 14 运行结果

至此创建一个完整的 MLP 神经网络模型，可以看到程序中有训练、测试、预测和输出测试的结果。

微课视频：03_MLPpredict_TensorFlow. mp4。

第 7 章 TensorFlow 改善神经网络模型 MLP 的准确率

CHAPTER 7

7.1 模型不同的写法

TensorFlow 的 MLP 模型有不同写法，但运行的效果和答案均相同。第 6 章的创建模型程序如下：

```
#创建模型和训练
model = tf.keras.models.Sequential([                              #创建神经网络模型
    tf.keras.layers.Dense(units = 10, activation = tf.nn.relu, input_dim = 1),
                                                                  #10 个神经元，输入一维数组
    tf.keras.layers.Dense(units = 10, activation = tf.nn.relu),   #10 个神经元，使用 ReLU 算法
    tf.keras.layers.Dense(units = 2, activation = tf.nn.softmax)  #两种答案，使用 Softmax 算法
])
```

同样的程序也可以写成如下所示（实例 15——01_MLPpredict_TensorFlow_ModelAdd.py）：

```
#创建模型
model = tf.keras.models.Sequential()                  #加入顺序层
model.add(tf.keras.layers.Dense(units = 10,           #加入 10 个神经元
    input_dim = 1))                                   #导入一维数组
model.add(tf.keras.layers.Dense(units = 10,           #加入 10 个神经元
model.add(tf.keras.layers.Dense(units = 2,            #加入两个神经元输出的答案
```

运行结果如图 7-1 所示。

可以看出，不同写法的运行结果相同。TensorFlow 官方网站和相关数据两种写法都会用到，所以应同时掌握这两种写法。本书将采用后者，因这种写法比较接近正统的 TensorFlow.keras 官方实例。

```
Epoch 20/20
 128/1000 [==>...........................] - ETA: 0s - loss: 0.6519 - acc: 0.8984
1000/1000 [==============================] - 0s 31us/step - loss: 0.6504 - acc: 0.8970
4/4 [==============================] - 0s 55ms/step
score: [0.6432062387466431, 1.0]
predict: [[0.52375585 0.47624412]
 [0.5254014  0.47459856]
 [0.47642604 0.52357394]
 [0.47029015 0.52970994]]
predict: 0 0 1 1
y_test [0 0 1 1]
```

图 7-1 模型不同的写法的运行结果

微课视频：01_MLPpredict_TensorFlow_ModelAdd. mp4。

7.2 TensorFlow 与 Keras 函数库的关系和差异

很多人在学习神经网络时会先学 Keras，再学习 TensorFlow。利用早期的 TensorFlow 编写神经网络其实很麻烦，代码相当复杂和冗长，并且需要自己编写数学式，但是自从 TensorFlow 1.9 版本加入 TensorFlow. keras 模型后，用 TensorFlow 开发神经网络就容易多了。本章用 Keras 把前面的 TensorFlow 程序改写如下（实例 16——02_MLPpredict_Keras. py）：

```
1. import keras                                          # 导入 Keras 函数
2. from keras.models import Sequential                   # 导入 Keras 相关函数
3. from keras.layers import Dense                        # 导入 Keras 相关函数
4. import numpy as np                                    # 导入 NumPy 函数
5.
6. # 创建训练集
7. x1 = np.random.random((500,1))
8. x2 = np.random.random((500,1)) + 1
9. x_train = np.concatenate((x1, x2))                    # 创建训练 1000 个数据的因
10. y1 = np.zeros((500,), dtype = int)
11. y2 = np.ones((500,), dtype = int)
12. y_train = np.concatenate((y1, y2))                   # 创建训练 1000 个数据的果
13.
14. # 创建模型和训练
15. model = Sequential()
16. model.add(Dense(units = 10, activation = 'relu', input_dim = 1))
17.                                                      # 训练输入为一维，每一笔只有 1 个特征值
18. model.add(Dense(units = 10, activation = 'relu'))# 10 个神经元，使用 ReLU 算法
```

```
19. model.add(Dense(units = 2, activation = 'softmax'))       #两种答案,使用 Softmax 算法
20. model.compile(optimizer = 'adam',                         #编译使用 Adam 算法优化
21.   loss = 'sparse_categorical_crossentropy',              #损失率使用稀疏分类交叉熵
22.   metrics = ['accuracy'])                                 #设置编译处理使用 Adam 算法优化
23. model.fit(x_train, y_train,                               #进行训练的数据
24.   epochs = 20,                                            #设置训练的次数
25.   batch_size = 128)                                       #设置每次训练的笔数
26.
27. #创建测试集
28. x_test = np.array([[0.22],[0.31],[1.22],[1.33]])          #自定义测试集的因
29. y_test = np.array([0,0,1,1])                              #自定义测试集的果
30. score = model.evaluate(x_test, y_test, batch_size = 128)  #计算测试正确率
31. print("score:",score)                                     #输出测试正确率
32.
33. predict = model.predict(x_test)                           #预测
34. print("predict:",predict)                                 #输出每一个预测的结果
35. print("Ans:",np.argmax(predict[0]),np.argmax(predict[1]),np.argmax(predict[2]),
    np.argmax(predict[3]))                                    #得到预测答案 1
36. predict2 = model.predict_classes(x_test)                  #得到预测答案 2
37. print("predict_classes:",predict2)                        #输出预测答案 2
38. print("y_test",y_test[:])                                 #输出实际测试结果
```

运行结果如图 7-2 所示。

```
Epoch 20/20

 128/1000 [==>...........................] - ETA: 0s - loss: 0.3858 - acc: 0.9531
1000/1000 [==============================] - 0s 15us/step - loss: 0.3725 - acc: 0.9400

4/4 [==============================] - 0s 22ms/step
score: [0.3468254506587982, 1.0]
predict: [[0.7083343  0.29166564]
 [0.7134547  0.2865453 ]
 [0.32057315 0.67942685]
 [0.27263054 0.7273695 ]]
Ans: 0 0 1 1
predict_classes: [0 0 1 1]
y_test [0 0 1 1]
```

图 7-2 实例 16 运行结果

由结果可以看出,程序的编写方法和预测的答案几乎完全相同,唯一的差别在于导入 Keras 时会出现 Using TensorFlow backend 的提示,即 Keras 实际的计算引擎还是使用 TensorFlow,所以在 TensorFlow 1.9 版之后,推荐直接学习和使用 TensorFlow 库。

网络上还有很多优秀的 Keras 实例,推荐读者学习并了解如何在 TensorFlow 和 Keras 之间转换和使用。

微课视频：02_MLPpredict_Keras.mp4。

7.3 标记处理独热编码

什么是分类的答案(果)？许多机器学习算法不能直接对文字结果进行运算，要求所有输入和输出数据都是数字。

本书的经典案例有两种：

(1) 水果的分类——柠檬为1，柳丁为2。

(2) 鸢尾花的分类——setosa(柔滑鸢尾花)为1，virginica(弗吉尼亚鸢尾花)为2，versicolor(变色鸢尾花)为3。

一般有两种编码答案：整数编码(Integer Encoding)和独热编码(One-Hot Encoding)。此前均使用整数编码分类的答案，对于不存在序数关系的分类变量，整数编码的自然排序可能导致性能不佳或意外的结果，如答案在预测中各占一半。这种情况下，可以将整数编码转换为独热编码。

以水果的分类为例，使用整数编码时，柳丁为1，柠檬为2；转换为独热编码时，柳丁为[1,0]，柠檬为[0,1]。

以鸢尾花的分类为例，使用整数编码时，柔滑鸢尾花为1，弗吉尼亚鸢尾花为2，变色鸢尾花为3；转换为独热编码时，柔滑鸢尾花为[1,0,0]，弗吉尼亚鸢尾花为[0,1,0]，变色鸢尾花为[0,0,1]。

在TensorFlow中通过to_categorical函数，可以将标记值转换成独热编码：

```
tf.keras.utils.to_categorical(y,num_classes = None)
```

并将类向量(整数)转换为二进制类数组。

其中，y为要转换为数组的类向量(0到num_classes间的整数)；num_classes为类的总数。

实例17——03_MLPOne-hotEncoding.py。

```
1. import TensorFlow as tf                          # 导入 TensorFlow 函数
2. import numpy as np                               # 导入 NumPy 函数
3. # 创建训练集
4. x1 = np.random.random((500,1))                   # 创建 500 个 0~1 的随机数
5. x2 = np.random.random((500,1)) + 1               # 创建 500 个 1~2 的随机数
6. x_train = np.concatenate((x1, x2))               # 创建训练 1000 个数据的因
```

```
7. y1 = np.zeros((500,), dtype = int)                          # 创建 500 个 0
8. y2 = np.ones((500,), dtype = int)                           # 创建 500 个 1
9. y_train = np.concatenate((y1, y2))                          # 创建训练 1000 个数据的果
10.
11. # 将训练结果转为独热编码
12. y_train2 = tf.keras.utils.to_categorical(y_train, num_classes = 2)
13.
14. # 创建模型和训练
15. model = tf.keras.models.Sequential([                        # 创建神经网络模型
16.   tf.keras.layers.Dense(units = 10, activation = tf.nn.relu, input_dim = 1),
17.                                                             # 训练输入为一维,每一笔只有一个特征值
18.   tf.keras.layers.Dense(units = 10, activation = tf.nn.relu), # 10 个神经元
19.   tf.keras.layers.Dense(units = 2, activation = tf.nn.softmax)# 两种答案
20. ])
21. model.compile(optimizer = 'adam',                            # 设置编译处理使用 Adam 算法优化
22.   loss = tf.keras.losses.categorical_crossentropy,
23.                                                             # 损失率使用分类交叉熵
24.   metrics = ['accuracy'])                                   # 设置编译处理时的指针
25. model.fit(x_train, y_train2,                                 # 进行训练的因和独热编码的数据
26.      epochs = 20,                                           # 设置训练的次数
27.      batch_size = 128)                                      # 设置每次训练的笔数
28.
29. # 创建测试集
30. x_test = np.array([[0.22],[0.31],[1.22],[1.33]])                   # 测试集特征值
31. y_test = np.array([0,0,1,1])                                # 测试集标记值
32.
33. # 将测试结果转换为独热编码
34. y_test2 = tf.keras.utils.to_categorical(y_test, num_classes = 2)
35.
36. score = model.evaluate(x_test, y_test, batch_size = 128)       # 计算正确率
37. print("score:",score)                                       # 输出
38.
39. predict = model.predict(x_test)                             # 预测
40. print("predict:",predict)                                   # 输出
41. print("Ans:",np.argmax(predict[0]),np.argmax(predict[1]),np.argmax(predict[2]),
    np.argmax(predict[3]))                                      # 显示预测答案 1
42. predict2 = model.predict_classes(x_test)                    # 得到预测答案 2
43. print("predict_classes:",predict2)                          # 输出预测答案 2
44. print("y_test",y_test[:])                                   # 输出实际测试结果
```

运行结果如图 7-3 所示。

程序中需注意两点:

(1) 如果训练标记值使用独热编码,则测试标记值也要用独热编码,即训练和测试的编码方式需一致。

(2) 使用独热编码编译程序的 loss 参数会有所不同。

```
Epoch 20/20
 128/1000 [==>...........................] - ETA: 0s - loss: 0.5986 - acc: 0.6484
1000/1000 [==============================] - 0s 22us/step - loss: 0.5948 - acc: 0.6550
4/4 [==============================] - 0s 14ms/step
score: [0.5742355585098267, 1.0]
predict: [[0.5163605  0.4836395 ]
 [0.504104   0.495896  ]
 [0.38526908 0.61473095]
 [0.37151873 0.6284812 ]]
Ans: 0 0 1 1
predict_classes: [0 0 1 1]
y_test [0 0 1 1]
```

图 7-3 实例 17 运行结果

以下为多类交叉熵：

```
model.compile(optimizer = 'adam',
        loss = 'sparse_categorical_crossentropy',
        metrics = ['accuracy'])
```

可转换成多分类损失函数：

```
model.compile(optimizer = 'adam',
        loss = tf.keras.losses.categorical_crossentropy,
        metrics = ['accuracy'])
```

微课视频：03_MLPOne-hotEncoding.mp4。

7.4 处理多个特征值

下面将通过程序调整神经网络模型 MLP 的预测结果，并改善其正确性。首先写一个 CreateDatasets 函数来创建较为复杂的训练和测试的数据，程序如下：

```
1. def CreateDatasets(high,iNum,iArraySize):                    #数据创建器
2. x_train = np.random.random((iNum, iArraySize)) * float(high)
3. #训练集的特征
4. y_train = ((x_train[:iNum,0]+x_train[:iNum,1])/2).astype(int)
5. #取整数为训练集的标记答案
6. return x_train, y_train,tf.keras.utils.to_categorical(y_train, num_classes = (high))
7. category = 4
8. dim = 2
9. x_train,y_train,y_train2 = CreateDatasets(category,1000,dim)   #创建全部1000个二维的
                                                                #训练集的特征,而训练集
                                                                #的标记值有4种
```

运行结果如图 7-4 所示。

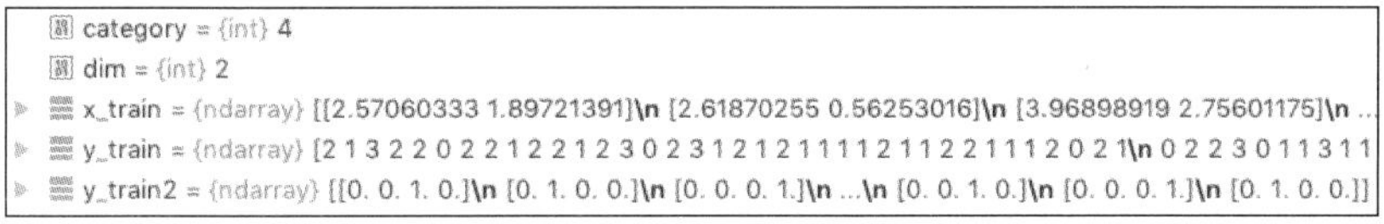

```
category = {int} 4
dim = {int} 2
x_train = {ndarray} [[2.57060333 1.89721391]\n [2.61870255 0.56253016]\n [3.96898919 2.75601175]\n ...
y_train = {ndarray} [2 1 3 2 2 0 2 2 1 2 2 1 2 3 0 2 3 1 2 1 2 1 1 1 1 2 1 1 2 2 1 1 1 2 0 2 1\n 0 2 2 3 0 1 1 3 1 1
y_train2 = {ndarray} [[0. 0. 1. 0.]\n [0. 1. 0. 0.]\n [0. 0. 0. 1.]\n ...\n [0. 0. 1. 0.]\n [0. 0. 0. 1.]\n [0. 1. 0. 0.]]
```

图 7-4 创建运行结果

其中,x_train 为创建全部 1000 个二维的训练集的特征值;y_train 为训练集的标记值,有 10 种答案;y_train2 为训练集的标记值的独热编码。

本实例将创建数据集,就是创建 1000 个训练数据。训练数据的特征为通过随机数创建的 1000 笔数据,每笔数据有两个,其范围为 0～9.999…。训练结果为数学公式$y=(x_{[0]}+x_{[1]})/2$的整数值,故答案将是 0～9 的整数。

实例 18——04_MLPOne-20InputOutput.py。

```
1. import TensorFlow as tf
2. import numpy as np
3. def CreateDatasets(high,iNum,iArraySize):                    #数据创建器
4.     x_train = np.random.random((iNum, iArraySize)) * float(high)
5.                                                              #特征值
6.     y_train = ((x_train[:iNum,0] + x_train[:iNum,1])/2).astype(int)
7.                                                              #标记值
8. return x_train, y_train,tf.keras.utils.to_categorical(y_train,high)
9.
10. category = 10                                               #几种答案
11. dim = 2                                                     #每笔数据有两个特征值 X
12. x_train,y_train,y_train2 = CreateDatasets(category,1000,dim)
13. #创建全部 1000 个二维的训练特征值 X 因,而训练结果 Y 有 10 种答案
14. #创建模型
15. model = tf.keras.models.Sequential()                        #创建神经网络模型
16. model.add(tf.keras.layers.Dense(units = 10,                 #10 个神经元
17.   activation = tf.nn.relu,                                  #使用 ReLU 算法激活函数
18.   input_dim = dim))                                         #输入的数组尺寸
19. model.add(tf.keras.layers.Dense(units = 10,                 #10 个神经元
20.   activation = tf.nn.relu))                                 #使用 ReLU 算法激活函数
21. model.add(tf.keras.layers.Dense(units = category,           #结果的种类
22.   activation = tf.nn.softmax))                              #使用 tf.nn.softmax
23.
24. #编译和训练
25. model.compile(optimizer = 'adam',                           #设置编译处理使用 Adam 算法优化
26.   loss = tf.keras.losses.categorical_crossentropy,
27.                                                             #损失率使用分类交叉熵
28.   metrics = ['accuracy'])                                   #以正确率为评价指标
```

```
29. model.fit(x_train, y_train2,
30.       epochs = 20,
31.       batch_size = 128)
32.
33.                                                 #创建测试集
34. x_test,y_test,y_test2 = CreateDatasets(category,10,dim)
35.    #创建全部 10 个二维的测试特征值 X,而测试结果 Y 有 10 种答案
36. #测试
37. …                                               #同上一个范例,略
38.
```

运行结果如图 7-5 所示。

```
Epoch 20/20
 128/1000 [==>...........................] - ETA: 0s - loss: 2.1602 - acc: 0.1875
1000/1000 [==============================] - 0s 24us/step - loss: 2.1484 - acc: 0.1880
10/10 [==============================] - 0s 7ms/step
score: [2.246499538421631, 0.10000000149011612]
Ans: 6 5 6 4
predict_classes: [6 5 6 4 6 6 6 6 4 6]
y_test [8 4 8 2 5 4 4 6 1 8]
```

图 7-5　实例 18 运行结果

因为实例 18 中训练集是 1000 笔,每笔数据有两个训练特征值,而训练结果有 10 种答案,故训练 20 次时,其训练集的正确率只有 0.1880,预测测试集也只有 10%的数据正确,所以需要对神经网络模型 MLP 做一些调整。

微课视频:04_MLPOne-20InputOutput.mp4。

7.5　通过改变深度学习训练次数改善预测结果

神经网络模型 MLP 有几种方式可以调整参数,本节将以实例 18 为例,只将训练次数(epochs 参数)调整为原来的 10 倍来观察其变化程度(实例 19——05_MLPOne-20InputOutput_epochs.py):

```
model.fit(x_train, y_train,
     epochs = 20 * 10,          #调整深度学习训练次数 epochs 为 200 次
     batch_size = 128)
```

运行结果如图 7-6 所示。

由结果可以看出,虽然正确率达到 0.7140,但评估为 score:[0.9293,0.6999]的正确率只有 69%,且将[4 4 6 8 3 4 6 4 1 4]预测成了[4 3 6 7 3 3 6 4 1 4]。

```
Epoch 200/200
 128/1000 [==>...........................] - ETA: 0s - loss: 0.9316 - acc: 0.7500
1000/1000 [==============================] - 0s 10us/step - loss: 0.9487 - acc: 0.7140
10/10 [==============================] - 0s 5ms/step
score: [0.9293791651725769, 0.699999988079071]
Ans: 4 4 6 8
predict_classes: [4 4 6 8 3 4 6 4 1 4]
y_test [4 3 6 7 3 3 6 4 1 4]
```

图 7-6 实例 19 运行结果

微课视频：05_MLPOne-20InputOutput_epochs.mp4。

Fit 函数有 18 个参数，常用的有以下几个：

```
TensorFlow.keras.models.Model.fit(
    x = None,                        # 训练时的特征值 X
    y = None,                        # 训练时的标记值 Y
    batch_size = None,               # 每个梯度更新的样本数，默认为 32
    epochs = 1,                      # 深度学习的次数循环
    verbose = 1,                     # 训练时显示的消息：0 表示无显示，1 表示进度，2 表示详细
    callbacks = None,                # 完成一次，调用指定函数
    validation_split = 0.0,          # 如是 0.3，在训练时会取 30% 的数据并自行验证
    ** kwargs
)
```

本实例通过修改参数 epochs 改变深度学习的次数，读者也可以通过修改参数 verbose 使其显示不同的输出消息。另外，validation_split 参数也是常用的参数之一，读者可以尝试使用，以在训练中即取部分数据自行验证。

7.6 通过改变深度学习每次训练的数据量改善预测结果

model.fit 函数中的参数 batch_size 是每次训练时送入的数据笔数。如果数据量小一些，训练次数就会多一些，但 batch_size 也不应太小，推荐采用分类的数量的 5～10 倍，使每次训练都有不同的分类数据，不然就没有意义。下面将 batch_size 调整为原来的 1/2 来观察训练次数的变化程度（实例 20——06_MLPOne-20InputOutput_epochs_batch.py）：

```
model.fit(x_train, y_train,
      epochs = 20,                   # 恢复深度学习训练次数 epochs 为 20 次
      batch_size = 64)               # 数据量调整为原来的 1/2(128/2)
```

运行结果如图 7-7 所示。

```
Epoch 20/20
1000/1000 [==============================] - 0s 32us/sample - loss: 1.9538 - acc: 0.1810
10/10 [==============================] - 0s 5ms/sample - loss: 1.9076 - acc: 0.3000
score: [1.9076054096221924, 0.3]
Ans: 6 7 4 5
predict_classes: [6 7 4 5 4 5 4 7 4 5]
y_test [6 2 4 7 4 7 6 3 3 8]
```

图 7-7 实例 20 运行结果

训练 20 次时,其训练集的正确率只有 0.1880,预测测试集数据正确率为 30%。

微课视频:06_MLPOne-20InputOutput_AddDenses.py.mp4。

微课视频:07_MLPOne-20InputOutput_epochs_batch.mp4。

7.7 通过增加神经元的数量改善预测结果

MLP 模型可以增加神经元的数量。以下是修改的部分程序,注意神经元数量的增加是为了更好地描述该特征值,并更清楚地描述该数据的细节(实例 21——07_MLPOne-20InputOutput_AddDenses.py):

```
1. model = tf.keras.models.Sequential()
2. model.add(tf.keras.layers.Dense(units = 10 * 10,          #增加神经元的数量
3.     activation = tf.nn.relu,
4.     input_dim = dim))
5. model.add(tf.keras.layers.Dense(units = 10 * 10,          #增加神经元的数量
6.     activation = tf.nn.relu))
7. model.add(tf.keras.layers.Dense(units = category,         #输出层答案种类
8. activation = tf.nn.softmax))
```

运行结果如图 7-8 所示。

由结果可以看出,训练 20 次时,训练集正确率为 0.23,预测测试集正确率升至 60%。

```
Epoch 20/20
1000/1000 [==============================] - 0s 16us/sample - loss: 1.6040 - acc: 0.2380
10/10 [==============================] - 0s 6ms/sample - loss: 1.3439 - acc: 0.6000
score: [1.3438708782196045, 0.6]
Ans: 7 6 6 5
predict_classes: [7 6 6 5 3 4 7 4 7 8]
y_test [7 6 4 5 2 3 7 4 8 8]
```

图 7-8 实例 21 运行结果

微课视频：08_MLPOne-20InputOutput_AddDenses.mp4。

7.8 通过增加隐藏层的数量改善预测结果

MLP 模型可以增加中间隐藏层的数量。隐藏层的数量没有上限，适当地增加可使模型有更多的空间转换来找出数据的特征。以下是修改的部分程序（实例 22——08_MLPOne-20InputOutput_AddLayers.py）：

```
1. model = tf.keras.models.Sequential()
2. model.add(tf.keras.layers.Dense(units = 10,
3.   activation = tf.nn.relu,
4.   input_dim = dim))
5. model.add(tf.keras.layers.Dense(units = 10,
6.   activation = tf.nn.relu))
7. model.add(tf.keras.layers.Dense(units = 10,              # 新增中间隐藏层数量
8.   activation = tf.nn.relu))
9. model.add(tf.keras.layers.Dense(units = category,        # 输出层,答案种类
10. activation = tf.nn.softmax))
```

为了比较其差异，实例 22 使用默认参数，只增加一个新的中间隐藏层。训练时正确率为 0.20，评估 score：[1.9631824493408203，0.2]正确率只有 0.2。

微课视频：09_MLPOne-20InputOutput_AddLayers.mp4。

7.9 通过增加训练集的数据笔数改善训练结果

本节将测试通过增加训练集的数据笔数，看是否会有更好的效果。为了比较其差异，使用默认参数，并将训练集调整为原来的 10 倍（实例 23——09_MLPOne-20InputOutput_MoreDatasets. py）：

```
x_train,y_train,y_train2 = CreateDatasets(category,1000 * 10,dim)
```

运行结果如图 7-9 所示。

```
Epoch 20/20
  128/10000 [..............................] - ETA: 0s - loss: 0.7909 - acc: 0.7891
 4096/10000 [===========>..................] - ETA: 0s - loss: 0.7787 - acc: 0.8157
 7680/10000 [======================>.......] - ETA: 0s - loss: 0.7709 - acc: 0.8215
10000/10000 [==============================] - 0s 13us/step - loss: 0.7661 - acc: 0.8238
10/10 [==============================] - 0s 4ms/step
score: [0.8177118301391602, 0.800000011920929]
Ans: 8 4 6 8
predict_classes: [8 4 6 8 4 7 3 2 6 5]
y_test [8 4 5 9 4 7 3 2 6 5]
```

图 7-9 实例 23 运行结果

由结果可以看出，训练时正确率为 0.8238，评估分数 score：[0.8177118301391602，0.800000011920929]的正确率为 80%。

微课视频：10_MLPOne-20InputOutput_MoreDatasets. mp4。

7.10 使预测正确率达到 100%

下面介绍如何通过修改神经网络模型 MLP 的程序，使其预测值 100%正确。

实例 24——10_MLPOne-20InputOutput-99. 9. py。

```
1. x_train,y_train,y_train2 = CreateDatasets(category,1000 * 10,dim)    #10 倍数据
2.
3. #创建模型
4. model  =  tf.keras.models.Sequential()
5. model.add(tf.keras.layers.Dense(units = 10 * 100,                     #100 倍神经元
6.    activation = tf.nn.relu,
7.    input_dim = dim))
```

```
8. model.add(tf.keras.layers.Dense(units = 10 * 100,              #100 倍神经元
9.   activation = tf.nn.relu))
10. model.add(tf.keras.layers.Dense(units = 10 * 100,             #增加中间隐藏层
11.   activation = tf.nn.relu))
12. model.add(tf.keras.layers.Dense(units = 10 * 100,             #增加中间隐藏层
13.   activation = tf.nn.relu))
14. model.add(tf.keras.layers.Dense(units = category,
15.   activation = tf.nn.softmax))
16. model.compile(optimizer = 'adam',
17.   loss = tf.keras.losses.categorical_crossentropy,
18.   metrics = ['accuracy'])
19. model.fit(x_train, y_train2,
20.       epochs = 20 * 100,                               #深度学习训练次数调至原来的 100 倍
21. batch_size = 64)                                       #减少每次训练数据量,增加训练次数
```

将训练的数据笔数增加至原来的 100 倍,并增加神经元数量,增加中间层,训练时正确率可达 0.9969,使用测试集时 score:[0.006179372314363718, 1.0]的预测正确率为 100%。

微课视频:11_MLPOne-20InputOutput-99.9.mp4。

第8章 TensorFlow神经网络模型实战案例

CHAPTER 8

本章将用植物数据实例来探讨MLP在农业中的应用。植物数据来源于scikit-learn数据库,该数据库提供以下用于开发练习的数据集。

(1) load_boston：波士顿房价数据集。

(2) load_iris：鸢尾花数据集。

(3) load_diabetes：糖尿病数据集。

(4) load_digits：手写数字图片数据集。

(5) load_linnerud：体能数据集。

(6) load_wine：葡萄酒数据集。

(7) load_breast_cancer：乳腺癌数据集。

8.1 鸢尾花的种类判断

植物学家通过数据解析对每个鸢尾花进行分类,而本节将根据萼片和花瓣的长度及宽度来分类鸢尾花。

花萼是一朵花中所有萼片的总称,位于花的最外层,外观类似小叶,也有少数花的花萼外观类似花瓣,如图8-1所示。

本节将使用load_iris鸢尾花数据集。这是一个判别花的种类的数据集,主要包含150个样本,每个样本由4个特征描述,这4个特征分别为Sepal Length(花萼长度,cm)、Sepal Width(花萼宽度,cm)、Petal Length(花瓣长度,cm)和Petal Width(花瓣宽度,cm)。鸢尾花目前有300多种类别,但load_iris数据集中只有Iris setosa(柔滑鸢尾花,如图8-2(a)所示)、Iris virginica(弗吉尼亚鸢尾花,如图8-2(b)所示)和Iris versicolor(变色鸢尾花,如图8-2(c)所示)3种。

图 8-1　鸢尾花的花萼和花瓣

(a) Iris setosa(柔滑鸢尾花)

(b) Iris virginica(弗吉尼亚鸢尾花)

(c) Iris versicolor(变色鸢尾花)

图 8-2　鸢尾花的种类

8.2　鸢尾花植物辨识数据库

本节将介绍植物学家如何通过人工智能方法对鸢尾花进行分类。在本节会通过 MLP 模型进行深度学习。数据来源于 sklearn.datasets 官方标准数据库，根据数据中萼片和花瓣的长度和宽度测量来分类鸢尾花。

实例 25——01-Iris.py。

```
1.  from sklearn import datasets                              # sklearn.datasets 数据库
2.  from sklearn.model_selection import train_test_split      # train_test_split 数据库
3.  import TensorFlow as tf                                   # 导入 TensorFlow 库
4.  import numpy as np                                        # 导入数值计算扩展程序库
5.  iris = datasets.load_iris()                               # 鸢尾花数据集
6.  category = 3                                              # 鸢尾花有几种标记值
7.  dim = 4                                                   # 鸢尾花有几个特征值
8.  x_train , x_test , y_train , y_test = train_test_split(iris.data, iris.target, test_size = 0.2)
9.  print(x_train.shape)
10. print(y_train.shape)
```

```
11. print(x_test.shape)
12. print(y_test.shape)
13. y_train2 = tf.keras.utils.to_categorical(y_train, num_classes = (category))            #转码
14. y_test2 = tf.keras.utils.to_categorical(y_test, num_classes = (category))              #转码
15. print("x_train[:4]",x_train[:4])                        #输出前4笔训练的因
16. print("y_train[:4]",y_train[:4])                        #输出前4笔训练的果
17. print("y_train2[:4]",y_train2[:4])                      #输出前4笔训练的转码
```

输出结果如下：

```
(120, 4)
(30, 4)
(120,)
(30,)
x_train[:4] [[4.6 3.1 1.5 0.2]
 [6.  2.7 5.1 1.6]
 [6.8 3.2 5.9 2.3]
 [6.3 3.3 4.7 1.6]]
y_train[:4] [0 1 2 1]
y_train2[:4] [[1. 0. 0.]
 [0. 1. 0.]
 [0. 0. 1.]
 [0. 1. 0.]]
```

其中前3笔数据如表8-1所示，最后一列为标记。

表8-1　实例25中的前3笔数据

花瓣长度	花瓣宽度	萼片长度	萼片宽度	Label(标签)
6.4	2.8	5.6	2.2	2
5.0	2.3	3.3	1.0	1
4.9	2.5	4.5	1.7	2

最后一个值域为Label(标签)。

其中：0——Iris setosa(柔滑鸢尾花)；1——Iris versicolor(变色鸢尾花)；2——Iris virginica(弗吉尼亚鸢尾花)。

Google的TensorFlow官方网页也提供了相同的数据库，可以通过以下链接获取：

```
http://download.TensorFlow.org/data/iris_training.csv
http://download.TensorFlow.org/data/iris_test.csv
```

微课视频：01-Iris.mp4。

8.3 利用 Python 处理 Excel 文档

利用 Python 处理 Excel 文档需要第三方函数库支持。Windows 操作系统安装第三方函数库 xlrd 和 pandas 的方法如下：

```
#Python  -m pip install -U pip setuptools
#pip install xlrd
#pip install xlwt
#pip install pandas
```

Mac 操作系统的安装方法如下：

```
#pip install -U pip setuptools
#pip install xlrd
#pip install xlwt
#pip install pandas
```

在 PyCharm 中安装 xlrd 的步骤如下：

(1) 选择 File→Settings 命令。

(2) 在打开的 Settings 窗口选择 Project：MyPython→Project Interpreter 选项。

(3) 在右侧打开的窗口中单击+按钮导入 xlrd 函数库。

(4) 单击 Install Package 按钮，即可添加和安装 xlrd 函数库，如图 8-3 所示。

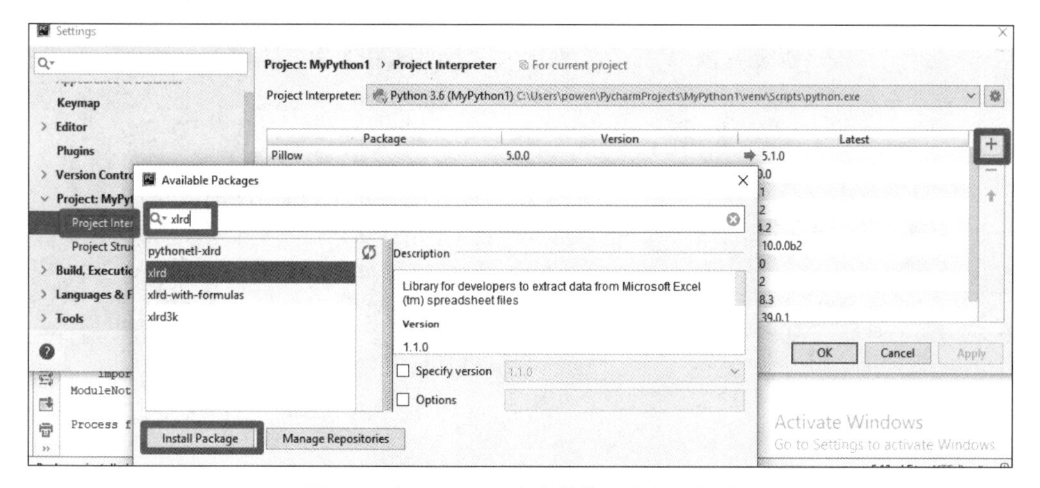

图 8-3 在 PyCharm 中安装第三方的函数库

在上述安装步骤中，在步骤(3)中，单击+按钮导入 pandas，可安装 pandas 函数库。

8.4 下载并存储鸢尾花数据

下面通过 pandas 函数库把所得到的数值存储在 Excel 表中，以便查看数据内容（实例26——02-IrisExcel.py）：

```
1.  import numpy as np                                              #数组函数库
2.  from sklearn import datasets                                    #实例数据函数库
3.  from sklearn.neighbors import KNeighborsClassifier              #KNN 函数库
4.
5.  #获取鸢尾花的数据
6.  iris = datasets.load_diabetes()
7.  print("iris.data.shape = ",iris.data.shape)                     #输出(150, 4)
8.  print("dir(iris)",dir(iris))
                      #输出['DESCR', 'data', 'feature_names', 'target', 'target_names']
9.  print("iris.target.shape = ",iris.target.shape)                 #输出(150,)
10. try:
11. print("iris.feature_names = ",iris.feature_names)               #显示特征值名称
12. except:
13. print("No iris.feature_names = ")
14. import xlsxwriter                                               #Excel 函数库
15. import pandas as pd                                             #pandas 函数库
16. #转换数据模式
17. try:
18. df = pd.DataFrame(iris.data, columns = iris.feature_names)      #处理特征值
19. except:
20. df = pd.DataFrame(iris.data, columns = ['sepal length (cm)', 'sepal width (cm)', 'petal
        length (cm)', 'petal width (cm)'])
21. df['target'] = iris.target                                      #处理结果
22.
23. #print(df.head())                                               #显示前 5 笔数据
24. df.to_csv("iris.csv", sep = '\t')                               #存储到 CSV
25.
26. writer = pd.ExcelWriter('iris.xlsx', engine = 'xlsxwriter')     #存储到 Excel
27. df.to_excel(writer, sheet_name = 'Sheet1')
28. writer.save()
```

运行结果如下：

```
iris.data.shape = (150, 4)
dir(iris) ['DESCR', 'data', 'feature_names', 'target', 'target_names']
Backend TkAgg is interactive backend. Turning interactive mode on.
iris.target.shape = (150,)
iris.feature_names = ['sepal length (cm)', 'sepal width (cm)', 'petal length (cm)', 'petal width (cm)']
```

运行后鸢尾花的数据将保存在 iris. xlsx 文件中，打开后如图 8-4 所示。

	A	B	C	D	E	F
1		sepal length (cm)	sepal width (cm)	petal length (cm)	petal width (cm)	target
2	0	5.1	3.5	1.4	0.2	0
3	1	4.9	3	1.4	0.2	0
4	2	4.7	3.2	1.3	0.2	0
5	3	4.6	3.1	1.5	0.2	0
6	4	5	3.6	1.4	0.2	0
7	5	5.4	3.9	1.7	0.4	0
8	6	4.6	3.4	1.4	0.3	0
9	7	5	3.4	1.5	0.2	0
10	8	4.4	2.9	1.4	0.2	0
11	9	4.9	3.1	1.5	0.1	0
12	10	5.4	3.7	1.5	0.2	0
13	11	4.8	3.4	1.6	0.2	0
14	12	4.8	3	1.4	0.1	0
15	13	4.3	3	1.1	0.1	0
16	14	5.8	4	1.2	0.2	0
17	15	5.7	4.4	1.5	0.4	0
18	16	5.4	3.9	1.3	0.4	0
19	17	5.1	3.5	1.4	0.3	0
20	18	5.7	3.8	1.7	0.3	0

图 8-4 实例 26 运行结果

微课视频：02-IrisExcel. mp4。

8.5 多层感知器模型

什么是神经网络的模型？模型就是特征值 X 和标记值 Y 之间的关系。常见的神经网络模型有以下几种：

（1）多层感知器（Multilayer Perceptron，MLP），适用于 Excel 数据。

（2）卷积神经网络（Convolutional Neural Network，CNN），适用于图片和多维度的数据。

（3）递归神经网络（Recurrent Neural Network，RNN），多用于文字。

（4）长短期记忆网络（Long Short Memory Network，LSTM），用于与时间相关的数据。

本节对鸢尾花分类将使用 MLP 模型，该模型预定义了萼片和花瓣测量结果与预测鸢尾花种类之间的关系。一个好的机器学习方法可使程序深度学习，找出花瓣和萼片的关系，对鸢尾花进行分类，而好的模型可使准确率接近 100%。

深度学习中有许多不同模型，挑选好的模型需要经验。本节使用人工神经网络中的多层感知器模型来解决鸢尾花分类问题。多层感知器模型的神经网络高度结构化，组织成一个或多个层，如图 8-5 所示，每个隐藏层由一个或多个神经元组成，每一层中的神经元接收来自前一层的神经元的数据，并连接下一层。

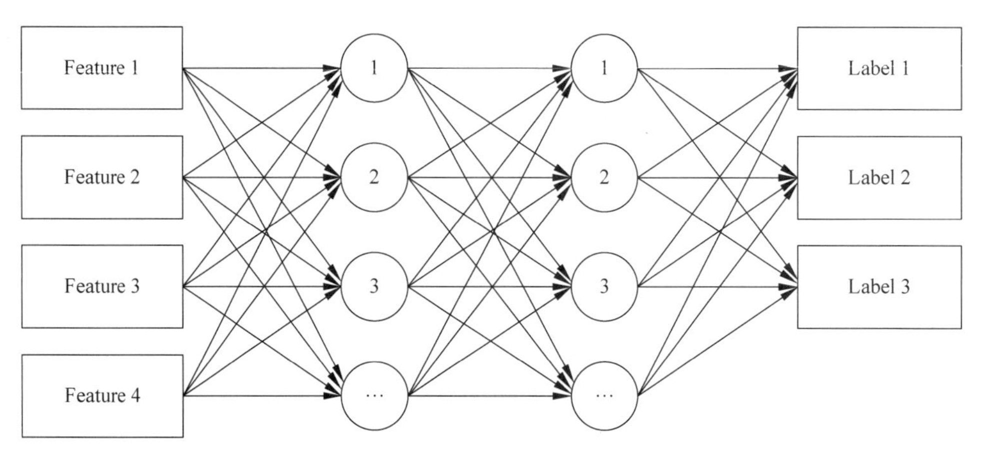

图 8-5 多层感知器模型 MLP

输入一个未知鸢尾花的花瓣长度、宽度及萼片长度、宽度，按照所提供的数据通过 Fit 进行训练并预测该花是哪一种鸢尾花。经计算，输出预测的总和为 1.0，其中 Iris setosa(柔滑鸢尾花)为 0.03，Iris versicolor(变色鸢尾花)为 0.95，Iris virginica(弗吉尼亚鸢尾花)为 0.02，结果就是该鸢尾花 95%的概率是 Versicolor(变色鸢尾花)。

8.6 使用 TensorFlow.keras 创建模型

TensorFlowtf.keras 是比较容易上手的创建模型和图层的类。使用 TensorFlow.keras 创建模型的步骤如下：

(1) 通过 tf.keras.Sequential 函数创建一个项目。

(2) 第 1 层的隐藏层有 10 个节点，设置 input_shape=(4,)，因为鸢尾花有 4 个特征值。

(3) 第 2 层的隐藏层有 10 个节点，激活函数使用 ReLU 函数。

(4) 输出图层设置 3 个节点，代表鸢尾花种类的标签(label)有 3 种(实例 27——03-Iris-MLP.py)：

```
1. from sklearn import datasets                                  #sklearn.datasets 函数库
2. from sklearn.model_selection import train_test_split          #train_test_split 函数库
3. import TensorFlow as tf                                       #TensorFlow 函数库
4. import numpy as np                                            #数值计算扩展程序库
5.
6. iris = datasets.load_iris()                                   #鸢尾花数据集
7. category = 3                                                  #鸢尾花有几种标签
8. dim = 4                                                       #鸢尾花有几个特征值
```

```
9. x_train, x_test, y_train, y_test = train_test_split(iris.data,iris.target,
                                      test_size=0.2)   #拆分
10. print(x_train.shape)
11. print(y_train.shape)
12. print(x_test.shape)
13. print(y_test.shape)
14. y_train2 = tf.keras.utils.to_categorical(y_train, num_classes = (category))      #转码
15. y_test2 = tf.keras.utils.to_categorical(y_test, num_classes = (category))        #转码
16. model  =  tf.keras.models.Sequential()                 #加入顺序层
17. model.add(tf.keras.layers.Dense(units = 10,            #加入 10 个神经元
18.   activation = tf.nn.relu,                             #也能写成"activation = 'relu'"
19.   input_dim = dim))                                    #每一笔有 4 个数据
20. model.add(tf.keras.layers.Dense(units = 10,            #加入 10 个神经元
21.   activation = tf.nn.relu))
22. model.add(tf.keras.layers.Dense(units = category,      #3 个答案的神经元输出的
          activation = tf.nn.softmax))                     #也能写成"activation = 'softmax'"
23. model.compile(optimizer = 'adam',
24. loss = tf.keras.losses.categorical_crossentropy,
25. metrics = ['accuracy'])
26. model.fit(x_train, y_train2,                           #进行训练
27.   epochs = 25,                                         #设置训练的次数
28.   batch_size = 16)                                     #设置每次训练的笔数
29. #测试
30. score = model.evaluate(x_test, y_test, batch_size = 128)    #计算正确率
31. print("score:",score)                                  #输出
32.
33. predict = model.predict(x_test)                        #预测
34. print("predict:",predict)                              #输出
35. print("Ans:",np.argmax(predict[0]),np.argmax(predict[1]),np.argmax(predict[2]),
    np.argmax(predict[3]))                                 #显示预测答案 1
36. predict2 = model.predict_classes(x_test)               #得到预测答案 2
37. print("predict_classes:",predict2)                     #输出预测答案 2
38. print("y_test",y_test[:])                              #实际测试结果
```

运行结果如图 8-6 所示。

```
Epoch 25/25
120/120 [==============================] - 0s 80us/sample - loss: 0.7184 - acc: 0.8417
30/30 [==============================] - 0s 2ms/sample - loss: 0.7320 - acc: 0.7000
score: [0.7319522738456726, 0.7]
Ans: 2 1 1 0
predict_classes: [2 1 1 0 1 1 1 1 1 0 0 1 2 2 2 0 0 1 1 1 1 1 1 0 0 0 1 1 1 0]
y_test [2 2 2 0 1 2 1 2 2 0 0 1 2 2 2 0 0 1 2 1 1 2 1 0 0 0 2 2 1 0]
```

图 8-6　实例 27 运行结果

微课视频：03-Iris-MLP. mp4。

实例 27 使用两个隐藏层，每个隐藏层有 10 个神经元。隐藏层和神经元的数量并不是越多越好，在第 7 章已经证明过，一个好的机器学习在选择神经网络的最佳形状和参数时，需要经验法则和大量的实验才能找出一个好的模型。读者可以参照第 7 章的方法，调整代码以使准确率达到 100%。

8.7 澳大利亚堪培拉天气预测

通过澳大利亚堪培拉的开放数据来做天气预测，训练数据来源于澳大利亚气象局官网 http://www.bom.gov.au/act/forecasts/canberra.shtml。官网首页如图 8-7 所示。

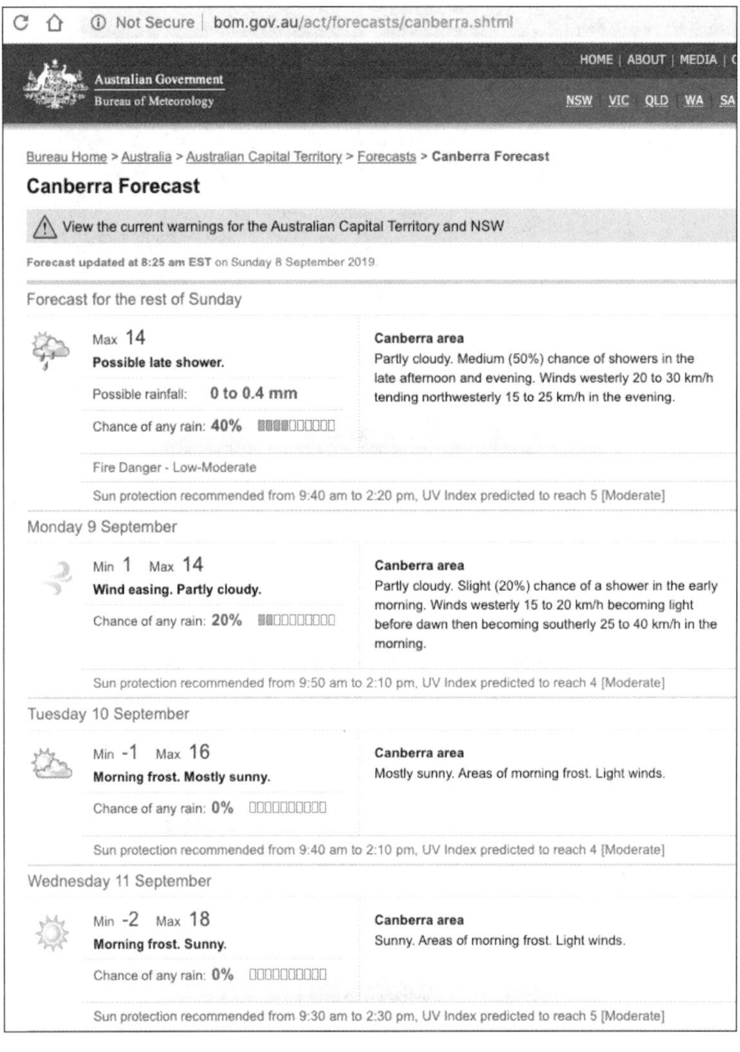

图 8-7 澳大利亚气象局官网堪培拉市界面

获取的数据通过以下步骤整理：

（1）所获取的历史数据为 weather.csv，转换成 weather.xls 格式。

（2）在 TensorFlow 中将 weather.xls 的以下数据作为特征值：MinTemp（最低温）、MaxTemp（最高温）、Sunshine（阳光）、WindGustSpeed（阵风）、WindSpeed9am（上午 9 点的风速）、WindSpeed3pm（下午 3 点的风速）、Humidity9am（上午 9 点的湿度）、Humidity3pm（下午 3 点的湿度）、Pressure9am（上午 9 点的大气压力）、Pressure3pm（下午 3 点的大气压力）、Cloud9am（上午 9 点的云量）、Cloud3pm（下午 3 点的云量）、Temp9am（上午 9 点的气温）、Temp3pm（下午 3 点的气温）。

（3）在 TensorFlow 中将 weather.xls 的 RainToday 作为结果。此时 RainToday 的数据为文字 Yes/No，所以需要创建 Label（标签），并将 Yes/No 通过函数=IF(T2="Yes",1,0)转换成 1/0，如图 8-8 所示。

U2 =IF(T2="Yes",1,0)

MinTemp	MaxTemp	Rainfall	Evaporation	Sunshine	WindGustDir	WindGustSp	WindDir9am	WindDir3pm	WindSpeed9	WindSpeed3	Humidity9am	Humidity3pm	Pressure9am	Pressure3pm	Cloud9am	Cloud3pm	Temp9am	Temp3pm	RainToday	Label	RISK_MM
8	24.3	0	3.4	6.3	NW	30	SW	NW	6	20	68	29	1019.7	1015	7	7	14.4	23.6	No	0	3.6
14	26.9	3.6	4.4	9.7	ENE	39	E	W	4	17	80	36	1012.4	1008.4	5	3	17.5	25.7	Yes	1	3.6
13.7	23.4	3.6	5.8	3.3	NW	85	N	NNE	6	6	82	69	1009.5	1007.2	8	7	15.4	20.2	Yes	1	39.8
13.3	15.5	39.8	7.2	9.1	NW	54	WNW	W	30	24	62	56	1005.5	1007	2	7	13.5	14.1	Yes	1	2.8
7.6	16.1	2.8	5.6	10.6	SSE	50	SSE	ESE	20	28	68	49	1018.3	1018.5	7	7	11.1	15.4	Yes	1	0
6.2	16.9	0	5.8	8.2	SE	44	SE	E	20	24	70	57	1023.8	1021.7	7	5	10.9	14.8	No	0	0.2
6.1	18.2	0.2	4.2	8.4	SE	43	SE	ESE	19	26	63	47	1024.6	1022.2	4	6	12.4	17.3	No	0	0
8.3	17	0	5.6	4.6	E	41	SE	E	11	24	65	57	1026.2	1024.2	6	7	12.1	15.5	No	0	0
8.8	19.5	0	4	4.1	S	48	E	ENE	19	17	70	48	1026.1	1022.7	7	7	14.1	18.9	No	0	16.2
8.4	22.8	16.2	5.4	7.7	E	31	S	ESE	7	6	82	32	1024.1	1020.7	7	1	13.3	21.7	Yes	1	0
9.1	25.2	0	4.2	11.9	N	30	SE	NW	6	9	74	34	1024.4	1021.1	1	2	14.6	24	No	0	0.2
8.5	27.3	0.2	7.2	12.5	E	41	E	NW	2	15	54	35	1023.8	1019.9	0	3	16.8	26	No	0	0
10.1	27.9	0	7.2	13	WNW	30	S	NW	6	7	62	29	1022	1017.1	0	1	17	27.1	No	0	0

图 8-8　调整后的 Excel 数据

8.8 Excel 数据的提取和存储

通过以下程序提取 weather.xls 文档的第 1 个工作表的数据，然后循环将第 1 个值域的所有数据写入另外一个文档 write.xls 的第 0 个值域（实例 28——04-xls.py）：

```
1. import xlrd                                 # 导入 Excel 的文档函数库
2. import xlwt                                 # 导入 Excel 的文档函数库
3. read = xlrd.open_workbook('weather.xls')    # 打开 weather.xls 文档
4. sheet = read.sheets()[0]                    # 提取第 1 个 sheet 的数据
5. print(sheet.nrows)                          # 显示该 Excel 的全部笔数
6. print(sheet.ncols)                          # 显示该 Excel 的值域有几个
7. write = xlwt.Workbook()                     # 新建一个 Excel 文档
8. write2 = write.add_sheet('MySheet')         # 创建一个 sheet
9. for i in range(0,sheet.nrows):              # 循环获取每一笔数据
10. print(sheet.cell(i,1).value)               # 显示该笔的第 1 个值域数据
11. value = sheet.cell(i,1).value              # 获取该笔的第 1 个值域数据
12. write2.write(i, 0, value)                  # 写入第 i 笔的第 0 个值域数据
13. write.save('write.xls')                    # 存储到 write.xls
```

运行结果如图 8-9 所示。

```
367
23
16.1
MaxTemp
24.3
26.9
23.4
15.5
16.1
16.9
18.2
17.0
19.5
22.8
```

图 8-9　实例 28 运行结果

程序运行后所创建的 write. xls 内容如图 8-10 所示。

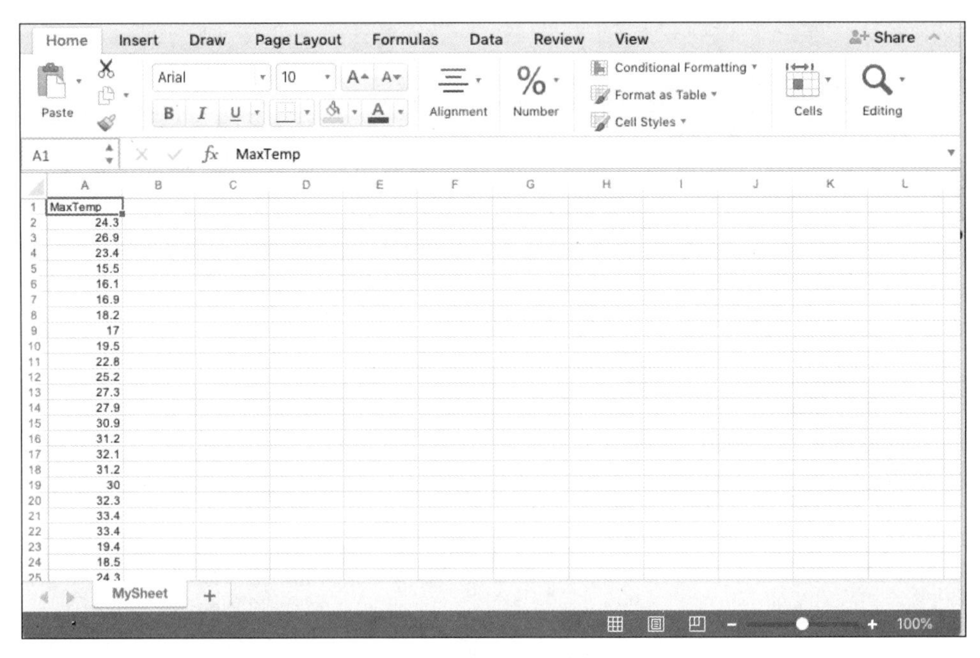

图 8-10　write. xls 的内容

微课视频：04-Excel-Read-Write. mp4。

8.9 CSV 数据的提取、处理和存储

CSV(Comma-Separated Values)为逗号分隔值文档格式,因通常用逗号、Tab 作为分隔字符,有时也称为字符分隔值。每一笔用跳行来区分,以文本文档形式存储表格数据,意味着该文档是一个字符串的列表。推荐使用 WordPad 或记事本打开,也可以用 Excel、Open Office 或 LiberOffice 打开。

CSV 文档格式没有通用标准,但 RFC 4180 中有基础性说明。未指定字符编码,7-bitASCII 是最基本的通用编码。

下面将处理气象数据的 CSV 文档,并捕获前 100 笔。通过以下方法获取气象风暴的开放数据,如图 8-11 所示。

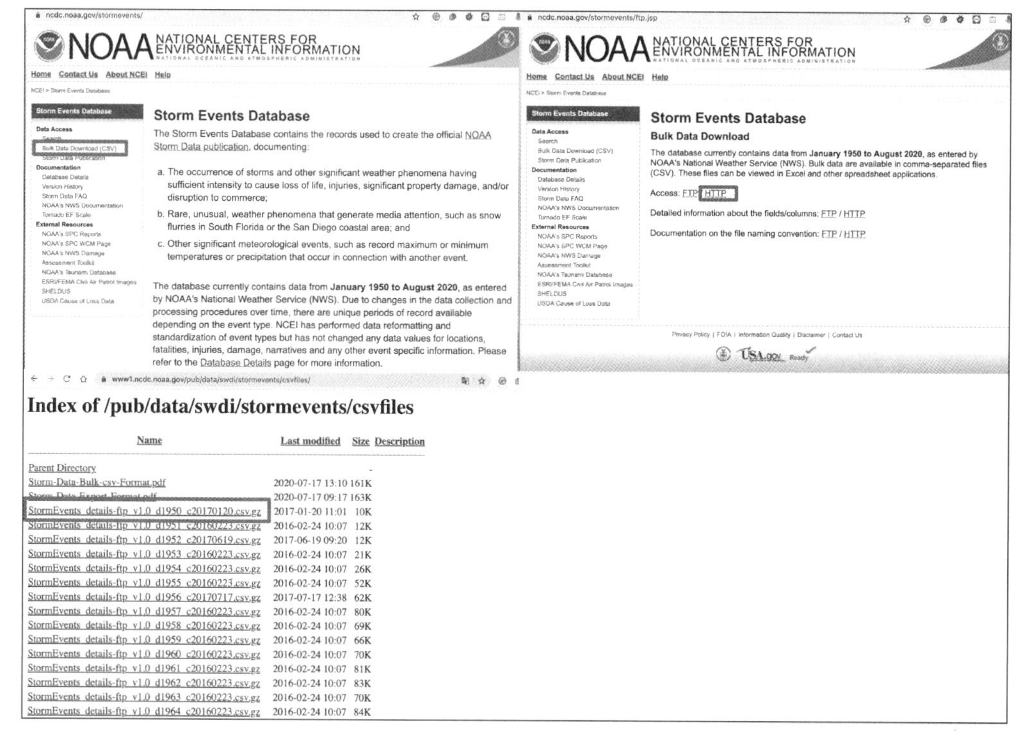

图 8-11 获取气象风暴数据

(1) 打开浏览器,进入 NOAA(全球气象站)官网 https://www.ncdc.noaa.gov/stormevents/。

(2) 单击 Bulk Data Download(CSV)链接下载 CSV 数据。

(3) 单击 Access 选项后的 HTTP 链接。

(4) 单击最新的 csv.gz 压缩文档,下载后解压缩即可。

通过以下程序打开文档 workfile.csv 并提取数据,然后将数据复制到 write.csv 文档中

（实例 29——05-csv.py）：

```
1. import csv                                          # 导入 CSV 文档函数库
2. with open('workfile.csv', 'r') as fin:              # 打开 workfile.csv 文档
3.   with open('write.csv', 'w') as fout:              # 打开 write.csv 文档,准备写入
4.     read = csv.reader(fin, delimiter = ',')         # 提取 CSV 文档,并用逗号区分
5. write = csv.writer(fout, delimiter = ',')           # 存储 CSV 文档,并用逗号区分
6.     header = next(read)                             # 提取文档头值域,即第 1 笔数据
7.     print(header)                                   # 显示文档头值域
8.     write.writerow(header)                          # 存储文档头值域
9.     for row in read:                                # 提取每一行数据
10.       print(','.join(row))                         # 显示
11. write.writerow(row)                                # 存储 CSV
```

运行结果如图 8-12 所示。

A1 BEGIN_YEARMONTH

	A	B	C	D	E	F	G	H	I
1	BEGIN_YEARMONTH	BEGIN_DAY	BEGIN_TIME	STATE	END_LOCATION	BEGIN_LAT	BEGIN_LON	END_LAT	END_LON
2	201704	6	1509	NEW JERSEY	FRIES MILLS	39.66	-75.08	39.66	-75.08
3	201704	6	930	FLORIDA	FORT MYERS VILLAS	26.501	-81.998	26.5339	-81.8836
4	201704	5	1749	OHIO	FAIRBORN	39.85	-83.99	39.85	-83.99
5	201704	16	1759	OHIO	SUMMERSIDE	39.1065	-84.2875	39.1061	-84.2874
6	201704	15	1550	NEBRASKA	COLE ARPT	40.98	-95.89	40.98	-95.89
7	201704	3	1212	GEORGIA	COLQUITT	31.17	-84.73	31.17	-84.73
8	201704	29	915	INDIANA	VEVAY	38.75	-85.07	38.7465	-85.0766
9	201704	21	1915	VIRGINIA	WESTMORELAND	38.07	-76.54	38.07	-76.54
10	201710	22	1015	GULF OF MEXICO	MARSH ISLAND	29.12	-91.87	29.12	-91.87
11	201704	29	945	OHIO	WILLIAMS CORNERS	39.1945	-84.1362	39.1973	-84.139
12	201704	3	1308	GEORGIA	SYLVESTER-WORTH ARPT	31.5327	-83.8992	31.5327	-83.8992
13	201704	15	1855	NEBRASKA	OAKLAND	41.84	-96.52	41.84	-96.52
14	201704	3	1248	GEORGIA	RADIUM SPRINGS	31.52	-84.13	31.52	-84.13
15	201704	26	757	ARKANSAS	CHARLESTON	35.2971	-94.0383	35.2971	-94.0383
16	201710	21	1520	OKLAHOMA	ROOSEVELT	34.85	-99.02	34.85	-99.02
17	201710	24	224	ATLANTIC NORTH	EAST POINT NJ	39.0557	-75.1575	39.0557	-75.1575
18	201710	24	336	ATLANTIC NORTH	BOWERS BEACH DE	39.1475	-75.2454	39.1475	-75.2454
19	201703	10	800	PENNSYLVANIA					
20	201703	10	800	PENNSYLVANIA					

workfile

图 8-12　实例 29 运行结果

微课视频：05-csv.mp4。

8.10　处理天气记录的 Excel 数据

本节将通过天气数据 weather.xls 来学习和预测。先将 Excel 读取的数据转换成 TensorFlow 的 NumPy 数据，方法如下（实例 30——06-MLP_FromExcel_read.py）：

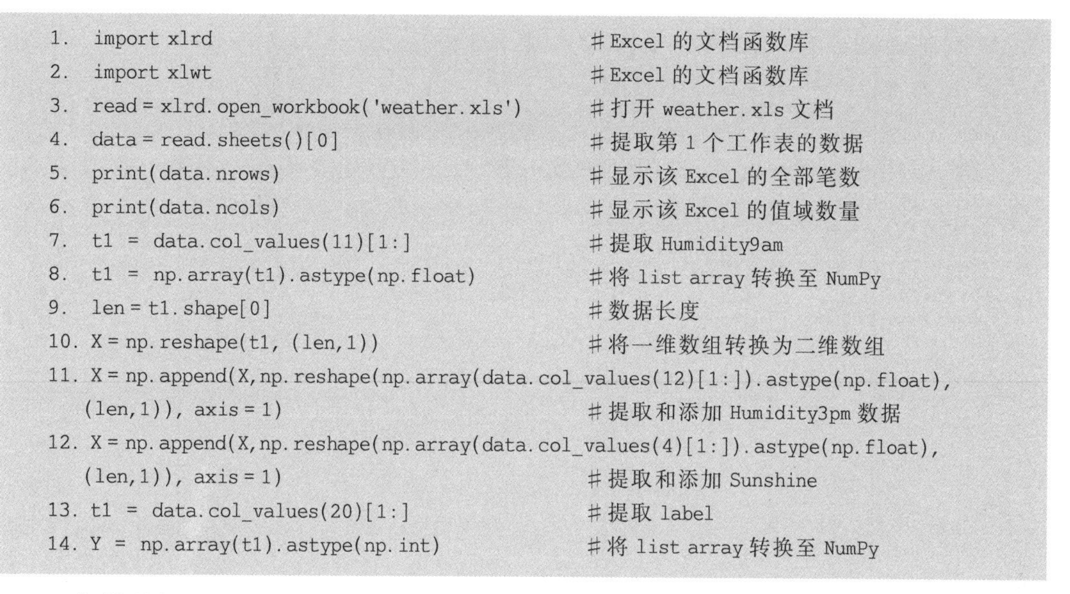

```
1.  import xlrd                                      #Excel 的文档函数库
2.  import xlwt                                      #Excel 的文档函数库
3.  read = xlrd.open_workbook('weather.xls')         #打开 weather.xls 文档
4.  data = read.sheets()[0]                          #提取第 1 个工作表的数据
5.  print(data.nrows)                                #显示该 Excel 的全部笔数
6.  print(data.ncols)                                #显示该 Excel 的值域数量
7.  t1 = data.col_values(11)[1:]                     #提取 Humidity9am
8.  t1 = np.array(t1).astype(np.float)               #将 list array 转换至 NumPy
9.  len = t1.shape[0]                                #数据长度
10. X = np.reshape(t1, (len,1))                      #将一维数组转换为二维数组
11. X = np.append(X,np.reshape(np.array(data.col_values(12)[1:]).astype(np.float),
   (len,1)), axis = 1)                               #提取和添加 Humidity3pm 数据
12. X = np.append(X,np.reshape(np.array(data.col_values(4)[1:]).astype(np.float),
   (len,1)), axis = 1)                               #提取和添加 Sunshine
13. t1 = data.col_values(20)[1:]                     #提取 label
14. Y = np.array(t1).astype(np.int)                  #将 list array 转换至 NumPy
```

运行结果如图 8-13 和图 8-14 所示。

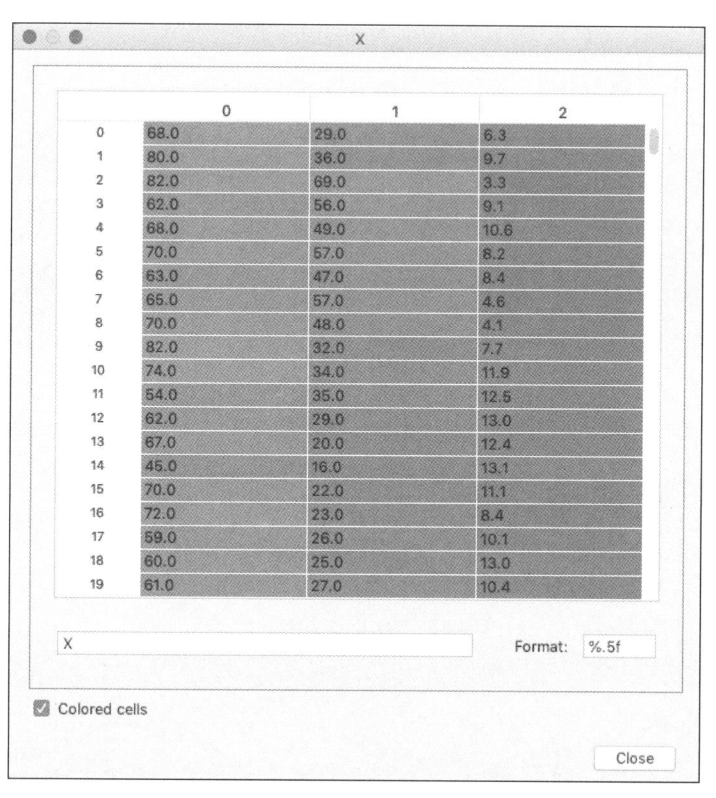

X

	0	1	2
0	68.0	29.0	6.3
1	80.0	36.0	9.7
2	82.0	69.0	3.3
3	62.0	56.0	9.1
4	68.0	49.0	10.6
5	70.0	57.0	8.2
6	63.0	47.0	8.4
7	65.0	57.0	4.6
8	70.0	48.0	4.1
9	82.0	32.0	7.7
10	74.0	34.0	11.9
11	54.0	35.0	12.5
12	62.0	29.0	13.0
13	67.0	20.0	12.4
14	45.0	16.0	13.1
15	70.0	22.0	11.1
16	72.0	23.0	8.4
17	59.0	26.0	10.1
18	60.0	25.0	13.0
19	61.0	27.0	10.4

图 8-13 实例 30 运行结果——X 特征值

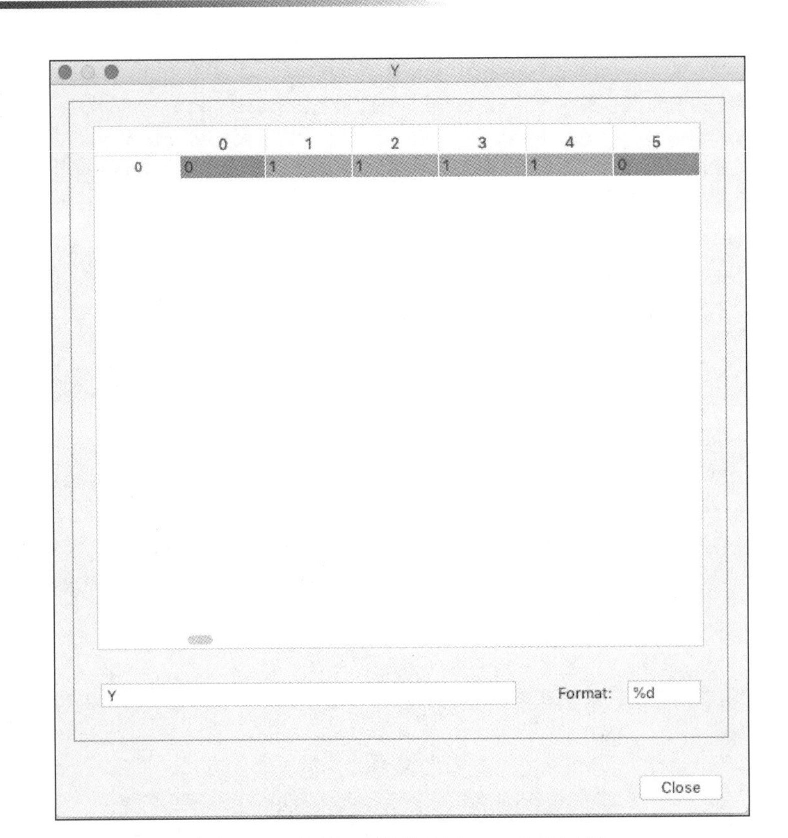

图 8-14 实例 30 运行结果——Y 标记值

微课视频：06-MLP_FromExcel_read. mp4。

8.11 使用神经网络模型 MLP 预测天气

通过神经网络算法，将 8.10 节整理好的 NumPy 天气文档 weather. xls 用于学习和预测，详细代码如下（实例 31——07-MLP_FromExcel. py）：

```
1. import xlrd                                         #Excel 的文档函数库
2. import xlwt                                         #Excel 的文档函数程序
3. #…  省略
4. t1 = data.col_values(20)[1:]                        #提取 label
5. Y = np.array( t1).astype(np.int)                    #转换 list array 到 NumPy
6. category = 2                                        #有几种标记值 Y
```

```
7.  dim = X.shape[1]                                              #有几个特征值 X
8.  x_train, x_test, y_train, y_test = train_test_split(iris.data,iris.target,
                                       test_size = 0.2)
9.  print(x_train.shape)
10. print(y_train.shape)
11. print(x_test.shape)
12. print(y_test.shape)
13. y_train2 = tf.keras.utils.to_categorical(y_train, num_classes = (category))      #转码
14. y_test2 = tf.keras.utils.to_categorical(y_test, num_classes = (category))        #转码
15. model  =  tf.keras.models.Sequential()                        #加入顺序层
16. model.add(tf.keras.layers.Dense(units = 100,                  #加入 100 个神经元
17.   activation = tf.nn.relu,                                    #也能写成"activation = 'relu'"
18.   input_dim =  dim))                                          #每一笔有 3 个数据
19. model.add(tf.keras.layers.Dense(units = 100,                  #加入 100 个神经元
20.   activation = tf.nn.relu))
21. model.add(tf.keras.layers.Dense(units = category,             #两个答案的神经元输出
          activation = tf.nn.softmax))
22. model.compile(optimizer = 'adam',
23.  loss = tf.keras.losses.categorical_crossentropy,
24.  metrics = ['accuracy'])
25. model.fit(x_train, y_train2,                                  #进行训练
26.   epochs = 20000,                                             #设置训练次数
27.   batch_size = 64)                                            #设置每次训练的笔数
28. #测试
29. score  =  model.evaluate(x_test, y_test, batch_size = 128)    #计算正确率
30. print("score:",score)                                         #输出
31. predict2  =  model.predict_classes(x_test)                    #预测
32. print("predict_classes:",predict2)                            #输出
33. print("y_test",y_test[:])                                     #实际测试的结果
```

运行结果如图 8-15 所示。

```
score: [1.8049624595862244, 0.8055556]
predict_classes: [0 0 1 0 0 0 0 0 0 0 0 0 0 0 0 0 0 0 0 0 0 0 0 1 0 0 0 0 0 0 0 0 0 0 1 1 1
 0 0 0 0 1 0 0 0 0 0 0 1 0 0 0 0 0 1 0 1 1 0 0 1 0 0 0 0 0 0 0 0 0 0 0]
y_test [0 0 0 0 0 0 0 0 0 0 0 0 0 0 0 0 1 0 0 0 0 1 0 0 0 0 0 0 0 0 1 0 0 0 0 0 0
 0 0 1 0 0 0 0 0 0 1 0 0 0 0 0 0 0 0 0 1 0 0 0 1 0 0 0 0 0 0 0 0 0 0 0]
```

图 8-15 实例 31 运行结果

微课视频：07-MLP_FromExcel.mp4。

可以尝试调整以上代码，使准确率更高，例如加上更多的特征值、神经网络和深度学习等。

第 9 章 TensorFlow 神经网络神经元

CHAPTER 9

9.1 神经网络图形工具

了解神经网络最好的方法就是通过神经网络图形工具 TensorFlow Playground 来了解该神经网络的神经元。下面介绍使用神经网络图形工具的方法。

(1) 打开网站 https://playground.TensorFlow.org，首页如图 9-1 所示。

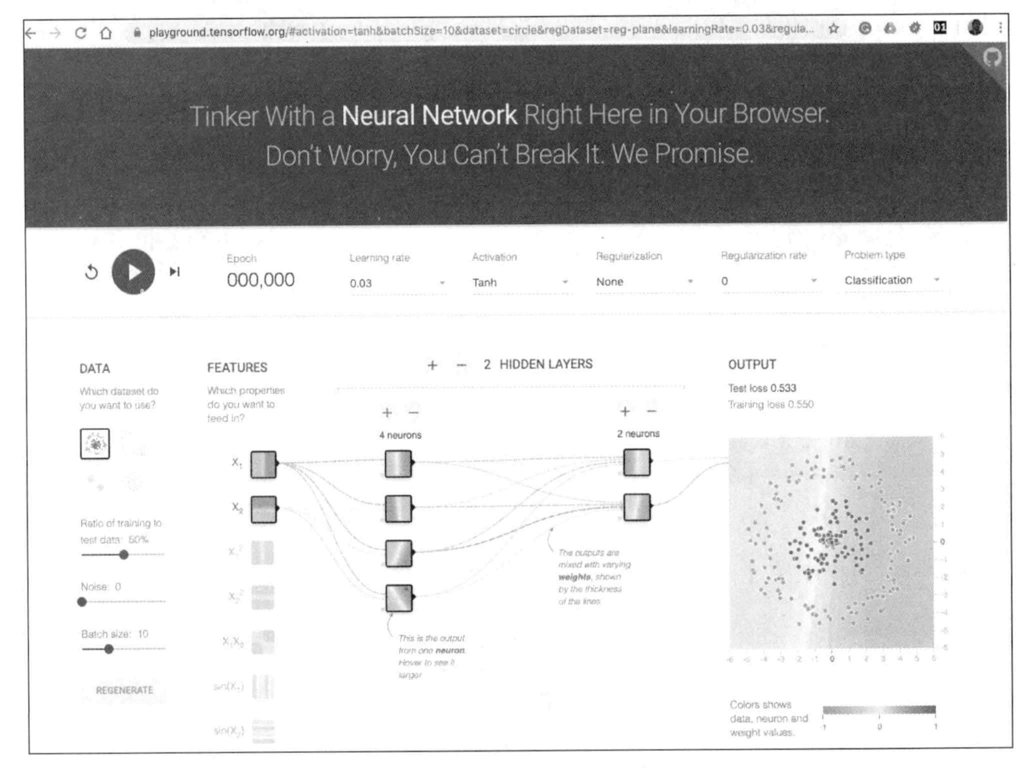

图 9-1 TensorFlow 首页

(2) 单击 DATA 下的 Circle 按钮(见图 9-2 中标记 1 处)设置数据有两个标记值答案。

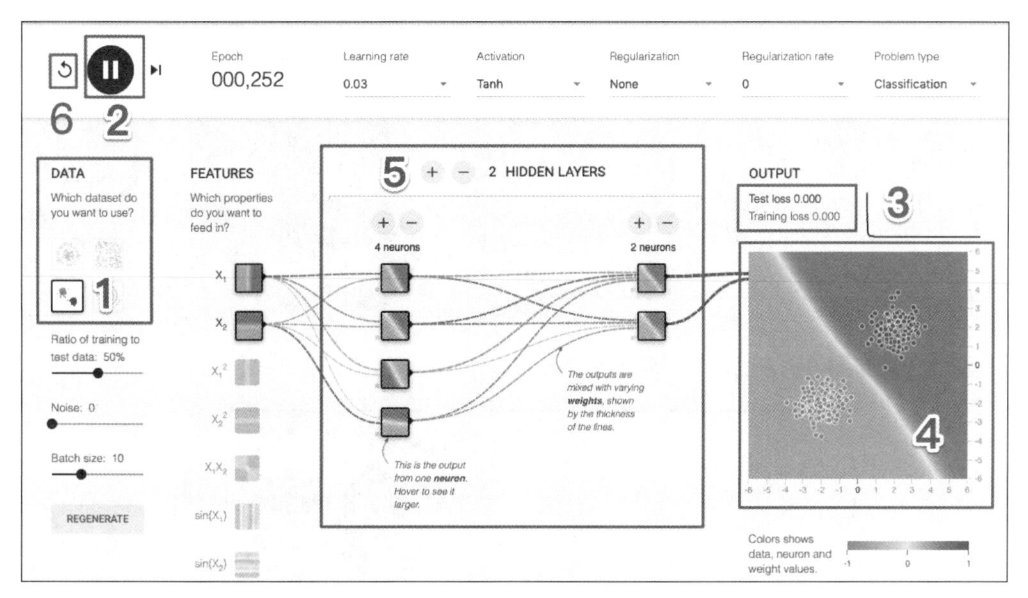

图 9-2 使用神经网络图形工具

(3) 单击 Run/Pause 按钮(见图 9-2 中标记 2 处)进行运算。

(4) 在 OUTPUT 区域(见图 9-2 中标记 3 处)可见当前数据找到答案损失率为 0,可以区分和预测出所有的标记答案。

(5) 在图 9-2 中标记 4 处可以清楚地区分标记答案。

(6) 图 9-2 中标记 5 处为当前隐藏层设置情况。

(7) 单击 Reset the network 按钮(见图 9-2 中标记 6 处)再单击 Run/Pause 按钮即可开始新一轮计算和预测。

微课视频:01-playground.mp4。

9.2 神经网络图形工具的 TensorFlow 数据

为了实现神经网络图形工具 TensorFlow Playground 的功能,先通过以下实例做出类似数据,并通过 matplotlib 显示图形和数据(实例 32——01_Randam.py):

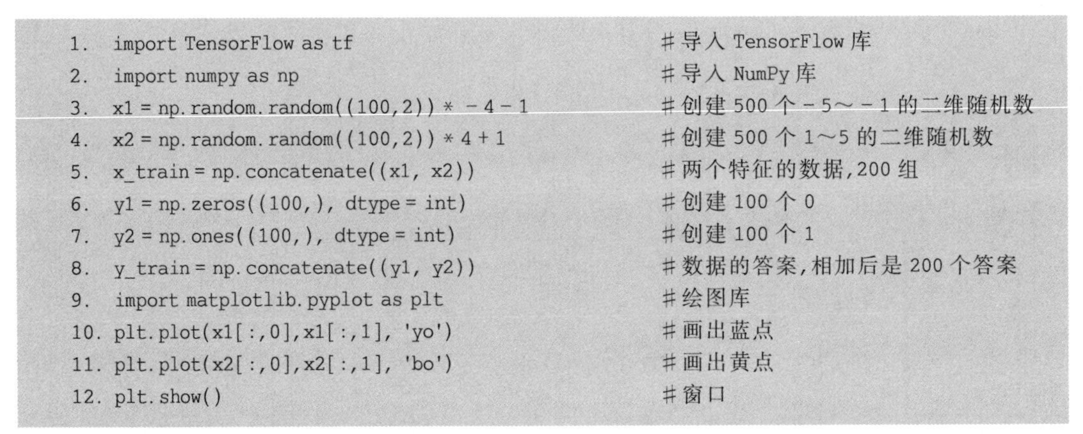

```
1.  import TensorFlow as tf                              #导入 TensorFlow 库
2.  import numpy as np                                   #导入 NumPy 库
3.  x1 = np.random.random((100,2)) * -4 - 1              #创建 500 个 -5～-1 的二维随机数
4.  x2 = np.random.random((100,2)) * 4 + 1               #创建 500 个 1～5 的二维随机数
5.  x_train = np.concatenate((x1, x2))                   #两个特征的数据,200 组
6.  y1 = np.zeros((100,), dtype = int)                   #创建 100 个 0
7.  y2 = np.ones((100,), dtype = int)                    #创建 100 个 1
8.  y_train = np.concatenate((y1, y2))                   #数据的答案,相加后是 200 个答案
9.  import matplotlib.pyplot as plt                      #绘图库
10. plt.plot(x1[:,0],x1[:,1], 'yo')                      #画出蓝点
11. plt.plot(x2[:,0],x2[:,1], 'bo')                      #画出黄点
12. plt.show()                                           #窗口
```

运行结果如图 9-3 所示。

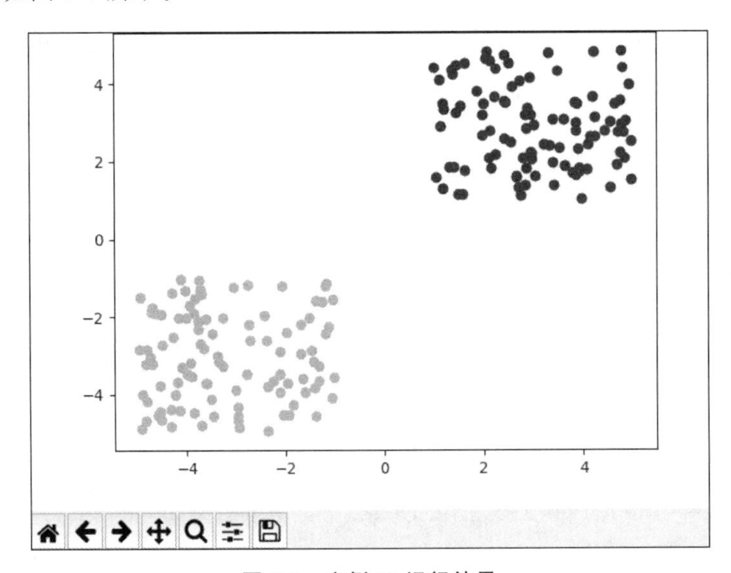

图 9-3　实例 32 运行结果

微课视频：02-Randam. mp4。

9.3　神经网络图形工具对应的 TensorFlow 程序

当前神经网络图形工具 TensorFlow Playground 的隐藏层有两层，如图 9-4 所示，第 1 层有 4 个神经元，第 2 层有两个神经元，对应的 TensorFlow 代码见实例 33。

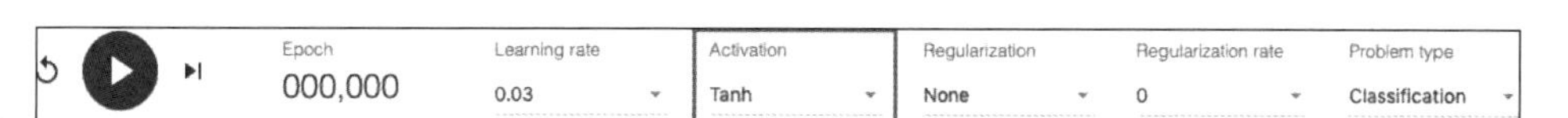

图 9-4 Activation 激活函数采用的是 Tanh

当前激活函数(Activation)采用的是 Tanh 函数，所以实例中 activation=tf.nn.tanh。

实例 33——02_MLP.py：

```
1. …                                                   #省略
2. model = tf.keras.models.Sequential([                #创建类神经的模型
3.   tf.keras.layers.Dense(units=4, activation=tf.nn.tanh , input_dim=2),    #4个神经元
4.   tf.keras.layers.Dense(units=2, activation=tf.nn.tanh),       #两个神经元,使用 tanh 函数
5.   tf.keras.layers.Dense(units=2, activation=tf.nn.softmax)])   #两种答案,使用 Softmax 算法
6. model.compile(optimizer='adam',                      #设置编译处理使用 Adam 算法优化
7.     loss='sparse_categorical_crossentropy',          #损失率的处理方法
8.     metrics=['accuracy'])                            #设置编译处理时以正确率为评价指标
9. model.fit(x=x_train,y=y_train,                       #设置训练的因和果的数据
10.    epochs=20,                                       #设置训练次数
11. batch_size=128)                                     #设置每次训练的笔数
```

运行结果如图 9-5 所示。

```
200/200 [==============================] - 0s 21us/sample - loss: 0.3403 - acc: 1.0000
Epoch 19/20
200/200 [==============================] - 0s 10us/sample - loss: 0.3370 - acc: 1.0000
Epoch 20/20
200/200 [==============================] - 0s 14us/sample - loss: 0.3338 - acc: 1.0000
```

图 9-5 实例 33 运行结果

微课视频：03-MLP.mp4。

9.4 调整隐藏层和神经元

在神经网络图形工具 TensorFlow Playground 中，通过图 9-6 中的+图标和−图标调整当前两个标记值答案的分类数据的神经元和隐藏层。

将神经网络图形工具 TensorFlow Playground 的隐藏层修改为 3 层，第 1 层有 6 个神经元，第 2 层有 5 个神经元，第 3 层有 4 个神经元，如图 9-7 所示，激活函数使用 Tanh 函数。

请思考如图 9-7 所示的神经网络应如何设计程序。

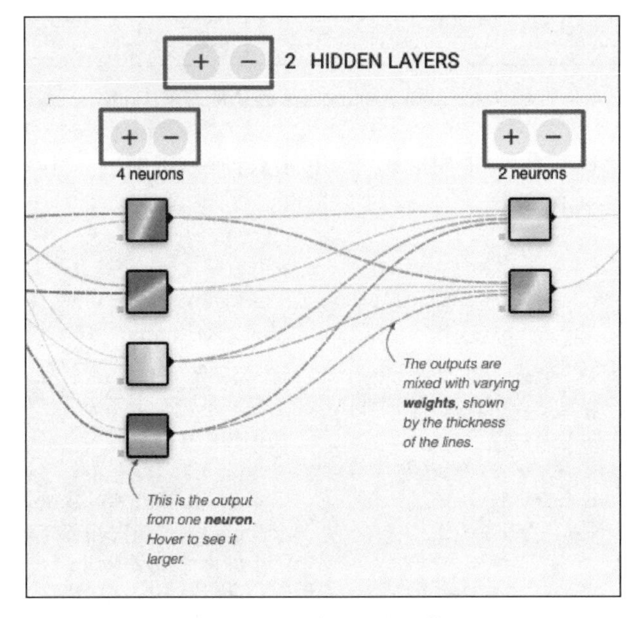

图 9-6 调整神经元和隐藏层

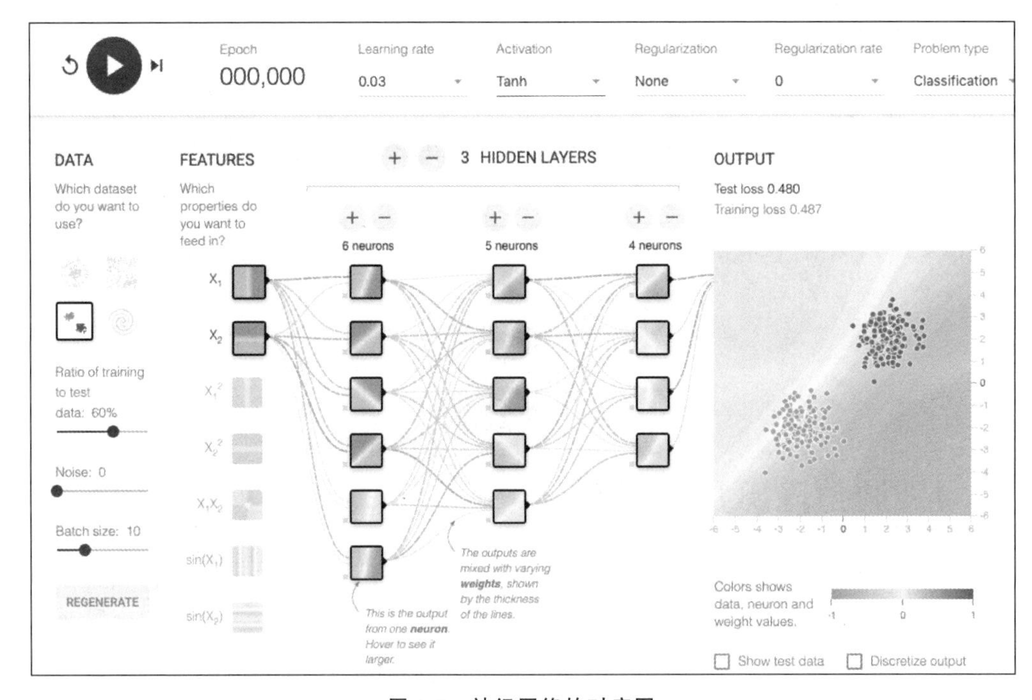

图 9-7 神经网络的对应图

实例 34——03_MLP_exam. py：

```
1. …                                                          # 省略
2. model = tf.keras.models.Sequential([                        # 创建类神经的模型
3.  tf.keras.layers.Dense(units = 4, activation = tf.nn.tanh , input_dim = 2),     # 4 个神经元
4.  tf.keras.layers.Dense(units = 2, activation = tf.nn.tanh),  # 两个神经元,使用 tanh
5.  tf.keras.layers.Dense(units = 2, activation = tf.nn.softmax)])  # 两种答案,使用 Softmax 算法
6. model.compile(optimizer = 'adam',                        # 设置编译处理使用 Adam 算法优化
7.     loss = 'sparse_categorical_crossentropy',            # 损失率的处理方法
8.     metrics = ['accuracy'])                              # 设置编译处理时以正确率为评价指标
9. model.fit(x = x_train, y = y_train,                      # 设置训练的因和果的数据
10.    epochs = 20,                                         # 设置训练次数
11. batch_size = 128)                                       # 设置每次训练的笔数
```

运行结果如图 9-8 所示。

```
Epoch 19/20
160/160 [==============================] - 0s 22us/sample - loss: 0.1100 - acc: 1.0000
Epoch 20/20
160/160 [==============================] - 0s 27us/sample - loss: 0.1076 - acc: 1.0000
```

图 9-8　实例 34 运行结果

微课视频：04-MLP-exam. mp4。

9.5　用最少的隐藏层和神经元区分数据

使用神经网络图形工具 TensorFlow Playground 为当前两个标记值答案的丛聚数据设置最少的神经元和隐藏层。请问最少可以简化成使用几个神经元和隐藏层？答案是 1 个神经元和 1 个隐藏层，如图 9-9 所示。

分别将鼠标放置在图 9-10 中标记的 1、2、3 处，神经网络图形工具 TensorFlow Playground 将显示此神经元的权重(weight)和偏移量(bias)。标记 1 和 2 处是神经元的权重，3 是偏移量。请注意标记 3 处是一个淡灰色圆点。

其中，鼠标放在图 9-10 中标记 1 处时，显示如图 9-11 所示。每次运行显示的数字都不同，当前神经元的权重为 0.92 和 0.56 时，偏移量为 0.034。

神经网络图形工具 TensorFlow Playground 的隐藏层有一层，当第 1 层有 1 个神经元时，

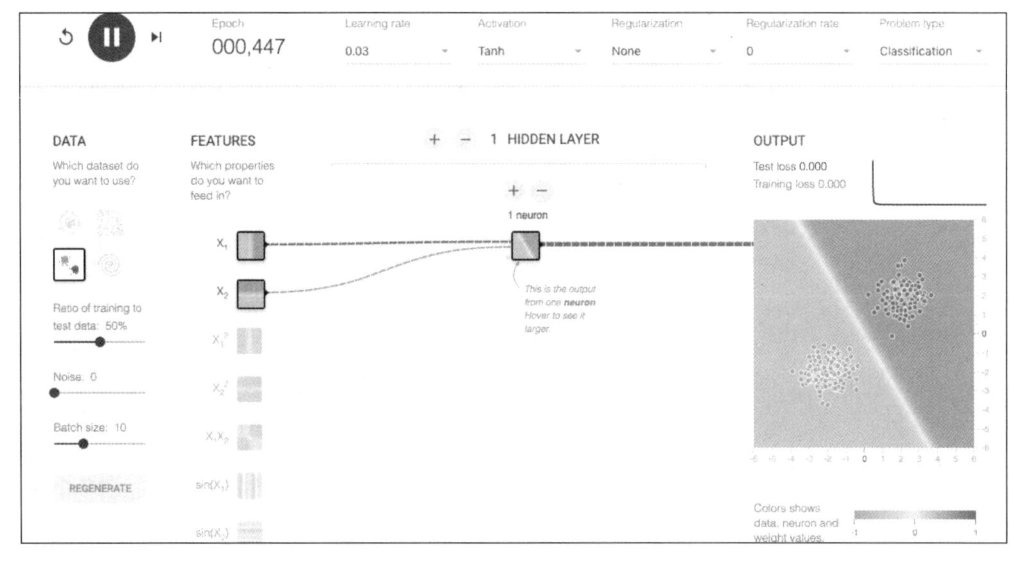

图 9-9　最简化的神经元和隐藏层

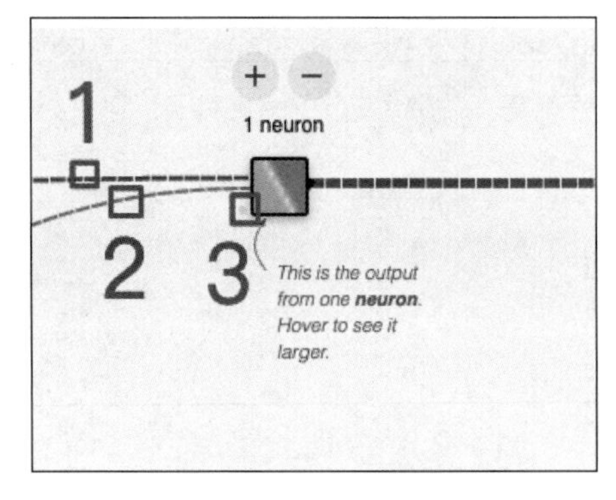

图 9-10　权重和偏移量

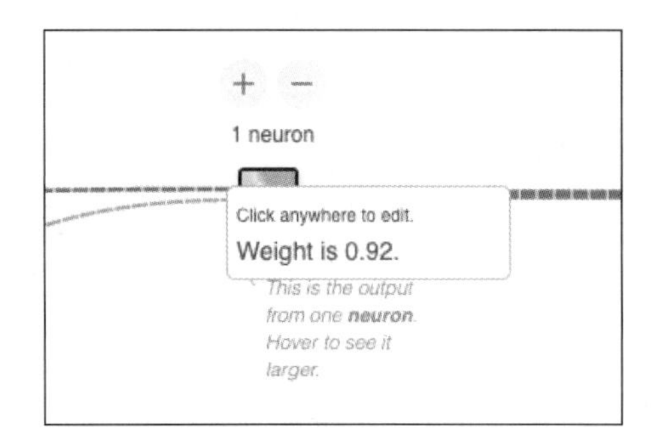

图 9-11　权重

对应的 TensorFlow 代码如下(实例 35——03_MLP_1neuron.py)：

```
1. import TensorFlow as tf                          #导入 TensorFlow 库
2. import numpy as np                               #导入 NumPy 库
3. x1 = np.random.random((100,2)) * -4 - 1          #创建 500 个 -5～-1 的二维随机数
4. x2 = np.random.random((100,2)) * 4 + 1           #创建 500 个 1～5 的二维随机数
5. x_train = np.concatenate((x1, x2))               #两个特征的数据,200 组
6. y1 = np.zeros((100,), dtype = int)               #创建 100 个 0
7. y2 = np.ones((100,), dtype = int)                #创建 100 个 1
8. y_train = np.concatenate((y1, y2))               #数据的答案,相加后是 200 个答案
9. import matplotlib.pyplot as plt                  #绘图库
10. plt.plot(x1[:,0],x1[:,1], 'yo')                 #画出蓝点
11. plt.plot(x2[:,0],x2[:,1], 'bo')                 #画出黄点
```

```
12. #plt.show()                                        #窗口
13. model = tf.keras.models.Sequential([               #创建类神经的模型
14.   tf.keras.layers.Dense(units=1, activation=tf.nn.tanh , input_dim=2),  #1个神经元
15.   tf.keras.layers.Dense(units=2, activation=tf.nn.softmax)])
                                                        #两种答案,使用Softmax算法
16. model.compile(optimizer='adam',                    #设置编译处理使用Adam算法优化
17.     loss='sparse_categorical_crossentropy',        #损失率的处理方法
18.     metrics=['accuracy'])                          #设置编译处理时以正确率为评价指标
19. model.fit(x=x_train,y=y_train,                     #设置训练的因和果的数据
20.     epochs=100,                                    #设置训练次数
21. batch_size=32)                                     #设置每次训练的笔数
22. model.summary()
```

运行结果如图9-12所示。

```
Epoch 500/500
200/200 [==============================] - 0s 54us/sample - loss: 0.0266 - acc: 1.0000
Model: "sequential"
_________________________________________________________________
Layer (type)                 Output Shape              Param #
=================================================================
dense (Dense)                (None, 1)                 3
_________________________________________________________________
dense_1 (Dense)              (None, 2)                 4
=================================================================
Total params: 7
Trainable params: 7
Non-trainable params: 0
_________________________________________________________________
```

图9-12 实例35运行结果

微课视频：05-MLP_1neuron.mp4。

9.6 通过TensorFlow计算权重和偏移量

神经网络图形工具TensorFlow Playground可显示神经元的权重和偏移量，可以通过TensorFlow的model.layers[0].get_weights函数将该神经元的权重和偏移量打印出来（这里的“[0]”是第1个隐藏层），对应的TensorFlow程序如下（实例36——06_MLP_1neuron_weights.py）：

```
1. …                                                  #省略
2. model = tf.keras.models.Sequential([               #创建类神经的模型
3.   tf.keras.layers.Dense(units=1, activation=tf.nn.tanh , input_dim=2),      #1个神经元
4.   tf.keras.layers.Dense(units=2, activation=tf.nn.softmax)])#两种答案,使用Softmax算法
5. model.compile(optimizer='adam',                     #设置编译处理使用Adam算法优化
6.     loss='sparse_categorical_crossentropy',         #损失率的处理方法
7.     metrics=['accuracy'])                           #设置编译处理时以正确率为评价指标
8. model.fit(x=x_train,y=y_train,                      #设置训练的因和果的数据
9.    epochs=100,                                      #设置训练次数
10. batch_size=32)                                     #设置每次训练的笔数
11. model.summary()                                    #打印模型
12. weights, biases = model.layers[0].get_weights()    #第1个隐藏层
13. print(weights)                                     #权重
14. print(biases)                                      #偏移量
```

运行结果如图9-13所示。

```
[[0.7906472 ]
 [0.82803077]]
[0.02434454]
```

图9-13　实例36运行结果

多运行几次,可发现每次运行的数据都有所不同。

微课视频:06_MLP_1neuron_weights.mp4。

9.7　将神经元的权重和偏移量用表达式表示

什么是权重和偏移量?为了帮助大家理解,这里提出3个最基本的问题供思考。

(1) 对于如图9-14所示的数据,如何画出一条线,将两类数据分开?

相信很多读者会画出一条线,而这条线每次画的时候一定会有所不同,这也和神经网络算法一样,几乎每次计算都会有所不同。

(2) 刚刚所画的线,用哪个数学公式表达?可以用线性代数或simple regression(简单回归)来回答,即$ax+by+c=0$。

(3) 如何计算出数学式$ax+by+c=0$中的a、b、c?为了解决这一问题,可以设两个点,如图9-15所示中标记1和标记2处,假设其坐标分别为$(-1,1)$和$(1,-1)$。

$$ax+by+c=0 \tag{9-1}$$

$$-a+b+c=0 \tag{9-2}$$

$$a-b+c=0 \tag{9-3}$$

式(9-2)和式(9-3)相加可得 $c=0$,将 c 代回式(9-1),可得 $-a+b=0$,故 $a=b$,可得 $a=1$, $b=1$。故图 9-14 中所求的区分线可用 $1x+1y+0=0$ 即 $x+y=0$ 表示。

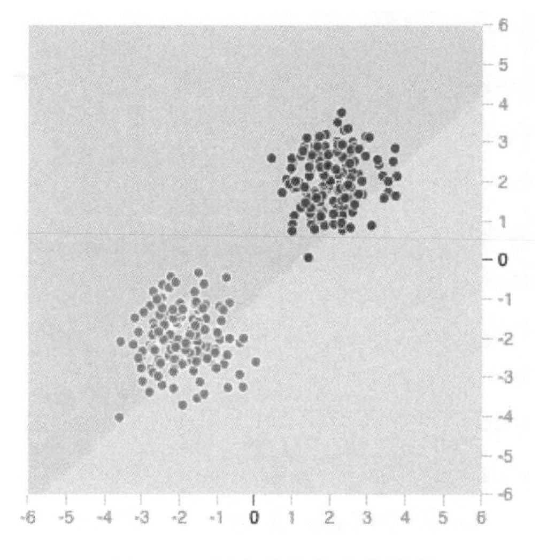

图 9-14 两个标签的分类数据

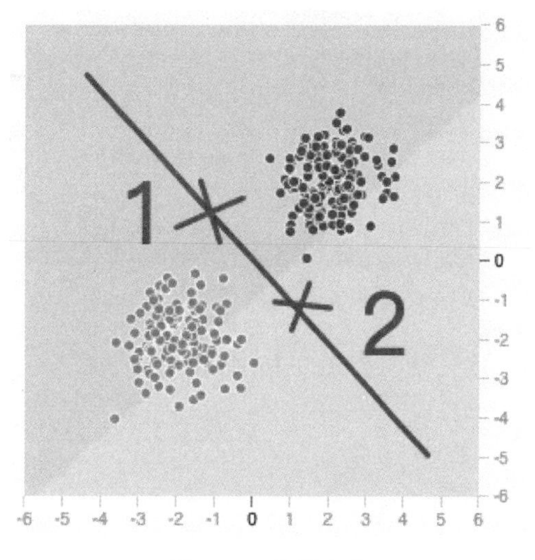

图 9-15 设两个点

9.8 用 TensorFlow 画出神经元的权重和偏移量

为了证明公式 $ax+by+c=0$,通过实例画出权重和偏移量,对应的 TensorFlow 程序如下(实例 37——06_MLP_1neuron_image. py):

```
1. …                                                #省略
2. import matplotlib.pyplot as plt                  #绘图库
3. plt.plot(x1[:,0],x1[:,1], 'yo')                  #画出蓝点
4. plt.plot(x2[:,0],x2[:,1], 'bo')                  #画出黄点
5. plt.show()                                       #窗口
6. model = tf.keras.models.Sequential([            #创建神经网络模型
7.  tf.keras.layers.Dense(units=1, activation=tf.nn.tanh , input_dim=2),    #1 个神经元
8.  tf.keras.layers.Dense(units=2, activation=tf.nn.softmax)]) #两种答案,使用 Softmax 算法
9. model.compile(optimizer='adam',                  #设置编译处理使用 Adam 算法优化
10.     loss='sparse_categorical_crossentropy',     #损失率的处理方法
11.     metrics=['accuracy'])                       #设置编译处理时以正确率为评价指标
12. model.fit(x=x_train,y=y_train,                  #设置训练的因和果的数据
13.    epochs=100,                                  #设置训练次数
14. batch_size=32)                                  #设置每次训练的笔数
15. model.summary()                                 #打印模型
16. weights, biases = model.layers[0].get_weights()   #第 1 个隐藏层
```

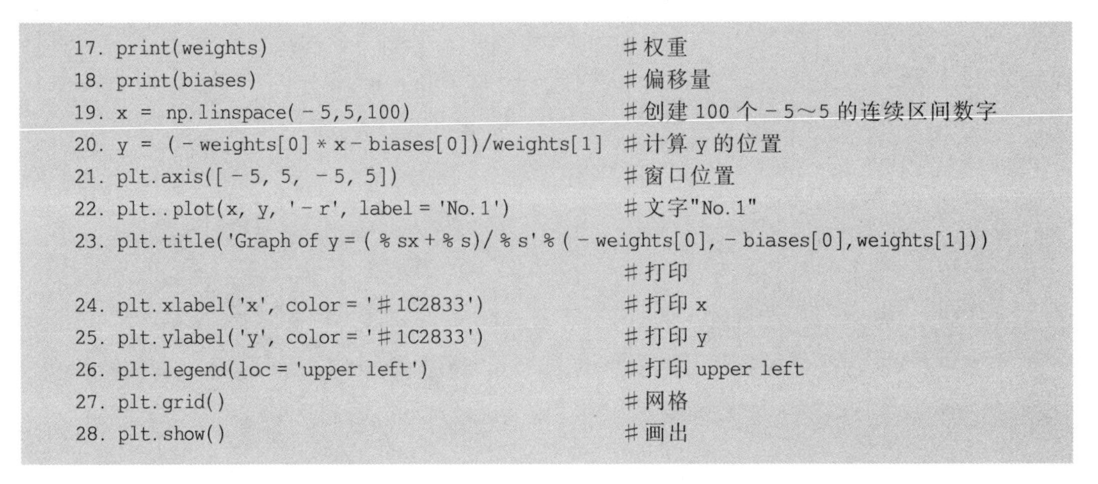

```
17. print(weights)                                    #权重
18. print(biases)                                     #偏移量
19. x = np.linspace( - 5,5,100)                       #创建 100 个 - 5~5 的连续区间数字
20. y = ( - weights[0] * x - biases[0])/weights[1]   #计算 y 的位置
21. plt.axis([ - 5, 5, - 5, 5])                       #窗口位置
22. plt..plot(x, y, '- r', label = 'No.1')            #文字"No.1"
23. plt.title('Graph of y = ( % sx + % s)/ % s' % ( - weights[0], - biases[0],weights[1]))
                                                      #打印
24. plt.xlabel('x', color = '#1C2833')                #打印 x
25. plt.ylabel('y', color = '#1C2833')                #打印 y
26. plt.legend(loc = 'upper left')                    #打印 upper left
27. plt.grid()                                        #网格
28. plt.show()                                        #画出
```

运行结果如图 9-16 所示。

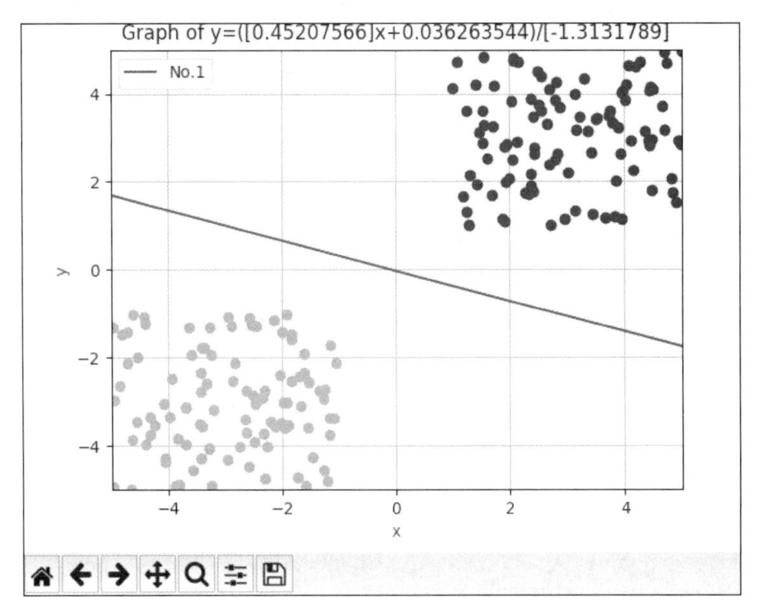

图 9-16 实例 37 运行结果

y = (-weights[0] * x-biases[0])/weights[1]，即 $y=(-ax-c)/b$，也可写成 $ax+by+c=0$。

微课视频：07-MLP_1neuron_image.mp4。

9.9 binary_crossentropy 二元法的处理

很多人认为神经网络图形工具 TensorFlow Playground 中只有 1 个神经元,但实例 37 中有两层,此时可以采用以下方法处理(实例 38——07_MLP_1neuronV2. py):

```
1. model = tf.keras.models.Sequential([
2.  tf.keras.layers.Dense(1, activation='sigmoid', input_dim=2)
3. ])
4.
5. model.compile(optimizer='adam',
6.     loss='binary_crossentropy',                #二元法的处理
7.     metrics=['accuracy'])
```

运行结果如图 9-17 所示。

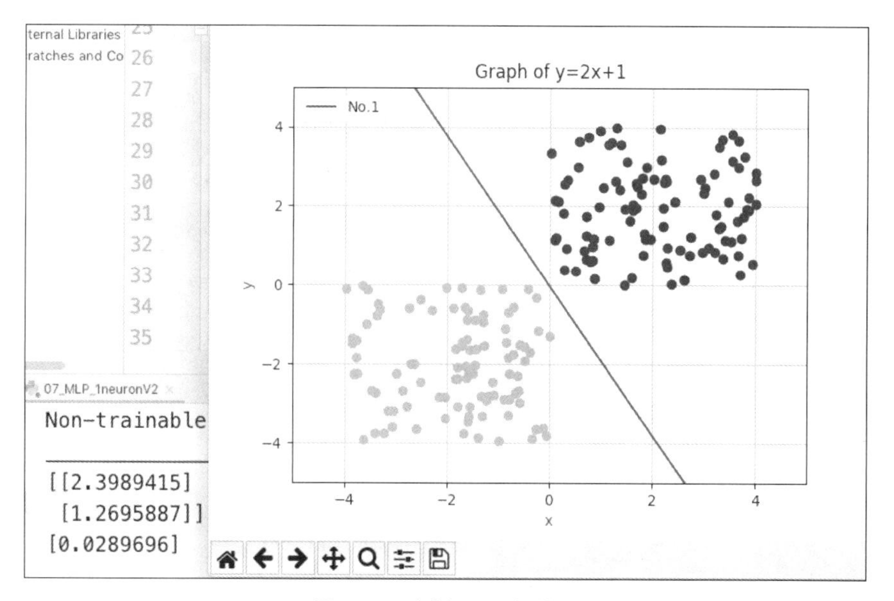

图 9-17 实例 38 运行结果

该方法只适用于两类数据,因为“loss='binary_crossentropy'”二元法的处理不适用于实际案例。

微课视频:08-MLP_1neuronV2. mp4。

9.10 自定义数据验证回归和神经元的关系

通过以下代码自定义并调整数据，来验证回归(regression)和神经元的关系(实例39——08_MLP_1neuron_image_math.py)：

```
1. …                                                    #省略
2. x_train = np.array([[3,4],[3,1]])                    #自定义训练特征数据
3. y_train = np.array([0,1])                            #自定义训练标记数据
4. import matplotlib.pyplot as plt                      #绘图库
5. plt.plot(x_train[:1,0],x_train[:1,1], 'yo')          #画出蓝点
6. plt.plot(x_train[1:,0],x_train[1:,1], 'bo')          #画出黄点
7. plt.show()                                           #窗口
8. model = tf.keras.models.Sequential([                 #创建神经网络模型
9.  tf.keras.layers.Dense(units = 1, activation = tf.nn.tanh, input_dim = 2),   #1 个神经元
10.  tf.keras.layers.Dense(units = 2, activation = tf.nn.softmax)])
                                                        #两种答案,使用 Softmax 算法
11. model.compile(optimizer = 'adam',                    #设置编译处理使用 Adam 算法优化
12.     loss = 'sparse_categorical_crossentropy',       #损失率的处理方法
13.     metrics = ['accuracy'])                         #设置编译处理时以正确率为评价指标
14. model.fit(x = x_train,y = y_train,                  #设置训练的因和果的数据
15.    epochs = 100,                                    #设置训练次数
16. batch_size = 32)                                    #设置每次训练的笔数
17. model.summary()                                     #打印模型
18. weights, biases = model.layers[0].get_weights()     #第 1 个隐藏层
19. print(weights)                                      #权重
20. print(biases)                                       #偏移量
21. x = np.linspace(-5,5,100)                           #创建 100 个-5~5 的连续区间数字
22. y = (-weights[0] * x - biases[0])/weights[1]        #计算 y 的位置
23. plt.axis([-5, 5, -5, 5])                            #窗口位置
24. plt. plot(x, y, '-r', label = 'No.1')               #文字"No.1"
25. plt.title('Graph of y = (%sx + %s)/%s' % (-weights[0], -biases[0],weights[1]))
                                                        #打印
26. plt.xlabel('x', color = '#1C2833')                  #打印 x
27. plt.ylabel('y', color = '#1C2833')                  #打印 y
28. plt.legend(loc = 'upper left')                      #打印 upper left
29. plt.grid()                                          #网格
30. plt.show()                                          #画出
```

运行结果如图 9-18 所示。

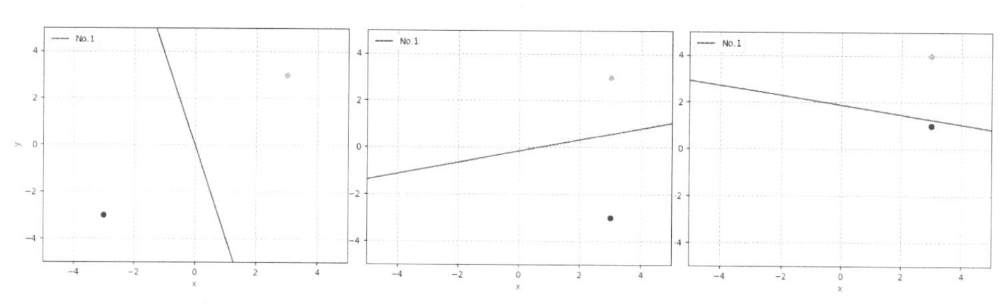

图 9-18 实例 39 运行结果

微课视频：09-MLP_1neuron_math. mp4。

9.11 激活函数

常见激活函数有 3 种，分别为 ReLU、Sigmoid 和 Tanh，如图 9-19 所示。

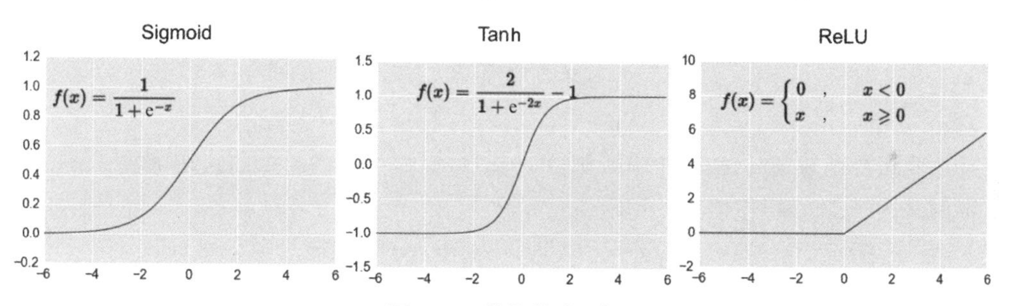

图 9-19 常见激活函数

神经网络图形工具 TensorFlow Playground 可以调整激活函数，以前多使用 ReLU（Rectified Linear Unit，修正线性单元，又称线性整流函数）。tf. keras. layers. Dense 中的激活函数“activation＝tf. nn. relu”，决定了单个神经元到下一层的输出。隐藏层通常使用 ReLU。ReLU 是一种人工神经网络中常用的激活函数，通常指代以斜坡函数及其变种为代表的非线性函数。

实例 40——09_MLP_1neuron_ReLU. py：

```
model = tf.keras.models.Sequential([
 tf.keras.layers.Dense(units = 1, activation = tf.nn.relu , input_dim = 2),
 tf.keras.layers.Dense(units = 2, activation = tf.nn.softmax)
])
```

运行结果如图 9-20 所示。

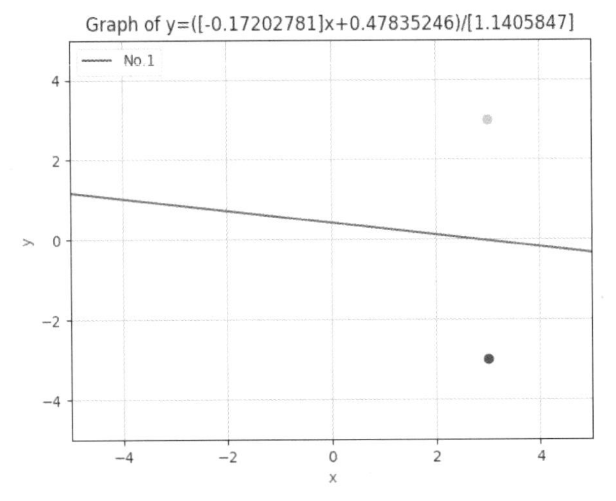

图 9-20 实例 40 运行结果

微课视频：10_MLP_1neuron_ReLU.mp4。

Tanh(双曲函数)是一类与常见的三角函数(又称圆函数)类似的函数。最基本的双曲函数是双曲正弦函数 sinh 和双曲余弦函数 cosh，从它们可以输出双曲正切函数 Tanh。

实例 41——10_MLP_1neuron_Tanh.py。

```
model = tf.keras.models.Sequential([
 tf.keras.layers.Dense(units = 1, activation = tf.nn.tanh, input_dim = 2),
 tf.keras.layers.Dense(units = 2, activation = tf.nn.softmax)
])
```

运行结果如图 9-21 所示。

微课视频：11_MLP_1neuron_Tanh.mp4。

Sigmoid(逻辑函数或逻辑曲线)是一种常见的 S 函数，于 1844 年研究其与人口增长的关系时命名。广义逻辑曲线可以模仿一些情况下人口增长(P)的 S 形曲线，其入口级段大

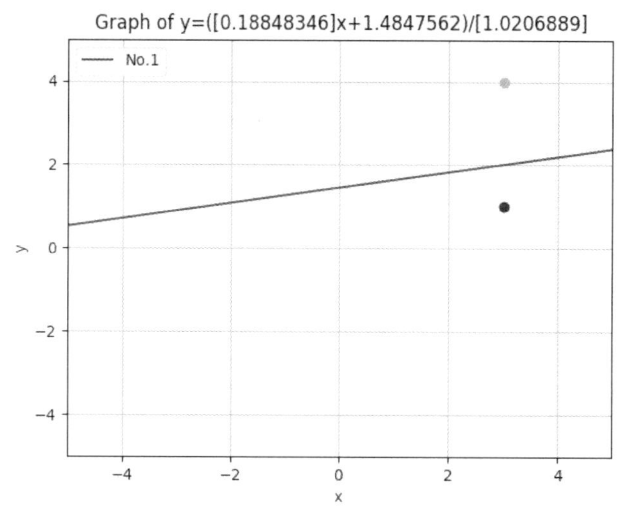

图 9-21 实例 41 运行结果

致是指数增长，然后逐渐饱和，增长变慢，最后停止增长。

以 1 个神经元为实例。激活函数的主要功能是区分，图 9-19 线上方是第 0 类，线下方是第 1 类。不同的逻辑曲线有所不同，即距离区分线远近的差异。

实例 42——11_MLP_1neuron_Sigmoid.py。

```
model = tf.keras.models.Sequential([
 tf.keras.layers.Dense(units = 1, activation = tf.nn.tanh, input_dim = 2),
 tf.keras.layers.Dense(units = 2, activation = tf.nn.softmax)
])
```

运行结果如图 9-22 所示。

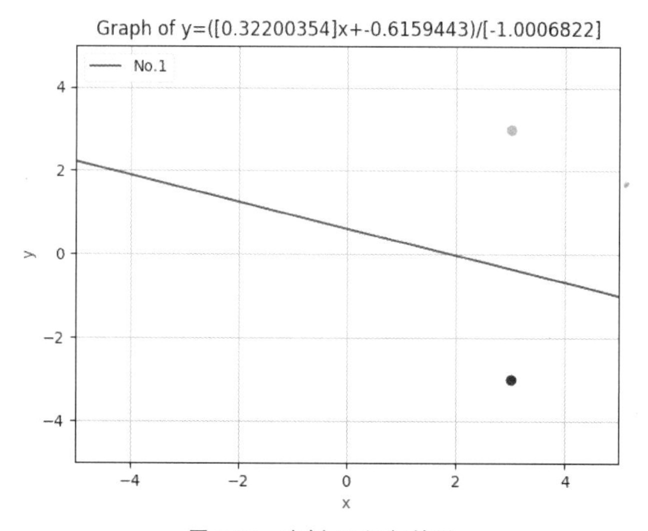

图 9-22 实例 42 运行结果

微课视频：12_MLP_1neuron_Sigmoid.mp4。

9.12 多个神经元

神经元的数量应如何确定？是尽量少，还是尽量多？为了解释这个问题，请通过以下实例，将群聚的数据做区分，把神经元的数量调整为4个，并通过绘图的方式将每一个神经元的动作表现出来（实例43——12_MLP_4neuron_image_math）：

```
1. import TensorFlow as tf                          # 导入 TensorFlow 库
2. import numpy as np                               # 导入 NumPy 库
3. x1 = np.random.random((100,2)) * - 4 - 1         # 创建 500 个 - 5～ - 1 的二维随机数
4. x2 = np.random.random((100,2)) * 4 + 1           # 创建 500 个 1～5 的二维随机数
5. x_train = np.concatenate((x1, x2))               # 两个特征的数据,200 组
6. y1 = np.zeros((100,), dtype = int)               # 创建 100 个 0
7. y2 = np.ones((100,), dtype = int)                # 创建 100 个 1
8. y_train = np.concatenate((y1, y2))               # 数据的答案,相加后是 200 个答案
9. x_train = np.array([[3,4],[3,1]])                # 自定义训练特征数据
10. y_train = np.array([0,1])                        # 自定义训练标记数据
11. import matplotlib.pyplot as plt                  # 绘图库
12. plt.plot(x_train[:100,0],x_train[:100,1], 'yo') # 画出蓝点为标记 0
13. plt.plot(x_train[100:,0],x_train[100:,1], 'bo') # 画出黄点为标记 0
14. model = tf.keras.models.Sequential([            # 创建神经网络模型
15. tf.keras.layers.Dense(units = 4, activation = tf.nn.tanh , input_dim = 2),    # 4 个神经元
16. tf.keras.layers.Dense(units = 2, activation = tf.nn.softmax)])
                                                     # 两种答案,使用 Softmax 算法
17. model.compile(optimizer = 'adam',               # 设置编译处理使用 Adam 算法优化
18. loss = 'sparse_categorical_crossentropy',       # 损失率的处理方法
19. metrics = ['accuracy'])                         # 设置编译处理时以正确率为评价指标
20. model.fit(x = x_train, y = y_train,             # 设置训练的因和果的数据
21. epochs = 50,                                    # 设置训练次数
22. batch_size = 32)                                # 设置每次训练的笔数
23. model.summary()                                 # 打印模型
24. weights, biases = model.layers[0].get_weights() # 第 1 个隐藏层
25. print(weights)                                  # 权重
26. print(biases)                                   # 偏移量
```

```
27. x = np.linspace( - 5,5,100)                                          #创建 100 个 - 5~5 的连续数字
28. plt.axis([ - 5, 5, - 5, 5])                                          #窗口元
29. plt.plot(x, ( - weights[0][0] * x - biases[0])/weights[1][0], '- r', label = 'No.1')
                                                                         #第 1 个神经元
30. plt.plot(x, ( - weights[0][1] * x - biases[0])/weights[1][1], '- g', label = 'No.2')
                                                                         #第 2 个神经元
31. plt.plot(x, ( - weights[0][2] * x - biases[0])/weights[1][2], '- b', label = 'No.3')
                                                                         #第 3 个神经元
32. plt.plot(x, ( - weights[0][3] * x - biases[0])/weights[1][3], '- y', label = 'No.4')
                                                                         #第 4 个神经元
33. plt.title('Graph of y = ( - ax - c)/b')                               #打印
34. plt.xlabel('x', color = '#1C2833')                                    #打印 x
35. plt.ylabel('y', color = '#1C2833')                                    #打印 y
36. plt.legend(loc = 'upper left')                                        #打印 upper left
37. plt.grid()                                                            #网格
38. plt.show()                                                            #显示
```

运行结果如图 9-23 所示。

```
Epoch 50/50
200/200 [==============================] - 0s 26us/sample - loss: 0.0443 - acc: 1.0000
Model: "sequential"
_________________________________________________________________
Layer (type)                 Output Shape              Param #
=================================================================
dense (Dense)                (None, 4)                 12
_________________________________________________________________
dense_1 (Dense)              (None, 2)                 10
=================================================================
Total params: 22
Trainable params: 22
Non-trainable params: 0
_________________________________________________________________
[[-1.107617   -0.74151415  0.13517071  0.7058361 ]
 [-1.035489    1.1471821  -0.58911896  0.7168732 ]]
[-0.01384916 -0.02358052  0.00248426  0.0282426 ]
```

图 9-23 实例 43 运行结果 1

注意：计算出的准确率是 100%，但是画出的图如图 9-24 所示，可以发现不是每一个神经元都成功区分出数据，这是因为神经网络算法以最好的神经元为主，不计算错误率较高的神经元。当然，如果在代码中通过设置 epochs 参数使训练次数增加，计算有错误的神经元也可以改善结果。

多次运行该实例，可以发现每次线段都不同。

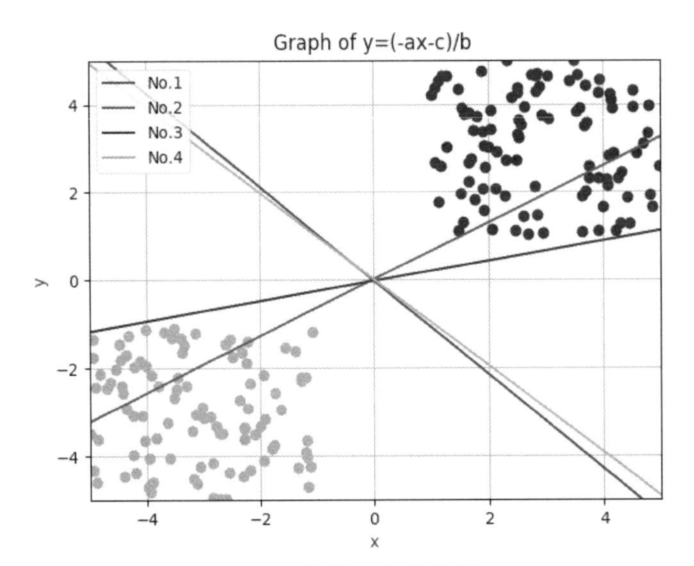

图 9-24　实例 43 运行结果 2

微课视频：13_MLP_4neuron_image_math.mp4。

第 10 章 MLP 神经网络的数学理论

CHAPTER 10

读者可以按照兴趣决定是否详细阅读本章内容。只对程序和应用感兴趣的读者快速阅读即可，并不影响 TensorFlow 的程序编写，TensorFlow 中有这些功能对应的函数，直接使用即可，对神经网络数学原理感兴趣的读者可以深入学习。

10.1 激活函数 Sigmoid 的数学理论

常见激活函数 Sigmoid 的数学公式如下：

$$f(x)=\frac{1}{1+e^{-x}} \tag{10-1}$$

实例 44——01_sigmoid.py：

```
1. import numpy as np                                  #导入 NumPy 库
2. import matplotlib.pyplot as plt                     #绘图库
3. upper = 6                                           #x 最大数
4. lower = -6                                          #x 最小数
5. num = 100                                           #x 数量
6. def sigmoid_activation(x):                          #Sigmoid 公式函数
7.  if x > upper:
8.   return 1
9.  elif x < lower:
10.   return 0
11.  return 1/(1 + np.exp(-x))                         #Sigmoid 公式
12.
13. x_all = np.linspace(lower, upper, num = num)       #创建 100 个 -6～6 的数字
14. vals =  np.empty((0), int)                         #创建变量
15. for x in x_all:
16.  y = sigmoid_activation(x)                         #计算 Sigmoid
17.  vals = np.append(vals, y)                         #为变量赋值
18.
```

```
19. plt.title('Sigmoid')
20. plt.plot(x_all,vals, 'b.')                                  #绘制蓝点
21. plt.show()                                                  #显示
```

运行结果如图 10-1 所示。

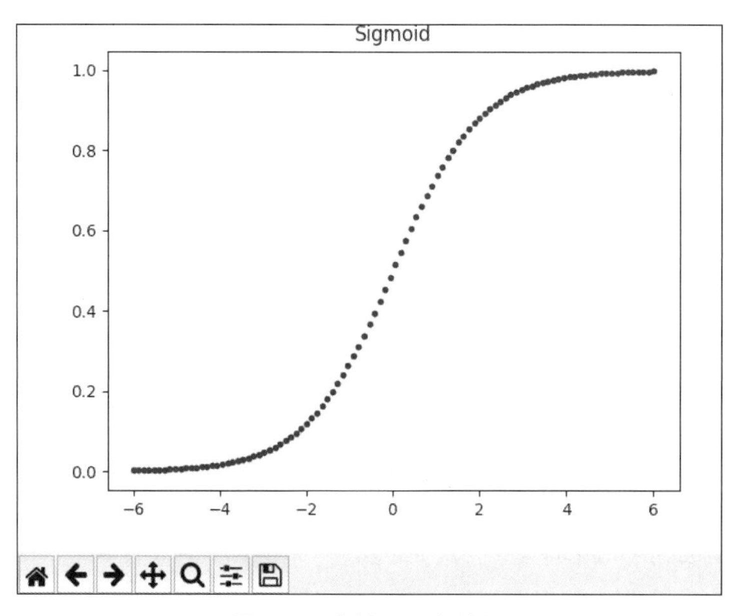

图 10-1　实例 44 运行结果

微课视频：10-1_sigmoid.mp4。

10.2　激活函数 Tanh 的数学理论

激活函数 Tanh 的数学公式如下：

$$f(x)=\frac{2}{1+\mathrm{e}^{-2x}}-1 \tag{10-2}$$

实例 45——02_tanh.py。

```
1. import numpy as np                                           #导入 NumPy 库
2. import matplotlib.pyplot as plt                              #绘图库
3. upper = 6                                                    #x 最大值
```

```
4. lower = -6                                          #x最小值
5. num = 100                                           #x数量
6. def tanh_activation(x):                             #Tanh公式函数
7.  if x > upper:
8.      return 1
9.  elif x < lower:
10.    return 0
11.  return (2/(1 + np.exp(-2 * x))) - 1               #Tanh公式
12.
13. x_all = np.linspace(lower, upper, num = num)       #创建100个-6~6的数字
14. vals = np.empty((0), int)                          #创建变量
15. for x in x_all:
16.  y = tanh_activation(x)                            #计算Tanh
17.  vals = np.append(vals, y)                         #为变量赋值
18.
19. plt.title('tanh')
20. plt.plot(x_all,vals, 'g.')                         #绘制蓝点
```

运行结果如图10-2所示。

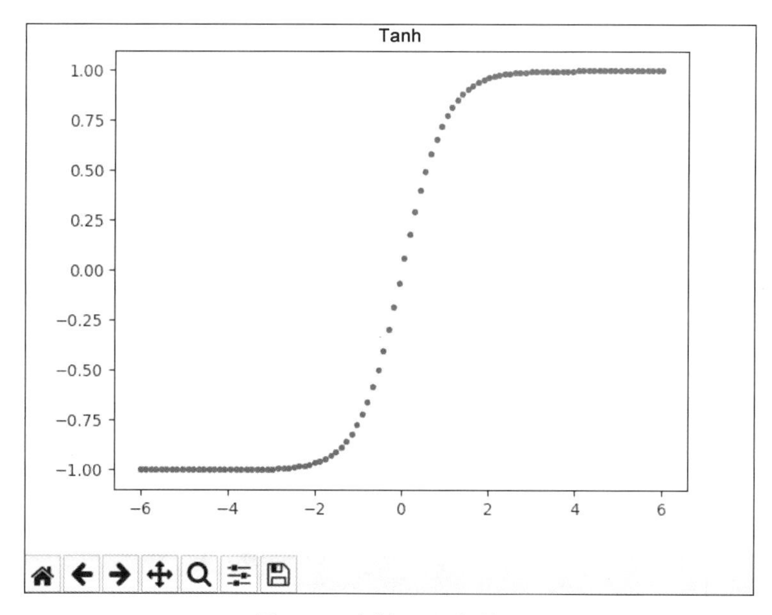

图10-2　实例45运行结果

微课视频：10-2_tanh.mp4。

10.3 激活函数 ReLU 的数学理论

激活函数 ReLU 的数学公式如下：

$$f(x)=\begin{cases}0, & x<0\\ x, & x\geqslant 0\end{cases} \tag{10-3}$$

实例 46——03_ReLu.py。

```
1. import numpy as np                                      #导入 NumPy 库
2. import matplotlib.pyplot as plt                         #绘图库
3.
4. upper = 6                                               #x 最大值
5. lower = -6                                              #x 最小值
6. num = 100                                               #x 数量
7. def ReLu_activation(x):                                 #ReLU 公式函数
8.   if x < 0 :
9.     return 0
10.    return x                                            #ReLU 公式
11.
12. x_all = np.linspace(lower, upper, num = num)           #创建 100 个 -6~6 的数字
13. vals =  np.empty((0), int)                             #创建变量
14. for x in x_all:
15.   y = ReLu_activation(x)                               #计算 ReLU
16.   vals = np.append(vals, y)                            #为变量赋值
17.
18. plt.title('tanh')
19. plt.plot(x_all,vals, 'g.')                             #绘制蓝点
```

运行结果如图 10-3 所示。

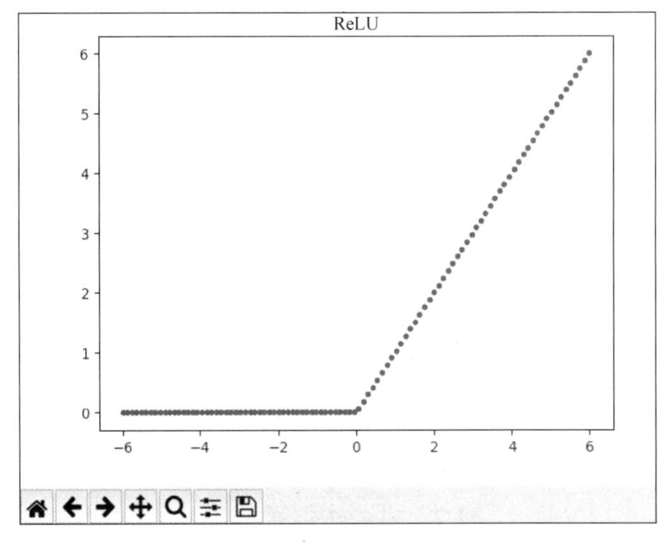

图 10-3　实例 46 运行结果

微课视频：10-3_Relu. mp4。

10.4　使用激活函数的目的

使用激活函数的目的是什么呢？如果无法回答这个问题，请复习根据 3 个激活函数所绘的图，可以明显发现这 3 个函数都是以 x 代入并创建出 y 的答案，x 为 0 时 y 也为 0，远离 x 的 y 会发生变化，其值将固定或呈现一定趋势。激活函数的目的就是将 x 的数字转换成 y，因为离答案越远，y 越能区分出差异性，以便做出分类。

10.5　MLP 的计算公式

神经网络是由许多神经元组成的。通过以下程序开发一个最简单的神经网络（只含有 1 个神经元）实例（实例 47——04_dense. py）：

```
1. import TensorFlow as tf                                   #导入 TensorFlow 库
2. import numpy as np                                        #导入 NumPy 库
3. x_train = np.array([[3,4],[3,1]])                         #自定义训练特征数据
4. y_train = np.array([0,1])                                 #自定义训练标记数据
5.
6.
7. model  =  tf.keras.models.Sequential([                    #创建类神经的模型
8.   tf.keras.layers.Dense(1, activation = tf.nn.sigmoid, input_dim = 2) ])        #1 个神经元
9. model.compile(optimizer = 'adam',                         #设置编译处理使用 Adam 算法优化
10.     loss = 'binary_crossentropy',                        #二元法的处理
11.     metrics = ['accuracy'])                              #设置编译处理时以正确率为评价指标
12. model.fit(x = x_train, y = y_train,                      #设置训练的数据
13.    epochs = 3000 )                                       #设置训练次数
14.
15. model.summary()                                          #显示模型
16.
17. score  =  model.evaluate(x_train, y_train)               #计算正确率
18. print("score:", score)
19. predict  =  model.predict(x_train)                       #预测结果
20. print("predict:", predict)
21. print("y_train", y_train[:])                             #正确结果
22.
23. weights, biases  =  model.layers[0].get_weights()        #得到权重
```

```
24. print(weights)                          #输出权重
25. print(biases)                           #输出偏移值
```

运行结果如图 10-4 所示。

```
_________________________________________________________________
Layer (type)                 Output Shape              Param #
=================================================================
dense (Dense)                (None, 1)                 3
=================================================================
Total params: 3
Trainable params: 3
Non-trainable params: 0
_________________________________________________________________
2/2 [==============================] - 0s 13ms/sample - loss: 0.1145 - acc: 1.0000
score: [0.11453184485435486, 1.0]
predict: [[0.06678991]
 [0.852196  ]]
y_train [0 1]
[[ 0.5125937]
 [-1.4630024]]
[1.6771507]
```

图 10-4　实例 47 运行结果

实例 47 采用二元法，所以第 1 个测试值[3,4]预测为 0.086678991，小于 0.5，分类为 0；第 2 个测试值[3,4]预测为 0.852196，大于 0.5，分类为 1。

微课视频：10-4_dense.mp4。

可以发现，在 MLP 中，每个神经元或多或少会与其他神经元连接，如图 10-5 所示。

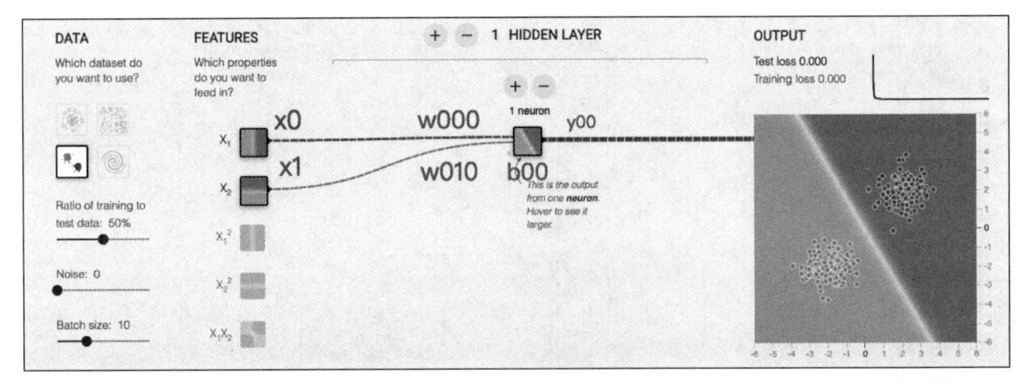

图 10-5　神经元连接

在机器学习中会把神经元归纳入下面 3 个层中。

(1) 输入层(Input Layer):可以将其中每个神经元想象成某笔训练集的所有特征。例如图 10-5 中的数据有 x_0 与 x_1 这两个特征。

(2) 输出层(Output Layer):某笔训练集对应的输出结果。二元分类问题或回归问题的输出层通常只有一个神经元,多元分类输出层则有多个神经元。

(3) 隐藏层(Hidden Layer):输入层与输出层之间的层一律归为隐藏层。输入层与输出层只会有一层,而隐藏层根据设计可以有很多层,为方便记录,图中先只放一层。除输出层以外,把在每一层加上 1 个偏移值的神经元当作一个常量,这样每个神经元的运算即可变成机器学习中常用的数学公式:

$$a=(w_1x_1+w_2x_2+w_3x_3+b) \tag{10-4}$$

$$y=f(a) \tag{10-5}$$

优化的 MLP 公式为

$$y=f\left(\sum_{i=0}^{\infty}w^{(T)}x+b\right) \tag{10-6}$$

$$w=\begin{bmatrix}w1\\w2\\w3\end{bmatrix} \tag{10-7}$$

$$x=\begin{bmatrix}x1\\x2\\x3\end{bmatrix} \tag{10-8}$$

其中:b——偏移值;

w——权重;

f——激活函数。

利用这些数学公式,可以将图 10-5 中的实例写成

$$a=x_0w_{000}+x_1w_{010}+b_{00} \tag{10-9}$$

$$y_{00}=f(a) \tag{10-10}$$

其中 $f()$采用 Sigmoid 函数。图 10-5 中的实例计算出的权重[[w_{000}] [w_{010}]]为[[0.512…] [−1.46…]],偏移值为 [1.67…]。

第 1 个训练样本为[3,4],所以 $x_0=3$,$x_1=4$,$w_{000}=0.5125937$,$w_{010}=-1.4630024$,$b_{00}=1.67$,代入式(10-9)可得 $a=-2.6370778$,然后代入式(10-4)~式(10-6)可得 $y=0.06678994310408293$。

在实例 47 的程序中可以看到该数字,它就是预测的概率。

下面用程序来证明这一数学原理(实例 48——05_dense-math.py.py):

```
1. import TensorFlow as tf                          #导入 TensorFlow 库
2. import numpy as np                               #导入 NumPy 库
```

```
3. x_train = np.array([[3,4],[3,1]])                          # 自定义训练特征数据
4. y_train = np.array([0,1])                                  # 自定义训练标记数据
5.
6.
7. model  =  tf.keras.models.Sequential([                     # 创建神经网络模型
8.  tf.keras.layers.Dense(1, activation = tf.nn.sigmoid, input_dim = 2) ])       # 1 个神经元
9.
10. model.compile(optimizer = 'adam',                         # 设置编译处理使用 Adam 算法优化
11.     loss = 'binary_crossentropy',                         # 二元法的处理
12.     metrics = ['accuracy'])                               # 设置编译处理时以正确率为评价指标
13. model.fit(x = x_train, y = y_train,                       # 设置训练的数据
14.    epochs = 3000)                                         # 设置训练次数
15.
16. model.summary()                                           # 打印模型
17.
18. score  =  model.evaluate(x_train, y_train)                # 计算正确率
19. print("score:",score)
20. predict  =  model.predict(x_train)                        # 预测结果
21. print("predict:",predict)
22. print("y_train",y_train[:])                               # 正确结果
23.
24. weights, biases  =  model.layers[0].get_weights()         # 得到权重
25. w000 = weights[0][0]
26. w010 = weights[1][0]
27. b00 = biases[0]
28.
29. print("--------------------")
30. upper =  6
31. lower = - 6
32. num  =  100
33.
34. def sigmoid_activation(x):                                # Sigmoid 激活函数
35.   if x > upper:
36.    return 1
37.   elif x < lower:
38.    return 0
39.   return 1/(1 + np.exp( - x))
40.
41. def outputdense2(inputValue):                             # 计算神经元输出值
42.   x0 = inputValue[0]
43.   x1 = inputValue[1]
44.   y00 = sigmoid_activation(x0 * w000 + x1 * w010 + b00)
45.   print(y00)
46.
47. print("--------------------")
48. print(x_train[0])
49. outputdense2(x_train[0])                                  # 计算[3 4]神经元输出值
50. print(x_train[1])
51. outputdense2(x_train[1])                                  # 计算[3 1]神经元输出值
```

运行结果如图 10-6 所示。

```
_________________________________________________________________
Layer (type)                 Output Shape              Param #
=================================================================
dense (Dense)                (None, 1)                 3
=================================================================
Total params: 3
Trainable params: 3
Non-trainable params: 0
_________________________________________________________________
2/2 [==============================] - 0s 12ms/sample - loss: 0.0361 - acc: 1.0000
score: [0.03608742728829384, 1.0]
predict: [[0.02133821]
 [0.9506535 ]]
y_train [0 1]
------------------
------------------
[3 4]
0.021338208817298438
[3 1]
0.9506534341531063
```

图 10-6　实例 48 运行结果

由结果可以看出，第 1 个训练样本[3,4]，计算结果为 0.021338208817298438；第 2 个训练样本[3,1]，计算结果为 0.9506534341531063。这就是 TensorFlow 的预测结果 predict：[[0.02133821] [0.9506535]]。

微课视频：10-05_dense-math.mp4。

10.6　两层神经元的数学计算

下面介绍多层处理和数学计算。

实例 49——06_3dense2Layer.py。

```
1. import TensorFlow as tf                      # 导入 TensorFlow 库
2. import numpy as np                           # 导入 NumPy 库
3. x_train = np.array([[3,4],[3,1]])            # 自定义训练特征数据
4. y_train = np.array([0,1])                    # 自定义训练标记数据
5.
6.
```

```
7. model = tf.keras.models.Sequential([                    #创建神经网络模型
8.  tf.keras.layers.Dense(1, activation = tf.nn.sigmoid, input_dim = 2)   #第 1 层神经元
9.  tf.keras.layers.Dense(units = 2, activation = tf.nn.sigmoid)])       #第 2 层神经元
10.
11. model.compile(optimizer = 'adam',                      #设置编译处理使用 Adam 算法优化
12.     loss = 'sparse_categorical_crossentropy',          #分类法处理
13.     metrics = ['accuracy'])                            #设置编译处理时以正确率为评价指标
14. model.fit(x = x_train, y = y_train,                    #设置训练的数据
15.    epochs = 3000)                                      #设置训练次数
16.
17. model.summary()                                        #打印模型
18.
19. score = model.evaluate(x_train, y_train)               #计算正确率
20. print("score:", score)
21. predict = model.predict(x_train)                       #预测结果
22. print("predict:", predict)
23. print("y_train", y_train[:])                           #正确结果
24. weights, biases = model.layers[0].get_weights()        #得到第 0 层的权重
25. print(weights)                                         #输出第 0 层的权重
26. print(biases)                                          #输出第 0 层的偏移值
27. weights, biases = model.layers[1].get_weights()        #得到第 1 层的权重
28. print(weights)                                         #输出第 1 层的权重
29. print(biases)                                          #输出第 1 层的偏移值
```

运行结果如图 10-7 所示。

```
Model: "sequential"
_________________________________________________________________
Layer (type)                 Output Shape              Param #
=================================================================
dense (Dense)                (None, 1)                 3
_________________________________________________________________
dense_1 (Dense)              (None, 2)                 4
=================================================================
Total params: 7
Trainable params: 7
Non-trainable params: 0
_________________________________________________________________
__________________
2/2 [==============================] - 0s 18ms/sample - loss: 0.1227 - acc: 1.0000
score: [0.12265076488256454, 1.0]
predict: [[0.37877613 0.04444068]
 [0.03115815 0.21666624]]
y_train [0 1]
[[-1.1794692]
 [ 2.0468447]]
[-1.6314563]
[[ 3.229046  -1.9567134]]
[-3.5731869 -1.2026908]
```

图 10-7　实例 49 运行结果

由结果可以看出，第 0 层的权重为[[-1.1794692] [2.0468447]]，偏移值为[-1.6314563；第 1 层的权重为[[3.229046 -1.9567134]]，偏移值为[-3.5731869 -1.2026908]。

微课视频：10-06_3dense2Layer.mp4。

下面以图 10-8 为例来介绍，图中有 3 个神经元，所以需要计算 3 次。

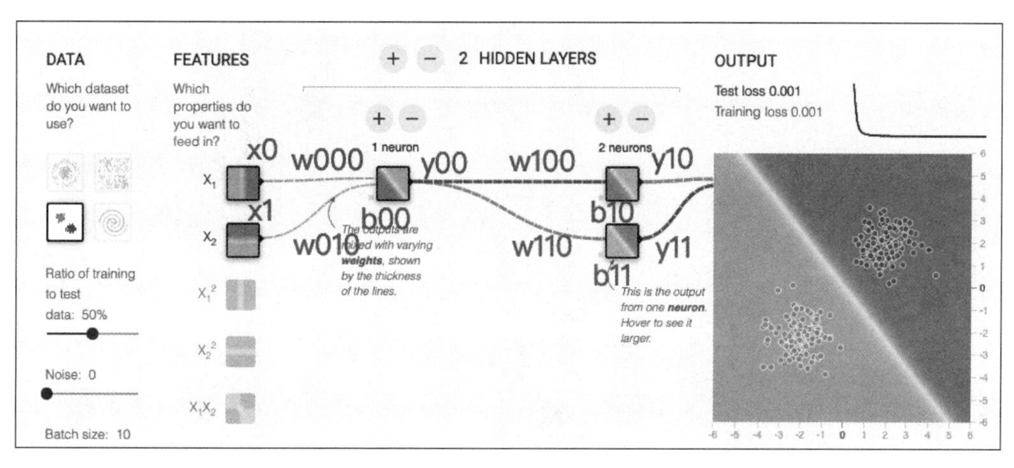

图 10-8 3 个神经元的图

第 1 个训练样本为[3，4]，故 $x_0=3$，$x_1=4$；第 0 层的权重为[[-1.1794692] [2.0468447]]，偏移值为[-1.6314563]，故 $w_{000}=-1.1794692$，$w_{010}=2.0468447$，$b_{00}=-1.6314563$；第 1 层的权重为[[3.229046 -1.9567134]]，偏移值为[-3.5731869 -1.2026908]，故 $w_{100}=3.229046$，$b_{10}=-3.5731869$，$w_{110}=-1.95671344$，$b_{11}=-1.2026908$。代入公式(10-4)、(10-5)、(10-6)可得第 0 层输出 $y_{00}=0.9533591506871623$，第 1 层输出 $y_{10}=0.3787761183995066$，第 1 层输出 $y_{11}=0.04444068327233208$。

$y_{10}=0.3787761183995066$ 和 $y_{11}=0.04444068327233208$ 就是图 10-8 中程序预测的概率 predict：[[0.37877613 0.04444068] [0.03115815 0.21666624]]。

完成的程序如下(实例 50——07_3dense2Layer-math.py)：

```
1. import TensorFlow as tf                   #导入 TensorFlow 库
2. import numpy as np                        #导入 NumPy 库
3. x_train = np.array([[3,4],[3,1]])         #自定义训练特征数据
4. y_train = np.array([0,1])                 #自定义训练标记数据
5.
6.
```

```
7. model = tf.keras.models.Sequential([                        #创建神经网络模型
8.     tf.keras.layers.Dense(1, activation = tf.nn.sigmoid, input_dim = 2)#第 1 层神经元
9.     tf.keras.layers.Dense(units = 2, activation = tf.nn.sigmoid)       #第 2 层神经元
10. ])
11. model.compile(optimizer = 'adam',                          #设置编译处理使用 Adam 算法优化
12.         loss = 'sparse_categorical_crossentropy',          #分类法处理
13.     metrics = ['accuracy'])                                #设置编译处理时以正确率为评价指标
14. model.fit(x = x_train, y = y_train,                        #设置训练的数据
15.     epochs = 3000)                                         #设置训练次数
16.
17. model.summary()                                            #打印模型
18.
19. score = model.evaluate(x_train, y_train)                   #计算正确率
20. print("score:",score)
21. predict = model.predict(x_train)                           #预测结果
22. print("predict:",predict)
23. print("y_train",y_train[:])                                #正确结果
24.
25. weights, biases = model.layers[0].get_weights()            #得到第 0 层的权重
26. print(weights)                                             #输出第 0 层的权重
27. print(biases)                                              #输出第 0 层的偏移值
28. w000 = weights[0][0]
29. w010 = weights[1][0]
30. b00 = biases[0]
31.
32. weights1, biases1 = model.layers[1].get_weights()          #得到第 1 层的权重
33. print(weights1)                                            #输出第 1 层的权重
34. print(biases1)                                             #输出第 1 层的偏移值
35. w100 = weights1[0][0]
36. w110 = weights1[0][1]
37. b10 = biases1[0]
38. b11 = biases1[1]
39.
40. print("------------------")
41. upper = 6
42. lower = -6
43. num = 100
44.
45. def sigmoid_activation(x):                                 #Sigmoid 激活函数
46.  if x > upper:
47.     return 1
48.  elif x < lower:
49.     return 0
50.  return 1/(1 + np.exp(-x))
51. def outputdense2(inputValue):                              #计算神经元输出值
52.  x0 = inputValue[0]
53.  x1 = inputValue[1]
54.  y00 = sigmoid_activation(x0 * w000 + x1 * w010 + b00)
55.  print(y00)
56.  y10 = sigmoid_activation(y00 * w100 + b10)
57.  print(y10)
58.  y11 = sigmoid_activation(y00 * w110 + b11)
```

```
59. print(y11)
60.
61.
62. print("------------------")
63. print(x_train[0])
64. outputdense2(x_train[0])                    #计算[3 4]神经元输出值
65. print(x_train[1])
66. outputdense2(x_train[1])                    #计算[3 1]神经元输出值
```

运行结果如图 10-9 所示。

```
2/2 [==============================] - 0s 18ms/sample - loss: 0.1227 - acc: 1.000
score: [0.12265076488256454, 1.0]
predict: [[0.37877613 0.04444068]
 [0.03115815 0.21666624]]
y_train [0 1]
[[-1.1794692]
 [ 2.0468447]]
[-1.6314563]
[[ 3.229046  -1.9567134]]
[-3.5731869 -1.2026908]
------------------
[3 4]
0.9533591506871623
0.3787761183995066
0.04444068327233208
[3 1]
0.04216765827283228
0.031158149371934788
0.21666622214551937
```

图 10-9　实例 50 运行结果

由结果可以看出，第 1 个训练样本为[3，4]，计算结果为[0.3787761183995066 0.04444068327233208]；第 2 个训练样本为[3，1]，计算后为[0.031158149371934788 0.21666622214551937]。这就是 TensorFlow 的预测结果 predict：[[0.37877613 0.04444068][0.03115815 0.21666624]]

微课视频：10-07_3dense2Layer-math.mp4。

这几个程序计算出的答案，就是 TensorFlow 的 Playground 的答案，也是通过 TensorFlow 找出的答案。注意，神经网络计算时会代入随机数，所以只要计算次数足够多，答案就会足够接近。

第11章 TensorFlow 神经网络隐藏层

CHAPTER 11

11.1 隐藏层的作用

为便于理解隐藏层，可以先通过神经网络图形工具 TensorFlow Playground 测试对角线数据两个标记值的丛聚数据，如图 11-1 所示。

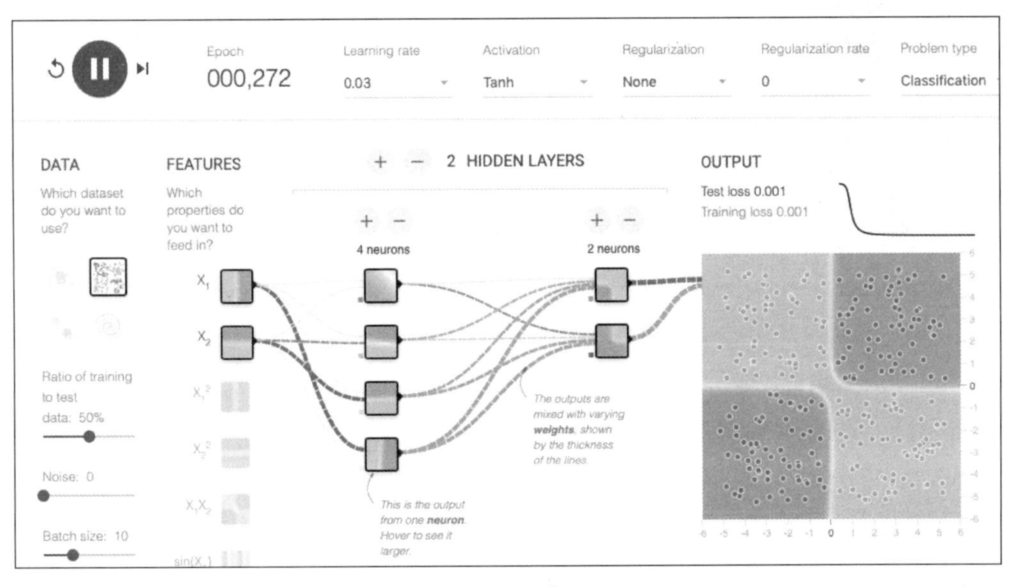

图 11-1 隐藏层

可以思考，最少可以使用几个神经元和隐藏层？答案是两个隐藏层，第 1 层用两个，第 2 层用两个。

如果神经元较多，神经网络算法将从其中挑选较好的答案，但通过这次练习会发现，最少要有两个隐藏层，才能达到 100%的准确率。

微课视频：01_2Layers. mp4。

11.2 隐藏层的数学原理

感知器(Perception)是一个两层(输入层和输出层)的神经网络。神经网络优于大多数机器学习算法的原因就是使用隐藏层的技术。在神经网络中，除了输入层和输出层外，会有零个至多个层位于输入层和输出层之间，称为隐藏层。“隐藏”一词意味着其对于外部系统不可见，其数学原理是将前面一层的感知器传递过来的数字，通过权重的相乘和偏移值的相加后，送入激活函数，产生新的数值，再送入下一层的隐藏层。

假设有 4 个数据，分别为 3 个 A 和 1 个 B，如图 11-2 所示，如何画出一条线区分 4 个数据？

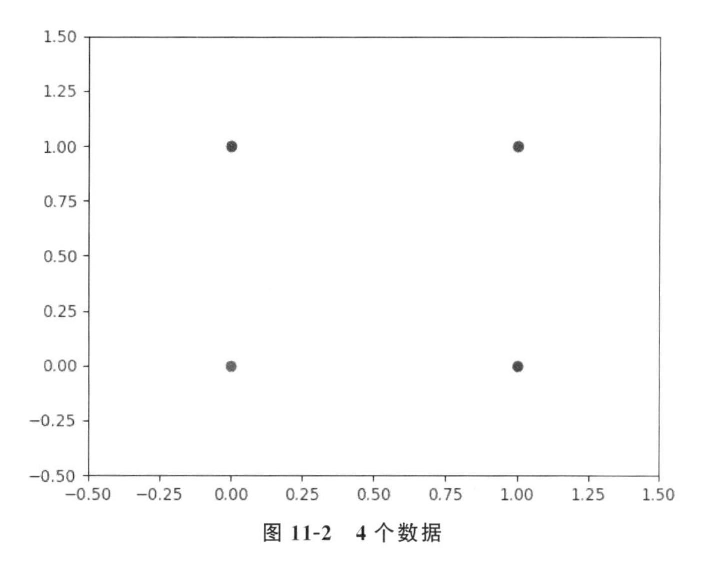

图 11-2　4 个数据

微课视频：02_dataset. mp4。

实例 51——01_dataset.py。

```
1. import numpy as np
2. import matplotlib.pyplot as plt
3. plt.plot([0],[0], 'ro')
4. plt.plot([0,1,1],[1,1,0], 'bo')
5. plt.axis([-0.5, 1.5, -0.5, 1.5])
6. plt.show()
```

运行结果如图 11-3 所示。

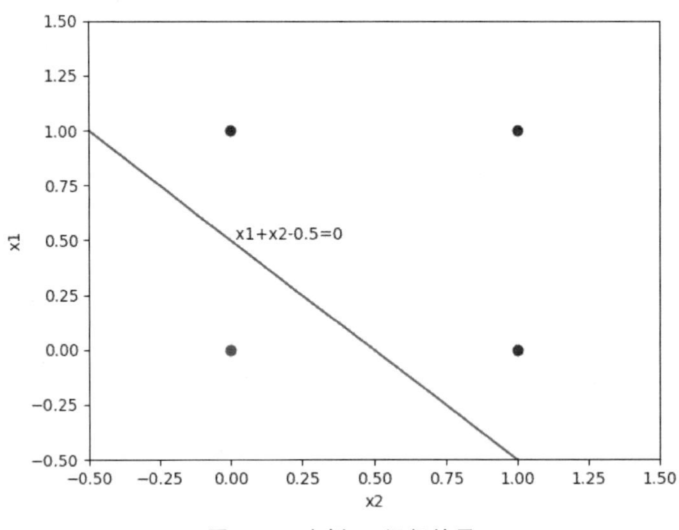

图 11-3　实例 51 运行结果

也可以手动画出图 11-3 的线。

通过线性回归可以得到 $x_1+x_2-0.5=0$。

实例 52——02_dataset-line.py。

```
1.  import numpy as np
2.  import matplotlib.pyplot as plt
3.  plt.plot([0],[0], 'ro')
4.  plt.plot([0,1,1],[1,1,0], 'bo')
5.  plt.xlabel('x2')
6.  plt.ylabel('x1')
7.  plt.text(0, 0.5, 'x1 + x2 - 0.5 = 0')
8.  plt.plot([-0.5,1],[1,-0.5], 'g-')
9.  plt.axis([-0.5, 1.5, -0.5, 1.5])
10. plt.show()
```

微课视频：03_dataset-line.mp4。

写成感知器即可得到如图11-4所示的结果。

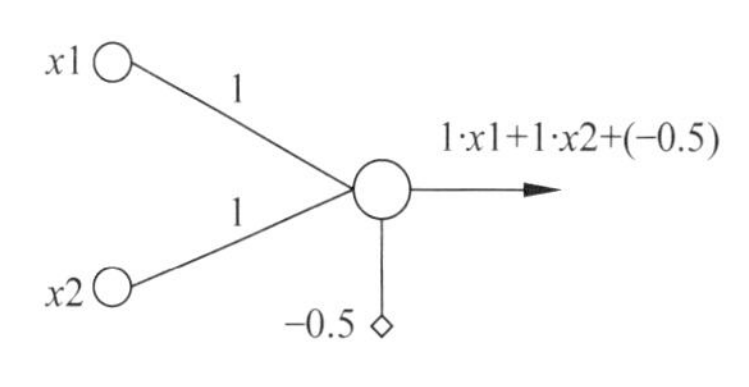

图 11-4 感知器

测试一下源数据，f(大于0)=1即为A类，f(小于0)=0即为B类，所以源数据为(0.0,0.0)，则 $Y=f((0.0,0.0))=f(1.0\times0.0+1.0\times0.0+(-0.5))=f(-0.5)=0$；源数据为(1.0,0.0)，则 $Y=f((1.0,0.0))=f(1.0\times1.0+1.0\times0.0+(-0.5))=f(0.5)=1$；源数据为(1.0,1.0)，则 $Y=f((1.0,1.0))=f(1.0\times1.0+1.0\times1.0+(-0.5))=f(1.5)=1$；源数据为(0.0,1.0)，则 $Y=f((0.0,1.0))=f(1.0\times0.0+1.0\times1.0+(-0.5))=f(0.5)=1$。

以上数学公式可以写成如下程序(实例53——03_dataset-activation.py)：

```
1. def activation(v1):
2.   if(v1 >= 0):
3.     return 1
4.   return 0
5. def Perception(a, x, b, y, c):
6.   v1 = a * x + b * y + c
7.   act1 = activation(v1)
8.   print("( %.1f, %.1f) -> Y = f(( %.1f, %.1f)) = f( %.1fx %.1f + %.1fx %.1f + %.1f) =
   f( %.1f) = %d"
9.     % (x,y,x,y,a,x,b,y,c,v1,act1))
10. a = 1
11. b = 1
12. c = -0.5
13. Perception(a,0,b,0,c)
14. Perception(a,1,b,0,c)
15. Perception(a,1,b,1,c)
16. Perception(a,0,b,1,c)
```

运行结果如下：

```
(0.0,0.0) -> Y = f((0.0,0.0)) = f(1.0 × 0.0 + 1.0 × 0.0 + ( - 0.5)) = f( - 0.5) = 0
(1.0,0.0) -> Y = f((1.0,0.0)) = f(1.0 × 1.0 + 1.0 × 0.0 + ( - 0.5)) = f(0.5) = 1
(1.0,1.0) -> Y = f((1.0,1.0)) = f(1.0 × 1.0 + 1.0 × 1.0 + ( - 0.5)) = f(1.5) = 1
(0.0,1.0) -> Y = f((0.0,1.0)) = f(1.0 × 0.0 + 1.0 × 1.0 + ( - 0.5)) = f(0.5) = 1
```

这样即可解决4个点的分类问题，除了(0,0)是分类0，其他都是分类1。

微课视频：04_dataset-activation. mp4。

11.3 MLP 实例 XOR 问题

该 MLP 实例比较经典，称为 XOR(异或)问题，如图 11-5 所示。

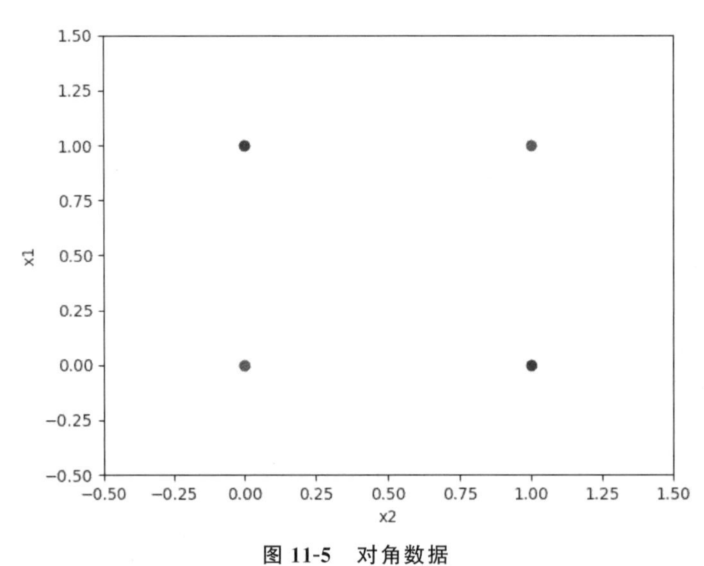

图 11-5 对角数据

图 11-5 可以编写成以下程序(实例 54——04_2dataset. py)：

```
1. import numpy as np
2. import matplotlib.pyplot as plt
3. plt.plot([0,1],[0,1], 'ro')                  #红色的点
4. plt.plot([0,1],[1,0], 'bo')                  #蓝色的点
5. plt.xlabel('x2')                             #宽的标签
6. plt.ylabel('x1')                             #高的标签
7. plt.axis([-0.5, 1.5, -0.5, 1.5])             #图的范围,宽为-0.5～1.5,高为-0.5～1.5
8. plt.show()
```

微课视频：05_2dataset. mp4。

尝试画线来区别分类。如图 11-6 所示,无法通过 1 条线来区分,即一般线性分类无法完美分割。

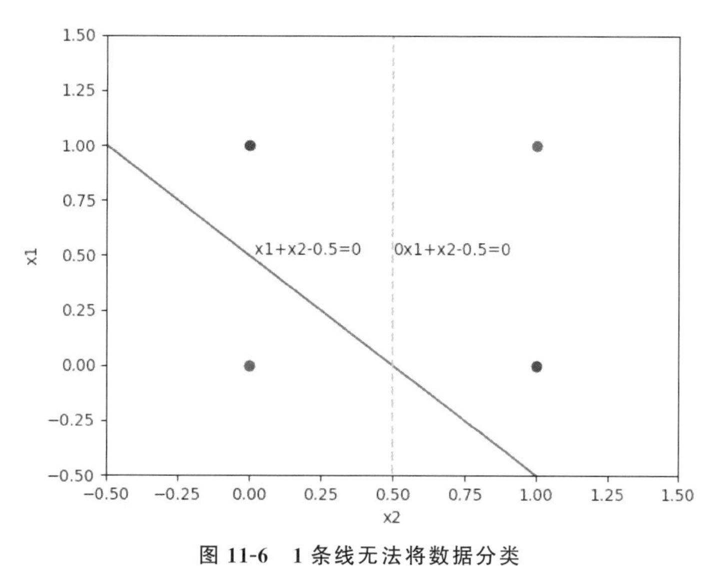

图 11-6 1 条线无法将数据分类

这时就需要通过两条线来分类。可以编写以下程序(实例 55——05_2dataset-line.py):

```
1.  plt.axis([ - 0.5, 1.5, - 0.5, 1.5])
2.  plt.plot([0,1],[0,1], 'ro')                    #红色的点
3.  plt.plot([0,1],[1,0], 'bo')                    #蓝色的点
4.  plt.xlabel('x2')                               #宽的标签
5.  plt.ylabel('x1')                               #高的标签
6.  plt.text(0, 0.5, 'x1 + x2 - 0.5 = 0')          #文字
7.  plt.plot([ - 0.5,1],[1, - 0.5], 'g - ')        #绿色的线
8.  plt.text(0.5, 0.5, 'x1 + x2 - 0.5 = 0')        #文字
9.  plt.plot([0.5,0.5],[ - 2,2], 'y-- ')           #黄色的线
10. plt.show()
```

微课视频:06_2dataset-line.mp4。

运行结果如图 11-7 所示。

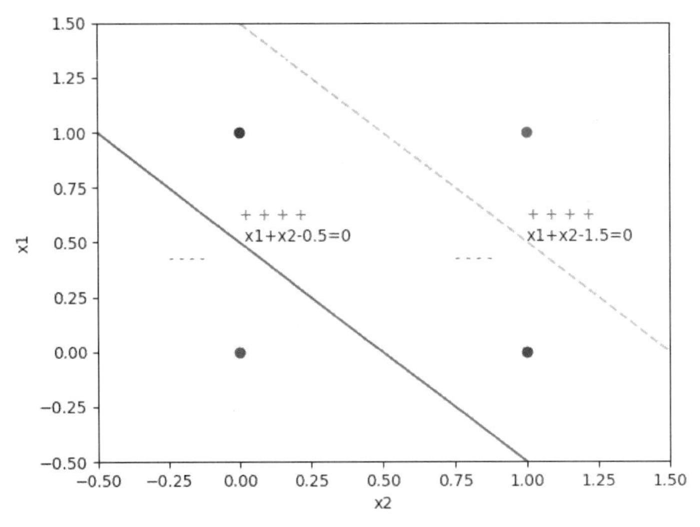

图 11-7　实例 55 运行结果

微课视频：07_2dataset-line2. mp4。

两条线之间的数据是一类，线之外是另一类，即可解决 XOR 问题。

一条线其实就是一个感知器，该问题需用两个感知器来解决问题。第 1 条线 $h_1(x)=x_1+x_2-0.5$，第 2 条线 $h_2(x)=x_1+x_2-1.5$）。以上数学公式可以写成如下程序（实例 56——07_2dataset-activation. py）：

```
1. def activation(v1):
2.   if(v1 >= 0):
3.     return 1
4.   return 0
5. def Perception(n,a, x, b, y, c):
6.   v1 = a * x + b * y + c
7.   act1 = activation(v1)
8.   print(" %s( %.1f, %.1f) -> Y = f(( %.1f, %.1f)) = f( %.1fx %.1f + %.1fx %.1f + %.1f)
     = f( %.1f) = %d"
9.     % (n,x,y,x,y,a,x,b,y,c,v1,act1))
10. print("h1(x)")
11. n = "h1"
12. a = 1
13. b = 1
```

```
14. c = -0.5
15. Perception(n,a,0,b,0,c)                    #计算 h1 (0.0,0.0)
16. Perception(n,a,1,b,0,c)                    #计算 h1 (1.0,0.0)
17. Perception(n,a,1,b,1,c)                    #计算 h1 (1.0,1.0)
18. Perception(n,a,0,b,1,c)                    #计算 h1 (0.0,1.0)
19. print("h2(x)")
20. n = "h2"
21. a = 1
22. b = 1
23. c = -1.5
24. Perception(n,a,0,b,0,c)                    #计算 h2 (0.0,0.0)
25. Perception(n,a,1,b,0,c)                    #计算 h2 (1.0,0.0)
26. Perception(n,a,1,b,1,c)                    #计算 h2 (1.0,1.0)
27. Perception(n,a,0,b,1,c)                    #计算 h2 (0.0,1.0)
```

执行结果如下：

```
h1(x)
h1(0.0,0.0) -> Y = f((0.0,0.0)) = f(1.0x0.0 + 1.0×0.0 + (-0.5)) = f(-0.5) = 0
h1(1.0,0.0) -> Y = f((1.0,0.0)) = f(1.0x1.0 + 1.0×0.0 + (-0.5)) = f(0.5) = 1
h1(1.0,1.0) -> Y = f((1.0,1.0)) = f(1.0x1.0 + 1.0×1.0 + (-0.5)) = f(1.5) = 1
h1(0.0,1.0) -> Y = f((0.0,1.0)) = f(1.0x0.0 + 1.0×1.0 + (-0.5)) = f(0.5) = 1
h2(x)
h2(0.0,0.0) -> Y = f((0.0,0.0)) = f(1.0x0.0 + 1.0×0.0 + (-1.5)) = f(-1.5) = 0
h2(1.0,0.0) -> Y = f((1.0,0.0)) = f(1.0x1.0 + 1.0×0.0 + (-1.5)) = f(-0.5) = 0
h2(1.0,1.0) -> Y = f((1.0,1.0)) = f(1.0x1.0 + 1.0×1.0 + (-1.5)) = f(0.5) = 1
h2(0.0,1.0) -> Y = f((0.0,1.0)) = f(1.0x0.0 + 1.0×1.0 + (-1.5) ) = f(-0.5) = 0
```

微课视频：08_2dataset-activation.mp4。

11.4 空间转换

通过实例55和实例56,可以得到答案：data(0,0)输出值为 $h_1=0$ 和 $h_2=0$；data(1,0)输出值为 $h_1=1$ 和 $h_2=0$；data(1,1)输出值为 $h_1=1$ 和 $h_2=1$；data(0,1)输出值为 $h_1=1$ 和 $h_2=0$。

进行空间转换,即可产生另外一张图片,将横坐标转换成 h_2,纵坐标转换成 h_1,这一空间转换就是神经网络中的一个隐藏层,结果如图 11-8 所示。

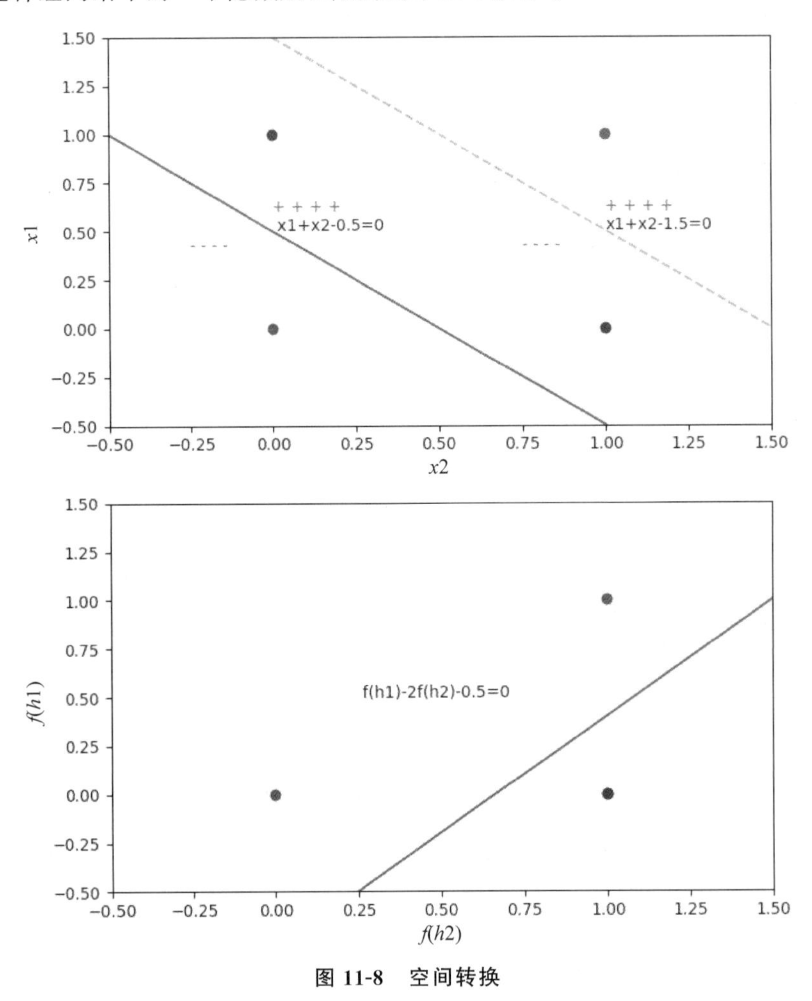

图 11-8　空间转换

以上空间转换可写成如下程序(实例 57——08_2dataset-convert.py):

```
1. def activation(v1):
2.    if(v1 >= 0):
3.       return 1
4.    return 0
5. def Perception(n,a, x, b, y, c):
6.    v1 = a * x + b * y + c
7.    act1 = activation(v1)
8.    print("%s(%.1f, %.1f) -> Y = f((%.1f, %.1f)) = f(%.1fx%.1f + %.1fx%.1f + %.1f)
      = f(%.1f) = %d"
9.       % (n,x,y,x,y,a,x,b,y,c,v1,act1))
```

```
10.    return act1
11. n = "h1"
12. a = 1
13. b = 1
14. c = -0.5
15. n2 = "h2"
16. a2 = 1
17. b2 = 1
18. c2 = -1.5
19. plt.subplot(2,1,2)                                  #下方的图片
20. plt.axis([-0.5, 1.5, -0.5, 1.5])
21. plt.plot([Perception(n,a,0,b,0,c),Perception(n,a,1,b,1,c)],
22.       [Perception(n2,a2,0,b2,0,c2),Perception(n2,a2,1,b2,1,c2)], 'ro')       #红点
23. plt.plot([Perception(n,a,1,b,0,c),Perception(n,a,1,b,0,c)],
24.       [Perception(n2,a2,0,b2,1,c2),Perception(n2,a2,0,b2,1,c2)], 'bo')       #蓝点
25. plt.xlabel('f(h2)')                                 #显示文字 f(h2)
26. plt.ylabel('f(h1)')                                 #显示文字 f(h1)
27. plt.text(0.25, 0.5, 'f(h1) - 2f(h2) - 0.5 = 0')     #显示文字 f(h1) - 2f(h2) - 0.5 = 0
28. plt.plot([1.5,0.25],[1, -0.5], 'g-')
29. plt.show()
```

执行结果如下：

```
h1(x)
h1(0.0,0.0) -> Y = f((0.0,0.0)) = f(1.0×0.0 + 1.0×0.0 + (-0.5) ) = f(-0.5) = 0
h1(1.0,0.0) -> Y = f((1.0,0.0)) = f(1.0×1.0 + 1.0×0.0 + (-0.5) ) = f(0.5) = 1
h1(1.0,1.0) -> Y = f((1.0,1.0)) = f(1.0×1.0 + 1.0×1.0 + (-0.5) ) = f(1.5) = 1
h1(0.0,1.0) -> Y = f((0.0,1.0)) = f(1.0×0.0 + 1.0×1.0 + (-0.5)) = f(0.5) = 1
h2(x)
h2(0.0,0.0) -> Y = f((0.0,0.0)) = f(1.0×0.0 + 1.0×0.0 + (-1.5)) = f(-1.5) = 0
h2(1.0,0.0) -> Y = f((1.0,0.0)) = f(1.0×1.0 + 1.0×0.0 + (-1.5) ) = f(-0.5) = 0
h2(1.0,1.0) -> Y = f((1.0,1.0)) = f(1.0×1.0 + 1.0×1.0 + (-1.5)) = f(0.5) = 1
h2(0.0,1.0) -> Y = f((0.0,1.0)) = f(1.0×0.0 + 1.0×1.0 + (-1.5) ) = f(-0.5) = 0
```

微课视频：09_2dataset-convert.mp4。

11.5 再次切割

只需设计一个线性分类器即可完美分割两类数据，如图 11-9 所示。

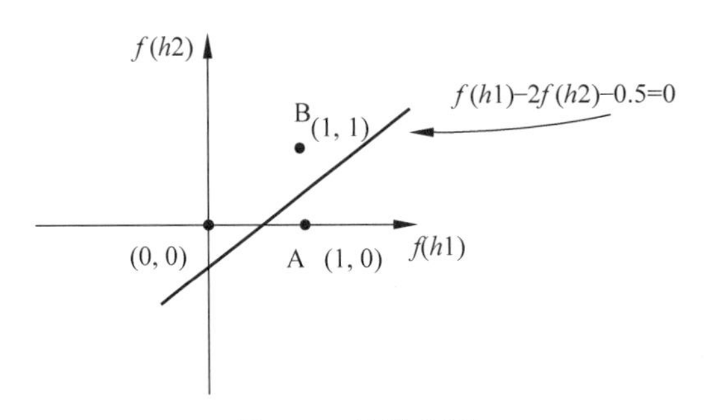

图 11-9 再次切割

结果如下：

```
(0,0)
h1(0.0,0.0)->Y=f((0.0,0.0))=f(1.0×0.0+1.0×0.0+(-0.5) )=f(-0.5)=0
h2(0.0,0.0)->Y=f((0.0,0.0))=f(1.0×0.0+1.0×0.0+(-1.5))=f(-1.5)=0
h3(0.0,0.0)->Y=f((0.0,0.0))=f(1.0×0.0+(-2.0)×0.0+(-0.5))=f(-0.5)=0
(1,0)
h1 (1.0,0.0)->Y=f((1.0,0.0))=f(1.0×1.0+1.0×0.0+(-0.5))=f(0.5)=1
h2 (1.0,0.0)->Y=f((1.0,0.0))=f(1.0×1.0+1.0×0.0+(-1.5))=f(-0.5)=0
h3 (1.0,0.0)->Y=f((1.0,0.0))=f(1.0×1.0+(-2.0)×0.0+(-0.5) )=f(0.5)=1
(1,1)
h1 (1.0,1.0)->Y=f((1.0,1.0))=f(1.0×1.0+1.0×1.0+(-0.5))=f(1.5)=1
h2 (1.0,1.0)->Y=f((1.0,1.0))=f(1.0×1.0+1.0×1.0+(-1.5))=f(0.5)=1
h3 (1.0,1.0)->Y=f((1.0,1.0))=f(1.0×1.0+(-2.0)×1.0+(-0.5))=f(-1.5)=0
(0,1)
h1 (0.0,1.0)->Y=f((0.0,1.0))=f(1.0×0.0+1.0×1.0+(-0.5))=f(0.5)=1
h2 (0.0,1.0)->Y=f((0.0,1.0))=f(1.0×0.0+1.0×1.0+(-1.5) )=f(-0.5)=0
h3 (1.0,0.0)->Y=f((1.0,0.0))=f(1.0×1.0+(-2.0)×0.0+(-0.5))=f(0.5)=1
```

根据 XOR 问题设计出的神经网络结构如图 11-10 所示。

由 XOR 问题的实例可知，第 1 层两个感知器的作用是将数据投影到另一个特征空间(该特征空间尺寸是由设计的感知器数目决定的，然后将 h_1 和 h_2 的结果当作另一个感知器的输入，再做下一层的感知器，即可完美解决 XOR 问题。

实例其实就是一个两层感知器，第 1 层感知器输出的是隐藏节点，所以如果隐藏层再多一层就是三层感知器，多层的感知器组合起来就是多层感知器(Multi-Layer Perception，MLP)，如图 11-11 所示。

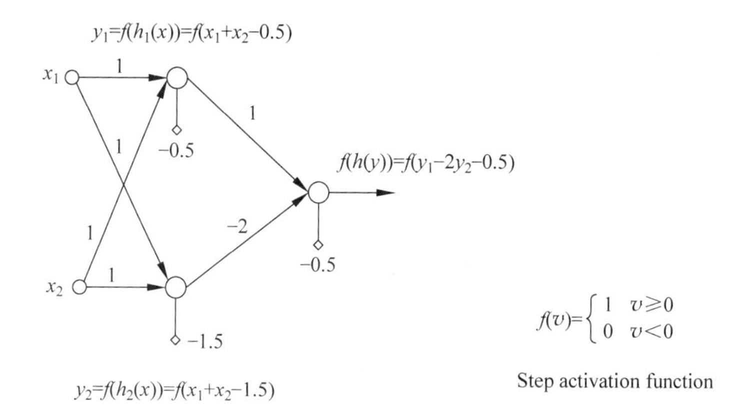

图 11-10 神经网络结构

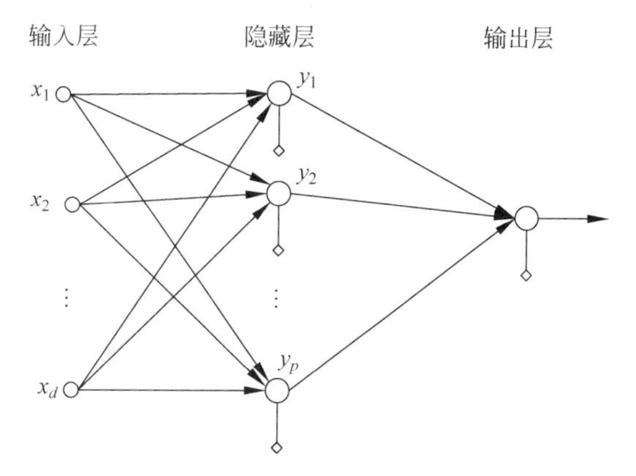

图 11-11 多层感知器的结构

多层感知器可用多层和多个感知器来达到最后目的，类似于用多个回归方法/线性分类器层层叠加来达到目的，在机器学习领域称为多分类系统(Multiple Classification System)或集成学习(Ensemble Learning)。

中间一级的隐藏层就是在做数据的特征捕获，可以降维，也可以增加维度。该过程不是通过经验法则设计，而是由数据学习完成，最后的输出才是做分类，所以最后一层也可以用SVM来分类。

如果层数更多，也可以称为深度神经网络(Deep Neural Network，DNN)，所以DNN其实是人工神经网络的MLP。有一个说法：因为MLP相关的神经网络之前因为受计算机限制，性能一直都没有大的突破，所以相关研究没有SVM广泛，后来深度学习声名大噪，MLP也换了个较酷炫的名字——Deep Neural Network。

实例58——09_2dataset-final.py。

```
1. def Perception2(n,a, x, b, y, c):
2.     v1 = a * x + b * y + c
```

```
3.     act1 = activation(v1)
4.     print("%s(%.1f,%.1f) -> Y = f((%.1f,%.1f)) = f(%.1fx%.1f + %.1fx%.1f + %.1f)
       = f(%.1f) = %d"
5.         % (n,x,y,x,y ,a ,x ,b ,y ,c ,v1,act1))
6.     return act1
7. n3 = "h3"
8. a3 = 1
9. b3 = -2
10. c3 = -0.5
11. print("(0,0)")
12. Perception2(n3,a3,Perception(n,a3,0,b,0,c),b3,Perception(n2,a2,0,b2,0,c2),c3)
13. print("(1,0)")
14. Perception2(n3,a3,Perception(n,a3,1,b,0,c),b3,Perception(n2,a2,1,b2,0,c2),c3)
15. print("(1,1)")
16. Perception2(n3,a3,Perception(n,a3,1,b,1,c),b3,Perception(n2,a2,1,b2,1,c2),c3)
17. print("(0,1)")
18. Perception2(n3,a3,Perception(n,a3,0,b,1,c),b3,Perception(n2,a2,0,b2,1,c2),c3)
```

运行结果如下：

```
(0,0)
h1(0.0,0.0) -> Y = f((0.0,0.0)) = f(1.0×0.0 + 1.0×0.0 + (-0.5)) = f(0.5) = 0
h2(0.0,0.0) -> Y = f((0.0,0.0)) = f(1.0×0.0 + 1.0×0.0 + (-1.5)) = f(-1.5) = 0
h3(0.0,0.0) -> Y = f((0.0,0.0)) = f(1.0×0.0 + (-2.0)×0.0 + (-0.5) ) = f(-0.5) = 0
(1,0)
h1(1.0,0.0) -> Y = f((1.0,0.0)) = f(1.0×1.0 + 1.0×0.0 + (-0.5)) = f(0.5) = 1
h2(1.0,0.0) -> Y = f((1.0,0.0)) = f(1.0×1.0 + 1.0×0.0 + (-1.5) ) = f(-0.5) = 0
h3(1.0,0.0) -> Y = f((1.0,0.0)) = f(1.0×1.0 + (-2.0) ×0.0 + (-0.5) ) = f(0.5) = 1
(1,1)
h1(1.0,1.0) -> Y = f((1.0,1.0)) = f(1.0×1.0 + 1.0×1.0 + (-0.5) ) = f(1.5) = 1
h2(1.0,1.0) -> Y = f((1.0,1.0)) = f(1.0×1.0 + 1.0×1.0 + (-1.5) ) = f(0.5) = 1
h3(1.0,1.0) -> Y = f((1.0,1.0)) = f(1.0×1.0 + (-2.0) ×1.0 + (-0.5) ) = f(-1.5) = 0
(0,1)
h1(0.0,1.0) -> Y = f((0.0,1.0)) = f(1.0×0.0 + 1.0×1.0 + (-0.5) ) = f(0.5) = 1
h2(0.0,1.0) -> Y = f((0.0,1.0)) = f(1.0×0.0 + 1.0×1.0 + (-1.5) ) = f(-0.5) = 0
h3(1.0,0.0) -> Y = f((1.0,0.0)) = f(1.0×1.0 + (-2.0) ×0.0 + (-0.5) = f(0.5) = 1
```

微课视频：10_2dataset-final.mp4。

11.6 隐藏层的设置

如何判断什么时候要多设几个隐藏层？可以从以下两个问题出发进行思考。

(1) 如果手头数据呈现对角的形式，即甲类数据呈现在左上角，乙类数据呈现在右下角，这时应设几个隐藏层？要多设几层吗？答案是：不用，只需一个隐藏层就够了。

(2) 接上一个问题，什么样的数据需要多设几个隐藏层？答案是：当甲类和乙类数据的分区不能用一条直线直接完成，即这两种数据是混在一起的，这时就需要多设几个隐藏层。

第12章 TensorFlow 神经网络最短路径算法

CHAPTER 12

12.1 图形显示训练过程历史

本节将介绍记录Fit训练的过程。在Fit训练完成后即可通过图形化的方式显示训练过程,这有助于了解类神经的模型并对其做出有效调整。

实例59——01-Iris-MLP_show.py。

```
1. …                                                    #省略
2. history = model.fit(x_train, y_train2,               #记录训练的过程
3.     epochs = 200,                                    #设置训练次数
4.     batch_size = 128)                                #设置每次训练的笔数
5. …                                                    #显示训练过程图像
6. import matplotlib.pyplot as plt                      #导入绘图函数 matplotlib
7. plt.plot(history.history['accuracy'])                #显示训练时的正确率
8. plt.plot(history.history['loss'])                    #显示训练时的损失率
9. plt.title('model accuracy')                          #图表标题
10. plt.ylabel('acc & loss')                            #图表Y轴文字
11. plt.xlabel('epoch')                                 #图表X轴文字
12. plt.legend(['accuracy', 'loss'], loc = 'upper left') #图表线的文字
13. plt.show()                                          #显示图表
```

运行结果如图12-1所示。

通过结果可以直观地看到,随着Epoch的增加,损失率下降,正确率上升,可以确定模型在鸢尾花分类中的有效性。如果在训练过程中正确率没有上升,就表示类神经的模型或数据有问题,需要进行调整。

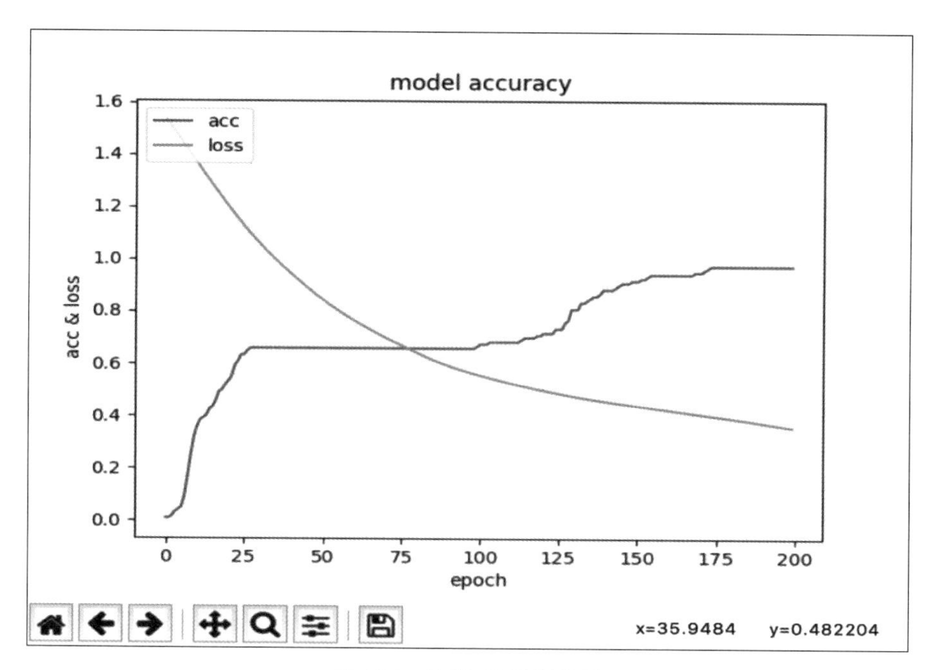

图 12-1 实例 59 运行结果

微课视频：1-Iris-MLP_show. mp4。

12.2 深度学习优化——最短路径算法

训练是模型通过自主学习训练集逐步优化到机器学习的阶段。训练的目标是通过计算机充分了解训练集，以预测未知数据。而神经网络的特别之处在于，只要给予大量的数据，按照神经网络的数学原理，即可通过调整深度学习的次数提高预测成功率。

编译中将使用“optimizer='adam'”，这就是深度学习最短路径算法，常见的优化算法有以下几种。

(1) SGD。使用方法为 tf. keras. optimizers. SGD，如：

```
tf.keras.optimizers.SGD(lr = 0.01, clipnorm = 1.)
```

(2) RMSprop。使用方法为 tf. keras. optimizers. RMSprop，如：

```
tf.keras.optimizers.RMSprop(lr = 0.001, rho = 0.9, epsilon = None, decay = 0.0)
```

(3) Adagrad。使用方法为 tf. keras. optimizers. Adagrad，如：

```
tf.keras.optimizers.Adagrad(lr = 0.01, epsilon = None, decay = 0.0)
```

(4) Adadelta。使用方法为 tf. keras. optimizers. Adadelta，如：

```
tf.keras.optimizers.Adadelta(lr = 1.0, rho = 0.95, epsilon = None, decay = 0.0)
```

(5) Adam。使用方法为 tf. keras. optimizers. Adam，如：

```
tf.keras.optimizers.Adam(lr = 0.001, beta_1 = 0.9, beta_2 = 0.999, epsilon = None, decay = 0.0,
amsgrad = False)
```

(6) Adamax。使用方法为 tf. keras. optimizers. Adamax，如：

```
tf.keras.optimizers.Adamax(lr = 0.002, beta_1 = 0.9, beta_2 = 0.999, epsilon = None, decay = 0.0)
```

(7) Nadam。使用方法为 tf. keras. optimizers. Nadam，如：

```
f.keras.optimizers.Nadam(lr = 0.002, beta_1 = 0.9, beta_2 = 0.999, epsilon = None, schedule_
decay = 0.004)
```

optimizer 是优化的方法，将计算出的梯度应用于模型的变量以最小化 loss 函数。例如，机器学习中以成功率为主，若找出的答案比上次好，就继续以成功率为主，反之亦然。

深度学习最短路径算法的目标是提高预测的准确率，如果遇到瓶颈，就退回之前的步骤，然后换个方向。

在应用上可以想象一个曲面，如图 12-2 所示，希望通过走动找到最低点。因为梯度指向最陡峭的上升方向，所以应向低的方向移动，并沿山坡下移。

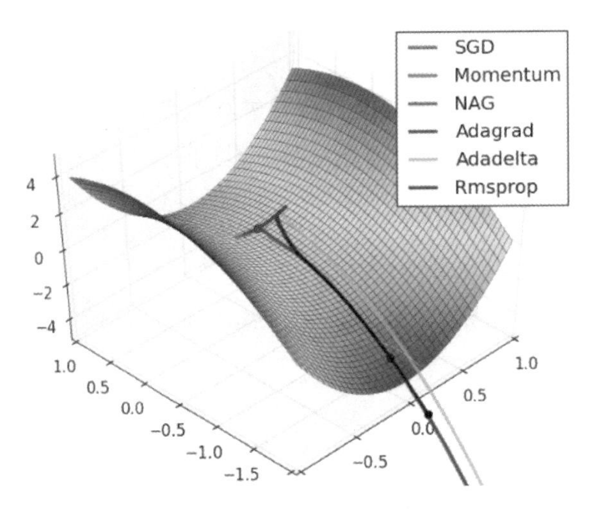

图 12-2 深度学习最短路径算法

12.3 Adam 算法

Adam 是一种优化算法，是经典的随机梯度下降算法，用于决定是否更新 network weights 神经元的权重值，由阿姆斯特丹大学 OpenAI 机构的 Diederik Kingma 先生和多伦多大学的 Jimmy Ba 先生在 2015 ICLR 所发表的论文中提出。该算法的数学原理过于复杂，可以通过 TensorFlow. keras. optimizers. Adam 函数完成，这里使用鸢尾花的案例，使用方法如下(实例 60——02-Iris-adam. py)：

```
1. …                                                  #省略
2. learning_rate = 0.01                                #学习率
3. opt1 = tf.keras.optimizers.Adam(lr = learning_rate) #指定优化算法
4. model.compile(                                      #模型编译
5.   optimizer = opt1,
6.   #optimizer = 'adam',                              #旧的方法
7.   loss = tf.keras.losses.categorical_crossentropy,  #分类交叉熵
8.   metrics = ['accuracy'])                           #指针
9. history = model.fit(x_train, y_train2,              #深度学习并记录
10.    epochs = 400,                                   #学习 400 次/周期
11.    batch_size = 16)
12. …                                                  #省略
13. import matplotlib.pyplot as plt                    #绘图函数
14. print(history.history.keys())                      #显示记录的项目
15. plt.plot(history.history['accuracy'])              #绘出学习过程的正确率
16. plt.title('Adam model acc')                        #设置抬头
17. plt.ylabel('accuracy')                             #显示 Y 的文字
18. plt.xlabel('epoch')                                #显示 X 的文字
19. plt.legend(['train acc'], loc = 'lower right')     #显示标签
20. plt.show()                                         #显示
```

运行结果如图 12-3 所示。

这里通过 Adam 优化的算法，在计算时设置“metrics=['accuracy']”，以正确率为计算的指针和目的，每次计算时对神经网络的每个神经元调整 0.01 的权重尺寸。

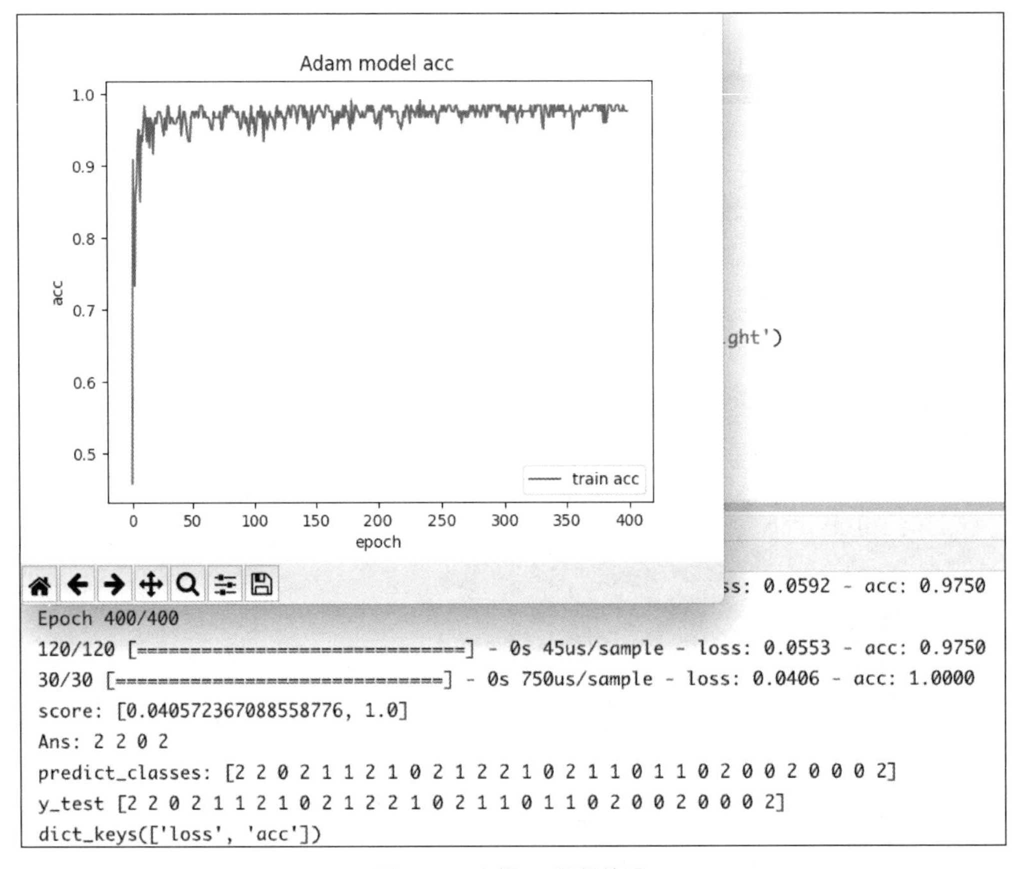

图 12-3　实例 60 运行结果

微课视频：2_opt-adam. mp4。

12.4　SGD 算法

SGD(随机梯度下降)是一种优化算法，是最常见的随机梯度下降算法之一，也用于决定是否更新神经元的权重值。它实现了随机梯度下降，并支持动量(momentum)和学习率。通过 TensorFlow. keras. optimizers. SGD 函数即可使用 SGD 算法，这里使用鸢尾花的案例，局部程序如下(实例 61——03-Iris-sgd. py)：

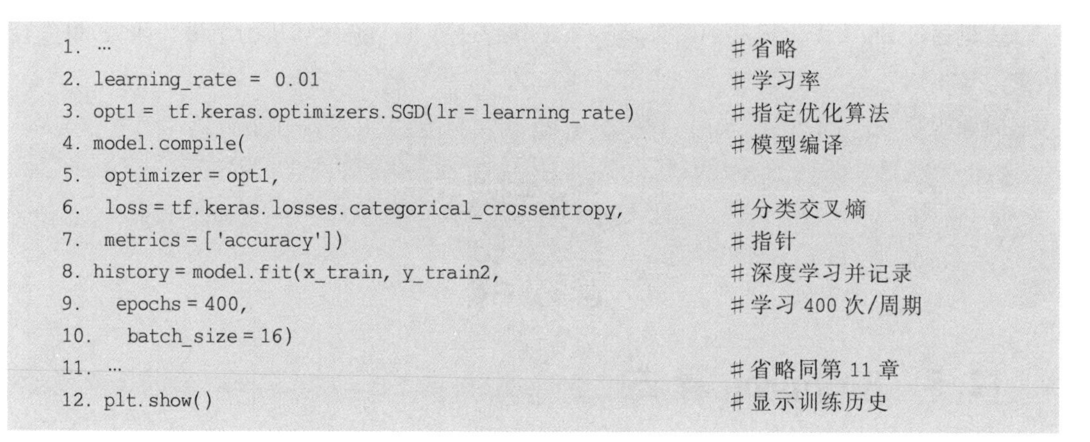

```
1. …                                                    # 省略
2. learning_rate = 0.01                                 # 学习率
3. opt1 = tf.keras.optimizers.SGD(lr = learning_rate)   # 指定优化算法
4. model.compile(                                       # 模型编译
5.   optimizer = opt1,
6.   loss = tf.keras.losses.categorical_crossentropy,   # 分类交叉熵
7.   metrics = ['accuracy'])                            # 指针
8. history = model.fit(x_train, y_train2,               # 深度学习并记录
9.    epochs = 400,                                     # 学习 400 次/周期
10.    batch_size = 16)
11. …                                                   # 省略同第 11 章
12. plt.show()                                          # 显示训练历史
```

运行结果如图 12-4 所示。

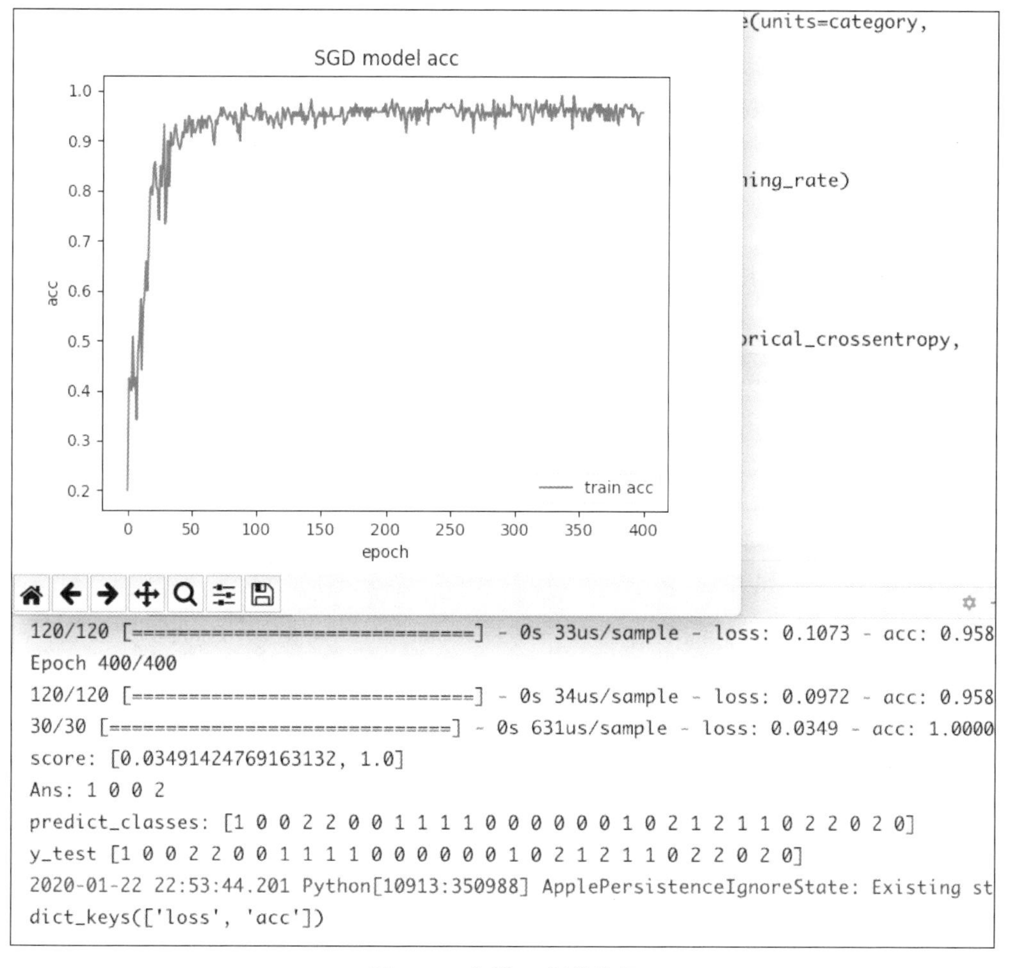

图 12-4　实例 61 运行结果

这里通过 SGD 优化算法的结果，和 12.3 节通过 Adam 优化算法的结果相比较，可发现历史记录不同。

微课视频：3_opt-SGD. mp4。

12.5 RMSprop 算法

RMSprop 是一种优化算法，也是最常见的随机梯度下降算法之一，由 Geoff Hinton 首次在在线网络课程 *Neural Networks for Machine Learning* 的第 6 堂课中提出。RMSprop 属于自适应学习速率方法的领域。

通过 TensorFlow. keras. optimizers. RMSprop 函数即可使用 RMSprop 算法，这里使用鸢尾花的案例，局部程序如下(实例 62——04-Iris-RMSprop. py)：

```
1. …                                                   #省略
2. learning_rate = 0.01                                #学习率
3. opt1 = tf.keras.optimizers.RMSprop(lr = learning_rate)    #指定优化算法
4. model.compile(                                      #模型编译
5.  optimizer = opt1,
6.  loss = tf.keras.losses.categorical_crossentropy,   #分类交叉熵
7.  metrics = ['accuracy'])                            #指针
8. history = model.fit(x_train, y_train2,              #深度学习并记录
9.   epochs = 400,                                     #学习 400 次/周期
10.   batch_size = 16)
11. …                                                  #省略
12. plt.show()                                         #显示训练历史
```

运行结果如图 12-5 所示。

这里通过 RMSprop 优化的算法结果，与通过 Adam 和 SGD 优化的结果相比较，可发现历史记录不同。

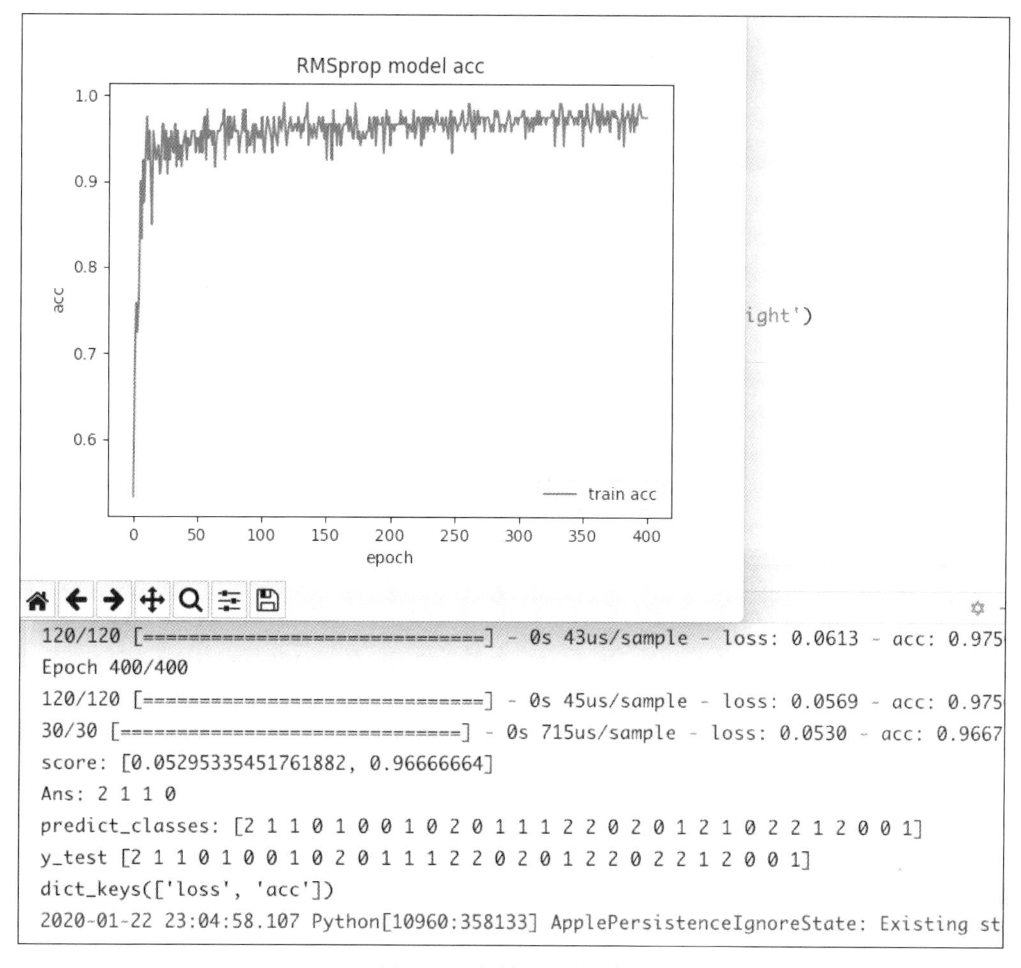

图 12-5 实例 62 运行结果

微课视频：4_opt-RMSprop.mp4。

12.6 Adagrad、Adadelta、Nadam 和 Momentum 算法

本节将介绍 4 个常见的最短路径优化算法，分别为 Adagrad、Adadelta、Nadam 和 Momentum。4 个优化算法的目的都是一样的，即向着指定目标找出最符合的答案。比较特别的是 Adadelta 和 Momentum。

Adagrad 算法的使用实例(实例 63——05-Iris-Adagrad. py)：

```
learning_rate = 0.01                                        #学习率
opt1 = tf.keras.optimizers.Adagrad(lr = learning_rate)      #指定优化算法
```

运行结果如图 12-6 所示。

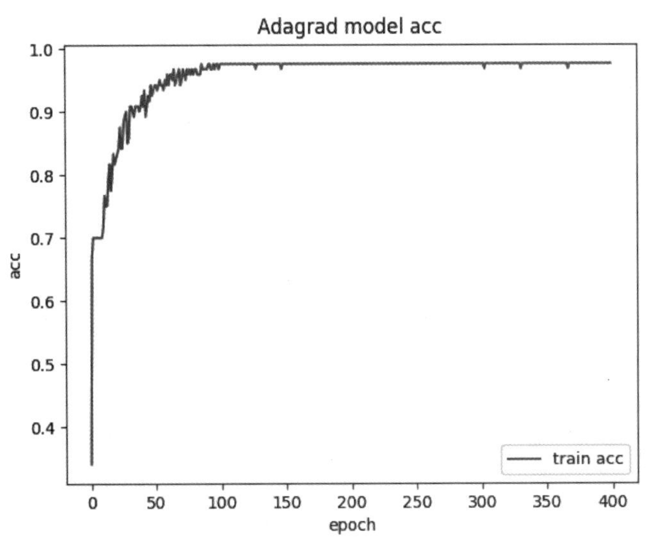

图 12-6　实例 63 运行结果

微课视频：5_opt-Adagrad. mp4。

Adadelta 成效较差，可以发现程序中用了将近 10 倍的学习次数，才能达到相同的结果。Adadelta 算法的使用实例(实例 64——06-Iris-Adadelta. py)：

```
1. learning_rate = 0.01                                     #学习率
2. opt1 = tf.keras.optimizers.Adadelta(lr = learning_rate)  #指定优化算法
3. …                                                        #同第 11 章，省略
4. history = model.fit(x_train, y_train2,                   #深度学习并记录
5.    epochs = 400,                                         #学习 400 个周期
6.    batch_size = 16)
```

运行结果如图 12-7 所示。

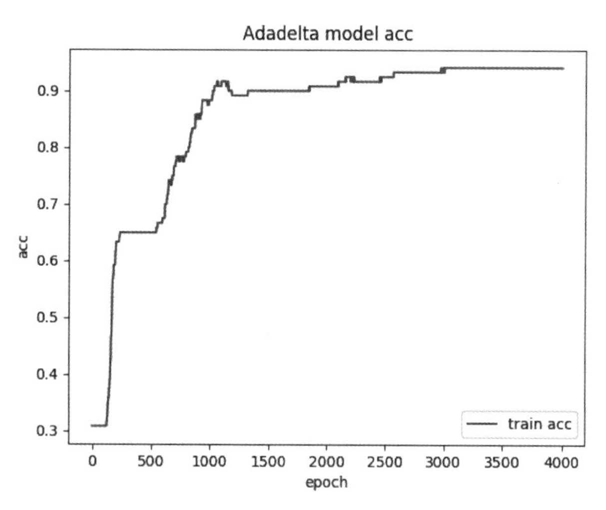

图 12-7 实例 64 运行结果

微课视频：6_opt_Adadelta. mp4。

Nadam 算法的使用实例(实例 65——07-Iris-Nadam. py)：

```
learning_rate = 0.01                                    #学习率
opt1 = tf.keras.optimizers.Nadam(lr = learning_rate)    #指定优化算法
```

运行结果如图 12-8 所示。

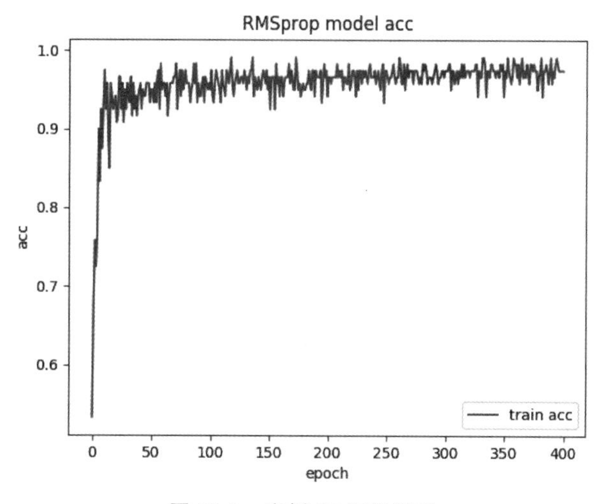

图 12-8 实例 65 运行结果

微课视频：7_opt_Nadam.mp4。

Momentum严格意义上是包含在SGD算法中的动能参数，在TensorFlow中通过SGD函数来实现Momentum的算法，使用方法为tf.keras.optimizers.SGD(lr=learning_rate, momentum=0.9)。Momentum算法的使用实例如下(实例66——08-Iris-Momentum.py)：

```
learning_rate = 0.01                                                   #学习率
opt1 = tf.keras.optimizers.SGD(lr = learning_rate, momentum = 0.9)     #指定优化算法
```

运行结果如图12-9所示。

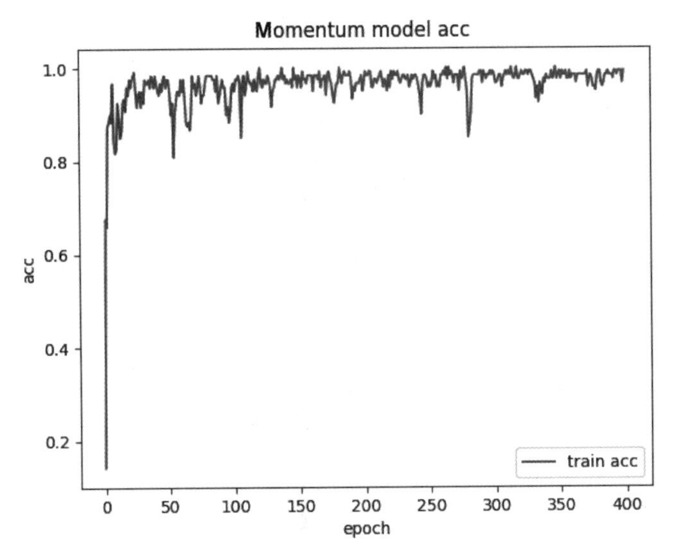

图12-9 实例66运行结果

微课视频：8_opt_momentum.mp4。

在机器学习过程中，每个epochs批次都会有损失(Loss)和正确率(Accuracy)。按照深度学最短路径算法，模型会逐渐找到权重和偏移值的最佳组合，以最大限度地减少损失。损失越低模型的预测就越好，正确率就越高。

12.7 选择优化算法的方法

这么多的优化算法如何进行选择呢？最好的方法就是先将其全部绘制到同一张图上，然后比较不同算法的差异性。通过以下程序将所有最短路径优化历史记录并绘制出来（实例67——09-Iris-all.py）：

```
1. …
2. iris = datasets.load_iris()                                    #鸢尾花数据集
3. category = 3                                                   #鸢尾花有几种标签答案
4. dim = 4
5. x_train, x_test, y_train, y_test = train_test_split(iris.data,iris.target,
   test_size = 0.2)                                               #拆分
6. y_train2 = tf.keras.utils.to_categorical(y_train, num_classes = (category))        #转码
7. y_test2 = tf.keras.utils.to_categorical(y_test, num_classes = (category))          #转码
8.
9. def model(opt1):                                               #创建模型和训练
10.  model = tf.keras.models.Sequential()                         #加入顺序层
11.  model.add(tf.keras.layers.Dense(units = 10,activation = tf.nn.relu,      #神经元
12.            input_dim = dim))
13.  model.add(tf.keras.layers.Dense(units = 10,activation = tf.nn.relu))     #神经元
14.  model.add(tf.keras.layers.Dense(units = category,activation = tf.nn.softmax))
15.  model.compile(
16.   optimizer = opt1,                                           #指定优化算法
17.   loss = tf.keras.losses.categorical_crossentropy,            #分类交叉熵
18.   metrics = ['accuracy'])                                     #依准确率配置
19.
20.  history = model.fit(x_train, y_train2,epochs = 80,batch_size = 16)      #训练 80 回
21.  return history
22.
23.
24. learning_rate = 0.01                                          #学习率
25. history_Adam = model(tf.keras.optimizers.Adam(lr = learning_rate))       #优化 Adam
26. history_SGD = model(tf.keras.optimizers.SGD(lr = learning_rate))         #优化 SGD
27. history_RMSprop = model(tf.keras.optimizers.RMSprop(lr = learning_rate))    #RMSprop
28. history_Adagrad = model(tf.keras.optimizers.Adagrad(lr = learning_rate))    #Adagrad
29. history_Adadelta = model(tf.keras.optimizers.Adadelta(lr = learning_rate))  #Adadelta
30. history_Nadam = model(tf.keras.optimizers.Nadam(lr = learning_rate))        #Nadam
31. history_mom = model(tf.keras.optimizers.SGD(lr = learning_rate, momentum = 0.9))
32.
33.
34. import matplotlib.pyplot as plt                               #绘图函数
```

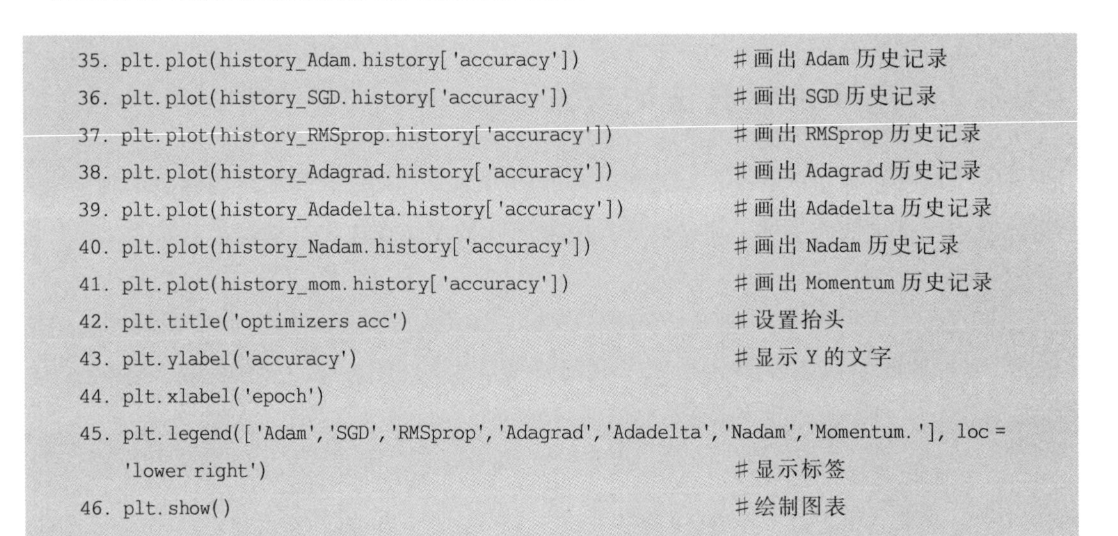

```
35. plt.plot(history_Adam.history['accuracy'])              #画出 Adam 历史记录
36. plt.plot(history_SGD.history['accuracy'])               #画出 SGD 历史记录
37. plt.plot(history_RMSprop.history['accuracy'])           #画出 RMSprop 历史记录
38. plt.plot(history_Adagrad.history['accuracy'])           #画出 Adagrad 历史记录
39. plt.plot(history_Adadelta.history['accuracy'])          #画出 Adadelta 历史记录
40. plt.plot(history_Nadam.history['accuracy'])             #画出 Nadam 历史记录
41. plt.plot(history_mom.history['accuracy'])               #画出 Momentum 历史记录
42. plt.title('optimizers acc')                             #设置抬头
43. plt.ylabel('accuracy')                                  #显示 Y 的文字
44. plt.xlabel('epoch')
45. plt.legend(['Adam','SGD','RMSprop','Adagrad','Adadelta','Nadam','Momentum.'], loc =
    'lower right')                                          #显示标签
46. plt.show()                                              #绘制图表
```

运行结果如图 12-10 所示。

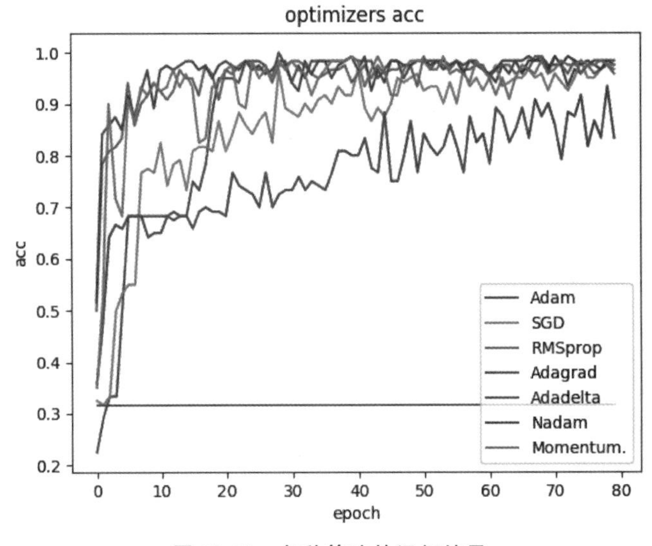

图 12-10　各种算法的运行结果

图 12-10 画出了各种算法的运行结果，哪一个算法的正确率可以最快到达 0.95 以上呢？答案就是 Nadam 算法；第 2、3 名分别是 Momentum 算法和 RMSprop 算法；最后一名则是 Adadelta 算法。

图 12-10 中还有一个重要信息，即可以看出 Adagrad、SGD 和 Momentum 这 3 种算法的波动都非常大，意为如果找不到好的答案，该算法后退的幅度就比较大，并将向另外一个方向尝试寻找答案。如果手头数据变化幅度大，也可以考虑使用这 3 种算法。

微课视频：9_opt_all.mp4。

12.8 特征值数据标准化

前面介绍优化时提到了学习率(Learning Rate)，深入介绍之前，还需要先了解何谓数据预处理标准化。数据预处理标准化常用的方法有以下两种。

(1) 把数变为 0~1 的小数，主要目的是方便数据处理，把数据映射到 0~1 范围之内处理，更加便捷、快速。

(2) 把有量纲表达式变为无量纲表达式。归一化是一种简化计算的方式，即将有量纲的表达式，经过变换，转化为无量纲的表达式，成为标量。归一化计算方法有以下 4 种。

① 线性转换，公式为

$$y=(x-x_{\min})/(x_{\max}-x_{\min}) \tag{12-1}$$

② 对数函数转换，公式为

$$y=\log10(x) \tag{12-2}$$

③ 反余切函数转换，公式为

$$y=\text{atan}(x)\times 2/\pi \tag{12-3}$$

④ 线性转换与对数函数结合，将输入值换算为[-1,1]区间的值。

数据的标准化是将数据按比例缩放，使之落入一个小的特定区间。由于信用指针体系各指针度量单位不同，为将指针加入评价计算，需要对其进行规范化处理，通过函数变换将其数值映射到某个数值区间。标准化算法有以下几种。

(1) z-score 标准化(零-均值标准化，常用)。公式为

$$y=(x-\bar{x})/\sigma \tag{12-4}$$

其中 $\bar{x}$ 和 σ 分别表示 x 的平均值和标准差。当 x 的最大值和最小值未知，或孤立点左右了最大-最小标准化时，该方法有用。

(2) 最小-最大标准化(线性变换)。公式为

$$y=[(x-x_{\min})/(x_{\max}-x_{\min})](x'_{\max}-x'_{\min})+x'_{\min} \tag{12-5}$$

(3) 小数定标标准化。通过移动 x 的小数位置来进行标准化，公式为

$$y=x/10^{j} \tag{12-6}$$

其中 j 表示使得 $\max(|y|)<1$ 的最小整数。

(4) 对数 Logistic 模式。公式为

$$y=1/(1+\mathrm{e}^{-x}) \tag{12-7}$$

其实 TensorFlow 最常见的方法是通过 $y=(x-x_{\min})/(x_{\max}-x_{\min})$ 标准化，有时甚

至直接通过 $y=x/x_{max}$ 标准化。

实例 68——10-MinMaxScale. py：

```
1. …
2. iris = datasets.load_iris()                     #鸢尾花数据集
3. category = 3                                    #鸢尾花有几种标签答案
4. dim = 4
5. max1 = iris.data.max(axis = 0)                  #每一个特征最大的值 [7.9 4.4 6.9 2.5]
6. min1 = iris.data.min(axis = 0)                  #每一个特征最小的值 [4.3 2. 1. 0.1]
7. print("iris.data.max = ",max1)                  #输出 [7.9 4.4 6.9 2.5]
8. print("iris.data.min = ",min1)                  #输出 [4.3 2. 1. 0.1]
9.
10. print("iris.data[:4]",iris.data[:4])
11. X_std = (iris.data - min1)/(max1 - min1)       #通过公式计算,把数据转至 0~1
12. print("X_std[:4]",X_std[:4])
13. X_scaled = X_std * (max1 - min1) + min1
14. print("X_scaled[:4]",X_scaled[:4])
```

运行结果如图 12-11 所示。

```
iris.data.max= [7.9 4.4 6.9 2.5]
iris.data.min= [4.3 2.  1.  0.1]
iris.data[:4] [[5.1 3.5 1.4 0.2]
 [4.9 3.  1.4 0.2]
 [4.7 3.2 1.3 0.2]
 [4.6 3.1 1.5 0.2]]
X_std[:4] [[0.22222222 0.625      0.06779661 0.04166667]
 [0.16666667 0.41666667 0.06779661 0.04166667]
 [0.11111111 0.5        0.05084746 0.04166667]
 [0.08333333 0.45833333 0.08474576 0.04166667]]
X_scaled[:4] [[5.1 3.5 1.4 0.2]
 [4.9 3.  1.4 0.2]
 [4.7 3.2 1.3 0.2]
 [4.6 3.1 1.5 0.2]]
```

图 12-11　实例 68 运行结果

微课视频：10_minmax. mp4。

通过 MinMaxScaler 函数标准化是比较推荐的方法，这样计算时比较方便。

实例 69——11-fit_transform. py：

```
1. from sklearn import preprocessing
2. scaler = preprocessing.MinMaxScaler()           #初始化函数
```

```
3. X_train_minmax = scaler.fit_transform(iris.data)          #将数据转换到0~1
4. print("X_train_minmax[:4]",X_train_minmax[:4])            #显示前4笔数据
```

微课视频：11_fit_transform.mp4。

接下来练习标准化的开发技巧。仍使用鸢尾花的实例练习，首先设置比较组，修改实例01-Iris-adam.py，把epochs改为100，测试之后的运行结果评估值(evaluate)的准确率为0.933。

实验组把鸢尾花标签数据标准化，评估值设为100，测试之后的运行结果评估值准确率同样为0.933，但还可以更好，详见第12.9节。

实例70——12-Iris-MinMaxScaler.py。

```
1. from sklearn import preprocessing
2. scaler = preprocessing.MinMaxScaler()                        #初始化函数
3. X_train_minmax = scaler.fit_transform(iris.data)             #将数据转换至0~1
4. print("X_train_minmax[:4]",X_train_minmax[:4])               #显示前4笔数据
5. x_train , x_test , y_train , y_test = train_test_split(X_train_minmax,
   iris.target,test_size=0.2)                                   #数据分割
6. …                                                            #省略
```

运行结果如图12-12所示。

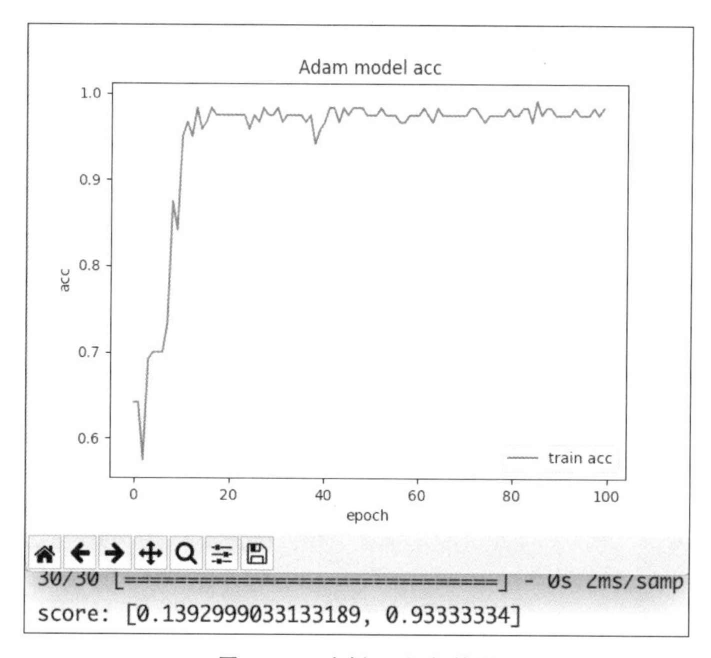

图12-12 实例70运行结果

微课视频：12_Iris-MinMaxScaler. mp4。

12.9 优化学习率

前面介绍了 TensorFlow 的优化算法，其中，学习率(Learning Rate，参数为 lr)用于按照每次迭代设置移动的长短，通常会调整以获得更好的结果，例如，可以使用 Adam 算法每次计算移动 0.001：

```
model.compile(optimizer = tf.keras.optimizers.Adam(lr = 0.001),     # 使用 Adam 算法移动 0.001
 loss = tf.keras.losses.categorical_crossentropy, # 损失率使用稀疏分类交叉熵
 metrics = ['accuracy'])                          # 模型在训练和测试期间要评估的度量列表
```

使用 SGD 算法每次计算移动 0.01：

```
model.compile(optimizer = tf.keras.optimizers.Adam(lr = 0.01),    # 使用 SGD 算法每次计算移动 0.01
 loss = tf.keras.losses.categorical_crossentropy,   # 损失率使用稀疏分类交叉熵
 metrics = ['accuracy'])                            # 模型在训练和测试期间要评估的度量列表
```

通过鸢尾花教学实例——11-Iris-MinMaxScaler. py，使用 Adam 算法，学习率设置为 0.01，运行结果评估值的答案准确率是 0.933。

另外，对实例——11-Iris-MinMaxScaler. py 使用 Adam 算法，学习率调小为 0.001，运行结果评估值的答案准确率为 1.0(实例 71——13-Iris-LearningRate001. py)：

```
1. …                                                         # 省略
2. learning_rate  =  0.001                                   # 降低学习率为 0.001
3. opt1  =  tf.keras.optimizers.Adam(lr = learning_rate)     # 指定优化算法
4. model.compile(                                            # 模型编译
5.   optimizer = opt1,
6.   # optimizer = 'adam',                                   # 旧的方法
7.   loss = tf.keras.losses.categorical_crossentropy,        # 分类交叉熵
8.   metrics = ['accuracy'])                                 # 指针
9. history = model.fit(x_train, y_train2,                    # 深度学习并记录
10.     epochs = 100,                                        # 学习 100 次周期
11.     batch_size = 16)
12. …                                                        # 省略
```

运行结果如图 12-13 所示。

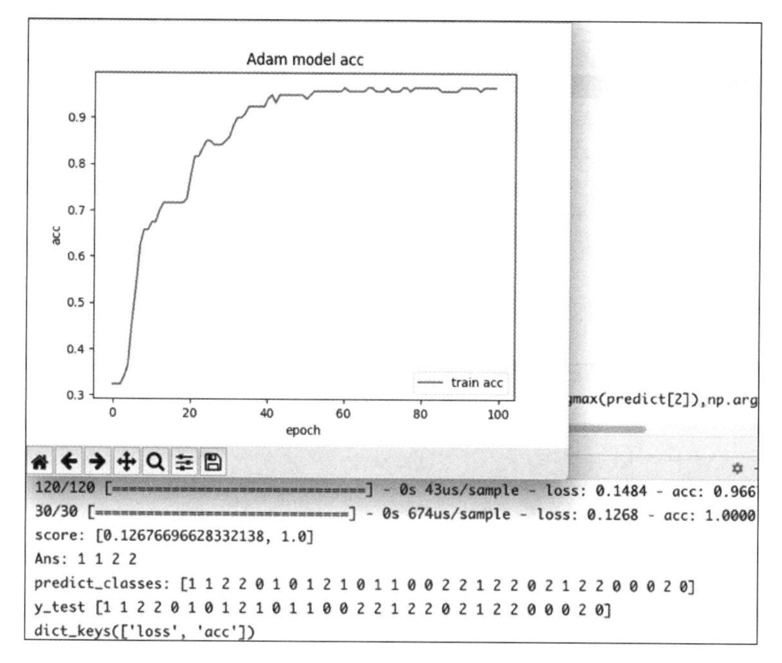

图 12-13 实例 71 运行结果

微课视频：13_Iris-LearningRate001.mp4。

由上述实例可以看出，学习率可根据学习情况做出微调，从而改善预测效果，但调整后需要学习的次数将增加。参考以下实例，同样的 MLP 神经网络模型，同样将 epochs 设置为 100，所创建出的历史正确率的比较（实例 72——14-Iris-LearningRates.py）：

```
1. …                                                        #省略
2. iris = datasets.load_iris()                              #鸢尾花数据集
3. from sklearn import preprocessing
4. scaler = preprocessing.MinMaxScaler()                    #初始化函数
5. X_train_minmax = scaler.fit_transform(iris.data)         #将数据转换为 0~1
6. print("X_train_minmax[:4]",X_train_minmax[:4])           #显示前 4 笔数据
7. x_train , x_test , y_train , y_test = train_test_split(X_train_minmax,
   iris.target,test_size=0.2)                               #数据分割
8. …                                                        #省略
9. category=3                                               #鸢尾花有几种标签答案
10. dim=4
11. y_train2=tf.keras.utils.to_categorical(y_train, num_classes=(category))     #转码
```

```
12. y_test2 = tf.keras.utils.to_categorical(y_test, num_classes = (category))          #转码
13.
14. def model(learning_rate):                                             #创建模型和训练
15.   model  =  tf.keras.models.Sequential()                              #加入顺序层
16.   model.add(tf.keras.layers.Dense(units = 10,activation = tf.nn.relu,              #神经元
17.             input_dim = dim))
18.   model.add(tf.keras.layers.Dense(units = 10,activation = tf.nn.relu))             #神经元
19.   model.add(tf.keras.layers.Dense(units = category,activation = tf.nn.softmax))
20. opt1  =  tf.keras.optimizers.Adam(lr = learning_rate)                 #调整学习率
21.   model.compile(
22.     optimizer = opt1,                                                 #指定优化算法
23.     loss = tf.keras.losses.categorical_crossentropy,                  #分类交叉熵
24.     metrics = ['accuracy'])                                           #依准确率配置
25.
26.   history  =  model.fit(x_train, y_train2,epochs = 100,batch_size = 16)          #训练 100 回
27.   return history
28.
29. history_01 = model(0.01)                                              #学习率 0.01
30. history_001 = model(0.001)                                            #学习率 0.001
31.
32. import matplotlib.pyplot as plt                                       #绘图函数
33. plt.plot(history_01.history['accuracy'])                              #画出学习率 0.01 的历史记录
34. plt.plot(history_001.history['accuracy'])                             #画出学习率 0.001 的历史记录
35. plt.title('Adam model acc rate')                                      #设置抬头
36. plt.ylabel('accuracy')                                                #显示 Y 的文字
37. plt.xlabel('epoch')
38. plt.legend(['rate 0.01','rate 0.001'], loc = 'lower right')  #显示标签
39. plt.show()                                                            #绘制图表
```

运行结果如图 12-14 所示。

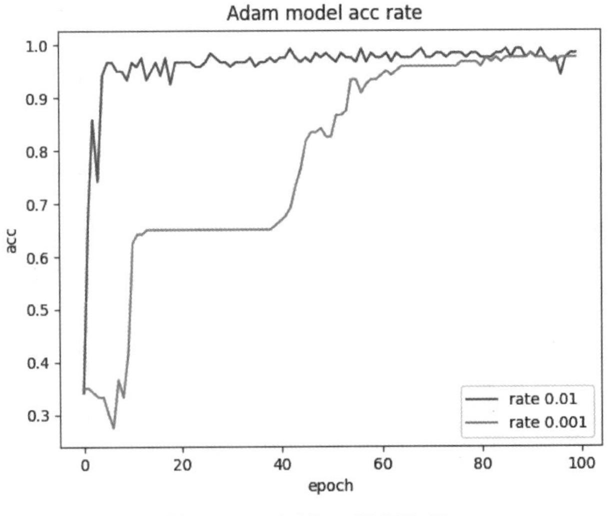

图 12-14　实例 72 运行结果

由结果可以看出，学习率越小，所需训练次数就越多，但下上波动移动较小而且平滑。学习率大小取决于标签的数字差异，如果差异非常小，学习率也应调小一些。

微课视频：14_Iris-LearningRates.py.mp4。

12.10 编译模型的 metrics 指针

TensorFlow 提供在模型训练期间要监视的指针，可以通过 compile 函数中的 metrics 指定指针，如：

```
model.compile(
 optimizer = tf.keras.optimizers.Adam(lr = 0.01),          # 指定优化算法
 loss = tf.keras.losses.categorical_crossentropy,          # 分类交叉熵
 metrics = ['accuracy'])                                    # 依准确率配置
```

可在 TensorFlow.Keras 中使用的回归的指针主要有均方误差、平均绝对误差、平均绝对百分比误差和余弦接近度。

可在 TensorFlow.Keras 中使用的分类的指针有二进制精度（Binary Accuracy，参数为 binary_accuracy 或 acc）、分类准确度（Categorical Accuracy，参数为 categorical_accuracy 或 acc）、稀疏分类精度（Sparse Categorical Accuracy，参数为 sparse_categorical_accuracy）、前 k 个分类精度（Top k Categorical Accuracy，参数为 top_k_categorical_accuracy）和稀疏的前 k 个分类精度（Sparse Top k Categorical Accuracy，参数为 sparse_top_k_categorical_accuracy）。

无论二进制分类问题还是多分类问题，都可以指定"准确性"指针来报告准确性。

Binary Accuracy（二进制精度）的使用方法如下（实例 73——15-Binary_accuracy.py）：

```
1. …                                                              # 省略
2. X = np.array([0.1,0.2,0.3,0.4,0.5,1.0,1.1,1.2,1.3, 1.4])       # 数据集
3. Y = np.array([0, 0, 0, 0, 0, 1, 1, 1, 1, 1])
4. category = 1                                                   # 有几种标签答案
5. dim = 1                                                        # 有几个特征值
6. model = tf.keras.models.Sequential()                           # 加入顺序层
7. model.add(tf.keras.layers.Dense(units = 10, input_dim = dim))  # 神经元
8. model.add(tf.keras.layers.Dense(units = category,activation = tf.nn.sigmoid))
9. model.compile(
10.      optimizer = tf.keras.optimizers.Adam(lr = 0.01),         # 指定优化算法
11.      loss = 'binary_crossentropy',                            # 二进制精度
12.    metrics = ['accuracy'])                                    # 依准确率配置
```

```
13. history = model.fit(x_train, y_train2,epochs = 400,batch_size = len(X))    # 训练 400 回
14.
15. import matplotlib.pyplot as plt                                            # 绘图函数
16. plt.plot(history.history['accuracy'])                                      # 画出历史记录
17. plt.title('binary_crossentropy accuracy Metrics ')                         # 设置抬头
18. plt.ylabel('accuracy')                                                     # 显示 Y 的文字
19. plt.xlabel('epoch')
20. plt.legend(['binary_crossentropy accuracy Metrics'], loc = 'lower right')  # 显示标签
21. plt.show()                                                                 # 绘制图表
```

请注意数据集分类只有两种答案,且在最后一个神经元的激活函数不能使用 Softmax 函数,需用 Sigmoid 函数。

运行结果如图 12-15 所示。

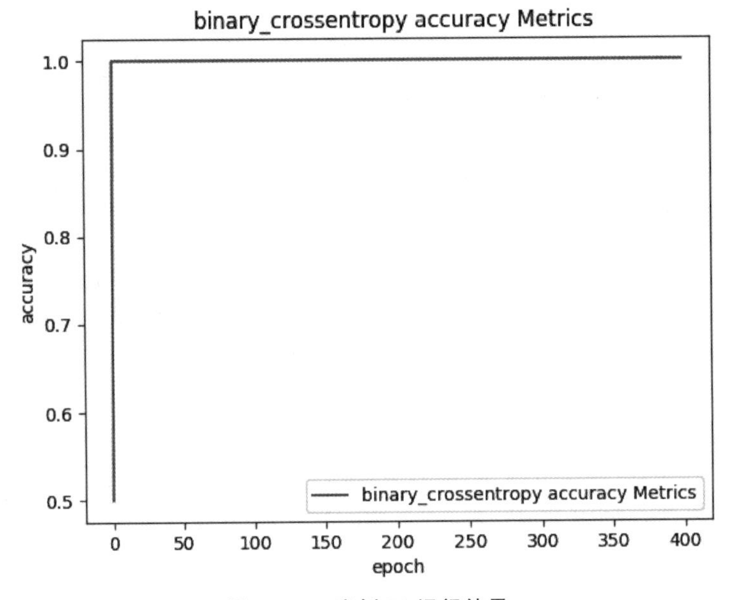

图 12-15 实例 73 运行结果

微课视频:15-Binary_accuracy. py. mp4。

Categorical Accuracy(分类准确度)就是之前的章节一直使用的 categorical_accuracy 或 acc。

实例 74——16-categorical_accuracy.py。

```
1. …                                                                #省略
2. X = np.array([0.1,0.2,0.3,0.4,0.5,1.0,1.1,1.2,2.0,2.1])         #数据集
3. Y = np.array([0, 0, 0, 0, 0, 1, 1, 1, 2, 2])
4. category = 3                                                     #有几种标签答案
5. dim = 1                                                          #有几个特征值
6. model = tf.keras.models.Sequential()                             #加入顺序层
7. model.add(tf.keras.layers.Dense(units = 10, input_dim = dim))    #神经元
8. model.add(tf.keras.layers.Dense(units = category,activation = tf.nn.sigmoid))
9. model.compile(
10.    optimizer = tf.keras.optimizers.Adam(lr = 0.01),             #指定优化算法
11.    loss = tf.keras.losses.categorical_crossentropy,             #分类准确度
12.    metrics = ['accuracy',tf.keras.metrics.categorical_accuracy]) #依准确率配置
13.
14. history = model.fit(x_train, y_train2,epochs = 400,batch_size = len(X))  #训练 400 回
15.
16. import matplotlib.pyplot as plt                                 #绘图函数
17. plt.plot(history.history['accuracy'])                           #画出历史记录
18. plt.plot(history.history['categorical_accuracy'])               #画出历史记录
19. plt.title('categorical_crossentropy accuracy Metrics')          #设置抬头
20. plt.ylabel('accuracy','categorical_crossentropy accuracy Metrics')  #显示 Y 的文字
21. plt.xlabel('epoch')
22. plt.legend(['accuracy','categorical_crossentropy accuracy Metrics], loc = 'lower right')
                                                                    #标签
23. plt.show()                                                      #绘制图表
```

运行结果如图 12-16 所示。

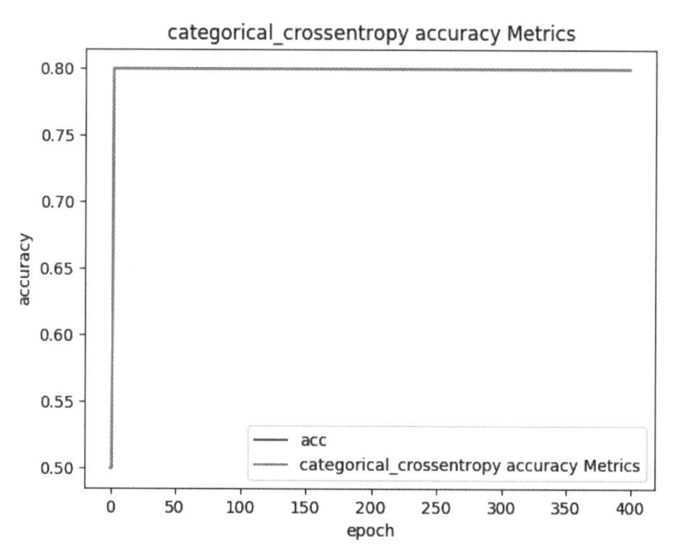

图 12-16 实例 74 运行结果

微课视频：16-categorical_accuracy.py.mp4。

第 13 章 CHAPTER 13 TensorFlow 神经网络访问模型和训练结果

13.1 TensorBoard 的使用

TensorBoard 是 TensorFlow 上一个非常棒的功能。TensorBoard 在处理复杂的计算时，很多时候像个黑盒子：sess 里面到底什么样？constant 是什么样的系统结构？具体怎样训练？这些都很不清楚。TensorBoard 的作用就是可以把复杂的神经网络训练过程及模型之间的关系可视化，以便更好地理解、调整和优化程序。

我们在创建神经网络模型解决问题时，最想知道的就是什么样的模型可以获得较好的答案，而这些变量都可以在 TensorBoard 中可视化。通过实例 75，运行之后会创建一个 logs 的路径。

首先安装 TensorBoard，程序如下：

```
pip3 install Tensorboard
```

实例 75——01-Iris-MLP_Tensorboard.py：

```
1. from time import time
2. from TensorFlow.keras.callbacks import TensorBoard    #导入 TensorBoard
3. …                                                    #同前,省略
4. #创建模型
5. model  =  tf.keras.models.Sequential()               #加入顺序层
6. model.add(tf.keras.layers.Dense(units = 10,          #加入 10 个神经元
7.    activation = tf.nn.relu,                          #也能写成"activation = 'relu'"
8.    input_dim = dim))                                 #每一笔有 4 个数据
9. model.add(tf.keras.layers.Dense(units = 10,          #加入 10 个神经元
10.    activation = tf.nn.relu))                        #也能写成"activation = 'relu'"
11. model.add(tf.keras.layers.Dense(units = category,   #3 个答案的神经元输出
    activation = tf.nn.softmax))                        #也能写成"activation = 'softmax'"
12.
13. model.compile(optimizer = tf.keras.optimizers.Adam(lr = 0.001),      #使用 Adam 算法移动 0.001
```

```
14.  loss = tf.keras.losses.categorical_crossentropy,    # 损失率分类交叉熵
15.  metrics = ['accuracy'])                          # 模型在培训和测试期间要评估的度量列表
16. tensorboard = TensorBoard(log_dir = "logs")          # 存储到 logs/
17. history = model.fit(x = x_train, y = y_train2,        # 进行训练
18.    epochs = 200,                                      # 设置训练次数,即机器学习次数
19.    batch_size = 128)                                  # 设置每次训练的笔数
20.    callbacks = [tensorboard],                         # 每笔处理后调用并存储 TensorBoard
21.    verbose = 1)                                       # 处理时显示精简的信息
22. # 测试
23. …                                                     # 同前,省略
```

运行结果如图 13-1 所示。

```
Epoch 200/200
120/120 [==============================] - 0s 20us/sample - loss: 0.5224 - acc: 0.9417
30/30 [==============================] - 0s 2ms/sample - loss: 0.5146 - acc: 0.9000
score: [0.5146391987800598, 0.9]
Ans: 2 0 2 2
predict_classes: [2 0 2 2 0 0 2 2 2 2 2 0 2 2 2 2 1 0 0 0 2 1 1 1 0 2 0 2 0 1]
y_test [2 0 2 2 0 0 2 2 1 1 1 2 0 2 2 2 2 1 0 0 0 2 1 1 1 0 1 0 2 0 1]
```

图 13-1　实例 75 运行结果

下面介绍如何运行 TensorBoard。

(1) 通过 Dos-mode 或 terminal 移动到 01-Iris-MLP_Tensorboard.py 的位置,运行后此处会多一个 logs 的文档夹。运行以下程序:

```
tensorboard -- logdir = logs/
```

结果如图 13-2 所示。

```
powens-MacBook-Air-2:ch29 powenko$ tensorboard --logdir=logs
TensorBoard 1.12.2 at http://powens-MacBook-Air-2.local:6006 (Press CTRL+C to quit)
```

图 13-2　运行 TensorBoard

(2) 消息上方将出现一个网址,打开该网址即可运行 TensorBoard,通过网页可查看运行情况,如图 13-3 所示。回到 Dos-mode 或 terminal 按 Ctrl+C 组合键即可离开 TensorBoard,强制关闭程序。

(3) TensorBoard 上有很多信息,均为 Tensorflow 程序中的内容和运行数据,可以单击查看,如图 13-4 所示。

因为 TensorBoard 路径的关系,很多人可能无法运行 TensorBoard 运行档,推荐通过文档查找运行文档,并使用绝对路径的方法运行。

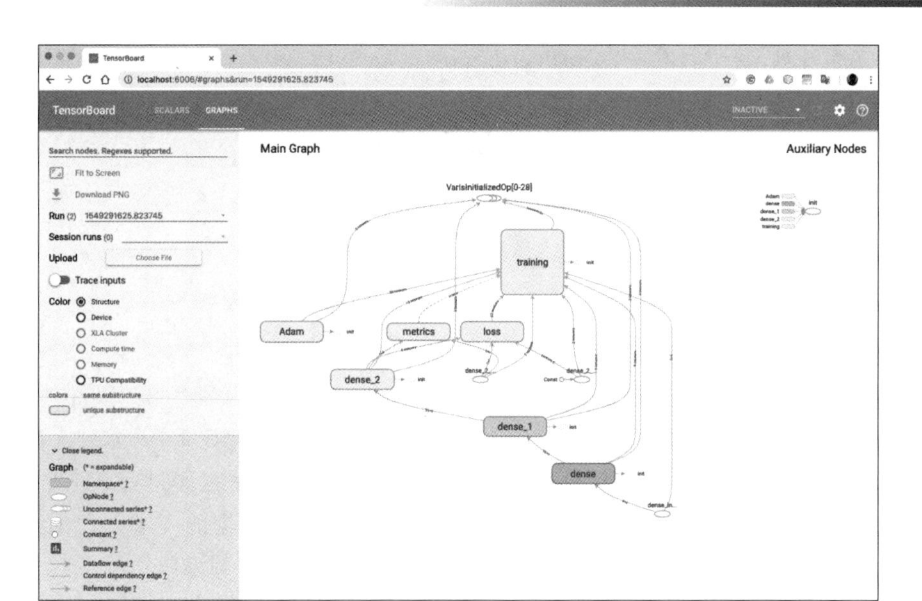

图 13-3　TensorBoard 运行情况

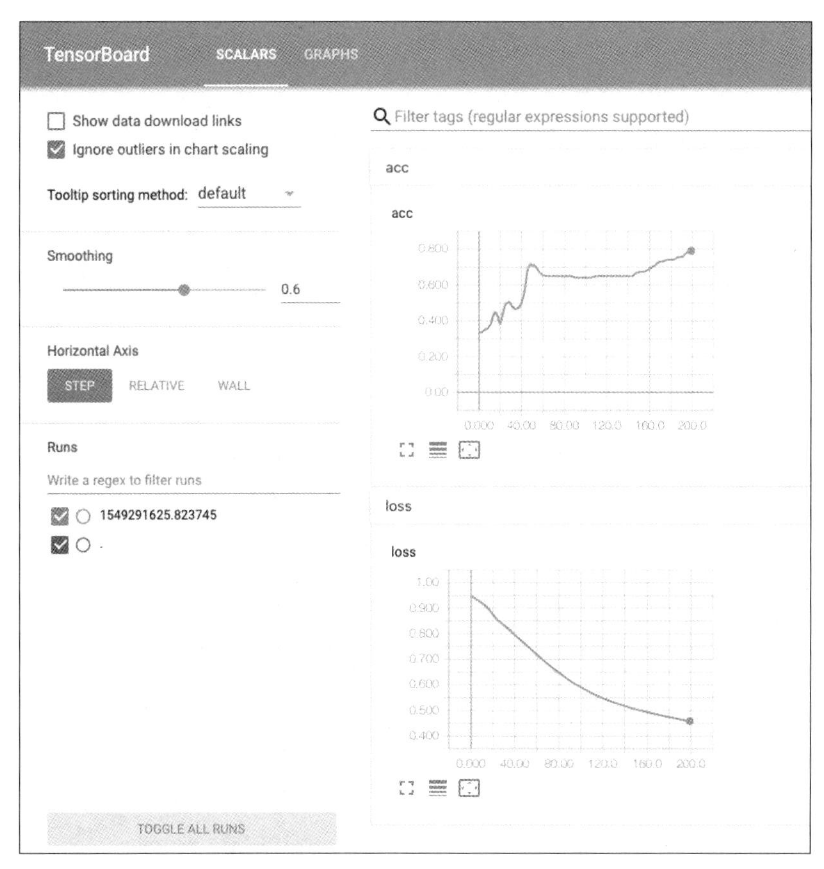

图 13-4　TensorBoard 上的 Scalars 运行情况

微课视频：01-Iris-MLP_Tensorboard.mp4。

13.2 保存模型和训练后的结果

TensorFlow.Keras 存储神经网络模型时有两部分要保存，分别为模型结构（神经网络的模型）及模型权重（深度学习后的结果）。其中，重点是保存模型权重，因为每次在处理 Fit 的指令时，要花大量的时间等待计算，存储后即可直接使用，不用再经过冗长的等待；下次使用时无须将训练的庞大数据一并复制与处理，这样也能保护数据的安全。

可以使用 JSON 和 YAML 两种不同的格式来说明和保存模型系统结构。

将模型保存到 JSON 的代码如下：

```
model_json = model.to_json()
with open("model.json", "w") as json_file:
    json_file.write(model_json)
```

将模型保存到 YAML，保存模型权重。提取和保存模型权重为 HDF5 格式，这是一种数字的格式，非常适合存储多维数字数组。下面实例将介绍如何存储模型权重并提取 HDF5 格式的文档。

首先需要安装 h5py：

```
pip install h5py
```

在 Fit 函数之后运行 save_weights 函数：

```
model.save_weights("model.h5")
```

实例 76——02-Iris-MLP_Save.py。

```
1. …                                              # 省略
2. history = model.fit(x = x_train, y = y_train2,  # 进行训练的因和果数据
3.   epochs = 200,                                # 设置训练的次数，也就是机器学习的次数
4.   batch_size = 128)                            # 设置每次训练的笔数
5.   verbose = 1)                                 # 处理时显示精简的信息
6.
7. # 保存模型系统结构
8. with open("model.json", "w") as json_file:     # 指定文档名 model.json
9.   json_file.write(model.to_json())             # 保存模型系统结构
```

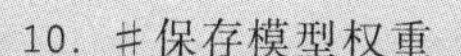

```
10. #保存模型权重
11. model.save_weights("model.h5")                    #保存模型权重
```

运行结果如图 13-5 所示。

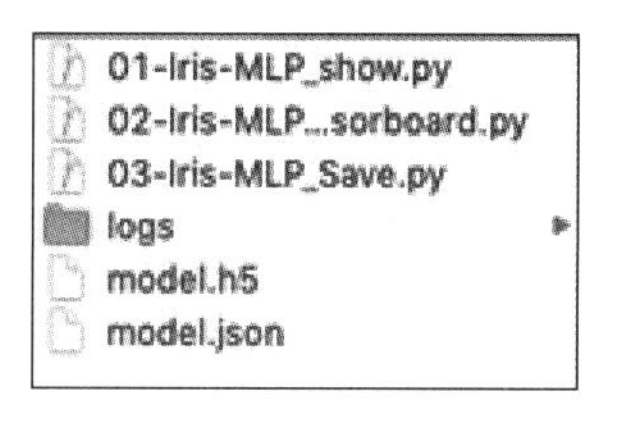

图 13-5　实例 76 运行结果

微课视频：02-Iris-MLP_Save. mp4。

13.3　提取模型系统结构和模型权重

可以通过以下程序打开文档，并提取与转换回 TensorFlow 的神经网络模型：

```
from TensorFlow.keras.models import model_from_json          #导入 model_from_json 函数库
json_file = open('model.json', 'r')                          #打开文档
loaded_model_json = json_file.read()                         #提取文档
json_file.close()                                            #关闭文档
model = model_from_json(loaded_model_json)                   #将 JSON 转换回模型
```

可以通过 HDF5 提取模型权重格式，即每一个神经元计算后的答案，程序如下：

```
model.load_weights("model.h5")
```

而完整的提取模型系统结构和提取模型权重的程序如下（实例 77——03_ModelLoad.py）：

```
1. …                                                                    #省略
2. from TensorFlow.keras.models import model_from_json
3. iris = datasets.load_iris()                                          #鸢尾花数据集
4. category = 3                                                         #鸢尾花有几种标签答案
5. dim = 4                                                              #鸢尾花有几个特征值
6. x_train, x_test, y_train, y_test = train_test_split(iris.data, iris.target, test_size = 0.2)
7. y_train2 = tf.keras.utils.to_categorical(y_train, num_classes = (category))    #转码
```

```
8. y_test2 = tf.keras.utils.to_categorical(y_test, num_classes = (category))          # 转码
9.
10. # 提取模型系统结构
11. json_file = open('model.json', 'r')                                          # 打开文档
12. loaded_model_json = json_file.read()                                         # 提取文档
13. json_file.close()                                                            # 关闭文档
14. model = model_from_json(loaded_model_json)                                   # 将 JSON 转回模型
15. # 提取模型权重
16. model.load_weights("model.h5")                                               # 提取模型权重
17. model.compile(optimizer = tf.keras.optimizers.Adam(lr = 0.001),             # 使用 Adam 算法移动 0.001
18.  loss = tf.keras.losses.categorical_crossentropy,                            # 损失率使用分类交叉熵
19.  metrics = ['accuracy'])
20.
21. # 测试
22. score = model.evaluate(x_test, y_test2, batch_size = 128)                   # 计算测试正确率
23. print("score:",score)                                                       # 输出测试正确率
24. predict = model.predict(x_test)                                             # 得到每一个结果的概率
25. print("Ans:",np.argmax(predict[0]),np.argmax(predict[1]),np.argmax(predict[2]),
    np.argmax(predict[3]))                                                      # 输出预测答案 1
26. predict2 = model.predict_classes(x_test)                                    # 得到预测答案 2
27. print("predict_classes:",predict2)                                          # 输出预测答案 2
28. print("y_test",y_test[:])                                                   # 实际测试的结果
```

可以发现程序运行速度非常快，这也证明了 TensorFlow 预测非常快速，最花时间的是训练模型。

运行结果如图 13-6 所示。

```
Loaded model from disk
30/30 [==============================] - 0s 2ms/sample - loss: 0.3825 - acc: 0.9667
score: [0.3825048804283142, 0.96666664]
Ans: 0 1 1 0
predict_classes: [0 1 1 0 1 0 0 0 1 0 0 0 0 2 0 0 1 2 0 0 2 2 0 2 0 1 0 2 2 2]
y_test [0 1 1 0 1 0 0 0 1 0 0 0 0 2 0 0 1 2 0 0 2 1 0 2 0 1 0 2 2 2]
```

图 13-6　实例 77 运行结果

注意，在神经网络模型提取回系统后，还需要添加 compile 函数。

微课视频：03-Iris-MLP_Load.mp4。

13.4 通过 Callback 每次训练存储权重一次

在实际应用中，因为神经网络需要多次训练才能创建出一个好结果，往往需要训练一整天，计算机常因不够稳定或内存不足导致死机。通过 Callback 可以实现每次训练都存储权重一次（实例 78——04-Iris-MLP_callbackSave.py）：

```
1. …                                                              #省略
2. with open("model.json", "w") as json_file:                    #指定文档名 model.json
3.   json_file.write(model.to_json())                            #保存模型系统结构
4.
5. checkpoint = tf.keras.callbacks.ModelCheckpoint("model.h5",   #保存模型权重
6.   monitor = 'loss', verbose = 1,
7.   save_best_only = True, mode = 'auto', save_freq = 1)
8.
9. history = model.fit(x_train, y_train2,                         #进行训练的因和果数据
10.         epochs = 200,                                         #设置训练的次数
11.         batch_size = 128,                                     #设置每次训练的笔数
12.         callbacks = [checkpoint],                             #调用存储
13.         verbose = 1)                                          #处理时显示精简的信息
14. …                                                             #省略
```

运行结果如图 13-7 所示。

```
Epoch 00199: loss improved from 0.25621 to 0.25449, saving model to model.h5
120/120 [==============================] - 0s 114us/sample - loss: 0.2545 - acc: 0.9833
Epoch 200/200

Epoch 00200: loss improved from 0.25449 to 0.25277, saving model to model.h5
120/120 [==============================] - 0s 107us/sample - loss: 0.2528 - acc: 0.9833
30/30 [==============================] - 0s 779us/sample - loss: 0.2374 - acc: 1.0000
score: [0.2373979091644287, 1.0]
Ans: 1 0 0 2
predict_classes: [1 0 0 2 2 1 1 2 0 0 2 0 2 1 0 0 2 0 1 2 0 0 2 0 0 1 1 1 1 0]
y_test [1 0 0 2 2 1 1 2 0 0 2 0 2 1 0 0 2 0 1 2 0 0 2 0 0 1 1 1 1 0]
```

图 13-7 实例 78 运行结果

微课视频：04-Iris-MLP_callbackSave.mp4。

13.5 自动判断是否需要训练模型

将训练和测试分成两个程序，优点是测试时无须下载和准备大量训练用数据，缺点就是需要同时维护两个程序。

为了避免同时运行两个计算机程序，可以参考以下程序，通过 Try catch 将两个程序合并为一个。如果有神经网络权重文档，就直接打开提取使用；如果没有，就重新训练。

实例 79——05-Iris-MLP_TryExcept.py。

```
1. …                                                     #省略
2. try:
3.  with open("model.json", "r") as json_file:            #指定文档名 model.json
4.   loaded_model_json = json_file.read()                  #提取模型结构
5.  json_file.close()                                      #关闭文档
6.  model = model_from_json(loaded_model_json)             #将 JSON 转回模型
7.  model.load_weights("model.h5")                         #提取模型权重
8.  model.compile(optimizer = tf.keras.optimizers.Adam(lr = 0.001),
9.    loss = tf.keras.losses.categorical_crossentropy, #损失率分类交叉熵
10.    metrics = ['accuracy'])
11. except IOError:
12. #创建模型
13. model = tf.keras.models.Sequential()                   #加入顺序层
14.  model.add(tf.keras.layers.Dense(units = 10,           #加入 10 个神经元
15.    activation = tf.nn.relu,                            #也能写成"activation = 'relu'"
16.    input_dim = dim))                                   #每一笔有 4 个数据
17. model.add(tf.keras.layers.Dense(units = 10,            #加入 10 个神经元
18.    activation = tf.nn.relu))                           #也能写成"activation = 'relu'"
19.  model.add(tf.keras.layers.Dense(units = category, #3 个答案的神经元输出
20.    activation = tf.nn.softmax))
21. model.compile(optimizer = tf.keras.optimizers.Adam(lr = 0.001),    #使用 Adam
22.    loss = tf.keras.losses.categorical_crossentropy, #损失率分类交叉熵
23.    metrics = ['accuracy'])
24. tensorboard = TensorBoard(log_dir = "logs")            #存储到 logs/
25.  history = model.fit(x = x_train, y = y_train2,        #进行训练
26.    epochs = 200,                                       #设置训练次数,即机器学习次数
27.    batch_size = 128)                                   #设置每次训练的笔数
28.    callbacks = [tensorboard],                          #每笔处理后调用并存储 TensorBoard
29.    verbose = 1)                                        #处理时显示精简的信息
30.
31.
32. #测试
33. …
```

运行结果如图 13-8 所示。

```
30/30 [==============================] - 0s 759us/sample - loss: 0.3308 - acc: 0.9000
score: [0.3308429718017578, 0.9]
Ans: 0 2 1 0
predict_classes: [0 2 1 0 2 2 1 0 0 1 1 0 1 2 0 2 2 0 0 0 0 2 2 1 2 0 0 0 0 0]
y_test [0 2 1 0 1 1 1 0 0 1 1 0 1 2 0 1 2 0 0 0 0 2 2 1 2 0 0 0 0 0]
```

图 13-8 实例 79 运行结果

微课视频：05-Iris-MLP_TryExcept. mp4。

13.6 分批次训练

本节将介绍一个非常高级的技巧，即活用存储权重的方法，可以帮助神经网络分批次训练模型，并把结果调整得越来越好。之前的程序在做神经网络的权重计算时，都是从无到有一笔一笔地计算，需要花费大量的时间，在下面实例中将介绍如何延续上次计算出的权重答案，继续向下探索更好的计算结果。

实例 80——06-Iris-MLP_continue. py。

```
1. …                                                        #省略
2. model = tf.keras.models.Sequential()                     #加入顺序层
3. model.add(tf.keras.layers.Dense(units = 10,              #加入 10 个神经元
4.   activation = tf.nn.relu,                               #也能写成"activation = 'relu'"
5.   input_dim = dim))                                      #每一笔有 4 个数据
6. model.add(tf.keras.layers.Dense(units = 10,              #加入 10 个神经元
7.   activation = tf.nn.relu))                              #也能写成"activation = 'relu'"
8. model.add(tf.keras.layers.Dense(units = category,        #3 个答案的神经元输出
           activation = tf.nn.softmax))                     #也能写成"activation = 'softmax'"
9.
10. try:
11.   with open('model.h5', 'r') as load_weights:           #提取模型权重
12.    model.load_weights("model.h5")
13. except IOError:
14.   print("File not accessible")
15.
16. model.compile(optimizer = tf.keras.optimizers.Adam(lr = 0.001),   #使用 Adam 算法移动 0.001
17.     loss = tf.keras.losses.categorical_crossentropy,    #损失率分类
18.     metrics = ['accuracy'])
19. history = model.fit(x_train, y_train2,                   #进行训练
```

```
20.         epochs = 200, batch_size = 128,                  # 设置训练的次数
21.         verbose = 1)                                     # 处理时显示精简的信息
22. # 测试
23. …                                                        # 同前,省略
24. with open("model.json", "w") as json_file:
25.   json_file.write(model.to_json())                      # 保存模型结构
26. model.save_weights("model.h5")                          # 保存模型权重
```

第 1 次运行结果如图 13-9 所示。

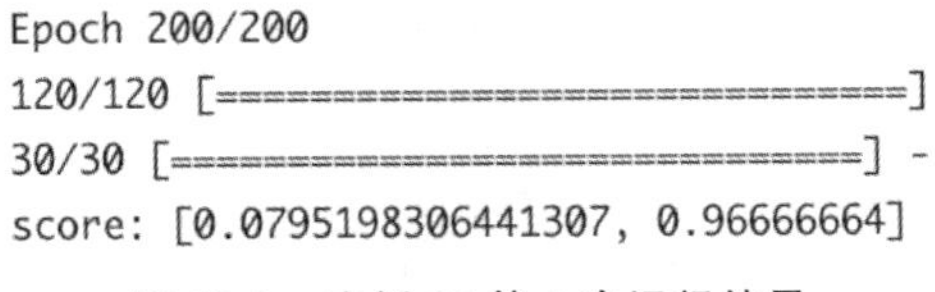

Epoch 200/200
120/120 [==============================]
30/30 [==============================] -
score: [0.0795198306441307, 0.96666664]

图 13-9　实例 80 第 1 次运行结果

第 2 次将接着第 1 次的训练权重继续向下计算,运行结果如图 13-10 所示。

```
Epoch 200/200
120/120 [==============================]
30/30 [==============================] -
score: [0.02372562140226364, 1.0]
```

图 13-10　实例 80 第 2 次运行结果

多运行几次本实例,可发现预测效果越来越好。

微课视频：06-Iris-MLP_continue.mp4。

第14章 CHAPTER 14 TensorFlow 神经网络 MLP 回归

14.1 回归的神经网络开发方法

在神经网络的 MLP 算法中，有两种方法来处理答案：第一种是之前常用的分类法，根据特征的不同给予不同的分类答案，如花的分类、预测是否会下雨；第二种是回归法，根据特征的不同计算出不同的数字答案，如房屋价格的估算。

不管是分类法还是回归法，均应注意标签和答案之间的关系，千万不要计算出两种答案。尤其是回归法，如果通过神经网络处理后的预测状况还是不理想，多为根据相同的特征得出了不同的答案。

TensorFlow 除了可以预测分类外，还可以准确计算出答案，即称回归(regression)。回归的神经网络开发方法实例如下(实例 81——1-RegressionMetrics.py)：

```
1.  …                                                    #省略
2.  X = np.array([0.1, 0.2, 0.3, 0.4, 0.5, 0.6, 0.7, 0.8, 0.9, 1.0])
3.  Y = np.array([0.1, 0.2, 0.3, 0.4, 0.5, 0.6, 0.7, 0.8, 0.9, 1.0])
4.
5.  x_train, x_test, y_train, y_test = train_test_split(X,Y,test_size = 0.2)     #数据分割
6.  model = tf.keras.models.Sequential()                 #加入顺序层
7.  model.add(tf.keras.layers.Dense(units = 1,activation = tf.nn.relu,           #神经元
8.              input_dim = 1))
9.  model.summary()                                      #打印出模型
10. model.compile(loss = 'mse',optimizer = 'sgd',metrics = ['accuracy'])        #回归优化算法
11. history = model.fit(x_train, y_train,epochs = 4000,batch_size = len(Y_test))
                                                                          #训练 4000 回
12.
13. print("start testing")
14. cost = model.evaluate(X_test, Y_test)                #评估
15. print("test cost: {}".format(cost))                  #输出
16. W , b = model.layers[0].get_weights()                #得到神经元的权重
17. print("Weights = {}, bias = {}".format(W,b))         #输出
```

```
18.
19. Y_pred = model.predict(X_test)                    #预测
20. plt.scatter(X,Y)                                   #画出所有的X、Y的位置
21. plt.scatter(X_test, Y_test)                        #画出所有的测试和实际答案的位置
22. plt.plot(X_test, Y_pred)                           #画出所有的测试和预测的位置
23. #画线
24. x2 = np.linspace(0,1,100)                          #x2 = 0 到 1 之间的连续的 100 个数字
25. y2 = (weights[0] * x2 + biases[0])                 #y2 = x2 × 权重 + 偏移植
26. plt.plot(x2, y2, '-r', label = 'weights')          #绘制
27. plt.show()                                         #绘制图表
```

运行结果如图 14-1 所示。

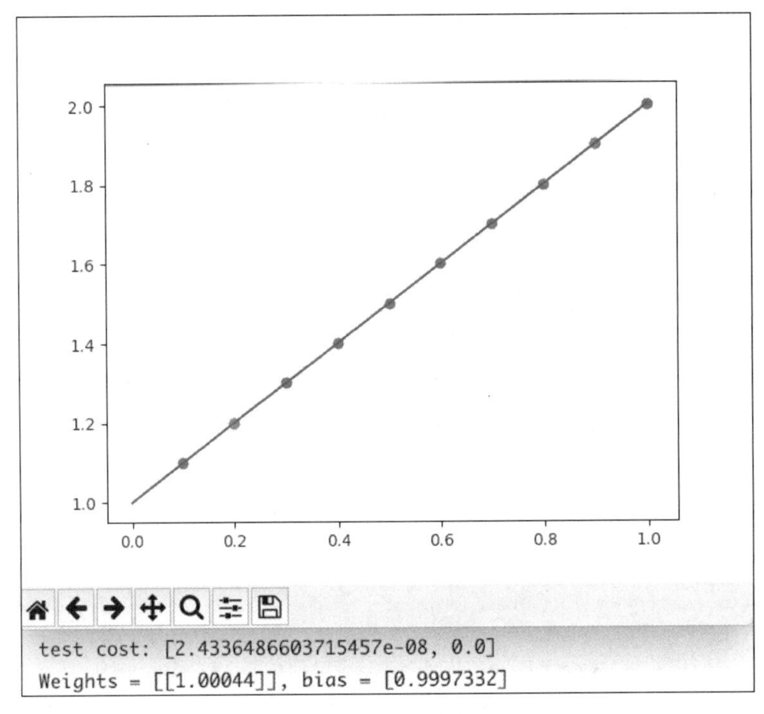

图 14-1　实例 81 运行结果

微课视频：1_ regression_data. mp4。

注意，之前分类最后一个神经元时使用下面的程序：

```
activation = tf.nn.softmax
```

而回归最后一个神经元时则使用下面的程序：

```
activation = tf.nn.relu
```

实例81是一个X对一个Y的答案，如果要处理多个X找出一个Y的答案，可以参考以下实例。首先来看创建100笔的数据，每一笔有5个特征值的实例（实例82——2_regression_datas.py）：

```
1. dim = 5                                    #X 每一笔有 5 个特征值
2. category = 1                               #Y 有 1 个答案
3. num = 100                                  #有 100 笔
4. a  =  np.linspace(0,1,num * dim)           #创建 500 个 0~1 的连续数据
5. X =  np.reshape(a,(num,dim))               #调整数据尺寸为[100,5]
6. Y =  X.sum(axis = 1)                       #Y 就是同一笔 X 数据相加
7. print(X[:5])                               #输出
8. print(Y[:5])                               #输出
```

运行结果如下：

```
[[0.         0.00200401 0.00400802 0.00601202 0.00801603]
[0.01002004 0.01202405 0.01402806 0.01603206 0.01803607]
[0.02004008 0.02204409 0.0240481  0.0260521  0.02805611]
[0.03006012 0.03206413 0.03406814 0.03607214 0.03807615]
[0.04008016 0.04208417 0.04408818 0.04609218 0.04809619]]
[0.02004008 0.07014028 0.12024048 0.17034068 0.22044088]
```

回归的类神经处理5个特征值的方法如下（实例83——2_regression_datas.py，延续实例82）：

```
1. …
2. x_train, x_test, y_train, y_test  =  train_test_split(X,Y,test_size = 0.2)      #数据分割
3. model  =  tf.keras.models.Sequential()                    #加入顺序层
4. model.add(tf.keras.layers.Dense(units = 100,activation = tf.nn.relu,   #神经元
5.                input_dim = 1))
6. model.add(tf.keras.layers.Dense(units = 1,activation = tf.nn.relu))   #神经元
7.
8. model.summary()                                          #打印出模型
9. model.compile(loss = 'mse',optimizer = 'sgd',metrics = ['accuracy'])   #回归优化算法
10. history  =  model.fit(x_train, y_train,epochs = 4000,batch_size = len(Y_test))
                                                            #训练 4000 回
11.
12. print("start testing")
```

```
13. cost = model.evaluate(X_test, Y_test)                    #评估
14. print("test cost: {}".format(cost))                      #输出
15.
16. Y_pred = model.predict(X_test)                           #预测
17. X2 = X[:,2]
18. print(X2[:5])
19. X_test2 = X_test[:,2]
20. plt.scatter(X2,Y)                                        #画出所有的X、Y的位置
21. plt.scatter(X_test2, Y_test)                             #画出所有的测试和实际答案的位置
22. plt.plot(X_test2, Y_pred, 'xr', label = 'pred')          #画出所有的测试和预测的位置
23. plt.show()                                               #绘制图表
```

运行结果如图14-2所示。

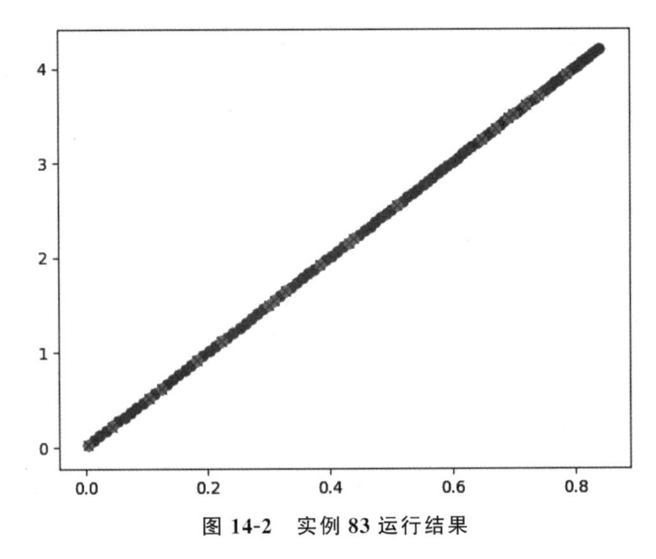

图14-2　实例83运行结果

微课视频：2_ regression_datas.mp4。

14.2　神经网络回归的metrics指针

第12章提到了分类的metrics指针，而回归的参数有所不同。TensorFlow提供在模型训练期间要监视的指针，可以通过compile函数中的metrics指定指针。

下面介绍可在Keras中用于回归问题的指针。

(1) Mean Squared Error(均方误差)，在程序中的参数为mean_squared_error、MSE或

mse。这里会出现误差，即实际Y值和预测值之间的差异。而实例83中使用mse，就是将预估的每一个点的误差值平方后相加，再除以所有点的数量，公式为

$$\text{MSE} = \frac{1}{n}\sum_{i=1}^{n}(Y_i - \hat{Y}_i)^2 \tag{14-1}$$

(2) Mean Absolute Error(平均绝对误差)，在程序中的参数为mean_absolute_error、MAE或mae。平均绝对误差即实际Y值和预测值之间的差异，公式为

$$\text{MAE} = \frac{\sum_{i=1}^{n}|y_i - x_i|}{n} = \frac{\sum_{i=1}^{n}|e_i|}{n} \tag{14-2}$$

由于MAE使用的是L_1距离，与MSE相比，对Outlier(离群值)更为强壮。但MAE的缺点是收敛速度慢。

(3) Mean Absolute Percentage Error(平均绝对百分比误差)，在程序中的参数为mean_absolute_percentage_error、MAPE或mape。

(4) Cosine Proximity(余弦接近度)，在程序中的参数为cosine_proximity或cosine。

实例84是一个X对一个Y的答案，并通过均方误差、平均绝对误差、平均绝对百分比误差及余弦接近度来处理，并将历史数据绘出余弦接近度，使用方法如下。

实例84——3_RegressionMetrics.py。

```
1.  …                                                        # 省略
2.  X = np.array([0.1, 0.2, 0.3, 0.4, 0.5, 0.6, 0.7, 0.8, 0.9, 1.0])
3.  Y = np.array([0.1, 0.2, 0.3, 0.4, 0.5, 0.6, 0.7, 0.8, 0.9, 1.0])
4.
5.  x_train, x_test, y_train, y_test = train_test_split(X,Y,test_size = 0.2)     # 数据分割
6.  model = tf.keras.models.Sequential()                     # 加入顺序层
7.  model.add(tf.keras.layers.Dense(units = 10,input_dim = 1)) # 神经元
8.
9.  model.add(tf.keras.layers.Dense(units = 1,activation = tf.nn.relu))        # 神经元
10.
11. model.summary()                                          # 打印出模型
12. model.compile(loss = 'mse',optimizer = 'sgd',            # 回归优化算法
13.     metrics = ['mse',                                    # 均方误差
14.     'mae',                                               # 平均绝对误差
15.     'mape',                                              # 平均绝对百分比误差
16.     tf.compat.v1.keras.losses.cosine_proximity]          # 余弦接近度
17.
18. history = model.fit(x_train, y_train,epochs = 1000,batch_size = len(Y_test))
                                                                        # 训练1000回
19. score = model.evaluate(x_test, y_test, batch_size = 16)  # 评估
20. print("score:",score)                                    # 输出
21.
```

```
22. predict = model.predict(x_test)                                    # 预测
23. print("Ans:",np.argmax(predict[0]),np.argmax(predict[1]))          # 输出预测答案
24.
25. predict2 = model.predict_classes(x_test)                           # 预测
26. print("predict_classes:",predict2)                                 # 输出预测答案
27. print("y_test",y_test[:])                                          # 输出实际答案
28.
29. plt.plot(history.history['mse'])                                   # 画出均方误差历史数据
30. plt.plot(history.history['mae'])                                   # 画出平均绝对误差历史数据
31. plt.plot(history.history['mape'])                                  # 平均绝对百分比误差
32. plt.plot(history.history['cosine_similarity'])                     # 画出余弦接近度历史数据
33. plt.title('Regression Metrics')                                    # 标题
34. plt.xlabel('epoch')
35. plt.legend(['mse','mae',
36.     'mape','cosine_similarity'],
37.     loc = 'upper right')                                           # 显示标记在右下角
38. plt.show()                                                         # 绘制图表
```

运行结果如图 14-3 所示。

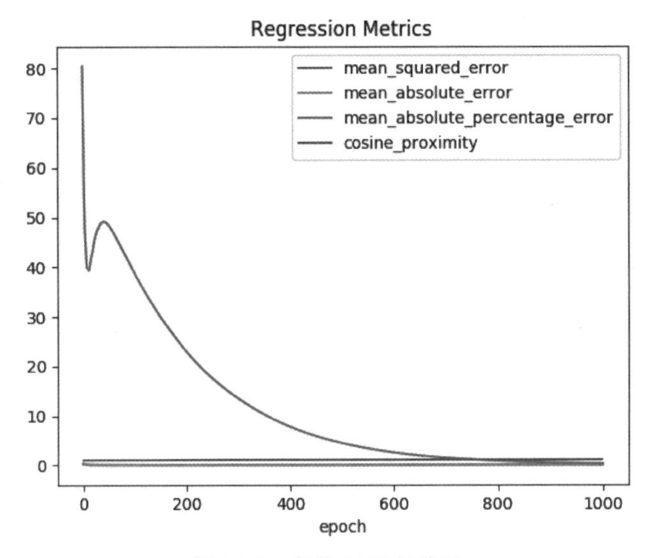

图 14-3 实例 84 运行结果

微课视频：3_RegressionMetrics. mp4。

14.3 单次梯度更新函数

之前的训练模型都是使用 Fit 函数。如需在训练过程中调整和显示当时的情况，可以通过单次梯度更新函数 train_on_batch 实现，即每次运行 1 次的训练，单次梯度更新，以后可以用在 GAN 中，且计算过程中也可以即时呈现当时的数据，代码如下：

```
train_on_batch(x, y, sample_weight = None, class_weight = None)
```

下面介绍运行一批样品的单次梯度更新的参数。

(1) x。训练集的 NumPy 数组（如果模型只有 1 个导入）或 NumPy 数组的列表（如果模型有多个导入）。如果模型中的导入层被命名，也可以传递一个字典，将导入层名称映射至 NumPy 数组。

(2) y。目标（标记）数据的 NumPy 数组或 NumPy 数组的列表（如果模型具有多个输出）。如果模型中的输出层被命名，也可以传递一个字典，将输出层名称映射到 NumPy 数组。

(3) sample_weight。可选数组，与 x 长度相同，包含应用至模型损失函数的每个样本的权重。如果是时域数据，可以传递一个尺寸为（samples，sequence_length）的二维数组，为每一个样本的每一个时间步应用不同的权重。这种情况下应在 compile 函数中指定“sample_weight_mode="temporal"”。

(4) class_weight。可选的字典，用于映射类索引（整数）到权重（浮点）值，以在训练时对模型的损失函数加权。这可能有助于告诉模型需要更多地关注来自代表性不足的类的样本。

(5) cost。标量训练误差（如果模型只有 1 个导入且没有评估标准）或标量的列表（如果模型有多个输出和/或评估标准）。属性 model. metrics_names 将提供标量输出的显示标记。

下面将实例 84 的 Fit 函数替换成 train_on_batch 函数，且每训练 20 次就预测一次，并将预测值绘制出来（实例 85——4_regression-train_on_batch. py）：

```
1.  …                                                             #省略
2.  X = np.array([0.1, 0.2, 0.3, 0.4, 0.5, 0.6, 0.7, 0.8, 0.9, 1.0])
3.  Y = np.array([0.1, 0.2, 0.3, 0.4, 0.5, 0.6, 0.7, 0.8, 0.9, 1.0])
4.
5.  x_train , x_test , y_train , y_test = train_test_split(X,Y,test_size = 0.2) #数据分割
6.  model = tf.keras.models.Sequential()                          #加入顺序层
7.  model.add(tf.keras.layers.Dense(units = 1,activation = tf.nn.relu,   #神经元
8.                 input_dim = 1))
9.  model.summary()                                               #打印出模型
10. model.compile(loss = 'mse',optimizer = 'sgd',                 #回归优化算法
```

```
11.     metrics = ['accuracy'])                                  # 正确率为基准
12.
13. for n in range(4000):                                        # 训练 4000 次
14.   cost = model.train_on_batch(x_train, y_train)              # 训练 1 次
15.   if n % 20 == 0:                                            # 每 20 次
16.     W, b = model.layers[0].get_weights()                     # 取的权重和偏移值
17.     print("n{} Weights = {}, bias = {} train cost{}".format(n,W, b, cost))
18.     plt.cla()
19.     plt.scatter(X, Y)                                        # 画出数据的位置
20.     X_test2 = [0,1]
21.     Y_pred2 = model.predict(X_test2)                         # 预测
22.     plt.plot(X_test2, Y_pred2,"r-")                          # 画出要预测的数据
23.     plt.text(0, 1, 'epoch: %d,W = %.4f,b = %.4f,cost = %.4f ' % (n, W, b,cost[0]),
24.       fontdict = {'size': 10, 'color': 'red'})
25.     plt.pause(0.1)                                           # 暂停 0.1s
```

运行结果如图 14-4 所示。

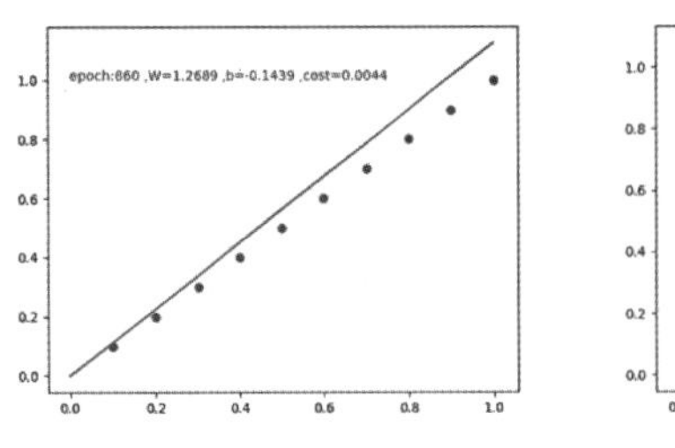

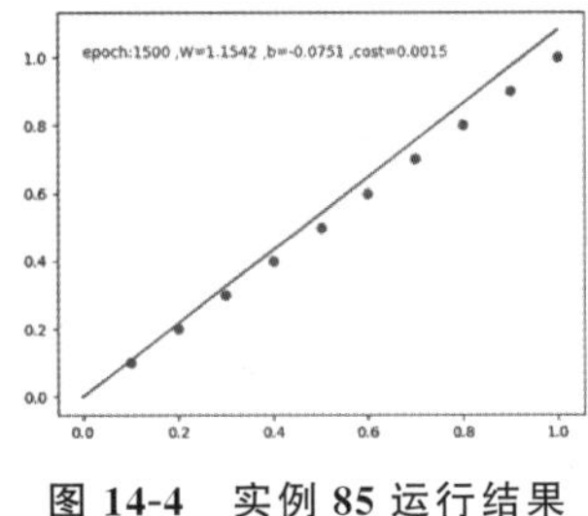

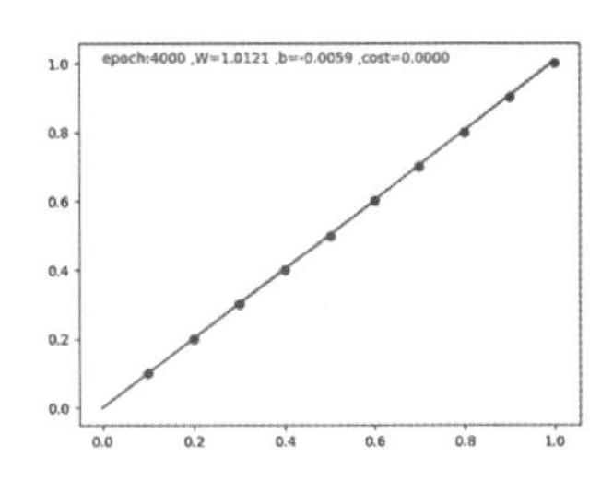

图 14-4　实例 85 运行结果

微课视频：4_regression-train_on_batch. mp4。

单次梯度更新函数也可用于一般的 MLP 分类。同样针对鸢尾花数据集，修改后的程序如下(实例 86——5_Iris-MLP_continue_train_on_batch. py)：

```
1. …                                                           # 省略
2.
3. for n in range(2000):                                       # 训练 2000 次
4.   cost = model.train_on_batch(x_train, y_train)             # 训练一次
5.   if n %20 == 0:                                            # 每 20 次
6.     W, b = model.layers[0].get_weights()                    # 取的权重和偏移值
7.     print("n{} Weights = {}, bias = {} train cost{}".format(n,W, b, cost))
8.     with open("model.json", "w") as json_file:              # 保存模型结构
9.       json_file.write(model.to_json())
10.    model.save_weights("model.h5")                          # 保存模型权重
```

运行结果如图 14-5 所示。

```
step1980 Weights = [[ 0.20258242 -0.04055607 -0.4577102  -0.41115075  0.02204329 -0.40765858
  -0.6320582   0.5241296   0.5589708   0.10851339]
 [-0.28487617 -0.26226062 -0.22151303  0.13331634 -0.31806636  0.1279388
   0.00937098  0.839886    0.08883096 -0.07547197]
 [ 0.22532994 -0.22308743 -0.48831564  0.22480851  1.0703578  -0.56231296
   0.47827268 -0.7408774  -0.6840204  -0.34178782]
 [-0.67258227  0.01550984 -0.5452016  -0.1432066   0.90493035 -0.20733723
   0.413944   -0.9332072  -0.830633    0.3891614 ]], bias = [ 0.06114227  0.          0.          0.
  0.          0.93446356  0.04697321 -0.0271405 ] train cost[0.062243655, 0.98333335]
30/30 [==============================] - 0s 752us/sample - loss: 0.0213 - acc: 1.0000
score: [0.021252790465950966, 1.0]
Ans: 0 2 2 2
predict_classes: [0 2 2 2 0 1 1 2 2 2 0 0 1 2 1 0 0 0 2 0 1 2 0 1 1 1 1 0 1 1]
y_test [0 2 2 2 0 1 1 2 2 2 0 0 1 2 1 0 0 0 2 0 1 2 0 1 1 1 1 0 1 1]
```

图 14-5　实例 86 运行结果

实例 86 通过 train_on_batch 函数做计算，每计算 20 次就存储当时的模型和权重，这样可以避免大量计算导致的死机。

微课视频：5_Iris-MLP_continue_train_on_batch. mp4。

14.4　损失函数与代价函数

损失函数(loss function)是预定义在单个训练样本上的，即只计算一个样本的误差。分类就是预测类别和实际类别的区别(针对 1 个样本)，用 L 表示。对于实例 86，就是实际和预估之间的错误距离，可用如图 14-6 所示的垂直线段表示。

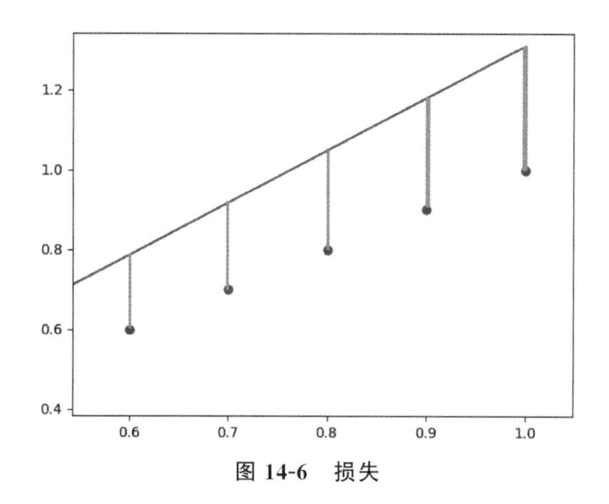

图 14-6　损失

代价函数(cost function)是预定义在整个训练集上的,即所有样本误差总和的平均,也即损失函数的总和的平均,所以最好的答案是 0。

如果数据比较复杂,是否也可以找到 Y 的答案呢？通过以下实例创建 sin(正弦波)的100 笔数据(通过两层隐藏层,各 100 个神经元,实例 87——6_ regression-sin. py):

```
1.  …                                                    #省略
2.  np.random.seed(int(time.time()))
3.  num = 100
4.  X = np.linspace( - 4,4,num)                           #创建 100 个 - 4~4 的连续数据
5.  np.random.shuffle(X)                                 #打乱 X 的前后顺序
6.  Y = 0.1 * np.sin(X)                                  #创建 sin 正弦波的 Y 答案
7.
8.  x_train , x_test , y_train , y_test = train_test_split(X,Y,test_size = 0.1)   #数据分割
9.  model = tf.keras.models.Sequential()                 #加入顺序层
10. model.add(tf.keras.layers.Dense(units = 100,activation = tf.nn.tanh,      #神经元
11.            input_dim = 1))
12. model.add(tf.keras.layers.Dense(units = 100,activation = tf.nn.tanh))     #神经元
13. model.add(tf.keras.layers.Dense(units = 1,activation = tf.nn.tanh))       #神经元
14.
15. model.compile(loss = 'mse',optimizer = 'sgd',        #回归优化算法
16.     metrics = ['accuracy'])                          #正确率为基准
17.
18. for n in range(20000):                               #训练 20 000 次
19.  cost = model.train_on_batch(x_train, y_train)       #训练 1 次
20.  if n % 20 == 0:                                     #每 20 次
21.   W, b = model.layers[0].get_weights()               #取的权重和偏移值
22.   print("n{} Weights = {}, bias = {} train cost{}".format(n,W, b, cost))
23.   plt.cla()
24.   plt.scatter(X, Y)                                  #画出数据的位置
25.   Y_pred2 = model.predict(X)                         #预测 X
26.   plt.scatter(X_test2, Y_pred2, color = 'blue')      #画出要预测的数据
27.   plt.text(0, - 0.05, 'epoch: %d,cost = %.2f '
28.     % (n,cost[0]), fontdict = {'size': 10, 'color': 'red'})
29.   plt.pause(0.01)                                    #暂停 0.01s
```

运行结果如图 14-7 所示。

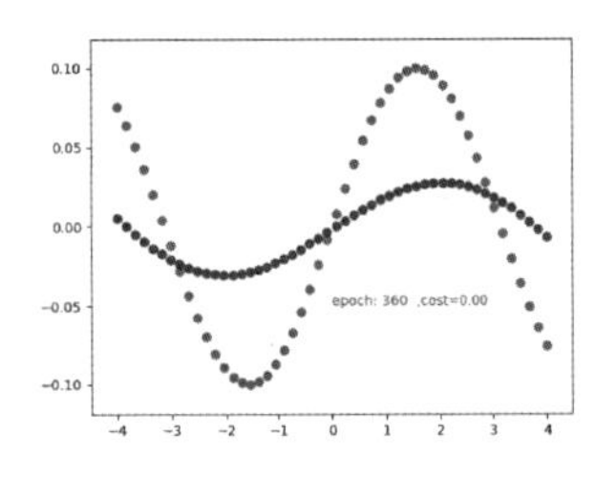

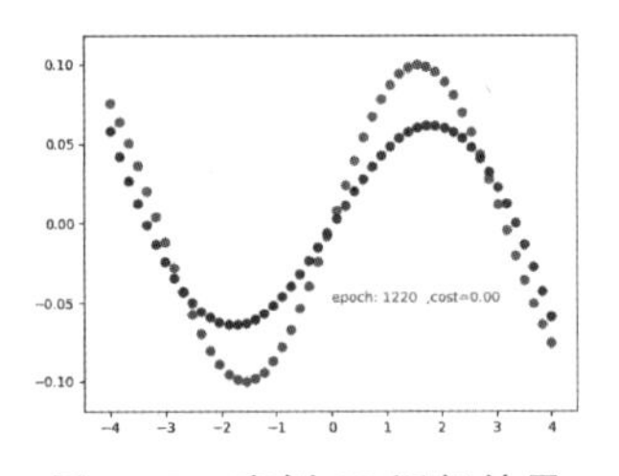

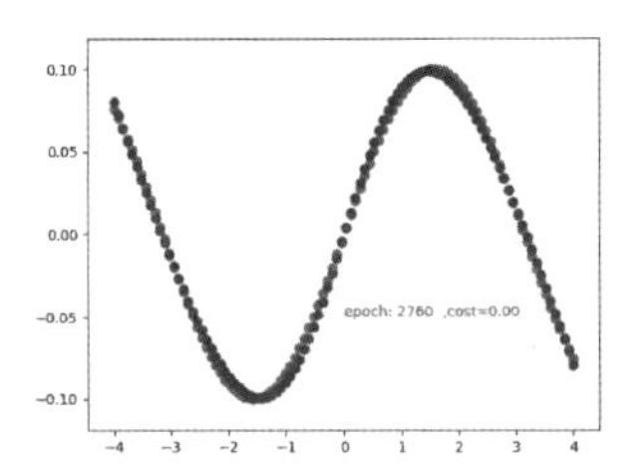

图 14-7 实例 87 运行结果

微课视频：6_ regression-sin. mp4。

14.5 波士顿房屋价格的数据库分析

本节将用波士顿房屋价格范例来探讨 MLP 使用回归技巧是否能够有效预测房价。波士顿房屋价格数据来源于 TensorFlow. keras. datasets 中的官方标准数据库，其中还附带一些开发练习时的数据集，分别如下。

(1) CIFAR-10：小图像分类数据集。

(2) CIFAR-100：小图像分类数据集。

(3) MNIST：手写字符数据集。

(4) Fashion-MNIST：时尚物品数据集。

(5) Boston：房价回归数据集。

(6) imdb module：电影评论分类数据集。

(7) Reuters：新闻分类数据集。

这里用到的波士顿住房价格数据集数据收集的时间为 1970 年，共有 506 笔数据，13 个特征值。Medv 是标签答案，属性分别如下。

(1) CRIM：人均犯罪率。

(2) ZN：25000 平方英尺以上民用土地的比例。

(3) INDUS：城镇非零售业商用土地比例。

(4) CHAS：是否邻近查尔斯河，1 为邻近，0 为不邻近。

(5) NOX：一氧化氮浓度(千万分之一)。

(6) RM：住宅的平均房间数。

(7) AGE：自住且建于 1940 年前的房屋比例。

(8) DIS：到 5 个波士顿就业中心的加权距离。

(9) RAD：到高速公路的便捷度指数。

(10) TAX：每万元的房产税率。

(11) PTRATIO：城镇学生和教师比例。

(12) B：$1000(Bk-0.63)^2$，其中，Bk 为城镇中黑人的比例。

(13) LSTAT：低收入人群比例。

(14) MEDV：自住房中位数价格，单位为千美元。为标记值 Y，意为该房子价值多少千美元。

可通过以下程序获取波士顿住房价格数据集，并做出简单的数据分析(实例 88——

7_Boston.py)：

```
1. import TensorFlow as tf
2. from sklearn.model_selection import train_test_split
3. import numpy as np
4. import matplotlib.pyplot as plt
5. import pandas as pd
6. from TensorFlow.keras.datasets import boston_housing
7.
8. (x_train, y_train), (x_test, y_test) = boston_housing.load_data()  #波士顿房屋数据
9.
10. print(x_train.shape)                          #输出训练集的特征值尺寸
11. print(y_train.shape)                          #输出训练集的标记值尺寸
12.
13. classes = ['CRIM','ZN','INDUS','CHAS','NOX','RM','AGE','DIS','RAD','TAX','PTRATIO','B','LSTAT']
14. print(classes)                                #波士顿房屋特征值值域名称
15.
16. data = pd.DataFrame(x_train, columns = classes)   #数据转换成 Pandas
17. data['MEDV'] = pd.Series(data = y_train)          #将训练集的标签放入['MEDV'] 值域中
18. print(data.head())                            #输出前面 5 笔数据
19. print(data.describe())                        #简易的统计数据
```

输出结果如下：

```
(404, 13)
(404,)
['CRIM', 'ZN', 'INDUS', 'CHAS', 'NOX', 'RM', 'AGE', 'DIS', 'RAD', 'TAX', 'PTRATIO', 'B', 'LSTAT']
CRIM ZN INDUS CHAS NOX ... TAX PTRATIO   B LSTAT MEDV
0 1.23247 0.0 8.14 0.0 0.538 ... 307.0   21.0 396.90 18.72 15.2
1 0.02177 82.5 2.03 0.0 0.415 ... 348.0   14.7 395.38 3.11 42.3
2 4.89822 0.0 18.10 0.0 0.631 ... 666.0   20.2 375.52 3.26 50.0
3 0.03961 0.0 5.19 0.0 0.515 ... 224.0   20.2 396.90 8.01 21.1
4 3.69311 0.0 18.10 0.0 0.713 ... 666.0   20.2 391.43 14.65 17.7
[5 rows x 14 columns]
CRIM ZN INDUS ...               B   LSTAT MEDV
count 404.000000 404.000000 404.000000 ... 404.000000 404.000000 404.000000
mean 3.745111 11.480198 11.104431   ... 354.783168 12.740817 22.395050
std 9.240734 23.767711 6.811308   ... 94.111148 7.254545 9.210442
min 0.006320 0.000000 0.460000   ... 0.320000 1.730000 5.000000
25% 0.081437 0.000000 5.130000   ... 374.672500 6.890000 16.675000
50% 0.268880 0.000000 9.690000   ... 391.250000 11.395000 20.750000
75% 3.674808 12.500000 18.100000   ... 396.157500 17.092500 24.800000
max 88.976200 100.000000 27.740000   ... 396.900000 37.970000 50.000000
```

由结果可以看出，通过 Pandas 的函数库 data.describe，可以得到几个关键的分析数据：

(1) 1970 年波士顿市区的人均犯罪率的均值为 3.745111，见 CRIM 的 mean。

(2) 1970 年波士顿市区的低收入人群比例的最高局部为 37.97%，见 LSTAT 的 max。

(3) 1970 年波士顿市区的房屋最便宜为 5000 美元，见 MEDV 的 min。

微课视频：7_Boston.mp4。

14.6　将波士顿房屋价格数据下载存储至 Excel 和 CSV

为了解波士顿住房价格数据集中的数据，可以通过以下程序使用 Pandas 函数库将所得到的数值存储在 Excel 表中，以便查看(实例 89——8_Boston_excel.py)：

```
1. …                                                        #延续上一个实例
2. df.to_csv("boston.csv", sep = '\t')                      #存储至 CSV
3. writer = pd.ExcelWriter('boston.xlsx', engine = 'xlsxwriter')   #存储至 Excel
4. df.to_excel(writer, sheet_name = 'Sheet1')
5. writer.save()
```

执行后，波士顿房屋价格的数据会保存在 boston.cvs 和 boston.xlsx 中，打开后的界面如图 14-8 所示。

	CRIM	ZN	INDUS	CHAS	NOX	RM	AGE	DIS	RAD	TAX	PTRATIO	B	LSTAT	MED
0	1.23247	0	8.14	0	0.538	6.142	91.7	3.9769	4	307	21	396.9	18.72	1
1	0.02177	82.5	2.03	0	0.415	7.61	15.7	6.27	2	348	14.7	395.38	3.11	4
2	4.89822	0	18.1	0	0.631	4.97	100	1.3325	24	666	20.2	375.52	3.26	
3	0.03961	0	5.19	0	0.515	6.037	34.5	5.9853	5	224	20.2	396.9	8.01	2
4	3.69311	0	18.1	0	0.713	6.376	88.4	2.5671	24	666	20.2	391.43	14.65	1
5	0.28392	0	7.38	0	0.493	5.708	74.3	4.7211	5	287	19.6	391.13	11.74	1
6	9.18702	0	18.1	0	0.7	5.536	100	1.5804	24	666	20.2	396.9	23.6	1
7	4.0974	0	19.58	0	0.871	5.468	100	1.4118	5	403	14.7	396.9	26.42	1
8	2.15505	0	19.58	0	0.871	5.628	100	1.5166	5	403	14.7	169.27	16.65	1
9	1.62864	0	21.89	0	0.624	5.019	100	1.4394	4	437	21.2	396.9	34.41	1
10	9.59571	0	18.1	0	0.693	6.404	100	1.639	24	666	20.2	376.11	20.31	1
11	18.811	0	18.1	0	0.597	4.628	100	1.5539	24	666	20.2	28.79	34.37	1
12	0.13914	0	4.05	0	0.51	5.572	88.5	2.5961	5	296	16.6	396.9	14.69	2
13	3.83684	0	18.1	0	0.77	6.251	91.1	2.2955	24	666	20.2	350.65	14.19	1
14	0.38735	0	25.65	0	0.581	5.613	95.6	1.7572	2	188	19.1	359.29	27.26	1
15	73.5341	0	18.1	0	0.679	5.957	100	1.8026	24	666	20.2	16.45	20.62	

图 14-8　实例 89 运行结果

微课视频：8_Boston_excel. mp4。

14.7 特征关系

本节将介绍特征关系，即用数据集中的数据，两个一组绘制出 X 和 Y 的位置，并将所有特征绘制成多个图表分布。

可以使用 Seaborn 函数库中的 pairplot 函数创建一个轴的数组，并显示 DataFrame 中每对列的关系。pairplot 函数基本为数据集中所有值域组合绘制联合图，只需要将数据集的名称作为参数传递给 pairplot 函数即可。注意观察手头数据，值域之间和标签答案是否有关联性。

使用波士顿房屋价格的数据库，通过以下实例完成特征关系表(实例 90——9_Boston_seaborn. py)：

```
1. …                                                              #延续上一个实例
2. import seaborn as sns                                          #导入函数库
3. sns.pairplot(data[["MEDV", "CRIM","AGE","DIS","TAX"]], diag_kind = "kde")   #特征关系表
4. plt.show()                                                     #显示图表
```

输出结果如图 14-9 所示。

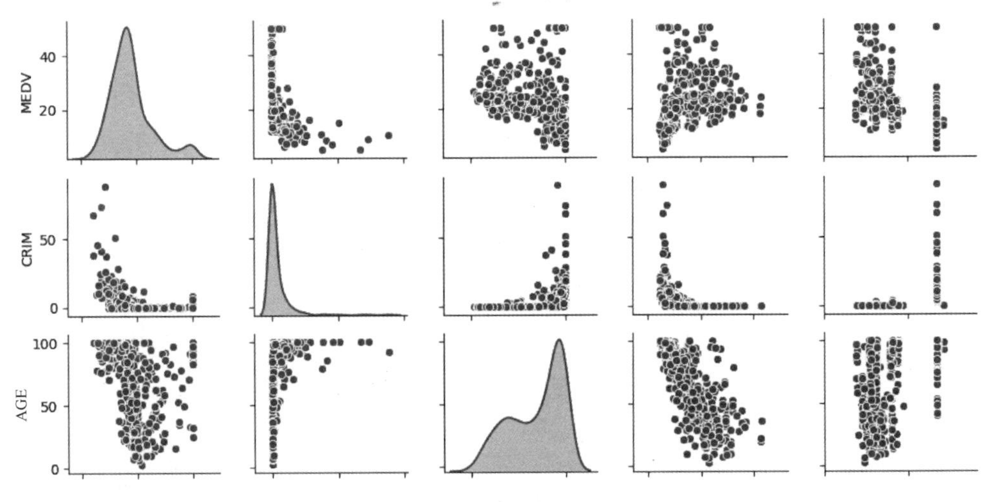

图 14-9 实例 90 运行结果

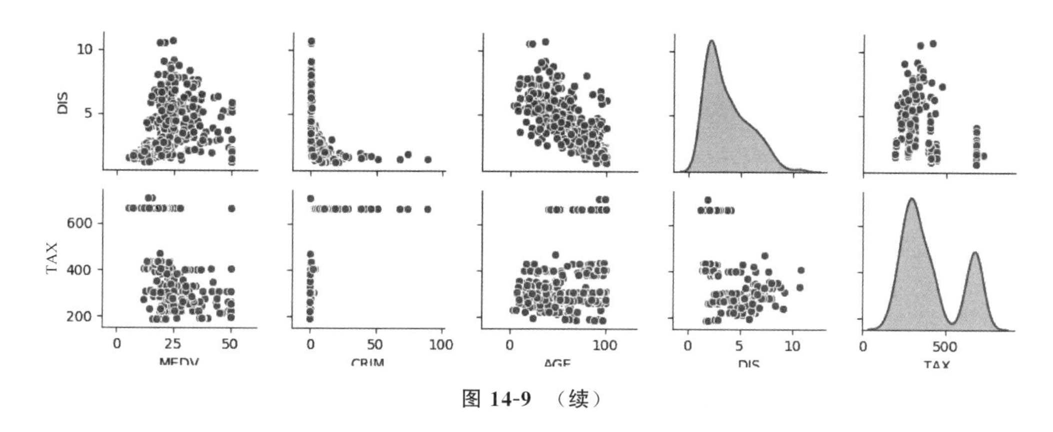

图 14-9　（续）

微课视频：9_Boston_seaborn. mp4。

由结果中特征关系的分布可以看到数据之间的关系，如果某一个图表的数据平均分布，就代表相应的两个值域没有直接关联，最好的图表数据应呈对角线分布。

关系图表还可以通过等高线表示。等高线是地形图上相同高度的点所连成的闭合曲线，是等值线的一种特殊形式。等高线上标注的数字为该等高线所在的海拔高度。这里模仿等高线的形式，将相同数量的点连成线，以方便观察数据集中的位置和走向。

实例 91——10_Boston_seaborn_pairGrid. py。

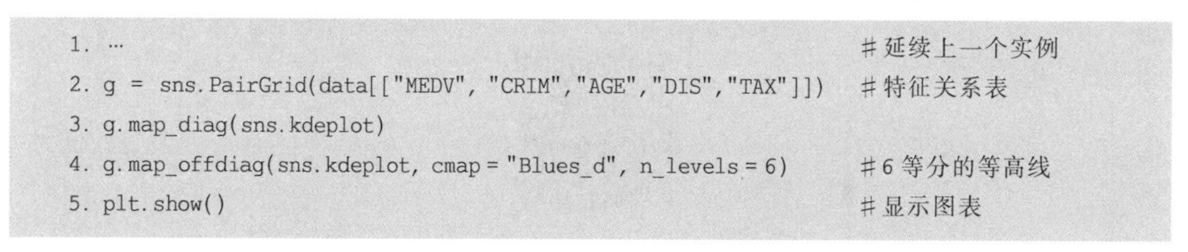

```
1. …                                                            # 延续上一个实例
2. g = sns.PairGrid(data[["MEDV", "CRIM","AGE","DIS","TAX"]])   # 特征关系表
3. g.map_diag(sns.kdeplot)
4. g.map_offdiag(sns.kdeplot, cmap = "Blues_d", n_levels = 6)   # 6 等分的等高线
5. plt.show()                                                   # 显示图表
```

输出结果如图 14-10 所示。

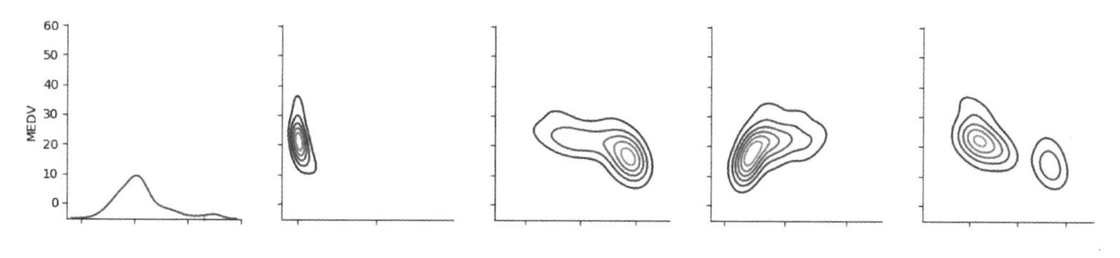

图 14-10　实例 91 运行结果

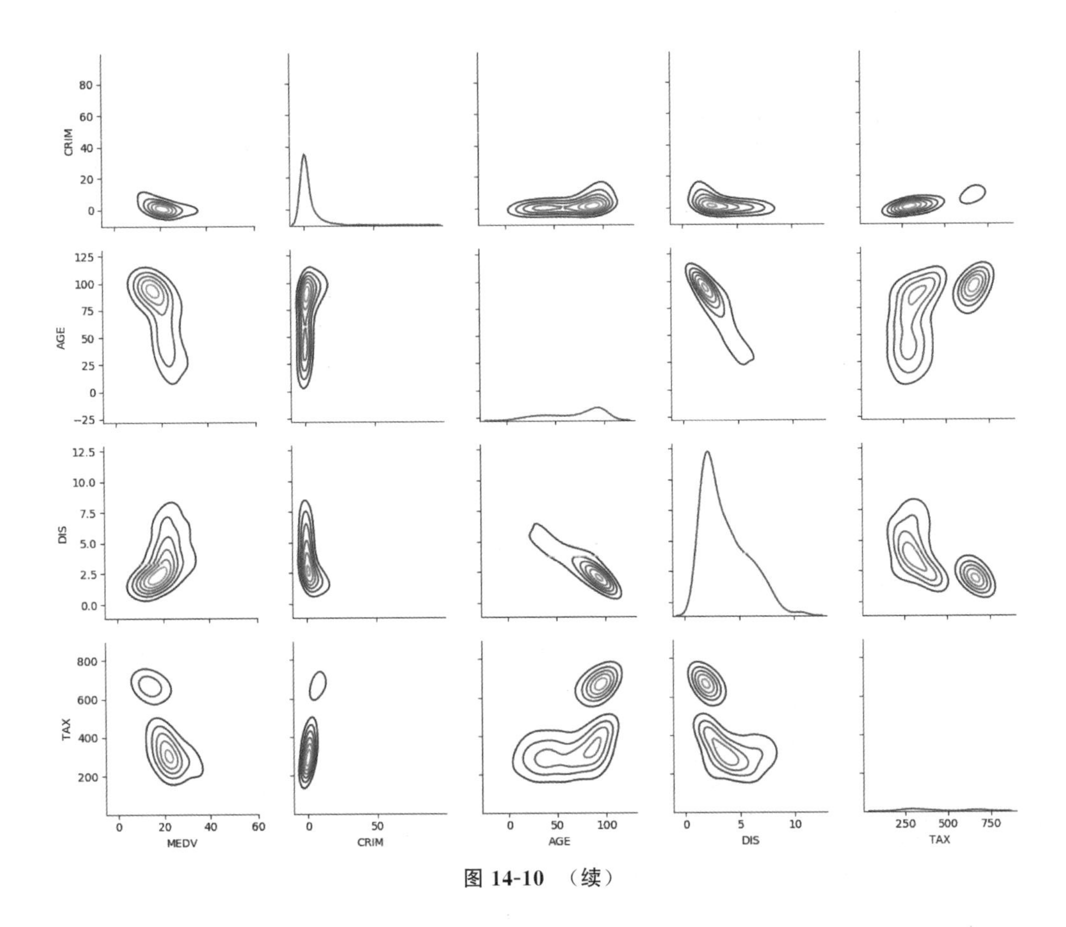

图 14-10 （续）

微课视频：10_Boston_seaborn_pairGrid. mp4。

14.8 使用回归神经网络 MLP 预测波士顿房屋价格

本节将使用 MLP 的回归方法预测波士顿房屋的价格。该模型预定义了 13 种房屋的状况和房价结果之间的关系，结合本节所学到的 MLP 回归，即可找出房屋价格与这 13 个特征之间的关联。完整程序如下(实例 92——11_Boston_regression. py)：

```
1. …                                                               #导入省略
2. (x_train, y_train), (x_test, y_test) = boston_housing.load_data()        #波士顿房屋数据
```

```
3.  print(x_train.shape)                                  #输出训练集的特征值尺寸
4.  print(y_train.shape)                                  #输出训练集的标记值尺寸
5.
6.  classes = ['CRIM','ZN','INDUS','CHAS','NOX','RM','AGE','DIS','RAD','TAX',
    'PTRATIO','B','LSTAT']
7.  data = pd.DataFrame(x_train, columns = classes)
8.  print(data.head())                                    #输出前5笔数据
9.
10. from sklearn import preprocessing
11. scaler = preprocessing.MinMaxScaler()                 #数据调整到0~1
12. x_train = scaler.fit_transform(x_train)
13. x_test = scaler.fit_transform(x_test)
14.
15. model = tf.keras.models.Sequential()                  #创建MLP回归模型
16. model.add(tf.keras.layers.Dense(32, activation = 'relu', input_shape = [x_train.shape[1]]))
17. model.add(tf.keras.layers.Dense(64, activation = 'relu'))
18. model.add(tf.keras.layers.Dense(1))                   #输出为一个答案(房屋价格)
19.
20. model.compile(loss = 'mse',optimizer = 'sgd', metrics = ['mae'])   #回归优化算法
21. history = model.fit(x_train, y_train, epochs = 40000,     #训练40 000回
22.    batch_size = len(y_train))
23.
24. print("start testing")
25. cost = model.evaluate(x_test, y_test)                 #评估
26. print("test cost: {}".format(cost))                   #显示cost
27.
28. Y_pred2 = model.predict(x_test)                       #预测
29. print(Y_pred2[:10])                                   #输出预测前10笔
30. print(y_test[:10])                                    #输出答案
31.
32. import matplotlib.pyplot as plt                       #绘制
33. print(history.history.keys())
34. plt.plot(history.history['mae'])                      #绘制平均绝对误差
35. plt.title('Boston house price')
36. plt.ylabel('mae')
37. plt.xlabel('epoch')
38. plt.legend(['train mae'], loc = 'upper right')
39. plt.show()
```

运行结果如图 14-11 所示。

```
Epoch 40000/40000
404/404 [==============================] - 0s 2us/sample - loss: 2.8201 - mean_absolute_error: 1.2323
start testing
102/102 [==============================] - 0s 206us/sample - loss: 43.3497 - mean_absolute_error: 5.3439
test cost: [43.34966251896877, 5.3438506]
[[ 0.8659167]
 [15.982225 ]
 [18.001972 ]
 [44.755062 ]
 [18.298937 ]
 [17.900078 ]
 [22.097933 ]
 [17.927921 ]
 [16.771994 ]
 [16.70094  ]]
[ 7.2 18.8 19.  27.  22.2 24.5 31.2 22.9 20.5 23.2]
dict_keys(['loss', 'mean_absolute_error'])
```

图 14-11　实例 92 运行结果

训练历史图如图 14-12 所示。

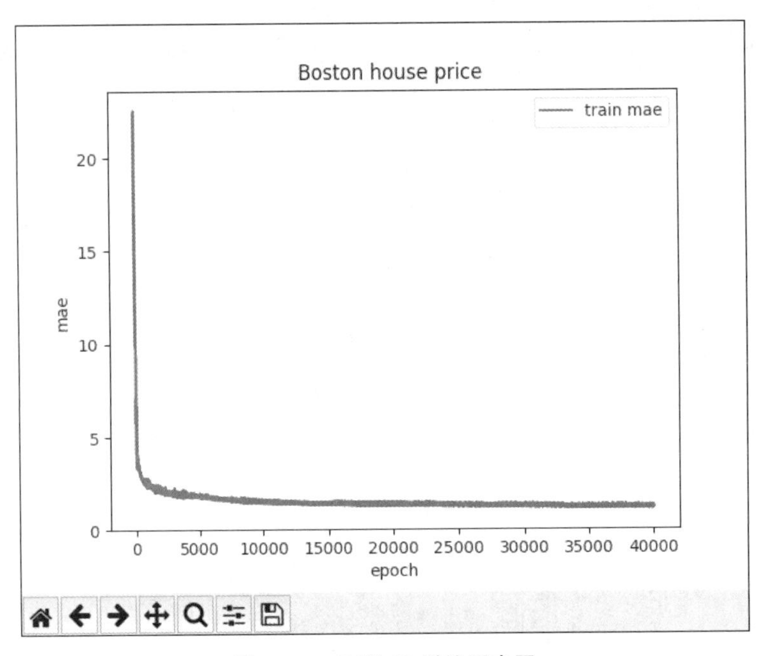

图 14-12　实例 92 训练历史图

微课视频：11_Boston_regression. mp4。

本实例的评估 cost(花费)为 5.3,意为预测的价格有 5.3×1000,即 5300USD 的误差。预估房屋价格的前 10 笔如下：

```
[ 0.86 15.98 18.00 44.75 18.29 17.90 22.09 17.92 16.77 16.70 ]
```

实际房屋价格的前 10 笔如下：

```
[ 7.2 18.8 19. 27. 22.2 24.5 31.2 22.9 20.5 23.2]
```

如何使准确度更高？可以参考第 7 章,将 MLP 的准确度提升至 99.9%的方法也可以用在这里。

14.9　调整神经网络使 MLP 回归更加准确

调整神经网络使 MLP 回归更加准确的方法与 MLP 神经网络分类相同。可以尝试增加隐藏层和神经元数量,但隐藏层和神经元的数量并不是越多越好。第 13 章已经证明过,一个好的机器学习在选择神经网络的最佳形状和参数时,需要经验法则和大量的实验才能找出一个好的模型。当然读者可以按照第 13 章的方法,调整代码以得到更高的准确率。这里使用两个隐藏层,每层各 10 个神经元(实例 93——12_Boston_regression_MES_better.py)：

```
1. …                                                    #同前,省略
2. model = tf.keras.models.Sequential()                 #创建 MLP 回归模型
3. model.add(tf.keras.layers.Dense(320,activation = 'relu', input_shape = [x_train.shape[1]]))
4. model.add(tf.keras.layers.Dense(640, activation = 'relu'))
5. model.add(tf.keras.layers.Dense(640, activation = 'relu'))
6. model.add(tf.keras.layers.Dense(1))                  #输出为一个答案(房屋价格)
7.
8. learning_rate = 0.0001
9. opt1 = tf.keras.optimizers.Nadam(lr = learning_rate)     #学习率为 0.0001
10. model.compile(loss = 'mse', optimizer = opt1, metrics = ['mae'])     #回归优化算法
11. history = model.fit(x_train, y_train, epochs = 400000,     #训练 400 000 回
12.    batch_size = 100)
13. model.save_weights("model2.h5")                     #保存模型权重
14. …                                                   #同前,省略
```

运行结果如图 14-13 所示。

训练历史图如图 14-14 所示。

```
Epoch 399999/400000
404/404 [==============================] - 0s 87us/sample - loss: 8.0245e-06 - mean_absolute_error: 0.0022
Epoch 400000/400000
404/404 [==============================] - 0s 86us/sample - loss: 1.0427e-05 - mean_absolute_error: 0.0025
start testing
102/102 [==============================] - 0s 330us/sample - loss: 31.7616 - mean_absolute_error: 4.6410
test cost: [31.761590247060738, 4.6409616]
[[ 6.5072  ]
 [19.131817]
 [17.642572]
 [24.422886]
 [19.924845]
 [18.21314 ]
 [25.62308 ]
 [17.007032]
 [17.17199 ]
 [18.122519]]
[ 7.2 18.8 19.  27.  22.2 24.5 31.2 22.9 20.5 23.2]
```

图 14-13　实例 93 运行结果

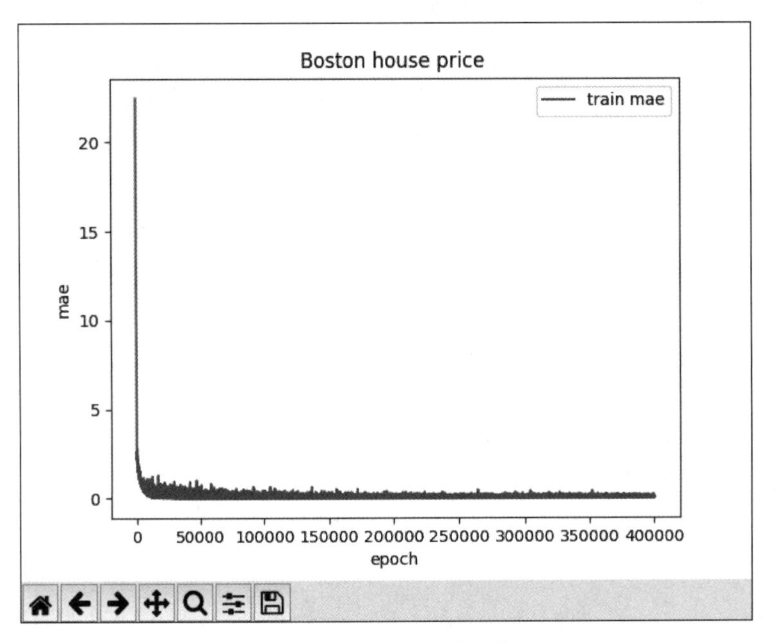

图 14-14　实例 93 训练历史图

微课视频：12_Boston_regression_MES_better.mp4。

14.10　MLP 回归分批继续训练

第 14.9 节的计算耗时较长，笔者的 Mac Pro 电脑几乎用了一整个白天才完成。为避免遇到这种问题，可以通过分批继续训练的方法分段分次训练，多运行几次。通过此方法，可以调整 learning_rate、epochs 和 batch_size 的数量。如果有新的数据，数据库的数量也可以相应添加或删除。修改后的程序如下(实例 94——13_Boston_regression_continue_fit.py)：

```
1. …                                                              #同前,省略
2. model = tf.keras.models.Sequential()                           #创建 MLP 回归模型
3. model.add(tf.keras.layers.Dense(320,activation = 'relu', input_shape =
   [x_train.shape[1]]))
4. model.add(tf.keras.layers.Dense(640, activation = 'relu'))
5. model.add(tf.keras.layers.Dense(640, activation = 'relu'))
6. model.add(tf.keras.layers.Dense(1))                            #输出为一个答案(房屋价格)
7. try:
8.  with open('model2.h5', 'r') as load_weights:                  #判断是否有之前的模型权重文档
9.   model.load_weights("model2.h5")                              #提取模型权重
10. except IOError:
11.  print("File not exists")
12. learning_rate = 0.00001                                       #调整学习率为 0.00001
13. opt1 = tf.keras.optimizers.Nadam(lr = learning_rate)
14. model.compile(loss = 'mse', optimizer = opt1, metrics = ['mae'])          #回归优化算法
15. history = model.fit(x_train, y_train, epochs = 400,           #继续训练 400 回
16.    batch_size = 200)                                          #调整每次笔数 200 笔数据
17. model.save_weights("model2.h5")                               #保存模型权重
18. …                                                             #同前,省略
```

运行结果如图 14-15 所示。

```
test cost: [31.81851749794156, 4.6460495]
```

图 14-15　实例 94 运行结果

注意，模型的神经元数量不能修改，否则就需要重新计算模型权重。

微课视频：13_Boston_regression_continue_fit.mp4。

14.11 波士顿房屋价格的预测单次梯度更新

本节实例通过单次梯度更新函数 train_on_batch 每隔 20 次就存储权重和模型，并结合第 14.10 节的分批训练来预测波士顿房屋价格，这样可以避免宕机导致的数据丢失。

实例 95——14_Boston_regression_train_on_batch.py。

```
1. …                                                    # 同前,省略
2. model = tf.keras.models.Sequential()                 # 创建 MLP 回归模型
3. model.add(tf.keras.layers.Dense(320,activation = 'relu', input_shape =
   [x_train.shape[1]]))
4. model.add(tf.keras.layers.Dense(640, activation = 'relu'))
5. model.add(tf.keras.layers.Dense(640, activation = 'relu'))
6. model.add(tf.keras.layers.Dense(1))                  # 输出为一个答案(房屋价格)
7. try:
8.  with open('model2.h5', 'r') as load_weights:        # 判断是否有之前的模型权重文档
9.   model.load_weights("model2.h5")                    # 提取模型权重
10. except IOError:
11.  print("File not exists")
12. learning_rate = 0.00001                             # 调整学习率为 0.00001
13. opt1 = tf.keras.optimizers.Nadam(lr = learning_rate)
14. model.compile(loss = 'mse', optimizer = opt1, metrics = ['mae'])        # 回归优化算法
15.
16. for n in range(40000):                              # 训练 40000 回
17.  cost = model.train_on_batch(x_train, y_train)      # 训练一次
18.  if n % 20 == 0:                                    # 每 20 次
19.   W, b = model.layers[0].get_weights()              # 得到权重和偏移值
20.   print("n{} Weights = {}, bias = {} train cost{}".format(n,W, b, cost))
21.   with open("model.json", "w") as json_file:        # 保存模型结构
22.    json_file.write(model.to_json())
23.   model.save_weights("model.h5")                    # 保存模型权重
24. …                                                   # 同前,省略
```

运行结果如图 14-16 所示。

```
step39960   train cost[3.1188807e-09, 1.030039e-05]
step39980   train cost[2.8700275e-09, 9.617002e-06]
start testing
102/102 [==============================] - 0s 335us/sample - loss: 31.2932 - mean_absolute_error: 4.6127
test cost: [31.293187608905868, 4.6127257]
[[ 6.4931965]
 [19.364634 ]
 [17.630281 ]
 [24.306461 ]
 [20.130106 ]
 [18.224356 ]
 [25.708828 ]
 [17.126627 ]
 [17.307014 ]
 [18.120703 ]]
[ 7.2 18.8 19.  27.  22.2 24.5 31.2 22.9 20.5 23.2]
```

图 14-16 实例 95 运行结果

微课视频：14_Boston_regression_train_on_batch.mp4。

第 15 章 图像识别

CHAPTER 15

15.1 模式识别原理

本节将介绍如何通过 MLP 神经网络模型识别图像。前面介绍的鸢尾花实例使用花瓣和花萼的宽度及高度作为特征值，而花的种类是答案。对于图像，答案应该是图像的含义，如数字或字母等。图像转换成特征值一般有 3 种方法：(1)找出图像的边缘；(2)按照笔画，如中文字的笔画方向；(3)按照图像内容。下面将介绍第 3 种方法，按照图像的内容达到识别的目的。

为便于讲解原理，只识别圈和叉两种图像。请在一张纸上面画圈和叉，并拍照成图片，如图 15-1 和图 15-2 所示。

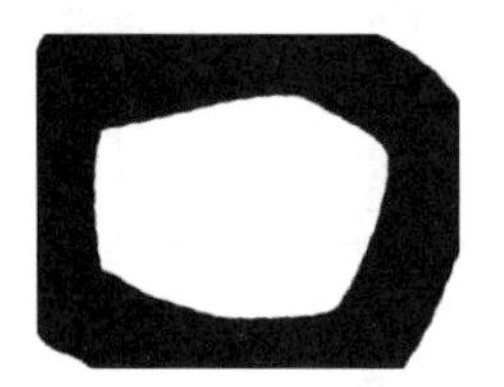

图 15-1 圈图

图 15-2 叉图

先将复杂图片缩小至 3×3 像素，如图 15-3 和图 15-4 所示，为了简化问题，使颜色只有黑色和白色，忽略灰度问题。

图 15-3 圈图尺寸缩小至 3×3 像素

图 15-4 叉图尺寸缩小至 3×3 像素

下面介绍用程序的变量存放 3×3 像素图片的数据的方法(实例 96——1_image_circle_cross. py):

```
1. …                                        #同前,省略
2. import numpy as np
3. import matplotlib.pyplot as plt          #绘图函数库
4. circle1 = np.array([[1,1,1],             #圈图
5.     [1,0,1],
6.     [1,1,1]])
7. plt.subplot(1,2,1)                       #指定绘制在左边
8. plt.imshow(circle1)                      #绘图
9.
10. cross1 = np.array([[1,0,1],             #叉图
11.     [0,1,0],
12.     [1,0,1]])
13. plt.subplot(1,2,2)                      #指定绘制在右边
14. plt.imshow(cross1)                      #绘图
15. plt.show()                              #显示
```

运行结果如图 15-5 所示。

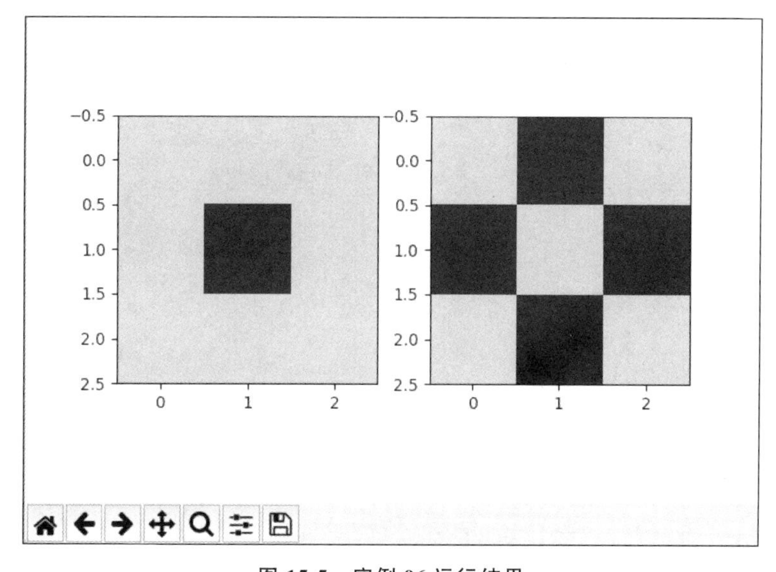

图 15-5　实例 96 运行结果

微课视频:1_image_circle_cross. mp4。

15.2 将图片转换成特征值

本节介绍如何将圈图和叉图转换成 MLP 的特征值。之前用鸢尾花的花瓣和花萼的宽度和高度作为特征值,即每一笔数据有 4 个特征值,例如[4.6,3.1,1.5,0.2]这类一维数据。能否把 3×3 像素的圈图二维数据[[1,1,1],[1,0,1],[1,1,1]]转换成一维数据?圈图可以通过 flatten()或 reshape([9])函数转换成一维数据[1,1,1,1,0,1,1,1,1],同理叉图转换后为[1,0,1,0,1,0,1,0,1]。

实例 97——2_image_circle_cross1D.py。

```
1.  …                                          #同前,省略
2.  import numpy as np
3.  import matplotlib.pyplot as plt            #绘图函数库
4.  circle1 = np.array([[1,1,1],               #圈图
5.      [1,0,1],
6.      [1,1,1]])
7.  plt.subplot(2,2,1)                         #指定绘制在左上
8.  plt.imshow(circl1)                         #绘图
9.
10. circle2 = circle1.flatten()                #二维转一维方法 1
11. circle2 = circle1.reshape([9])             #二维转一维方法 2
12. print(circle2)                             #输出
13. plt.subplot(2,2,2)                         #指定绘制在左下
14. plt.plot(circle2, 'ob')                    #绘图
15.
16. cross1 = np.array([[1,0,1],                #叉图
17.     [0,1,0],
18.     [1,0,1]])
19. plt.subplot(1,2,2)                         #指定绘制在右上
20. plt.imshow(cross1)                         #绘图
21.
22. cross2 = cross1.reshape([9])               #二维转一维
23. print(cross2)                              #输出
24. plt.subplot(2,2,4)                         #指定绘制在右下
25. plt.plot(cross2, 'xb')                     #绘图
26.
27. plt.show()                                 #显示
```

运行结果如图 15-6 所示。

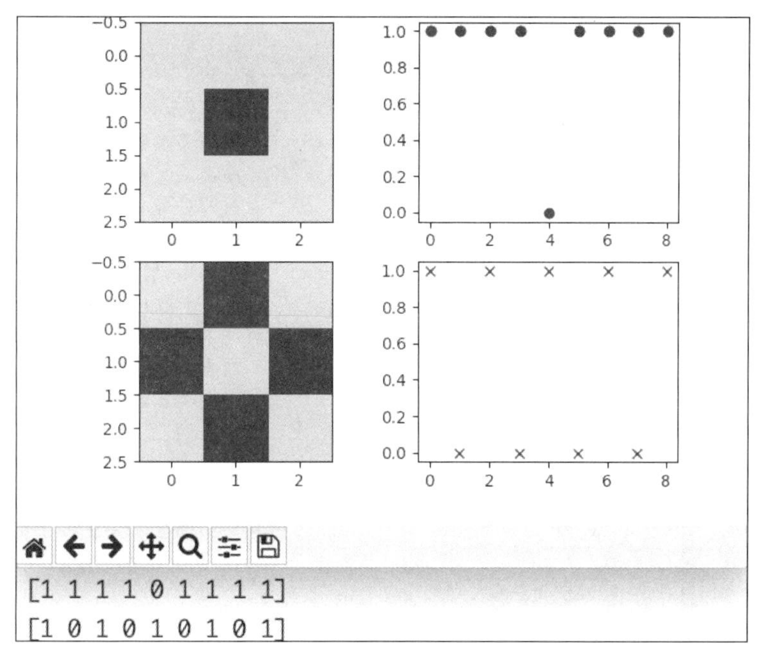

图 15-6　实例 97 运行结果

微课视频：2_image_circle_cross1D. mp4。

15.3　多层感知器 MLP 实战模式识别

既然可以用鸢尾花的花瓣和花萼的 4 个特征值来做训练，那 3×3 像素的图像也可以转换成 9 个点的特征值。怎么通过 MLP 进行识别呢？几乎和鸢尾花的 MLP 实例一样，不同的是鸢尾花有 4 个特征值，而 3×3 像素的图像有 9 个特征值；此外，鸢尾花有 3 种答案，而这里只有圈和叉这两种答案。

实例 98——3_image_circle_cross_MLP. py。

```
1. …                                              #import,省略
2. circle1 = np.array([[1,1,1],                   #圈图
3.     [1,0,1],
4.     [1,1,1]])
5. circle2 = circle1.flatten()                    #二维转一维方法 1
```

```
6.
7. cross1 = np.array([[1,0,1],                          #叉图
8.     [0,1,0],
9.     [1,0,1]])
10. cross2 = cross1.reshape([9])                         #二维转一维
11. X = np.array([circle2,cross2])                       #预定义 X 数据
12. Y = np.array([0,1])                                  #预定义 Y 数据
13. category = 2                                         #有两种标签答案
14. dim = 9                                              #有 9 个特征值
15. Y2 = tf.keras.utils.to_categorical(Y, num_classes = (category))     #转码
16.
17. model = tf.keras.models.Sequential()                 #加入顺序层
18. model.add(tf.keras.layers.Dense(units = 10,          #加入 10 个神经元
19.    activation = tf.nn.relu,                          #也能写成"activation = 'relu'"
20.    input_dim = dim))                                 #每一笔有 4 个数据
21. model.add(tf.keras.layers.Dense(units = 10,          #加入 10 个神经元
22.    activation = tf.nn.relu))                         #也能写成"activation = 'relu'"
23. model.add(tf.keras.layers.Dense(units = category,    #3 个答案的神经元输出
    activation = tf.nn.softmax))                         #也能写成"activation = 'softmax'"
24. model.compile(optimizer = 'adam',
25.   loss = tf.keras.losses.categorical_crossentropy,
26.   metrics = ['accuracy'])
27. model.fit(X, Y2,                                     #进行训练
28.    epochs = 100)                                     #设置训练的次数
29. #测试
30. score = model.evaluate(x_test, y_test, batch_size = 128)     #计算正确率
31. print("score:",score)                                #输出
32.
33. predict = model.predict(x_test)                      #预测
34. print("Ans:",predict)                                #输出
35. print("Ans:",np.argmax(predict[0]),np.argmax(predict[1]))    #预测答案
36. predict2 = model.predict_classes(X)                  #得到预测答案
37. print("predict_classes:",predict2)                   #输出
38. print("y_test",Y)                                    #实际测试的结果
```

运行结果如图 15-7 所示。

```
Epoch 100/100
2/2 [==============================] - 0s 419us/sample - loss: 0.1967 - acc: 1.0000
2/2 [==============================] - 0s 10ms/sample - loss: 0.1930 - acc: 1.0000
score: [0.19297751784324646, 1.0]
Ans: 0 1
predict_classes: [0 1]
y_test [0 1]
```

图 15-7 实例 98 运行结果

微课视频：3_image_circle_cross_MLP. py。

15.4 实战手写数字图片数据集 MNIST

手写数字图片数据集（命名为 NNIST）的官方下载网站为 http://yann.lecun.com/exdb/mnist/，首页如图 15-8 所示，MNIST 数据集包含 7 万张 0～9 的手写数字图片，其中 6 万张图片作为训练集，1 万张图片作为测试集。

图 15-8 MNIST 首页

可以通过 TensorFlow. keras. datasets 下载 MNIST 数据集，程序如下：

```
import TensorFlow as tf
(x_train, y_train), (x_test, y_test) = tf.keras.datasets.mnist.load_data()
```

下载的数据集被分成以下几部分。

（1）x_train：60 000 笔的训练集，训练集的特征。

（2）y_train：60 000 笔的训练集，训练集的标签。

（3）x_test：10 000 笔的测试集，测试集的特征。

（4）y_test：10 000 笔的测试集，测试集的标签。

每一个 MNIST 数据单元由两部分组成：一张包含手写数字的图片和一个对应的标签。把训练的图片设为 x_train,对应的标签设为 y_train。通过以下程序了解如何下载 MNIST 数据集,并分别放在不同变量中(实例 99——4_mnist_load_display.py)：

```
1. import TensorFlow as tf                                            #TensorFlow 函数库
2. #装载数据(将数据打散,放入 train 与 test 数据集)
3. (x_train, y_train), (x_test, y_test) = tf.keras.datasets.mnist.load_data()
4. print('x_train = ' + str(x_train.shape))                           #x_train 的数组尺寸
5. print('y_train = ' + str(y_train.shape))                           #y_train 的数组尺寸
```

运行结果如下：

```
x_train = (60000, 28, 28)
y_train = (60000,)
```

通过 load_data()函数下载 MNIST 数据集,并放到变量中。此处的 x_train 为 60 000 笔的训练集 X 特征,而每一笔的尺寸为(28,28),意指图形尺寸为 28(宽)×28(高),每一个点只是一个灰度的点,范围是 0～255,即存放每一个点的灰度数据。测试部分数据模式同训练部分,但只有 10 000 笔的测试集。

微课视频：4_mnist_load.mp4。

15.5 显示 MNIST 中每一笔数据内容

MNIST 数据集中的每张图片包含 28×28 个像素点。为帮助读者了解 MNIST 数据集的数据模式,通过以下程序来显示第 0 笔数据,直接打印出每一个点的灰度数字(实例 100——5_mnist_displayNumbers.py)：

```
1. …                                        #同上一个范例,省略
2. def printMatrixE(a):                     #显示单一图片每个点的数据
3.  rows = a.shape[0]                       #获取图片高度
4.  cols = a.shape[1]                       #获取图片宽度
5.  for i in range(0,rows):                 #处理每一列每个点的数据
6.  str1 = ""
7.  for j in range(0,cols):                 #处理同一行每个点的数据
8.   str1 = str1 + ("%3.0f " % a[i, j])     #得到单点数据
9.  print(str1)                             #输出整排的数据
```

```
10. print("")
11.
12. printMatrixE(x_train[0])                     #显示第 0 笔的特征
13. print('y_train[0] = ' + str(y_train[0]))     #显示第 0 笔的标签
```

执行结果如图 15-9 所示。

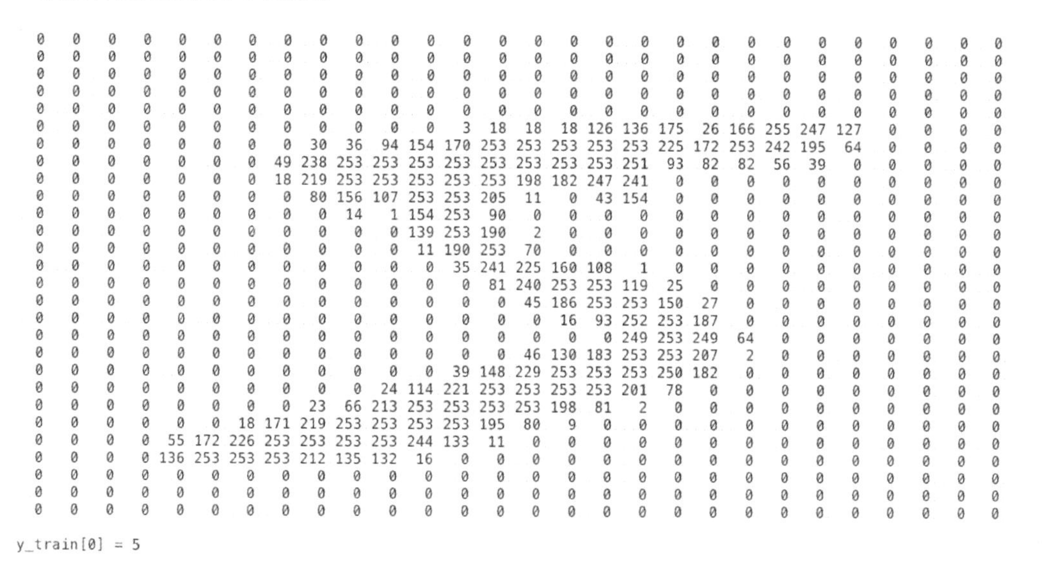

```
   0   0   0   0   0   0   0   0   0   0   0   0   0   0   0   0   0   0   0   0   0   0   0   0   0   0   0   0
   0   0   0   0   0   0   0   0   0   0   0   0   0   0   0   0   0   0   0   0   0   0   0   0   0   0   0   0
   0   0   0   0   0   0   0   0   0   0   0   0   0   0   0   0   0   0   0   0   0   0   0   0   0   0   0   0
   0   0   0   0   0   0   0   0   0   0   0   0   0   0   0   0   0   0   0   0   0   0   0   0   0   0   0   0
   0   0   0   0   0   0   0   0   0   0   0   0   0   0   0   0   0   0   0   0   0   0   0   0   0   0   0   0
   0   0   0   0   0   0   0   0   0   0   0   0   3  18  18  18 126 136 175  26 166 255 247 127   0   0   0   0
   0   0   0   0   0   0   0   0  30  36  94 154 170 253 253 253 253 253 225 172 253 242 195  64   0   0   0   0
   0   0   0   0   0   0   0  49 238 253 253 253 253 253 253 253 253 251  93  82  82  56  39   0   0   0   0   0
   0   0   0   0   0   0   0  18 219 253 253 253 253 253 198 182 247 241   0   0   0   0   0   0   0   0   0   0
   0   0   0   0   0   0   0   0  80 156 107 253 253 205  11   0  43 154   0   0   0   0   0   0   0   0   0   0
   0   0   0   0   0   0   0   0   0  14   1 154 253  90   0   0   0   0   0   0   0   0   0   0   0   0   0   0
   0   0   0   0   0   0   0   0   0   0   0 139 253 190   2   0   0   0   0   0   0   0   0   0   0   0   0   0
   0   0   0   0   0   0   0   0   0   0   0  11 190 253  70   0   0   0   0   0   0   0   0   0   0   0   0   0
   0   0   0   0   0   0   0   0   0   0   0   0  35 241 225 160 108   1   0   0   0   0   0   0   0   0   0   0
   0   0   0   0   0   0   0   0   0   0   0   0   0  81 240 253 253 119  25   0   0   0   0   0   0   0   0   0
   0   0   0   0   0   0   0   0   0   0   0   0   0   0  45 186 253 253 150  27   0   0   0   0   0   0   0   0
   0   0   0   0   0   0   0   0   0   0   0   0   0   0   0  16  93 252 253 187   0   0   0   0   0   0   0   0
   0   0   0   0   0   0   0   0   0   0   0   0   0   0   0   0   0 249 253 249  64   0   0   0   0   0   0   0
   0   0   0   0   0   0   0   0   0   0   0   0   0   0  46 130 183 253 253 207   2   0   0   0   0   0   0   0
   0   0   0   0   0   0   0   0   0   0   0   0  39 148 229 253 253 253 250 182   0   0   0   0   0   0   0   0
   0   0   0   0   0   0   0   0   0   0  24 114 221 253 253 253 253 201  78   0   0   0   0   0   0   0   0   0
   0   0   0   0   0   0   0   0  23  66 213 253 253 253 253 198  81   2   0   0   0   0   0   0   0   0   0   0
   0   0   0   0   0   0  18 171 219 253 253 253 253 195  80   9   0   0   0   0   0   0   0   0   0   0   0   0
   0   0   0   0  55 172 226 253 253 253 253 244 133  11   0   0   0   0   0   0   0   0   0   0   0   0   0   0
   0   0   0   0 136 253 253 253 212 135 132  16   0   0   0   0   0   0   0   0   0   0   0   0   0   0   0   0
   0   0   0   0   0   0   0   0   0   0   0   0   0   0   0   0   0   0   0   0   0   0   0   0   0   0   0   0
   0   0   0   0   0   0   0   0   0   0   0   0   0   0   0   0   0   0   0   0   0   0   0   0   0   0   0   0
   0   0   0   0   0   0   0   0   0   0   0   0   0   0   0   0   0   0   0   0   0   0   0   0   0   0   0   0

y_train[0] = 5
```

图 15-9 实例 100 运行结果

结果中有两个重点：

(1) 答案 y_train[0]为 5。

(2) 通过 x_train[0]得到 28×28 个点的数据内容。

普通图片与圈叉的图片不同的是：普通图片尺寸由 3×3 转换成较大的 28×28，而颜色数据由两种颜色变成 255 种颜色。

微课视频：5_mnist_displayNumbers. py。

15.6 图形显示 MNIST 内的数据

为帮助读者了解数据内容，将第 1 笔数据使用 matplotlib. pyplot 函数用图形的方法绘制出来(实例 101——6_mnist_load_display. py)：

```
1. import matplotlib.pyplot as plt                                      #图形显示的函数库
2. …                                                                    #同上一个范例,省略
3. num = 0                                                              #显示第 num 笔的图(内容)
4. plt.title('x_train[ %d] Label: %d' % (num, y_train[num]))#第 num 笔和答案
5. plt.imshow(x_train[num], cmap = plt.get_cmap('gray_r'))             #用灰级的方法显示该笔数据
6. plt.show()                                                           #显示图片
```

执行结果如图 15-10 所示。

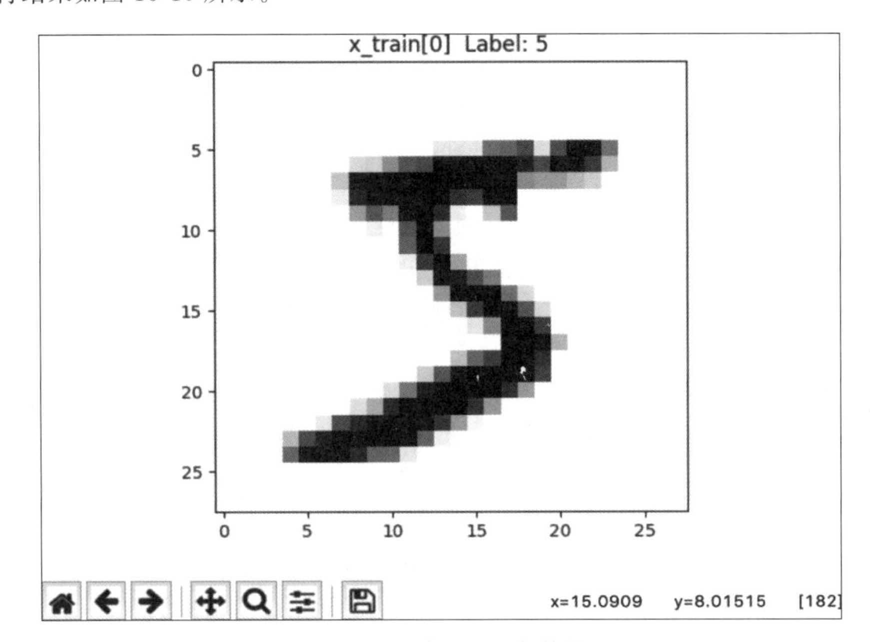

图 15-10 实例 101 运行结果

执行本程序后,将鼠标移动到图片上,可以看到右下角的数据为“x=16 y=8 [182]”,即该点的位置数据。注意,图形数据黑色部分靠近 255,边缘有很多点范围为 100～200。

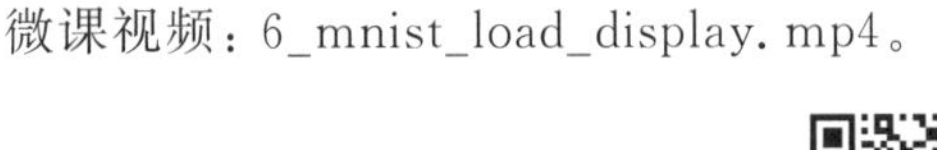

微课视频：6_mnist_load_display.mp4。

15.7 显示多张图片

如需多看几笔,可以通过以下程序展示前 num 笔的数据。可以发现即使简单如数字 1,不同图形也会有所差异,这就是做数据辨识时需要用多张图片训练的原因,这样就可以把所有的可能性全部包含在训练数据之中。实例 102 中,训练图片只有数字,不会出现其他干

扰物(如不同颜色的背景),且每一张图中只有要辨识的内容。

实例 102——7_mnist_load_display_more.py。

```
1. …                                                          #同上一个范例,省略
2. for num in range(0,16):                                     #看第 num 笔的图(内容)
3. plt.subplot(6,6,num + 1)                                    #画面切割
4. plt.title('[ %d] Label: %d' % (num, y_train[num]))          #第 num 笔和答案
5. plt.imshow(x_train[num], cmap = plt.get_cmap('gray_r'))     #显示
6. plt.show()                                                  #显示图片
```

运行结果如图 15-11 所示,从结果图片中可发现很多手写数字因为写得过于潦草,肉眼都无法确认,如图片中的 4 和 5。

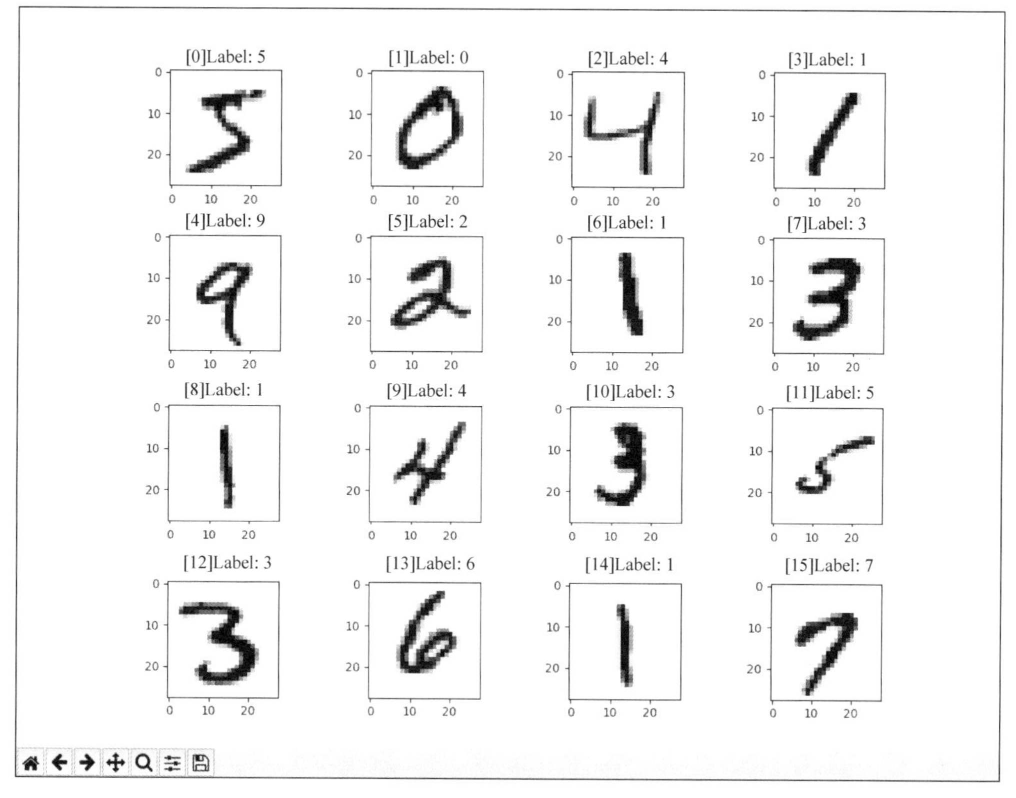

图 15-11　实例 102 运行结果

微课视频:7_mnist_load_display_more.mp4。

15.8 图形和文字的识别原理

在之前的章节中介绍过花的识别，并了解如何依照花瓣和花萼之间的关系达到识别目的，而 MLP 能够根据花的特征值，依照答案分类，找出差异性。同样，区分图片也是一样的逻辑。

通过以下程序，将 28×28 的手写数字图片转换成 784(28×28=784)的一维数据，并把相同的答案上下平放，展示在同一张图片中(实例 103——8_mnist_display_all.py)：

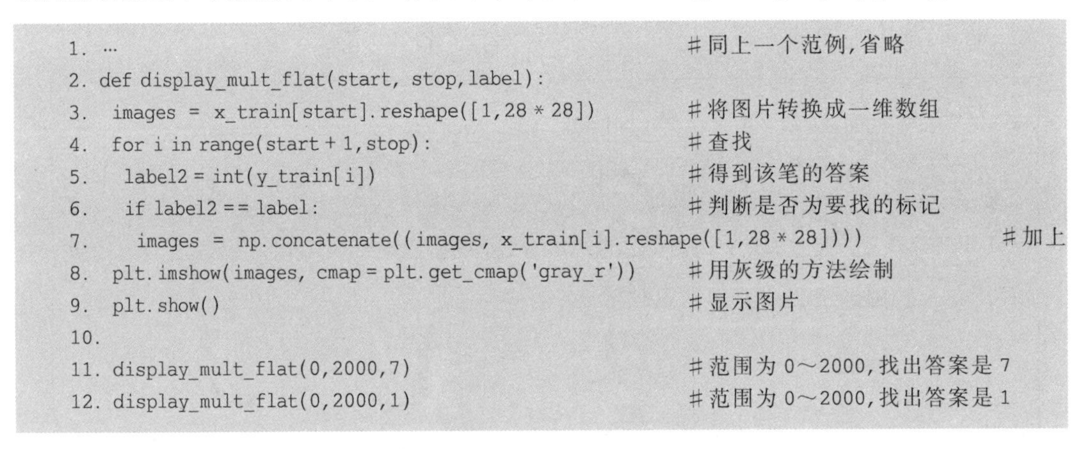

```
1. …                                                      # 同上一个范例，省略
2. def display_mult_flat(start, stop,label):
3.   images = x_train[start].reshape([1,28 * 28])          # 将图片转换成一维数组
4.   for i in range(start + 1,stop):                       # 查找
5.    label2 = int(y_train[i])                             # 得到该笔的答案
6.    if label2 == label:                                  # 判断是否为要找的标记
7.      images = np.concatenate((images, x_train[i].reshape([1,28 * 28])))    # 加上
8.   plt.imshow(images, cmap = plt.get_cmap('gray_r'))     # 用灰级的方法绘制
9.   plt.show()                                            # 显示图片
10.
11. display_mult_flat(0,2000,7)                            # 范围为 0~2000，找出答案是 7
12. display_mult_flat(0,2000,1)                            # 范围为 0~2000，找出答案是 1
```

运行结果如图 15-12 和图 15-13 所示。

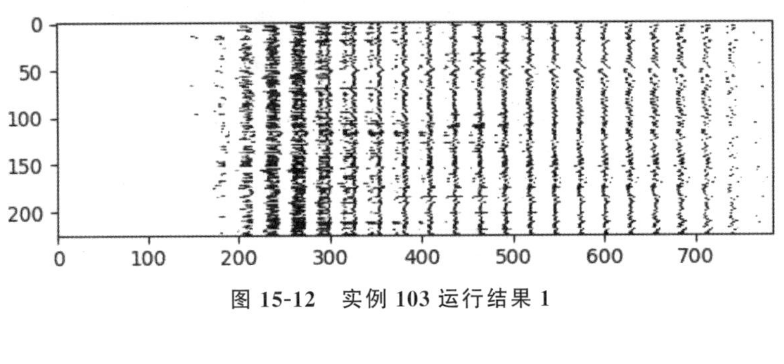

图 15-12 实例 103 运行结果 1

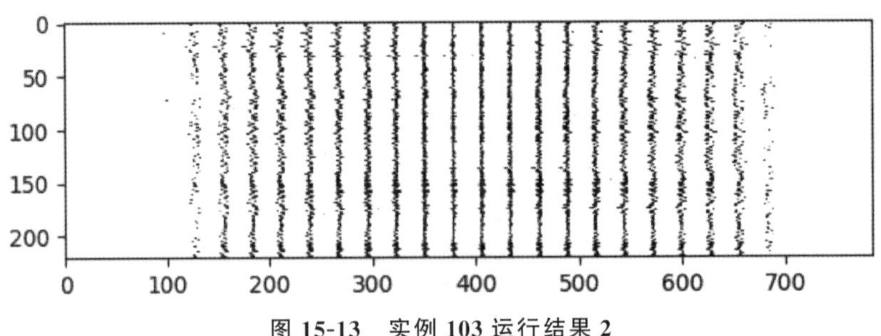

图 15-13 实例 103 运行结果 2

在结果中可以发现，将相同的答案平放展开，即可找出其相似性，达到图片或文字识别目的，这就是 MLP 方法识别图片的技术原理。

微课视频：8_mnist_onthotending. mp4。

15.9 将图形数据转换为 MLP 训练集

同之前 MLP 的分类，MINST 数据集的手写数字图片也需要处理数据，步骤如下：

(1) 将图片转换成 MLP 的特征值。因为要让 MLP 辨识 28×28 的灰度图片，所以需要通过 reshape 函数将图片转换成 784 个特征值(28×28 个点)(实例 104——9_mnist_onthotending1. py)：

```
print('x_train before reshape:', x_train.shape)                #输出(60 000, 28, 28)
dim = img_rows * img_cols * 1                                  #784 = 28 × 28
x_train = x_train.reshape(x_train.shape[0], dim)               #改变外型
x_test = x_test.reshape(x_test.shape[0], dim)
print('x_train after reshape:', x_train.shape)                 #输出 (60 000, 784)
```

运行结果：

```
x_train before reshape: (60000, 28, 28)
x_train after reshape: (60000, 784)
```

(2) 特征值数据标准化。推荐在神经网络的特征值处理中使用"特征值增强"方法，可以有效增加正确率。特征值增强就是把原本的数字转换为范围为 0～1 的浮点数，以避免因数字不同导致的创建误差。以测试的图片为例，在图片判断时，会因图片的明亮度不同导致数据不一致，而处理范围为 0～1 的浮点数，就能够避免这样的问题。只需找出数据中的最大值和最小值，并分别将其当作 0 和 1 即可。灰度图片范围只有 0～255，故将数据整除 255 即可得到特征值增强后的数据。另外，特征值数据标准化也可提高学习率。

实例 105——9_mnist_onthotending2. py。

```
print('x_train before div 255:',x_train[0][180:195])          #处理前的部分数据
#标准化输入数据
x_train = x_train.astype('float32')                            #转换为浮点数
x_test = x_test.astype('float32')
x_train /= 255                                                 #特征值增强
x_test /= 255
print('x_train before div 255 ', x_train[0][180:195])          #处理后的部分数据
```

运行结果如下：

```
x_train before div 255: [170 253 253 253 253 253 225 172 253 242 195 64 0 0 0 ]
x_train before div 255 [0.666 0.992 0.992 0.992 0.992 0.992 0.882 0.674 0.992 0.949 0.764
0.250 0. 0. 0.]
```

(3) 独热编码(One-hot Encoding)。接下来处理训练用的答案标记数据的形状：

```
print('y_train shape:', y_train.shape)          #输出 (60 000, )
```

前 10 个训练样本的标记答案如下：

```
print(y_train[:10]).                            #输出 [5 0 4 1 9 2 1 3 1 4]
```

接着转换为独热编码,可以通过以下函数实现：

```
tf.keras.utils.to_categorical(y, num_classes = None)
                                   #将一个类向量(整数)转换为二进制类数组
```

实例 106——9_mnist_onthotending3. py：

```
category = 10
y_train2 = tf.keras.utils.to_categorical(y_train, category)        #转换为独热编码
y_test2 = tf.keras.utils.to_categorical(y_test, category)
print("y_train2 to_categorical shape = ",y_train2.shape)            #输出 (60 000, 10)
print(y_train2[:10])                                               #输出前 10 笔
```

运行结果如图 15-14 所示。

```
y_train shape: (60000,)
[5 0 4 1 9 2 1 3 1 4]
y_train2 to_categorical shape= (60000, 10)
[[0. 0. 0. 0. 0. 1. 0. 0. 0. 0.]
 [1. 0. 0. 0. 0. 0. 0. 0. 0. 0.]
 [0. 0. 0. 0. 1. 0. 0. 0. 0. 0.]
 [0. 1. 0. 0. 0. 0. 0. 0. 0. 0.]
 [0. 0. 0. 0. 0. 0. 0. 0. 0. 1.]
 [0. 0. 1. 0. 0. 0. 0. 0. 0. 0.]
 [0. 1. 0. 0. 0. 0. 0. 0. 0. 0.]
 [0. 0. 0. 1. 0. 0. 0. 0. 0. 0.]
 [0. 1. 0. 0. 0. 0. 0. 0. 0. 0.]
 [0. 0. 0. 0. 1. 0. 0. 0. 0. 0.]]
```

图 15-14 实例 106 运行结果

微课视频：9_mnist_onthotending. mp4。

15.10 使用 MLP 识别图形和文字

鸢尾花的花瓣和花萼只有 4 个特征值，而 MNIST 数据集的图片是在 784 个特征值（28×28 个点）中找出相同的类似数据，所用的技术相同，只是特征值由 4 个变为 784 个。

前面已经通过圈叉图的实例了解了图形和文字的识别原理。圈叉图的尺寸为 3×3，也即 9 个特征值有两种答案，颜色范围为 0～1；而 MNIST 数据集的图片的尺寸为 28×28，即 784 个特征值 10 种答案，颜色范围为 0～255，其余相同。

使用之前学习到的多层感知器（MLP）模型来完成模式识别。继续实例 106，首先声明一个声明顺序层（sequential model format）：

```
model = tf.keras.models.Sequential()            #声明顺序层
```

接着预定义输入层，其中输入层 dim=784 指输入数据尺寸：

```
model.add(tf.keras.layers.Dense(.               #预定义输出隐藏层的神经元数量
  units = 10,                                   #加入 10 个神经元
  activation = tf.nn.relu,                      #预定义激励函数为 ReLU
   input_dim = dim))                            #输入层训练特征值 784 个
```

中间的隐藏层：

```
model.add(tf.keras.layers.Dense(units = 10,     #加入 10 个神经元
   activation = tf.nn.relu))                    #预定义激励函数为 ReLU
kernel_initializer = 'normal',             #使用常态分布(normal distribution)的随机数预定义
```

输出层加入模型：

```
model.compile(optimizer = tf.keras.optimizers.Adam(lr = 0.001), #使用 Adam 算法移动 0.001
 loss = tf.keras.losses.categorical_crossentropy,             #损失率使用稀疏分类交叉熵
 metrics = ['accuracy'])                          #模型在训练和测试期间要评估的度量列表
```

注意：第 1 层的输入“input_dim=784”为特征值 784=28×28×1，而最后一层的输出尺寸为 10 个神经元，对应 10 种答案。

可通过以下程序检查整个模型结构的外观：

```
model.summary()
```

输出结果如图 15-15 所示。由此可以看出，对应程序共有 3 层。另外，图 15-15 中的 Param 参数越大表示模型越复杂，需要更多时间计算。Param 参数的计算方法如下：

$$7850 = (784 \times 10) + 10$$

$$110 = (10 \times 10) + 10$$

```
Layer (type)                 Output Shape              Param #
=================================================================
dense (Dense)                (None, 10)                7850
_________________________________________________________________
dense_1 (Dense)              (None, 10)                110
_________________________________________________________________
dense_2 (Dense)              (None, 10)                110
=================================================================
Total params: 8,070
Trainable params: 8,070
Non-trainable params: 0
```

图 15-15 model.summary 的输出

可以通过相同的训练模型,使用测试集来验证预测结果和正确率。

实例 107——12_mnist_MLP.py。

```
1. …                                                      #省略
2. #训练模型
3. history = model.fit(x_train, y_train2,                 #训练的因和果数据
4.     batch_size = 1000,                                 #设置每次训练的笔数
5.     epochs = 200,                                      #设置训练次数
6.     verbose = 1)                                       #训练时显示的消息
7.
8. #测试
9. score  =  model.evaluate(x_test, y_test2, batch_size = 128)    #计算测试正确率
10. print("score:",score)                                 #输出测试正确率
11. predict  =  model.predict(x_test)                     #得到每一个结果的概率
12. print("Ans:",np.argmax(predict[0]),np.argmax(predict[1]),
13.     np.argmax(predict[2]),np.argmax(predict[3]))      #得到预测答案 1
14. predict2  =  model.predict_classes(x_test[:10])       #得到预测答案 2
15. print("predict_classes:",predict2[:10])               #输出预测答案 2
16. print("y_test",y_test[:])                             #实际测试的结果
```

运行结果如图 15-16 所示。

```
10000/10000 [==============================] - 0s 17us/sample - loss: 0.2274 - acc: 0.9390
score: [0.22742516186237335, 0.939]
Ans: 7 2 1 0
predict_classes: [7 2 1 0 4 1 4 4 6 9]
y_test [7 2 1 0 4 1 4 9 5 9]
```

图 15-16 实例 107 运行结果

微课视频:10_mnist_MLP.mp4。

15.11 服饰数据集的模式识别

TensorFlow. keras. datasets 中有一个和 MNIST 数据集类似的图片数据集——服饰数据集(Fashion-MNIST),Fashion-MNIST 的数据来自 Zalandoe 公司,其中包含 60 000 张训练图片和 10 000 张测试图片。每张图片均为 28×28 的灰度图,数字范围为 0～255。图片分成以下 10 种标签。

(1) 0：T-shirt/top,T 恤/上衣。

(2) 1：Trouser,裤子。

(3) 2：Pullover,套头衫。

(4) 3：Dress,礼服。

(5) 4：Coat,外套。

(6) 5：Sandal,凉鞋。

(7) 6：Shirt,衬衫。

(8) 7：Sneaker,运动鞋。

(9) 8：Bag,包,袋子。

(10) 9：Ankle boot,长靴。

可从 Fashion-MNIST 数据集中获取大量图片,用于图像识别。下载网站为 https://github. com/zalandoresearch/fashion-mnist,首页如图 15-17 所示。

可以通过 TensorFlow. keras. datasets 下载 Fashion-MNIST 数据集,程序如下：

```
import TensorFlow as tf
(x_train, y_train), (x_test, y_test) = tf.keras.datasets.mnist.load_data()
```

下载的数据集被分成以下几部分。

(1) x_train：60 000 笔的训练集,训练集的特征。

(2) y_train：60 000 笔的训练集,训练集的标签。

(3) x_test：10 000 笔的测试集,测试集的特征。

(4) y_test：10 000 笔的测试集,测试集的标签。

实例 108——13_mnist_load_display. py。

```
1. import TensorFlow as tf                                        #TensorFlow 函数库
2. #装载服饰数据(将数据打散,放入 train 与 test 数据集)
3. (x_train, y_train), (x_test, y_test) = tf.keras.datasets.fashion_mnist.load_data()
4. print('x_train = ' + str(x_train.shape))                      #x_train 的数组尺寸
5. print('y_train = ' + str(y_train.shape))                      #y_train 的数组尺寸
6. print('x_test = ' + str(x_test.shape))                        #x_test 的数组尺寸
7. print('y_test = ' + str(y_test.shape))                        #y_test 的数组尺寸
```

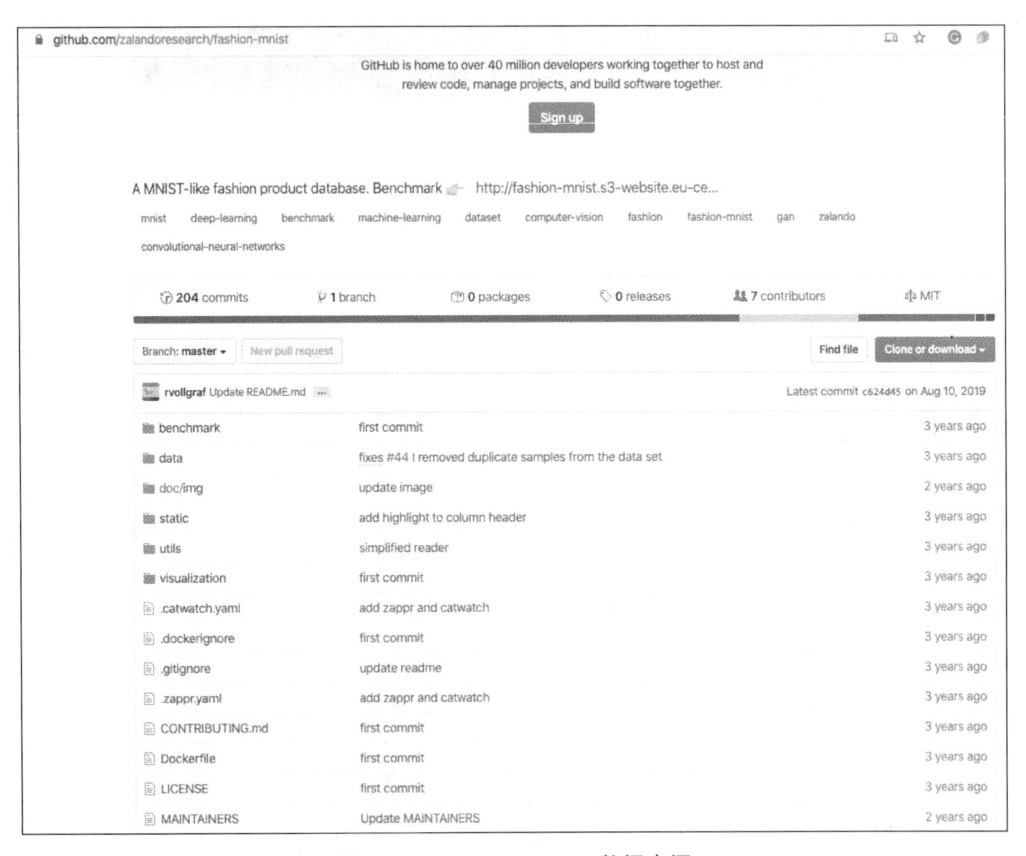

图 15-17　Fashion-MNIST 数据来源

运行结果如下：

```
x_train = (60000, 28, 28)
y_train = (60000,)
x_test = (10000, 28, 28)
y_test = (10000,)
```

使用 load_data 函数下载 Fashion_MNIST 数据集，并放到变量中。此处的 x_train 为 60 000 笔的训练集 X 特征，每一笔的尺寸为(28,28)，指图形尺寸为 28×28(宽×高)，每一个点只是一个灰度的点，范围为 0～255，存放每一个点的灰度数据。测试部分数据模式相同，但只有 10 000 笔的测试集。服饰数据集(Fashion_MNIST)和手写数据集(MNIST)除了图片内容不同，其余相同。

通过以下程序显示第 0 笔数据，直接输出每一个点的灰度数字(实例 109——14_fashion_mnist_displayNumer.py)：

```
1. …                                    #同上一个范例，省略
2. def printMatrixE(a):                 #显示单一图片每一点的数据
```

```
3. rows = a.shape[0]                              #获取图片高度
4. cols = a.shape[1]                              #获取图片宽度
5. for i in range(0,rows):                        #处理每一列每一点的数据
6. str1 = ""
7. for j in range(0,cols):                        #处理同一行每一点的数据
8. str1 = str1 + (" %3.0f " % a[i, j])            #得到单点数据
9. print(str1)                                    #输出整排的数据
10. print("")
11.
12. printMatrixE(x_train[0])                      #显示第 0 笔的特征
13. print('y_train[0] = ' + str(y_train[0]))      #显示第 0 笔的标签
```

执行结果如图 15-18 所示。

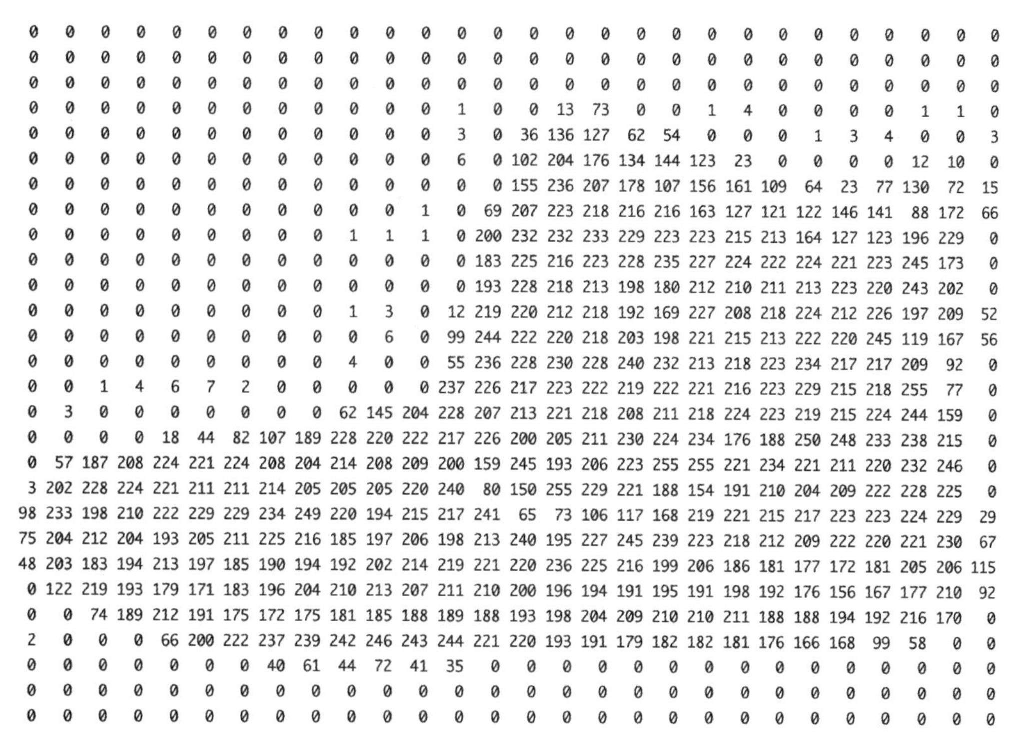

```
0 0 0 0 0 0 0 0 0 0 0 0 0 0 0 0 0 0 0 0 0 0 0 0 0 0 0 0
0 0 0 0 0 0 0 0 0 0 0 0 0 0 0 0 0 0 0 0 0 0 0 0 0 0 0 0
0 0 0 0 0 0 0 0 0 0 0 0 0 0 0 0 0 0 0 0 0 0 0 0 0 0 0 0
0 0 0 0 0 0 0 0 0 0 0 0 1 0 0 13 73 0 0 1 4 0 0 0 0 1 1 0
0 0 0 0 0 0 0 0 0 0 0 0 3 0 36 136 127 62 54 0 0 0 1 3 4 0 0 3
0 0 0 0 0 0 0 0 0 0 0 0 6 0 102 204 176 134 144 123 23 0 0 0 0 12 10 0
0 0 0 0 0 0 0 0 0 0 0 0 0 0 155 236 207 178 107 156 161 109 64 23 77 130 72 15
0 0 0 0 0 0 0 0 0 0 0 1 0 69 207 223 218 216 216 163 127 121 122 146 141 88 172 66
0 0 0 0 0 0 0 0 0 1 1 1 0 200 232 232 233 229 223 223 215 213 164 127 123 196 229 0
0 0 0 0 0 0 0 0 0 0 0 0 0 183 225 216 223 228 235 227 224 222 224 221 223 245 173 0
0 0 0 0 0 0 0 0 0 0 0 0 0 193 228 218 213 198 180 212 210 211 213 223 220 243 202 0
0 0 0 0 0 0 0 0 0 1 3 0 12 219 220 212 218 192 169 227 208 218 224 212 226 197 209 52
0 0 0 0 0 0 0 0 0 0 6 0 99 244 222 220 218 203 198 221 215 213 222 220 245 119 167 56
0 0 0 0 0 0 0 0 0 4 0 0 55 236 228 230 228 240 232 213 218 223 234 217 217 209 92 0
0 0 1 4 6 7 2 0 0 0 0 0 237 226 217 223 222 219 222 221 216 223 229 215 218 255 77 0
0 3 0 0 0 0 0 0 0 62 145 204 228 207 213 221 218 208 211 218 224 223 219 215 224 244 159 0
0 0 0 0 18 44 82 107 189 228 220 222 217 226 200 205 211 230 224 234 176 188 250 248 233 238 215 0
0 57 187 208 224 221 224 208 204 214 208 209 200 159 245 193 206 223 255 255 221 234 221 211 220 232 246 0
3 202 228 224 221 211 211 214 205 205 205 220 240 80 150 255 229 221 188 154 191 210 204 209 222 228 225 0
98 233 198 210 222 229 229 234 249 220 194 215 217 241 65 73 106 117 168 219 221 215 217 223 223 224 229 29
75 204 212 204 193 205 211 225 216 185 197 206 198 213 240 195 227 245 239 223 218 212 209 222 220 221 230 67
48 203 183 194 213 197 185 190 194 192 202 214 219 221 220 236 225 216 199 206 186 181 177 172 181 205 206 115
0 122 219 193 179 171 183 196 204 210 213 207 211 210 200 196 194 191 195 191 198 192 176 156 167 177 210 92
0 0 74 189 212 191 175 172 175 181 185 188 189 188 193 198 204 209 210 210 211 188 188 194 192 216 170 0
2 0 0 0 66 200 222 237 239 242 246 243 244 221 220 193 191 179 182 182 181 176 166 168 99 58 0 0
0 0 0 0 0 0 0 40 61 44 72 41 35 0 0 0 0 0 0 0 0 0 0 0 0 0 0 0
0 0 0 0 0 0 0 0 0 0 0 0 0 0 0 0 0 0 0 0 0 0 0 0 0 0 0 0
0 0 0 0 0 0 0 0 0 0 0 0 0 0 0 0 0 0 0 0 0 0 0 0 0 0 0 0

y_train[0] = 9
```

图 15-18 实例 109 运行结果

微课视频：11_fashion_mnist_load.mp4。

15.12 图形化显示服饰数据集

下面使用 matplotlib.pyplot 函数显示服饰数据集的数据，将内容以图形形式绘制出来，通过以下程序呈现出前 36 笔的数据(实例 110——7_mnist_load_display_more.py)：

```
1. …                                                        # 同上一个范例,省略
2. for num in range(0,36):                                  # 查看前 36 笔的图
3.    plt.subplot(6,6,num + 1)                              # 画面切割
4.    plt.title('[ %d] Label: %d' % (num, y_train[num]))    # 第 num 笔和标签
5.    plt.imshow(x_train[num], cmap = plt.get_cmap('gray_r')) # 显示
6. plt.show()                                               # 显示图片
```

运行结果如图 15-19 所示。

图 15-19　实例 110 运行结果

本程序执行后，将鼠标移动到图片上，即可看到右下角的数据"x=16 y=8 [182]"，即该点的位置数据。注意，黑色部分数字接近 255，边缘有很多数字在范围为 100～200 的灰度颜色。

微课视频：12_fashion_mnist_display_images.mp4。

15.13 使用 MLP 识别服饰数据集

下面介绍通过 MLP 模型识别服饰。服饰数据集(Fashion_MNIST)和手写数字数据集(MNIST)同为 28×28 的图片，即 784 个特征值，同样有 10 种标签，不同的只是图片内容。

可以参考以下程序(实例 111——16_fashion_mnist_MLP.py)：

```
1. import TensorFlow as tf                                      #TensorFlow 函数库
2. #装载服饰数据(将数据打散，放入 train 与 test 数据集)
3. (x_train, y_train), (x_test, y_test) = tf.keras.datasets.fashion_mnist.load_data()
4. …                                                            #省略
5. model = tf.keras.models.Sequential()                         #声明顺序层
6. model.add(tf.keras.layers.Dense(.                            #预定义神经元素数量
7.    units = 10,                                               #加入 10 个神经元
8.    activation = tf.nn.relu,                                  #预定义激活函数为 ReLU
9.    input_dim = dim))                                         #输入层训练特征值 784 个
10. model.add(tf.keras.layers.Dense(units = 10,                 #加入 10 个神经元
11.     activation = tf.nn.relu))                               #预定义激活函数为 ReLU
12. kernel_initializer = 'normal',         #使用常态分布(normal distribution)的随机数预定义
13. model.compile(optimizer = tf.keras.optimizers.Adam(lr = 0.001),  #使用 Adam 算法
14.   loss = tf.keras.losses.categorical_crossentropy,          #稀疏分类交叉熵
15.   metrics = ['accuracy'])                                   #模型评估
16. model.summary()
17. #训练模型
18. history = model.fit(x_train, y_train2,                      #进行训练的因和果数据
19.    batch_size = 1000,                                       #设置每次训练的笔数
20.    epochs = 200,                                            #设置训练次数
21.    verbose = 1)                                             #训练时显示的消息
22.
23. #测试
24. score = model.evaluate(x_test, y_test2, batch_size = 128)   #计算测试正确率
25. print("score:",score)                                       #输出测试正确率
26. predict = model.predict(x_test)                             #得到每一个结果的概率
27. print("Ans:",np.argmax(predict[0]),np.argmax(predict[1]),
28.    np.argmax(predict[2]),np.argmax(predict[3]))             #得到预测答案 1
29. predict2 = model.predict_classes(x_test[:10])               #得到预测答案 2
30. print("predict_classes:",predict2[:10])                     #输出预测答案 2
31. print("y_test",y_test[:])                                   #实际测试结果
```

运行结果如图 15-20 所示。

```
Epoch 200/200
60000/60000 [==============================] - 0s 4us/sample - loss: 0.3071 - acc: 0.8894
10000/10000 [==============================] - 0s 6us/sample - loss: 0.4248 - acc: 0.8546
score: [0.42476164865493776, 0.8546]
Ans: 9 2 1 1
predict_classes: [9 2 1 1 6 1 4 6 5 7]
y_test [9 2 1 1 6 1 4 6 5 7]
```

图 15-20　实例 111 运行结果

MNIST 的手写辨识程序只需导入不同的图形数据库,程序如下:

```
tf.keras.datasets.fashion_mnist.load_data()
```

784 个特征值和 10 种答案在两个数据集中相同,故无须修改。

微课视频:13_fashion_mnist_MLP.mp4。

第16章 卷积神经网络

CHAPTER 16

16.1 CNN简介

卷积神经网络(Convolutional Neural Network,CNN)是一类包含卷积计算且具有深度结构的前馈神经网络。卷积简单地说就是滤镜,可使画面柔和、清晰,凸显图片特色。下面介绍卷积功能使用的函数。

1. Conv2D函数

Conv2D函数格式如下:

```
tf.keras.layers.Conv2D(…)                    #用于指定滤镜数量,增加图片
```

常用参数有以下几个。

(1) filters:整数,输出的维数(即卷积中输出滤波器的数量)。

(2) kernel_size:两个整数或元组/清单,指定二维卷积窗口的高度和宽度。

(3) strides:两个整数或元组/清单,指定卷积向外扩展的高度和宽度。

(4) padding:可选值为valid(有效)或same(相同)。

(5) activation:要使用的激活函数。

(6) input_shape:输入的数据数组尺寸。

如果由原本的1张图片,通过3个滤镜输出3张处理后的图片,可以用filters=3;如滤镜尺寸为3×3,可用kernel_size=(3,3)。

Convolution2D函数也是Conv2D函数,只是因为版本不同,所以有两个函数名称。

2. Dropout函数

Dropout函数格式如下:

```
tf.keras.layers.Dropout(…)                   #减少图片
```

Dropout函数用于在训练期间每次更新时随机减少图片,这有助于防止过拟合。

常用参数有以下两个。

(1) rate：减少的图片数量百分比(%)，浮点数范围为0～1。

(2) seed：用作随机种子的整数。

如需将图片缩小50%，可使用函数tf. keras. layers. Dropout(rate=0.5)。

3. MaxPool2D函数

MaxPool2D函数格式如下：

```
tf.keras.layers.MaxPool2D(…)                     #缩小图片
```

常用参数有以下几个。

(1) pool_size：缩小(纵向，水平)的数量。如(2,2)将在宽和高两个空间维度中减半。

(2) strides：两个整数或元组/清单，指定向外扩展的高度和宽度。

(3) padding：可选值为valid(有效)或same(相同)。

(4) data_format：可填写channels_last(默认值)或channels_first。

如需将图片尺寸缩小一半，程序如下：

```
tf.keras.layers.MaxPool2D(pool_size = (2, 2))
```

取得的值将是缩小后的2×2个点中的最大值。

MaxPooling2D和MaxPool2D是相同的函数，只是名称不同。

4. Flatten函数

Flatten函数格式如下：

```
tf.keras.layers.Flatten()                   #将图片转换成一个维度
```

图片经卷积层处理完后，需通过Flatten()函数传送至多层感知器(MLP)，即将图片数据转换为一维数据。如灰度图片为28×28×1，转换后将变成特征值784。

了解CNN的主要函数后，即可看出CNN的专长就是处理多维度的数据，如图像、语音等二维数据。

16.2 CNN和MLP的差异

CNN算法多用于两个或两个以上维度的数据，最常用于图像识别，也可用于语音识别。

MLP算法多用于一维数据，如Excel或SQL中的表格数据可通过MLP分类或回归计算答案。

CNN的核心是Conv2D函数，用1张图片创建多张图片，使数据增多，如智能手机调整照片的颜色、清晰度等，以更好地凸显图片焦点。完整的CNN由Conv2D+MLP完成，Conv2D的函数库可以利用1张图片，通过计算创建多张图片的效果，再通过MLP创建更多数据。就如之前所学的，当训练集越多时准确率就会越高，然后通过 Flatten 函数将二维数据转换成一维，再送入 MLP 的 DenseNet 做出计算。

如果熟悉 Photoshop，也可以将需辨识的图片通过 Photoshop 的滤镜创建多张照片，再放入 MLP 做计算，算法原理同 CNN。

有读者可能提出疑问：第 15 章不是介绍用 MLP 来完成手写图片和流行服装照片的识别吗？是的，使用维度改变的技巧是在 MLP 的算法上完成图片识别，步骤同 CNN 后半段，加上 Conv2D 函数库，将原本的 1 张图变成多张，进而创建更多训练集，识别物体的特征更明确，可使手写识别的准确率更高。

16.3　CNN 快速上手

下面通过修改之前的圈叉图的实例来介绍 CNN 快速上手，仍用两个维度分别预定义圈和叉（实例 112——1_image_circle_cross_CNN_model.py）：

```
1.  import TensorFlow as tf
2.  import numpy as np
3.  import matplotlib.pyplot as plt                          #绘图函数库
4.  circle1 = np.array([[1,1,1],                             #圈图
5.            [1,0,1],
6.            [1,1,1]])
7.  cross1 = np.array([[1,0,1],                              #叉图
8.           [0,1,0],
9.           [1,0,1]])
10. cross2 = cross1.reshape([9])                             #二维转一维
11. X = np.array([circle1,cross1])                           #预定义 X 数据
12. print(X.shape)                                           #输出维度(2, 3, 3)
```

输出结果如下：

```
(2, 3, 3)
```

可以看到 ***X*** 是 3 个维度，即两笔数据的 3×3 的图。CNN 算法在处理图片时，需将一维数据增加一个维度，即将颜色数据单独放在另外一个维度中。***Y*** 的答案也需经独热编码转码。程序如下（实例 113——1_image_circle_cross_CNN_model.py）：

```
1. X2 = X.reshape(2,3,3,1)                                   #改变维度
2. print(X2.shape)                                           #输出维度(2, 3, 3, 1)
3.
4. category = 2                                              #有两种标签
5. Y = np.array([0,1])                                       #预定义 Y 数据
6. Y2 = tf.keras.utils.to_categorical(Y, category)           #转码
```

输出结果如下：

```
(2, 3, 3, 1)
```

人工智能的模型部分在后半段使用 MLP，但输入部分先使用 CNN 的 Conv2D 函数，通过“filters=3”将每一笔的图片由 1 张变为 3 张。输入“input_shape=(3,3,1)”，必须符合实际尺寸，这里的图是 3×3 的黑白图片，且输入数据为(2,3,3,1)，其中 2 即为两笔数据，所以实际输入数据使用(3,3,1)。

模型后半段使用了一个 Flatten 函数，主要是将多维数据转换成一维数据交给 MLP 去做运算，而编译则用 MLP 的分类法处理。

实例 114——1_image_circle_cross_CNN_model.py。

```
1.  model = tf.keras.models.Sequential()                  # 加入顺序层
2.  model.add(tf.keras.layers.Conv2D(filters = 3,         # 1 张图片变 3 张
3.          kernel_size = (3, 3),                         # 滤镜尺寸
4.          padding = "same",                             # 边缘处理
5.          activation = 'relu',                          # 激活函数
6.          input_shape = (3,3,1)))                       # 输入每笔数据尺寸
7.  model.add(tf.keras.layers.Flatten())                  # 数据转成一维
8.  model.add(tf.keras.layers.Dense(units = 10,           # 加入 10 个神经元
9.     activation = tf.nn.relu))                          # 也能写成"activation = 'relu'"
10. model.add(tf.keras.layers.Dense(units = category,     # 3 个答案的神经元输出的
    activation = tf.nn.softmax))                          # 也能写成"activation = 'softmax'"
11. model.compile(optimizer = 'adam',
12.    loss = tf.keras.losses.categorical_crossentropy,
13.    metrics = ['accuracy'])
14. model.summary()                                       # 显示 CNN 训练的模型
```

运行结果如图 16-1 所示。

```
Model: "sequential"
_________________________________________________________________
Layer (type)                 Output Shape              Param #
=================================================================
conv2d (Conv2D)              (None, 3, 3, 3)           30
_________________________________________________________________
flatten (Flatten)            (None, 27)                0
_________________________________________________________________
dense (Dense)                (None, 10)                280
_________________________________________________________________
dense_1 (Dense)              (None, 2)                 22
=================================================================
Total params: 332
Trainable params: 332
Non-trainable params: 0
_________________________________________________________________
```

图 16-1　实例 114 运行结果

注意：此处输出 Shape 维度的算法：

(1) 输入的 import shape 是[3,3,1]。

(2) Conv2D 函数参数 filters=3,padding="same",所以输入 1 张图片输出 3 张。

(3) Flatten 函数的作用是将多维数据转换成一维数据,3×3×3=[27]。

(4) Dense 函数输出的神经元 units=10,所以经过计算后输出[10]。

(5) Dense_1 函数输出到答案的神经元 units=2,即两个分类答案。

该模型示意图如图 16-2 所示。

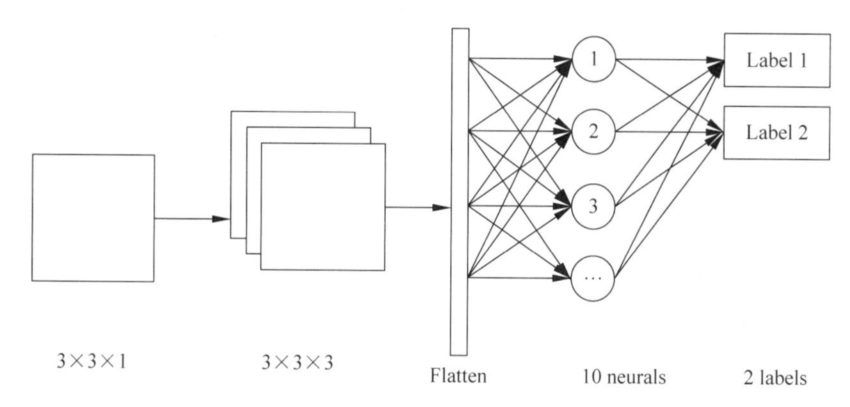

图 16-2　CNN 模型示意图

微课视频：1_image_circle_cross. mp4。

注意：在 TensorFlow 中,Conv2D 函数完全等同于 Convolution2D,官方实例也经常混用。

实例 115——2_image_circle_cross_CNN_model_Convolution2D. py。

```
1. model.add(tf.keras.layers.Convolution2D(filters = 3,          #1 张图片变 3 张
2.           kernel_size = (3, 3),                               #滤镜尺寸
3.           padding = "same",                                   #边缘处理
4.           activation = 'relu',                                #激活函数
5.           input_shape = (3,3,1)))                             #输入每笔数据尺寸
```

微课视频：2_image_circle_cross_CNN_model_Convolution2D. mp4。

完整的 CNN 程序如下(实例 116——3_image_circle_cross_CNN.py):

```
1. import TensorFlow as tf
2. import numpy as np
3. import matplotlib.pyplot as plt                    # 绘图函数库
4. circle1 = np.array([[1,1,1],                       # 圈图
5.         [1,0,1],
6.         [1,1,1]])
7. cross1 = np.array([[1,0,1],                        # 叉图
8.          [0,1,0],
9.          [1,0,1]])
10. cross2 = cross1.reshape([9])                      # 二维转换为一维
11. X = np.array([circle1,cross1])                    # 预定义 X 数据
12. Y = np.array([0,1])                               # 预定义 Y 数据
13. print(X.shape)                                    # 输出维度(2, 3, 3)
14. X2 = X.reshape(2,3,3,1)                           # 改变维度
15. print(X2.shape)                                   # 输出维度 (2, 3, 3, 1)
16. category = 2                                      # 有两种标签答案
17. Y2 = tf.keras.utils.to_categorical(Y, category)
18. Y2 = tf.keras.utils.to_categorical(Y, num_classes = (category))      # 转码
19.
20. model = tf.keras.models.Sequential()              # 加入顺序层
21. model.add(tf.keras.layers.Conv2D(filters = 3,     # 1 张图片变 3 张
22.          kernel_size = (3, 3),                    # 滤镜尺寸
23.          padding = "same",                        # 边缘处理
24.          activation = 'relu',                     # 激活函数
25.          input_shape = (3,3,1)))                  # 输入每笔数据尺寸
26. model.add(tf.keras.layers.Flatten())              # 数据转换成一维
27. model.add(tf.keras.layers.Dense(units = 10,       # 加入 10 个神经元
28.     activation = tf.nn.relu))                     # 也能写成"activation = 'relu'"
29. model.add(tf.keras.layers.Dense(units = category, # 3 个答案的神经元输出
    activation = tf.nn.softmax))                      # 也能写成"activation = 'softmax'"
30. model.summary()                                   # 显示 CNN 训练的模型
31. model.compile(optimizer = 'adam',
32.    loss = tf.keras.losses.categorical_crossentropy,
33.    metrics = ['accuracy'])
34. model.fit(X, Y2,                                  # 进行训练
35.       epochs = 100)                               # 设置训练的次数
36. # 测试
37. score = model.evaluate(x_test, y_test, batch_size = 128) # 计算正确率
38. print("score:",score)                             # 输出
39.
40. predict = model.predict(x_test)                   # 预测
41. print("Ans:",predict)                             # 输出
42. print("Ans:",np.argmax(predict[0]),np.argmax(predict[1])) # 预测答案
43. predict2 = model.predict_classes(X)               # 取得预测答案
44. print("predict_classes:",predict2)                # 输出
45. print("y_test",Y)                                 # 实际测试结果
```

运行结果如图 16-3 所示。

```
Epoch 100/100
2/2 [==============================] - 0s 455us/sample - loss: 0.3621 - acc: 1.0000
2/2 [==============================] - 0s 13ms/sample - loss: 0.3606 - acc: 1.0000
score: [0.36064475774765015, 1.0]
Ans: 0 1
predict_classes: [0 1]
y_test [0 1]
```

图 16-3 实例 116 运行结果

可以发现,CNN 模型初始需使用 Conv2D 函数,然后通过 Flatten 函数将数据转换为一维,再送入 MLP 处理。其余部分与 MLP 基本一致,只需留意输入特征数据需转换成 4 个维度。

微课视频：3_image_circle_cross_CNN. mp4。

16.4 CNN 做手写数字图片识别之特征值的处理

下面介绍通过第 15 章的模式识别程序,将 MLP 的手写数字图片识别修改成由 CNN 做手写数字图片识别。首先导入手写数字图片数据集 MNIST,程序如下：

```
#装载数据(将数据打散,放入 train 与 test 数据集)
(x_train, y_train), (x_test, y_test) = tf.keras.datasets.mnist.load_data()
```

将初始数据转为正确的影像排列方式。请留意此处与 MLP 的差异,在 MLP 使用的程序如下：

```
x_train = x_train.reshape(x_train.shape[0],784)    #784 = 28 * 28 * 1 的一个维度数据
```

而在 CNN 使用的程序如下：

```
x_train = x_train.reshape(x_train.shape[0], 28,28, 1)
x_test = x_test.reshape(x_test.shape[0], 28,28, 1)
```

与 MLP 一致的程序如下(实例 117——4_mnist_tf_CNN_data. py)：

```
1. x_train = x_train.astype('float32')                    #转换为浮点数
2. x_test = x_test.astype('float32')
```

```
3. x_train /= 255                                    #特征值增强
4. x_test /= 255
5. print('x_train before div 255 ', x_train[0][180:195]) #处理后的部分数据
6.
7. print('x_train shape:', x_train.shape)
8. print(x_train.shape[0], 'train samples')
9. print(x_test.shape[0], 'test samples')
10.
11. #将数字转为 One-hot 向量
12. y_train2 = tf.keras.utils.to_categorical(y_train, category)
13. y_test2 = tf.keras.utils.to_categorical(y_test, category)
```

运行结果如下：

```
x_train shape: (60000, 28, 28, 1)
60000 train samples
10000 test samples
```

MNIST 数据集中的图片实例在 CNN 特征数据上需要转换成 4 个维度，分别为 60000 张图片、宽 28 个点、高 28 个点、颜色范围为 0～1。

微课视频：4_mnist_tf_CNN_data.mp4。

16.5 CNN 做手写数字图片识别之模型

手写数字图片也可以只通过 Conv2D 函数处理一次就转入 MLP，但此处为了使预测效果更好，将通过以下 CNN 模型完成，如图 16-4 所示。

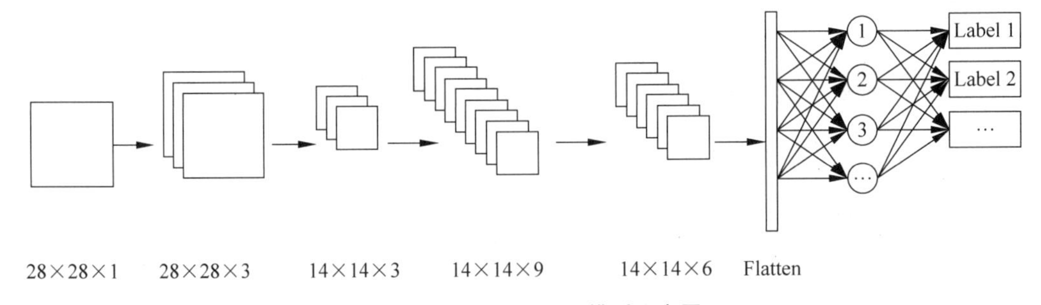

图 16-4 较复杂的 CNN 模型示意图

上述模型示意图可转换成 CNN 模型对应的程序如下(实例 118——5_mnist_tf_CNN_model.py)：

```
1. model = tf.keras.models.Sequential()
2. #第1层由28×28×1处理后为28×28×3
3. model.add(tf.keras.layers.Conv2D(
4.          filters=3,                                          #3个输出
5.          kernel_size=(3, 3),                                 #卷积层滤镜尺寸
6.          padding="same",                                     #相同尺寸
7.          activation='relu',                                  #ReLU激活函数
8.          input_shape=(28, 28, 1)))                           #原灰度图片的尺寸
9. #第2层处理后为14×14×3
10. model.add(tf.keras.layers.MaxPool2D(pool_size=(2, 2)))      #宽和高缩小一半
11. #第3层处理后为14×14×9
12. model.add(tf.keras.layers.Conv2D(filters=9,kernel_size=(2,2), #9个输出
13.          padding="same", activation='relu'))
14. #第3层处理后为14×14×6
15. model.add(tf.keras.layers.Dropout(rate=0.50))               #丢掉50%的图
16. model.add(tf.keras.layers.Conv2D(filters=6,kernel_size=(2,2), #9个输出
17.          padding="same", activation='relu'))
18. #第4层处理后为9笔数据,196个特征值
19. model.add(tf.keras.layers.Flatten())                        #将二维影像转为一维向量
20. #第5层处理后为14×14×6
21. model.add(tf.keras.layers.Dense(10, activation='relu'))     #使用MLP
22. model.add(tf.keras.layers.Dense(units=10,activation=tf.nn.softmax))    #10种答案
23. model.summary()                                             #显示出当前模型
```

运行结果如图16-5所示。

```
Model: "sequential"
_________________________________________________________________
Layer (type)                 Output Shape              Param #
=================================================================
conv2d (Conv2D)              (None, 28, 28, 3)         30
_________________________________________________________________
max_pooling2d (MaxPooling2D) (None, 14, 14, 3)         0
_________________________________________________________________
conv2d_1 (Conv2D)            (None, 14, 14, 9)         117
_________________________________________________________________
dropout (Dropout)            (None, 14, 14, 9)         0
_________________________________________________________________
conv2d_2 (Conv2D)            (None, 14, 14, 6)         222
_________________________________________________________________
flatten (Flatten)            (None, 1176)              0
_________________________________________________________________
dense (Dense)                (None, 10)                11770
_________________________________________________________________
dense_1 (Dense)              (None, 10)                110
=================================================================
Total params: 12,249
Trainable params: 12,249
Non-trainable params: 0
_________________________________________________________________
```

图16-5 实例118运行结果

该模型中,输出维度(Output Shape)的算法如下:

(1) 输入维度(Import Shape)为[28,28,1]。

(2) Conv2D 函数设置为“filters = 3, padding = " same"”, 即[28, 28, 1]输出 3 张([28,28,3])。

(3) max_polling2d 函数设置为“pool_size=(2, 2)”,即[28/2,28/2,3]=[14,14,3]。

(4) Conv2D 函数设置为“filters = 9, padding = " same"”, 即[14, 14, 3]输出 9 张([14,14,9])。

(5) Dropout 函数设置为 rate=0.50,将 60000 张图片随机放弃一半。

(6) Conv2D 函数设置为“filters = 6, padding = " same"”, 即[14, 14, 9]输出 6 张([14,14,6])。

(7) Flatten 函数将数据转换成一维,14×14×6=1176。

(8) Dense 函数输出的神经元 units=10,即计算后输出[10]。

(9) Dense_1 函数输出的神经元 units=10,即 10 种分类答案。

微课视频:5_mnist_tf_CNN_model.mp4。

16.6 CNN 做手写数字图片识别之训练和预测

CNN 训练模型的程序与之前的 MLP 基本相同。因模型较复杂,且神经元较多,模型训练约需 10min。

实例 119——6_mnist_tf_CNN_easy.py。

```
1.  model.compile(optimizer = tf.keras.optimizers.Adam(lr = 0.001),
2.  #损失率使用稀疏分类交叉熵
3.     loss = tf.keras.losses.categorical_crossentropy, metrics = ['accuracy'])
4.  history = model.fit(x_train, y_train2,batch_size = 1000,epochs = 200,verbose = 1)
5.  #测试
6.  score = model.evaluate(x_test, y_test2, batch_size = 128)      #计算测试正确率
7.  print("score:",score)                                          #输出测试正确率
8.  predict = model.predict(x_test)                                #取得每一个结果的概率
9.  print("Ans:",np.argmax(predict[0]),np.argmax(predict[1]),np.argmax(predict[2]),
    np.argmax(predict[3]))                                         #取得预测答案 1
10. predict2 = model.predict_classes(x_test[:10])                  #取得预测答案 2
11. print("predict_classes:",predict2[:10])                        #输出预测答案 2
12. print("y_test",y_test[:])
```

运行结果如图 16-6 所示。

```
Epoch 100/100
60000/60000 [==============================] - 11s 180us/sample - loss: 0.1800 - acc: 0.9444
10000/10000 [==============================] - 1s 108us/sample - loss: 0.1116 - acc: 0.9668
score: [0.11157708134204149, 0.9668]
Ans: 7 2 1 0
predict_classes: [7 2 1 ... 4 5 6]
y_test [7 2 1 ... 4 5 6]
```

图 16-6　实例 119 运行结果

可以看出，通过图片的特征化处理，可以有效处理初始图像的特征，识别率可由 MLP 的 0.939%提升至 CNN 的 0.9668%，效果显著，原因是 CNN 通过 Conv2D 函数增加图片的张数，使训练时有更多数据，从而改善训练效果。

微课视频：6_mnist_tf_CNN_easy.mp4。

16.7　CNN 做手写数字图片识别之减少训练时间

因为数据量太大，所以每次测试都会花费很长时间。下面介绍可以减少训练时间的 4 个方法：(1)使用 CPU 较强的计算机；(2)使用 TensorFlow-GPU 和 NVIDIA 显卡；(3)缩短训练周期；(3)减少训练笔数；(4)降低模型的复杂度。

推荐在开发时减少训练笔数，以验证模型是否调整正确。可通过以下方法减少测试笔数(实例 120——7_mnist_tf_CNN_easy_quick.mp4)：

```
1. #减少数据量
2. X_train = X_train[:1000]                #取前面 0～1000 笔的数据量
3. y_train = y_train[:1000]                #取前面 0～1000 笔的数据量
4. X_test = X_test[:100]                   #取前面 0～100 笔的数据量
5. y_test = y_test[:100]                   #取前面 0～100 笔的数据
```

运行结果如图 16-7 所示。

```
(1000, 28, 28)
(1000,)
(100, 28, 28)
(100,)
```

图 16-7　实例 120 运行结果

当然，减少样本一定会影响结果准确率，所以准备正式版本时应删除这一小段程序。

微课视频：7_mnist_tf_CNN_easy_quick.mp4。

16.8 通过CNN提高图片识别率

本节将介绍如何通过CNN的方法提高图片识别率。

调整CNN的以下4个函数即可达到提高识别率的目的。

(1) Conv2D：增加Conv2D函数的滤镜数量，增加更多卷积层滤镜。

(2) Conv2D：多使用几次Conv2D。

(3) MaxPool2D：减少或有效使用，以保持和凸显图片特征。

(4) Dropout：少量使用，防止过度拟合。

注意：Conv2D函数中的滤镜(filters)数量是输出的张数，不是相乘的数量，所以后面的滤镜数量一定要比前面多，这样才有效果。

MaxPool2D函数和Dropout函数需谨慎使用。例如，如果把MINST的模型由3_image_circle_cross_CNN.py修改为简易版的CNN，即可不用MaxPool2D和Dropout函数(实例121——8_mnist_tf_CNN_1Conv2D.py)：

```
1. #减少数据量
2. model = tf.keras.models.Sequential()                 #加入顺序层
3. model.add(tf.keras.layers.Conv2D(filters = 3,        #1张图片变3张图片
4.          kernel_size = (3, 3),                       #滤镜尺寸
5.          padding = "same",                           #边缘处理
6.          activation = 'relu',                        #激活函数
7.          input_shape = (28,28,1)))                   #输入每笔数据尺寸
8. model.add(tf.keras.layers.Flatten())                 #数据转成一维
9. model.add(tf.keras.layers.Dense(units = 10,          #加入10个神经元
10.     activation = tf.nn.relu))                       #也可写成"activation = 'relu'"
11. model.add(tf.keras.layers.Dense(units = 10,         #10个答案的神经元输出
    activation = tf.nn.softmax))                        #也可写成"activation = 'softmax'"
```

运行结果如图16-8所示。

```
Epoch 100/100
60000/60000 [==============================] - 11s 177us/sample - loss: 0.0868 - acc: 0.9738
10000/10000 [==============================] - 1s 106us/sample - loss: 0.0668 - acc: 0.9803
score: [0.06679290522858501, 0.9803]
Ans: 7 2 1 0
predict_classes: [7 2 1 ... 4 5 6]
y_test [7 2 1 ... 4 5 6]
```

图16-8 实例121运行结果

运行后评估的准确率由 0.9668%提升至 0.9803%，原因是实例 117 中 Max_Polling2d 函数将图片缩小一半，且 Dropout 函数“rate=0.50”，随机放弃一半的图，所以准确率下降。

微课视频：8_mnist_tf_CNN_1Conv2D.mp4。

接下来通过 CNN 的方法调整 MNIST 的数据，使准确率更高。调整后的模型如下，正确率可达 98.84%（实例 122——9_mnist_tf_CNN.py）：

```
1. #相同,省略
2. #创建模型
3. model = tf.keras.models.Sequential()
4. model.add(tf.keras.layers.Conv2D(filters = 32, kernel_size = (3, 3),        #32个卷积
5.         padding = "same",                                    #相同尺寸
6.         activation = 'relu',                                 #ReLU激活函数
7.         input_shape = (28,28,1)))                            #输入的数据尺寸数组
8. model.add(tf.keras.layers.Conv2D(filters = 40,
9.     kernel_size = (2,2),padding = "same", activation = 'relu'))  #40个卷积滤镜
10. model.add(tf.keras.layers.MaxPool2D(pool_size = (2, 2)))     #宽和高各缩小一半
11. model.add(tf.keras.layers.Conv2D(filters = 40,
12.     kernel_size = (2, 2),padding = "same", activation = 'relu'))#40个卷积滤镜
13. model.add(tf.keras.layers.Dropout(rate = 0.01))              #丢掉1%
14. model.add(tf.keras.layers.Flatten()))                        #将二维影像转为一维向量
15. model.add(tf.keras.layers.Dense(100, activation = 'relu'))
16.     #100个MLP类神经元
17. model.add(tf.keras.layers.Dense(100, activation = 'relu'))
18.     #100个MLP类神经元
19. model.add(tf.keras.layers.Dense(100, activation = 'relu')
20.     #100个MLP类神经元
21. model.add(tf.keras.layers.Dense(units = category,            #10种答案
22.     activation = tf.nn.softmax))                            #使用Softmax激活函数
23.
24. model.summary()                                              #显示出当前模型的图层
25. model.compile(optimizer = tf.keras.optimizers.Adam(lr = 0.001),  #编译
26.     loss = tf.keras.losses.categorical_crossentropy, metrics = ['accuracy'])
27. history = model.fit(x_train, y_train2,batch_size = 1000,epochs = 200,verbose = 1)  #训练模型
28. …                                                            #相同,省略
```

运行结果如图 16-9 所示。

```
10000/10000 [==============================] - 4s 365us/sample - loss: 0.0447 - acc: 0.9884
score: [0.044716709137666476, 0.9884]
Ans: 7 2 1 0
predict_classes: [7 2 1 0 4 1 4 9 5 9 0 6 9 0 1 5 9 7 8 4]
y_test [7 2 1 0 4 1 4 9 5 9 0 6 9 0 1 5 9 7 3 4]
```

图 16-9　实例 122 运行结果

成功后推荐保存权重和模型，后续可直接应用于其他程序。

微课视频：9_ mnist_tf_CNN. mp4。

16.9　使用 CNN 识别服饰种类

下面将 MNIST 手写数据集换成 Fashion_MNIST 服饰数据集，并结合存储权重等功能介绍如何使用 CNN 识别服饰种类。

下面实例将结合之前所学的多次继续训练权重，train_on_batch 函数每隔 20 次存储一次权重来完善 CNN 的程序(实例 123——10_fashion_mnist_CNN. py)：

```
1. …                                                          #导入服饰数据集，省略
2. (x_train, y_train), (x_test, y_test) = tf.keras.datasets.fashion_mnist.load_data()
3. x_train = x_train[:2000]                                    #减少数据
4. y_train = y_train[:2000]                                    #减少数据
5. x_test = x_test[:200]                                       #减少数据
6. y_test = y_test[:200]                                       #减少数据
7. …                                                          #整理数据，省略
8. model = tf.keras.models.Sequential()
9. model.add(tf.keras.layers.Conv2D(filters = 28, kernel_size = (3, 3),  #28 个卷积
10.          padding = "same",                                  #相同尺寸
11.          activation = 'relu',                               #ReLU 激活函数
12.          input_shape = (28,28,1)))                          #输入的数据尺寸数组
13. model.add(tf.keras.layers.Conv2D(filters = 56,
14.     kernel_size = (2, 2),padding = "same", activation = 'relu')) #56 个卷积滤镜
15. model.add(tf.keras.layers.Dropout(rate = 0.01))             #丢掉 1% 的图片
16. model.add(tf.keras.layers.Flatten()))                       #将二维影像转为一维向量
17. model.add(tf.keras.layers.Dense(128, activation = 'relu'))  #128 个神经元
18. model.add(tf.keras.layers.Dense(128, activation = 'relu')   #128 个神经元
19. model.add(tf.keras.layers.Dense(units = category,           #10 种答案
20.    activation = tf.nn.softmax))                             #使用 Softmax 激活函数
21. try:
22.    with open('fashion_mnist.h5', 'r') as load_weights:
23.       model.load_weights("fashion_mnist.h5")                #提取模型权重继续计算
```

```
24. except IOError:
25.   print("File not exists")
26. model.summary()                                    #显示出当前模型的图层
27. model.compile(optimizer = tf.keras.optimizers.Adam(lr = 0.001), #编译
28.   loss = tf.keras.losses.categorical_crossentropy, metrics = ['accuracy'])
29. history = model.fit(x_train, y_train2,batch_size = 1000,epochs = 200,verbose = 1)    #训练模型
30. for 步骤 in range(4000):
31.     cost = model.train_on_batch(x_train, y_train2)
32.     print("步骤{} train cost{}".format(步骤, cost))
33.     if 步骤 % 20 == 0:                              #保存模型结构
34.         with open("fashion_mnist.json", "w") as json_file:
35.              json_file.write(model.to_json())      #保存模型结构
36.         #保存模型权重
37.         model.save_weights("fashion_mnist.h5")     #保存模型权重
38. …                                                  #相同,省略
```

运行结果如图 16-10 所示。

```
step59   train cost[0.013107205, 0.999]
step60   train cost[0.01275578, 0.999]
step61   train cost[0.012383372, 0.9995]
step62   train cost[0.012014512, 0.999]
step63   train cost[0.011768, 1.0]
step64   train cost[0.011494469, 0.9995]
step65   train cost[0.011180584, 1.0]
step66   train cost[0.010890042, 1.0]
step67   train cost[0.010625153, 1.0]
step68   train cost[0.010374357, 1.0]
```

图 16-10　实例 123 运行结果

微课视频：10_fashion_mnist_CNN. mp4。

16.10　使用 CNN 识别彩色图片

经典彩色数据库 CIFAR-10 数据集和 CIFAR-100 数据集官网地址为 https://www.cs.toronto.edu/~kriz/cifar.html，网站首页如图 16-11 所示。

CIFAR 系列数据集由多伦多大学的 Alex Krizhevsky、Vinod Nair 和 Geoffrey Hinton 等人收集。

CIFAR-10 数据集共包含 60 000 张训练图片和 10 000 张测试图片，每张图片都是一个

图 16-11　CIFAR 数据集官方网站

32×32 的彩色 RGB 图像，RGB 数字范围为 0～255，图片分成 10 个类别，分别为 0——airplane（飞机）、1——automobile（汽车）、2——bird（鸟）、3——cat（猫）、4——deer（鹿）、5——dog（狗）、6——frog（青蛙）、7——horse（马）、8——ship（船）、9——truck（卡车）。

可通过 TensorFlow. keras. datasets 下载 CIFAR-10 数据集。

```
import TensorFlow as tf
tf.keras.datasets.cifar10.load_data()
```

为了更好地展示数据内容，同样将 CIFAR-10 彩色图片数据用 matplotlib. pyplot 函数以图形形式绘制出来。通过以下程序呈现前 36 笔数据（实例 124——11_cifar10_CNN-TensorFlow_datasets-data_display. py）：

```
1. import TensorFlow as tf                                  #TensorFlow 函数库
2. #装载彩色图片数据(将数据打散,放入 train 与 test 数据集)
3. (x_train, y_train), (x_test, y_test) = tf.keras.datasets.cifar10.load_data()
```

```
4. print('x_train = ' + str(x_train.shape))                #x_train 的数组尺寸
5. print('y_train = ' + str(y_train.shape))                #y_train 的数组尺寸
6. print('x_test = ' + str(x_test.shape))                  #x_test 的数组尺寸
7. print('y_test = ' + str(y_test.shape))                  #y_test 的数组尺寸
8.
9. for num in range(0,36):                                 #看前 36 笔的图
10. plt.subplot(6,6,num+1)                                 #画面切割
11. plt.title('[%d]->%d' % (num, y_train[num]))            #第 num 笔和答案
12. plt.imshow(x_train[num])                               #显示
13. plt.show()                                             #显示图片
```

运行结果如图 16-12 所示。

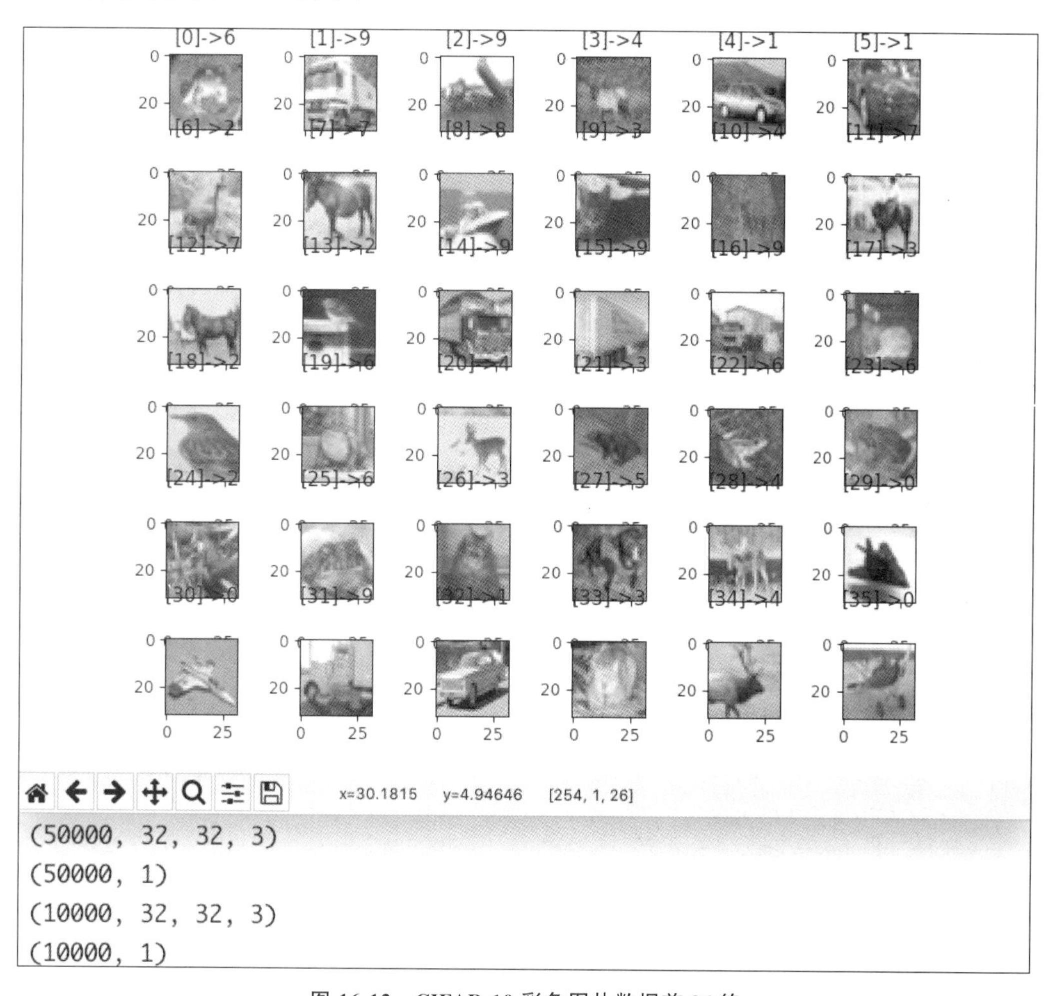

图 16-12 CIFAR-10 彩色图片数据前 36 笔

执行程序后，将鼠标移动到图片上，即可看到窗口右下角的数据“$x=30$ $y=10$ [254,1,26]”，即该点的 RGB 颜色。注意，第 1 个图形数据是红色，然后是绿色和蓝色，范围都在 0～255。

微课视频：11_cifar10_CNN-TensorFlow_datasets-data_display.mp4。

接下来把数据换成 Fashion_MNIST 服饰数据集，尝试修改程序，再观察以下实例程序。实例将结合之前所学的多次继续训练权重，train_on_batch 函数每隔 20 次存储一次权重来完善 CNN 的程序(实例 125——12_cifar10_CNN-tf.keras.datasets-data.py)：

```
1. …                                                          # 导入服饰数据集，省略
2. (x_train, y_train), (x_test, y_test) = tf.keras.datasets.cifar10.load_data()
3. x_train = x_train.reshape(x_train.shape[0], 32,32, 3)        # 整理数据
4. x_test = x_test.reshape(x_test.shape[0], 32,32, 3)           # 整理数据
5. print(x_train.shape)                                         # 输出(50000, 32, 32, 3)
6. print(x_test.shape)                                          # 输出(10000, 32, 32, 3)
7. for num in range(0,64):                                      # 查看前 64 笔的图
8.   plt.subplot(8,8,num + 1)                                   # 画面切割
9.   plt.title('[ %d] -> %d' % (num, y_train[num]))             # 第 num 笔和答案
10.   plt.imshow(x_train[num])                                  # 显示
11. plt.show()                                                  # 显示图片
12. y_train2 = tf.keras.utils.to_categorical(y_train, 10)
13. y_test2 = tf.keras.utils.to_categorical(y_test, 10)
14. x_train = x_train.astype('float32')
15. x_test = x_test.astype('float32')
16. x_train /= 255                                              # 特征值增强度
17. x_test /= 255
18. model = tf.keras.models.Sequential()
19. model.add(tf.keras.layers.Conv2D(filters = 16, kernel_size = (3, 3),   # 28 个卷积
20.           padding = "same",                                  # 相同尺寸
21.           activation = 'relu',                               # ReLU 激活函数
22.           input_shape = (32,32,3)))                          # 输入的数据尺寸数组
23. model.add(tf.keras.layers.Conv2D(filters = 32,
24.     kernel_size = (3,3),padding = "same", activation = 'relu'))   # 32 个卷积滤镜
25. model.add(tf.keras.layers.Flatten()))                       # 将视频维度转为一维
26. model.add(tf.keras.layers.Dense(128, activation = 'relu'))  # 128 个类神经元
27. model.add(tf.keras.layers.Dense(128, activation = 'relu')   # 128 个类神经元
28. model.add(tf.keras.layers.Dense(units = 10,                 # 10 种答案
29.   activation = tf.nn.softmax))                              # 使用 Softmax 激活函数
30. …                                                           # 提取权重继续计算省略
31. model.compile(optimizer = tf.keras.optimizers.Adam(lr = 0.001),  # 编译
32.   loss = tf.keras.losses.categorical_crossentropy, metrics = ['accuracy'])
33. history = model.fit(x_train, y_train2,batch_size = 1000,epochs = 200,verbose = 1)
                                                                # 训练模型
34. …                                                           # 预测相同，省略
```

运行结果如图 16-13 所示。

```
step59   train cost[0.013107205, 0.999]
step60   train cost[0.01275578, 0.999]
step61   train cost[0.012383372, 0.9995]
step62   train cost[0.012014512, 0.999]
step63   train cost[0.011768, 1.0]
step64   train cost[0.011494469, 0.9995]
step65   train cost[0.011180584, 1.0]
step66   train cost[0.010890042, 1.0]
step67   train cost[0.010625153, 1.0]
step68   train cost[0.010374357, 1.0]
```

图 16-13　实例 125 运行结果

微课视频：12_cifar10_CNN-tf. keras. datasets-data. mp4。

16.11　使用 CNN 识别 100 种人物和物体

CIFAR-100 数据集包含 50 000 张训练图片和 10 000 张测试图片，每张图片都是一个 32×32 彩色的 RGB 图像，RGB 数字范围为 0～255，图片分成 100 个类别，每个类别(用数字 0～99 表示)代表的含义如下。

(1) 0～9：苹果、水族馆中的鱼、婴儿、熊、海狸、床、蜜蜂、甲虫、自行车、瓶。

(2) 10～19：碗、男孩、桥、巴士、蝴蝶、骆驼、罐子、城堡、毛毛虫、牛。

(3) 20～29：椅子、黑猩猩、时钟、云、蟑螂、沙发、螃蟹、鳄鱼、杯子、恐龙。

(4) 30～39：海豚、大象、比目鱼、森林、狐狸、女孩、仓鼠、房子、袋鼠、计算机键盘。

(5) 40～49：灯、割草机、豹、狮子、蜥蜴、龙虾、人、枫树、摩托车、山。

(6) 50～59：鼠标、蘑菇、橡树、橘子、兰花、水獭、棕榈树、梨、皮卡车、松树。

(7) 60～69：平原、木板、罂粟、豪猪、负鼠、兔子、浣熊、射线、路、火箭。

(8) 70～79：玫瑰、海、有轨电车、鲨鱼、母老虎、臭鼬、摩天大楼、蜗牛、蛇、蜘蛛。

(9) 80～89：松鼠、街车、向日葵、甜椒、桌子、坦克、电话、电视机、老虎、拖拉机。

(10) 90～99：火车、鳟鱼、郁金香、乌龟、衣柜、鲸鱼、柳树、狼、女人、蠕虫。

CIFAR-100 的使用方法见实例(实例 126——13_cifar100_CNN-tf. keras. datasets-data_display. py)：

```
1. …                                                          #导入 CIFAR-100 数据集,省略
2. labelString = ['apple', 'aquarium_fish','baby','bear',..... ] #100 种标签的答案,省略
3. (x_train, y_train), (x_test, y_test) = tf.keras.datasets.cifar100.load_data()
```

```
4. print(x_train.shape)                                         # 输出(50000, 32, 32, 3)
5. print(y_train.shape)                                         # 输出(50000, 1)
6. print(x_test.shape)                                          # 输出(10000, 32, 32, 3)
7. print(y_test.shape)                                          # 输出(10000, 1)
8.
9. s = 8                                                        # 显示宽度
10. num = 0                                                     # 第几张
11. fig, axes = plt.subplots(s, s, sharex = True, sharey = True)  # 画面切割 8×8
12. for i in range(s):
13.     for j in range(s):
14.         label = y_train[num][0]                             # 标签答案
15.         axes[i, j].imshow(x_train[num])                     # 显示图片
16.         axes[i, j].set_title('%d, %d, %s' % (num, label, labelString[label]))  # 显示文字
17.         num = num + 1
18. plt.show()                                                  # 显示图片
```

运行结果如图 16-14 所示。

图 16-14 显示的前 64 张

微课视频：13_cifar100_CNN-tf. keras. datasets-data_display. mp4。

实例 127——14_cifar100_CNN-tf. keras. datasets-data. py：

```
1. …                                                        # 延续之前的实例,省略
2. (x_train, y_train), (x_test, y_test) = tf.keras.datasets.cifar100.load_data()
3. x_train = x_train.reshape(x_train.shape[0], 32,32, 3)      # 整理数据
4. x_test = x_test.reshape(x_test.shape[0], 32,32, 3)         # 整理数据
5. print(x_train.shape)                                       # 输出(50 000, 32, 32, 3)
6. print(x_test.shape)                                        # 输出(10 000, 32, 32, 3)
7. x_train = x_train.astype('float32')
8. x_test = x_test.astype('float32')
9. x_train /= 255                                             # 特征值增强度
10. x_test /= 255
11. y_train2 = tf.keras.utils.to_categorical(y_train, 100)    # 有 100 种分类
12. y_test2 = tf.keras.utils.to_categorical(y_test, 100)      # 有 100 种分类
13. model = tf.keras.models.Sequential()
14. model.add(tf.keras.layers.Conv2D(filters = 16, kernel_size = (3, 3), # 28 个卷积
15.          padding = "same",                                # 相同尺寸
16.          activation = 'relu',                             # ReLU 激活函数
17.          input_shape = (32,32,3)))                        # 输入的数据尺寸数组
18. model.add(tf.keras.layers.Conv2D(filters = 32,
19.    kernel_size = (3,3),padding = "same", activation = 'relu')) # 32 个卷积滤镜
20. model.add(tf.keras.layers.Flatten()))                     # 将二维影像转为一维向量
21. model.add(tf.keras.layers.Dense(128, activation = 'relu')) # 128 个神经元
22. model.add(tf.keras.layers.Dense(128, activation = 'relu') # 128 个神经元
23. model.add(tf.keras.layers.Dense(units = 100,              # 100 种答案
24.   activation = tf.nn.softmax))                            # 使用 Softmax 激活函数
25. …                                                         # 提取权重继续计算,省略
26. model.compile(optimizer = tf.keras.optimizers.Adadelta(), # 编译
27.   loss = tf.keras.losses.categorical_crossentropy, metrics = ['accuracy'])
28. try:
29.   with open('model - cifar - 100.h5', 'r') as load_weights: # 继续之前的权重
30.     model.load_weights("model - cifar - 100.h5")          # 提取权重
31. except IOError:
32.   print("File not exists")
33. with open("model - cifar - 100.json", "w") as json_file:  # 保存模型结构
34. json_file.write(model.to_json())
35.
```

```
36. for 步骤 in range(4000):
37.     cost = model.train_on_batch(x_train, y_train2)
38.     print("步骤{} train cost{}".format(步骤, cost))
39.     if 步骤 % 2 == 0:                                   #每两步做一次
40.         model.save_weights("model-cifar-100.h5")      #保存权重
41. …                                                     #预测相同,省略
```

运行结果如图 16-15 所示。

```
step240    train cost[0.00054708205, 1.0]
step241    train cost[0.000539717, 1.0]
step242    train cost[0.0005324409, 1.0]
step243    train cost[0.0005254488, 1.0]
step244    train cost[0.00051854615, 1.0]
step245    train cost[0.0005119172, 1.0]
```

图 16-15　实例 127 运行结果

注意：CIFAR-100 有 100 个类别，所以独热编码和模型最后一个神经元均需改为 100 个。

微课视频：14_cifar100_CNN-tf. keras. datasets-data. mp4。

16.12　TensorFlow Datasets 函数库

TensorFlow 收集了 132 个数据库并持续增加中，官方网站为 https://www.TensorFlow.org/datasets/catalog/overview，网站首页如图 16-16 所示。

TensorFlow 安装命令如下：

```
pip3 install TensorFlow_datasets==1.3.2
```

或

```
pip3 install TensorFlow_datasets==1.3.2 --user
```

注意：只有"TensorFlow_datasets==1.3.2"和"numpy==1.16.5"才能正常使用。经测试，TensorFlow_datasets==2.0 兼容有问题。

TensorFlow Datasets 数据库有很多，还分类为 Audio（音乐）、Image（照片）、Object_detection（目标检测）、Structured（结构化）、Summarization（总结）、Text（文字）、Translate（翻译）和 Video（视频），可以通过以下程序列出可用的数据库名称（实例 128——

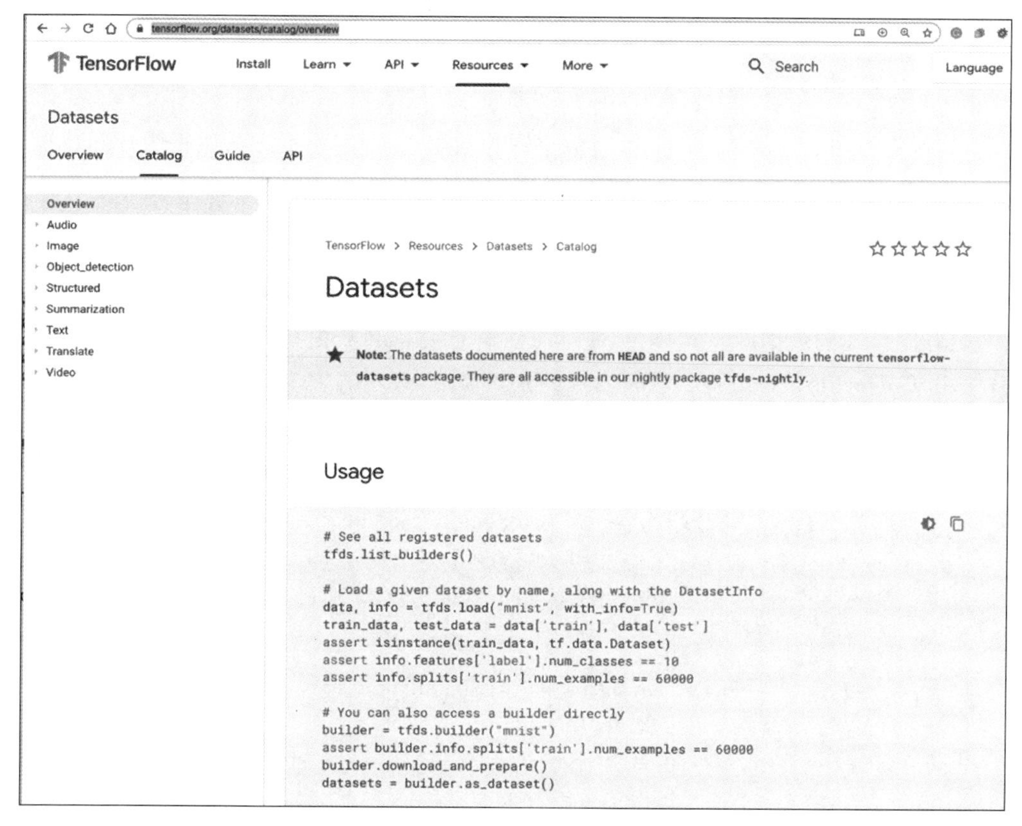

图 16-16　TensorFlow 官方网站

15_TensorFlow_datasets-data_list.py)：

```
1. import TensorFlow_datasets as tfds
2. print(tfds.list_builders())                    #数据库名称
3. print(len(tfds.list_builders()))               #数据数量
```

输出内容如下：

```
['abstract_reasoning', 'aeslc', 'aflw2k3d', 'amazon_us_reviews', 'bair_robot_pushing_small',
'big_patent', 'bigearthnet', 'billsum', 'binarized_mnist', 'binary_alpha_digits', 'c4',
'caltech101', 'caltech_birds2010', 'caltech_birds2011', 'cars196','cassava', 'cats_vs_dogs',
'celeb_a', 'celeb_a_hq', 'chexpert', 'cifar10', 'cifar100', ........
```

微课视频：15_TensorFlow_datasets-data_list.mp4。

可以通过 tfds.load 函数取得数据库中的数据，命令如下：

```
tfds.load('abstract_reasoning',,batch_size = -1,with_info = True)
```

本实例将使用之前的 MNIST 手写数字图片数据集，通过以下方法取得图片和数据库：

```
dataset, info = tfds.load("mnist",                    #数据库名称
                          batch_size = -1,            #全部数据,如果是其他整数就是取得的笔数
                          with_info = True)           #回传信息
```

根据经验，不同数据库差异较大，使用时需留意变量和数据尺寸，可能需要调整全部数据。使用 TensorFlow Datasets 比较麻烦的是转换成 NumPy 的数据，注意以下程序将数据转换到 TensorFlow 模块的过程（实例 129——16_TensorFlow_datasets-data-mnist_display-CNN.py）：

```
1. import TensorFlow_datasets as tfds
2. mnist_train , info = tfds.load(name = "mnist",                  #数据库名称
3.                        split = tfds.Split.TRAIN,                #取得训练用数据
4.                        batch_size = -1,                         #全部数据
5.                        with_info = True )                       #回传信息
6. print(info)                                                     #数据库格式内容
7. mnist_test = tfds.load(name = "mnist",                          #数据库名称
8.                        split = tfds.Split.TEST,                 #取得测试用数据
9.                        batch_size = -1)                         #全部数据
10.
11. mnist_train = tfds.as_numpy(mnist_train)                       #转换成 NumPy 数据
12. mnist_test = tfds.as_numpy(mnist_test)                         #转换成 NumPy 数据
13. x_train, y_train = mnist_train["image"], mnist_train["label"]  #取得训练 NumPy 数据
14. x_test, y_test = mnist_test["image"], mnist_test["label"]      #取得测试 NumPy 数据
15. print(x_train.shape)                                           #输出(60 000, 28, 28, 1)
16. print(y_train.shape)                                           #输出(60 000, )
17. print(x_test.shape)                                            #输出(10 000, 28, 28, 1)
18. print(y_test.shape)                                            #输出(60 000,)
19. …                                                  #显示图片、训练和预测.同前,省略
```

运行结果如图 16-17 所示。

注意：可以通过 print(info)显示 MNIST 数据库格式内容，TensorFlow Datasets 的内容格式差异很大(运行结果“splits={ 'test': 10000,'train': 60000, }”)，所以程序中需设置“split=tfds.Split.TRAIN”和“split=tfds.Split.TEST”，分别取得训练和测试的数据作为 TensorFlow_datasets 的指针变量。可以通过以下程序进行转换：

```
mnist_train = tfds.as_numpy(mnist_train)           #转换成 NumPy 数据
mnist_test = tfds.as_numpy(mnist_test)             #转换成 NumPy 数据
```

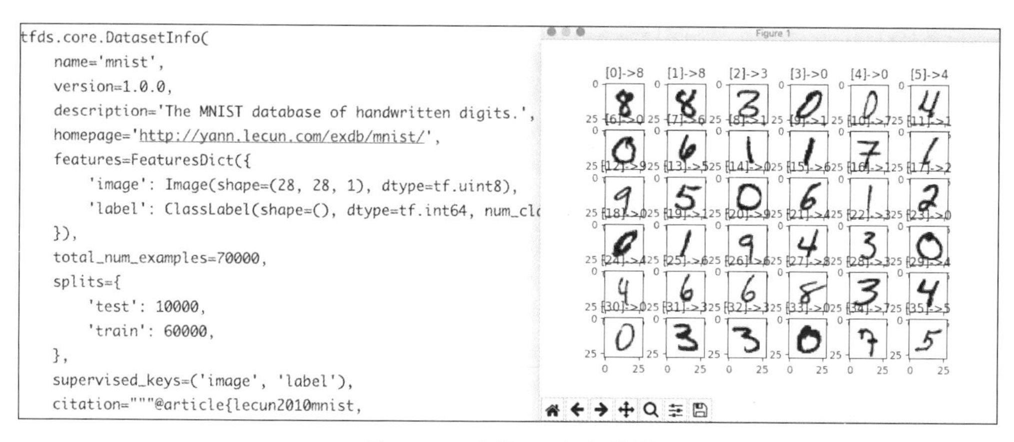

tfds.core.DatasetInfo(
name='mnist',
version=1.0.0,
description='The MNIST database of handwritten digits.',
homepage='http://yann.lecun.com/exdb/mnist/',
features=FeaturesDict({
'image': Image(shape=(28, 28, 1), dtype=tf.uint8),
'label': ClassLabel(shape=(), dtype=tf.int64, num_cl
}),
total_num_examples=70000,
splits={
'test': 10000,
'train': 60000,
},
supervised_keys=('image', 'label'),
citation="""@article{lecun2010mnist,
Figure 1
[0]->8
[1]->8
[2]->3
[3]->0
[4]->0
[5]->4

图 16-17　实例 129 运行结果

另外，因为输出也提到下面代码：

```
features = FeaturesDict({
    'image': Image(shape = (28, 28, 1), dtype = tf.uint8),
    'label': ClassLabel(shape = (), dtype = tf.int64, num_classes = 10),
}),
```

所以，训练和测试中有 image 和 label 的数据，需要通过下面的程序取得训练特征值、训练标签、测试特征值和测试标签：

```
x_train, y_train = mnist_train["image"], mnist_train["label"]      #取得训练 NumPy 数据
x_test, y_test = mnist_test["image"], mnist_test["label"]          #取得测试 NumPy 数据
```

微课视频：16_TensorFlow_datasets-data-mnist_display-CNN.py.mp4。

16.13　使用和整理 TensorFlow Datasets 函数库

TensorFlow Datasets 数据库中的数据只是简单收集，很多数据库需要编写程序整理。下面通过一个影像相关的数据库——Food101(该数据库收集食物的照片和名称)，来介绍如何使用和整理数据库。

获取 Food101 数据库的方法如下(实例 130——17_Food-101_CNN-TensorFlow_datasets-data_info.py)：

```
1. dataset, info = tfds.load("food101",        # 数据库名称
2.             batch_size = -1,                # 全部数据,如果是其他整数就是取得的笔数
3.             with_info = True)               # 回传信息
4. print(info)
```

运行结果如图 16-18 所示。

```
tfds.core.DatasetInfo(
    name='food101',
    version=1.0.0,
    description='This dataset consists of 101 food categories, with 101'000 images.
    homepage='https://www.vision.ee.ethz.ch/datasets_extra/food-101/',
    features=FeaturesDict({
        'image': Image(shape=(None, None, 3), dtype=tf.uint8),
        'label': ClassLabel(shape=(), dtype=tf.int64, num_classes=101),
    }),
    total_num_examples=101000,
    splits={
        'train': 101000,
    },
    supervised_keys=('image', 'label'),
    citation="""@inproceedings{bossard14,
      title = {Food-101 -- Mining Discriminative Components with Random Forests},
      author = {Bossard, Lukas and Guillaumin, Matthieu and Van Gool, Luc},
      booktitle = {European Conference on Computer Vision},
      year = {2014}
    }""",
    redistribution_info=,
)
```

图 16-18 实例 130 运行结果

输出内容如下:

```
features = FeaturesDict({
    'image': Image(shape = (None, None, 3), dtype = tf.uint8),
    'label': ClassLabel(shape = (), dtype = tf.int64, num_classes = 101),
  }),
```

其中,image 的尺寸是(None, None, 3),所以图片没有固定尺寸,而"label:num_classes=101"意为图片有 101 种分类。另外,splits 只有训练集(train),没有测试集(test)。

微课视频:17_TensorFlow_datasets-data_Food101-info. mp4。

下面介绍使用 TensorFlow Datasets 时如何转换成 NumPy 的数据。Food101 数据库中图片尺寸不同,处理后的数据将保存在 food101_x. csv 和 food101_y. csv 中,下次使用时无须缩放

和整理(实例 131——18_Food-101_CNN-TensorFlow_datasets-data_display-file.py)：

```
1. import TensorFlow_datasets as tfds                          #导入函数库
2. size = 32
3. max = 10000 #101000
4. if(path.exists("food101_x.csv") and path.exists("food101_y.csv")):
5.     print("Find food101_x.csv and food101_y.csv")
6. else:
7.     dataset, info = tfds.load("food101",                    #数据库名称
8.            split = tfds.Split.TRAIN,                        #取得训练集
9.            batch_size = 1,                                  #一次 1 笔
10.            with_info = True)                               #回传信息
11.     print(info)                                            #输出数据信息
```

准备文档，一次获取 1 张，转换图片并写入文档：

```
12.     fx = open("food101_x.csv", "a+")                                       #准备文档
13.     fy = open("food101_y.csv", "a+")
14.     i = 0
15.     for example in tfds.as_numpy(train):                                   #提取 1 笔
16.         print("processing %d" % i)                                         #打印
17.         image = tf.image.resize(example['image'], (size, size))            #调整图片尺寸
18.         image = tfds.as_numpy(image)                                       #转成 NumPy
19.         label = example['label']                                           #取得标签
20.         imageflatten = image.flatten()                                     #转成一维
21.         imageString = ','.join(['%d' % num for num in imageflatten])       #转成字符串
22.         labelflatten = label.flatten()                                     #转成一维
23.         labelString = ','.join(['%d' % num for num in labelflatten])       #转成字符串
24.         if i > 0:
25.                 fx.write("\r\n")                                           #处理跳行
26.                 fy.write(",")
27.         x.write(imageString)                                               #写入文档
28.         fy.write(labelString)                                              #写入文档
29.         i = i + 1
30.         if i >= max:                                                       #最多处理几笔
31.                 break
32.         fx.close()                                                         #关闭文档
33.         fy.close()                                                         #关闭文档
```

提取转换过后的 CSV 文档和显示图片：

```
34. if(path.exists("food101_x.csv") and path.exists("food101_y.csv")):
35.     x = np.loadtxt('food101_x.csv', delimiter = ',')             #提取
36.     y = np.loadtxt('food101_y.csv', delimiter = ',')
37.     x = x.reshape(x.shape[0], size, size, 3)                     #转换维度
38. else:
```

```
39.   exit();
40. …                                          # 显示图片.同前,省略
```

运行结果如图 16-19 所示。

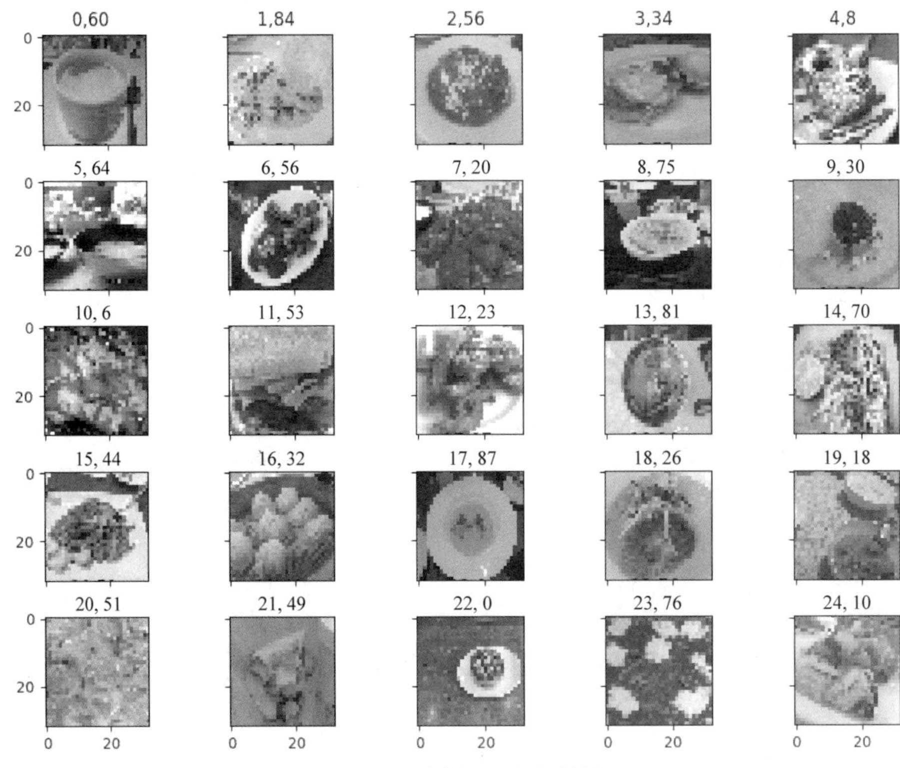

图 16-19 实例 131 运行结果

因为数据集中的图片未调整至统一尺寸，所以需要先将图片调整成 32×32 的彩色图，并将所有数据放进 CSV 文档，下次即可直接提取 CSV 文档，无须再次处理。转档程序至少需要运行一天，读者可以直接使用随书附赠的光盘中的 CSV 文档，以节省转换时间。

使用 CNN 计算和预测食物种类可参考以下实例（实例 132——19_TensorFlow_datasets-data_Food101-CNN.py）：

```
1. …                                                      # 相同,省略
2. x = np.loadtxt('food101_x.csv', delimiter = ',')        # 提取 CSV 特征值
3. y = np.loadtxt('food101_y.csv', delimiter = ',')        # 提取 CSV 标签
4. x = x.reshape(x.shape[0], size, size, 3)                # 调整维度
5. from sklearn.model_selection import train_test_split
6. x_train, x_test, y_train, y_test = train_test_split(x, y,   # 数据拆分
7.             test_size = 0.33,                           # 33 % 给测试
8.             random_state = 42)                          # 随机数种子
9. y_train2 = tf.keras.utils.to_categorical(y_train, 101)  # 注意有 101 种分类
```

```
10. y_test2 = tf.keras.utils.to_categorical(y_test, 101)   # 注意有 101 种分类
11. x_train = x_train.astype('float32')
12. x_test = x_test.astype('float32')
13. x_train /= 255                                           # 特征值增强度
14. x_test /= 255
15. model = tf.keras.models.Sequential()
16. model.add(tf.keras.layers.Conv2D(filters=16, kernel_size=(3, 3),    # 28 个卷积
17.         padding="same",                                  # 相同尺寸
18.         activation='relu',                               # ReLU 激活函数
19.         input_shape=(32,32,3)))                          # 输入的数据尺寸数组
20. model.add(tf.keras.layers.Flatten()))                    # 将二维影像转为一维向量
21. model.add(tf.keras.layers.Dense(units=101,               # 101 种答案
22.   activation=tf.nn.softmax))                             # 使用 Softmax 激活函数
23. model.compile(optimizer=tf.keras.optimizers.Adam(lr=0.001),   # 编译
24.   loss=tf.keras.losses.categorical_crossentropy, metrics=['accuracy'])
25. for 步骤 in range(4000):
26.     cost = model.train_on_batch(x_train, y_train2)       # 训练模型
27. …                                                        # 预测相同,省略
```

运行结果如图 16-20 所示。

```
step95   train cost[0.0132151, 1.0]
step96   train cost[0.012962205, 1.0]
step97   train cost[0.012717568, 1.0]
step98   train cost[0.012480813, 1.0]
step99   train cost[0.012251534, 1.0]
201/201 [==============================] - 0s 204us/sample - loss: 7.1747 - acc: 0.0249
score: [7.174737522258094, 0.024875622]
Ans: 60 10 49 79
predict_classes: [ 60  10  49  79  64  49  92  21  89  91  47  84  84  54   2   2  81  18
```

图 16-20　实例 132 运行结果

实例运行时间较长,推荐通过减少笔数的方法了解开发原理即可。

注意,Food101 数据库中的图片有 101 种分类,所以独热编码和模型最后一个神经元都要改为 101 个,其他同 CIFAR-10。图片较复杂,而实例的模型非常简单,请参考之前的方法,调整后就会有明显的改善。

微课视频:19_TensorFlow_datasets-data_Food101-CNN.mp4。

第17章 OpenCV 和 CNN 即时识别

CHAPTER 17

17.1 OpenCV 简介

OpenCV 全称为 Open Source Computer Vision Library(开放源代码的计算机视觉库),是一个跨平台的计算机视觉处理函数库。由英特尔公司发起并参与开发,以 BSD 授权条款授权发行,可以在商业和研究领域中免费使用,可用于开发即时的图像处理、计算机视觉以及模式标识程序。

OpenCV 具有 C++、Python 和 Java 函数库,支持 Windows、Linux、Mac OS、iOS 和 Android,旨在提高计算效率并强调即时应用程序。使用 C/C++编写,可以利用多核处理。通过 OpenCL 启用,可利用底层异构计算平台的硬件加速,也可使用英特尔公司的 IPP 进行加速处理。

OpenCV 使用范围从交互式艺术、绘图软件到机器人视觉处理等,在世界各地拥有超过 4.7 万的用户社群,下载量超过 1400 万。官网界面如图 17-1 所示。

OpenCV 项目最早由英特尔公司于 1999 年引导,致力于 CPU 图形影像的处理,是一个包括光线跟踪和三维显示计划的一部分。早期 OpenCV 的主要目标是为推进机器视觉的研究提供一套开源且优化的基础库,使开发人员开发更容易。

通过提供一个不需要开源或免费的软件授权,促进商业应用软件的开发,OpenCV 现在也整合了对 CUDA 的支持。OpenCV 的第 1 个预览版本于 2000 年在 IEEE Conference on Computer Vision and Pattern Recognition 公开,后续又提供了 5 个测试版本,1.0 版本于 2006 年推出。

OpenCV 的第 2 个主要版本是 2009 年 10 月的 OpenCV 2.0。该版本的主要更新包括 C++界面、更容易且类型更安全的模式、新的函数及对现有实现的优化(特别是多核心方面)。现在每 6 个月就会有一个官方版本,由一个商业公司赞助的独立小组进行开发。

OpenCV 3 版本于 2015 年正式推出,OpenCV 4 版本于 2019 年推出。本书的实例兼容 OpenCV 3 和 OpenCV 4。

OpenCV 可应用于 AR、VR、人脸标识、手势标识、人机互动、动作标识、运动跟踪、物体

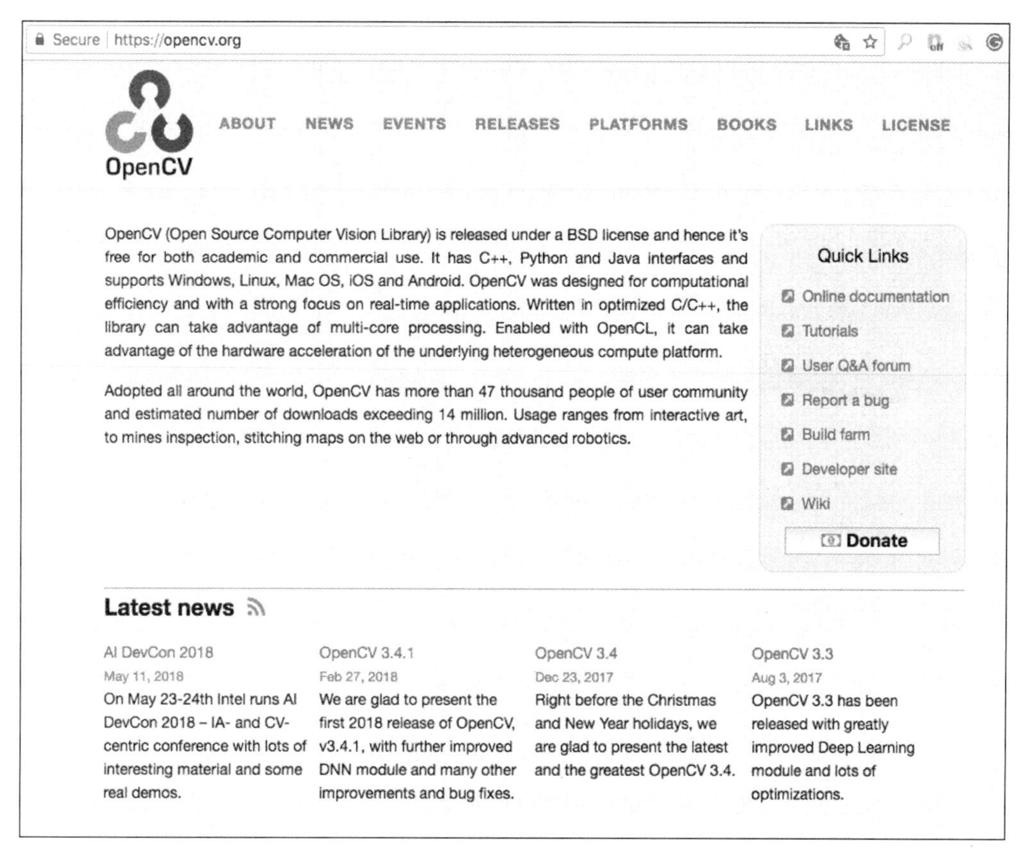

图 17-1　OpenCV 官方网站

标识、图像分割和机器人等领域。OpenCV 用 C++语言编写，其主要界面也是 C++语言，但保留了大量的 C 语言界面。该库也有大量 Python、Java 和 MATLAB/OCTAVE 的界面，这些语言的 API 界面函数可以通过联机文档获得。现在也提供对 C#、Ch、Ruby 和 Python 语言的支持，并且也提供在 2010 年后的版本使用 CUDA 的 GPU。

OpenCV 可以在 Windows、Android、Maemo、FreeBSD、OpenBSD、iOS、Linux 和 Mac OS 等平台上运行。

本章将使用 Python 版的 OpenCV，因为 OpenCV 是一个很庞大的函数库，本章的目标就是让 TensorFlow 和 OpenCV 结合。

在 Python 上安装 OpenCV，最方便的方式就是通过 pip3 安装，代码如下：

```
pip3 install opencv-Python
pip3 install opencv-contrib-Python
```

在 Windows 系统中，如果出现下面的提示：

```
ImportError: DLL load failed: The specified module could not be found.
```

就需要下载和安装 Visual C++ redistributable 2015。进入官网 https://www.microsoft.com/en-us/download/details.aspx? id=48145,单击 Download 按钮,如图 17-2 所示,下载成功后即可自行安装。

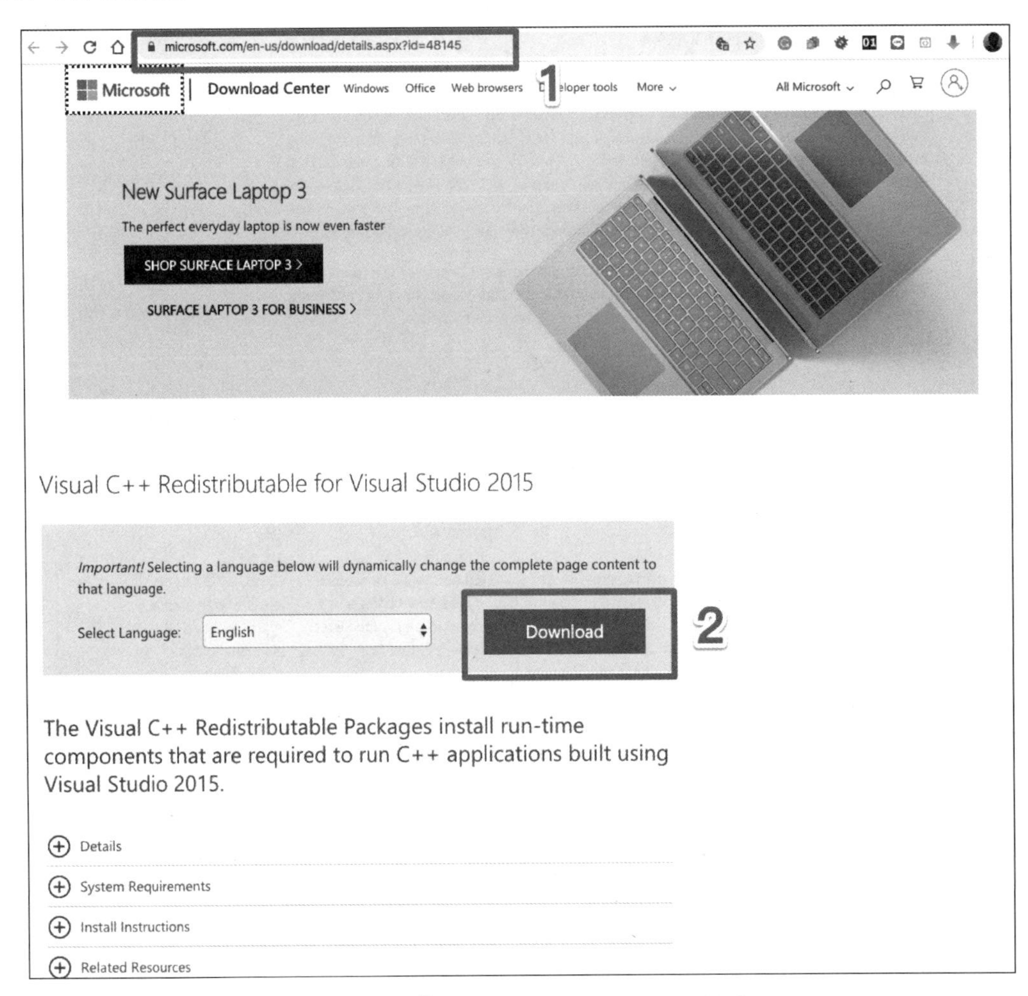

图 17-2　下载 Visual C++ redistributable 2015

安装好 OpenCV 函数库后,可通过下面的小程序测试一下 OpenCV(实例 133——01-helloOpenCV.py):

```
1. import cv2                    # 导入 OpenCV 函数库
2. print(cv2.__version__)        # 显示 OpenCV 版本编号
```

运行结果如下:

```
4.0.0
```

微课视频：01-helloOpenCV.mp4。

17.2 使用 OpenCV 显示图片

在 Python 上使用和安装 OpenCV 相对容易。下面通过一个程序快速了解 OpenCV 的核心功能。以下程序将使用 OpenCV 通过 cv2.imread 提取一张图片，并将图片放入 NumPy 的变量 img 中，通过 NumPy 即可以改变图片内容和颜色。这里通过“img[0,0]=[0,0,255]”将位置(0,0)处的颜色改为(0,0,255)(红色)。注意：OpenCV 的彩色 RGB 的编排是（蓝，绿，红)，这也是显示红色的原因，因为一个点在图片上会看不清楚，所以通过“img[10：20,10：20]=[0,255,0]”指定位置(x,y)，即将范围为(10,10)～(20,20)的所有数据颜色设置为绿色(0,255,0)。cv2.imshow('image',img)函数用于显示图片，显示图片的窗口名称为 image。cv2.waitKey(0)函数用于停止程序，直到按任意键调用 cv2.destroyAllWindows 函数关闭所有窗口。

实例 134——02-imread.py。

```
1. import cv2                                #导入 OpenCV 函数库
2. import numpy as np                        #导入 NumPy 函数库
3. img = cv2.imread('1.jpg')                 #使用 OpenCV 提取图片
4. img[0,0] = [0,0,255]                      #改变默认颜色(0,0)为(0,0,255)(红色)
5. img[10:20,10:20] = [0,255,0]              #改变(10,10)～(20,20)的颜色为(0,255,0)(绿色)
6. cv2.imshow('image',img)                   #显示窗口内容为图片,窗口名称为 image
7. cv2.waitKey(0)                            #程序停止,直到按任意键关闭所有窗口
8. cv2.destroyAllWindows()                   #关闭所有窗口
```

运行结果如图 17-3 所示。

图 17-3 实例 134 运行结果

该程序除通过 OpenCV 显示图片外，还因为修改了 NumPy 的内容，使图片左上角显示绿色方块和红色小点。运行后如未看到图片，请确认 1.png 与 02-imread.py 路径是否相同。

微课视频：02-imread. mp4。

17.3 使用 OpenCV 打开摄像机并捕捉实时画面

在 OpenCV 中通过 cv2. VideoCapture(0)函数可快速打开摄像机，通过 cap. read 函数即可获取摄影头捕捉的实时画面，画面内容将储存于 NumPy 库，可进行修改等处理。因摄像机捕捉的画面实时变化，故需使用函数 cv2. imshow('image', img)无限循环更新画面。因"if cv2. waitKey(1) & 0xFF == ord('q'):"，需按 Q 键离开循环。cv2. waitKey(1)作用为暂停 1ms，如果有键盘有动作，将回传按键 ASCII 码。

实例 135——03-webCam. py。

```
1. import cv2                                    # 导入 OpenCV 函数库
2. import numpy as np                            # 导入 NumPy 函数库
3. cap = cv2.VideoCapture(0)                     # 打开摄像机
4. while(True):
5.   ret, img = cap.read()                       # 获取摄影头捕捉的实时画面
6.   if ret == True:                             # 判断是否成功获取摄影头捕捉的画面
7.     cv2.imshow('image', img)                  # 显示窗口内容为图片,窗口名称为 image
8.   if cv2.waitKey(1) & 0xFF == ord('q'):       # 按 Q 键离开循环
9.     break                                     # 离开循环
10. cap.release()                                # 关闭所有摄像机
11. cv2.destroyAllWindows()                      # 关闭所有窗口
```

运行结果如图 17-4 所示。

图 17-4　实例 135 运行结果

微课视频：03-webCam. mp4。

17.4　使用 OpenCV 存储照片

在 OpenCV 中可通过 imread 函数提取常见的图片，图片格式有 JPG、GIF、PNG 及 BMP 等，也可通过 imwrite 函数存储不同的文档格式。使用方法参考以下实例（实例136——04-openCV-save. py）：

```
1. import cv2                                      # 导入 OpenCV 函数库
2. import numpy as np                              # 导入 NumPy 函数库
3. cap = cv2.VideoCapture(0)                       # 打开摄像机
4. while(True):
5.   ret, img = cap.read()                         # 获取摄影头捕捉的实时画面
6.   if ret == True:                               # 判断是否成功获取摄影头捕捉的画面
7.     cv2.imshow('image', img)                    # 显示窗口内容为图片,窗口名称为 image
8.   key = cv2.waitKey(1)                          # 延迟 1ms,等待按键
9.   if key & 0xFF == ord('q'):                    # 按 Q 键离开循环
10.      break                                     # 离开循环
11.   elif key & 0xFF == ord('s'):                 # 按 S 键存储
12.      if ret == True:                           # 判断是否成功获取摄影头捕捉的画面
13.        filename1 = strftime("%Y-%m-%d %H:%M:%S", gmtime()) + '.jpg'
                                                   # 文档名为时间
14.        print(filename1)                        # 打印出文档名
15.        cv2.imwrite(filename = filename1, img = img)  # 存储
16. cap.release()                                  # 关闭所有摄像机
17. cv2.destroyAllWindows()                        # 关闭所有窗口
```

运行结果如图 17-5 所示。

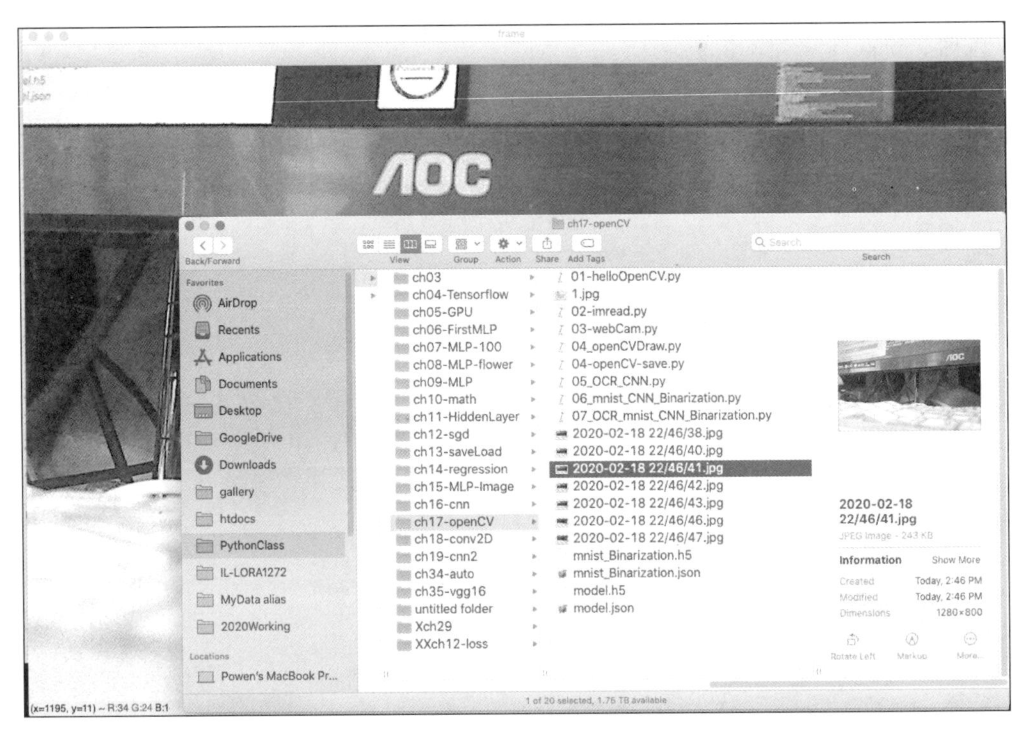

图 17-5 实例 136 运行结果

微课视频：04-openCV-save.mp4。

17.5 通过摄像机识别的一个手写数字

实例 137 结合 CNN 的算法即可开始做简易的数字识别。识别中应尽可能撤销训练时的图片，因为二者识别差异性越高，就越容易出错。首先准备好黑色马克笔和一张白纸，并按照 MNIST 数据集的内容写下 0～9 的数字，如图 17-6 所示。

下面实例采用 CNN 的模型和训练后的权重，结合摄像机画面捕捉，并通过按 C 键识别摄像机捕捉的画面(实例 137——05-openCV-webcam-convert.py)：

图 17-6 写下 0～9 的数字

```
1. import cv2
2. import numpy as np
3. cap = cv2.VideoCapture(0)                    #打开摄像机
4. while(True):
5.   ret, frame = cap.read()                    #获取摄像机捕捉的实时画面
6.   if ret == True:
7.     gray = cv2.cvtColor(img, cv2.COLOR_BGR2GRAY)
                              #彩色转灰度(注意 OpenCV 的颜色顺序是蓝色、绿色、红色)
8.     cv2.imshow('gray',gray)
9.    resized = cv2.resize(gray, (28,28), interpolation = cv2.INTER_AREA)
                                                #改变图形尺寸至宽 28、长 28
10.    cv2.imshow('resized',resized)            #显示改后图片
11.    (thresh, blackAndWhite) = cv2.threshold(resized, 80, 255, cv2.THRESH_BINARY)
                        #将灰度的颜色转成 2 色,小于 80 设置为 0,大于等于 80 设置为 255
12.    cv2.imshow('blackAndWhiteImage',blackAndWhiteImage)
13.    inverte = cv2.bitwise_not(blackAndWhite)
                                                #将黑白颜色相反, MNIST 的背景色为 0,字为 255
14.    cv2.imshow('inverte',inverte)
15.
16.   key = cv2.waitKey(1)                      #延迟 1ms,等待按键
17.   if key & 0xFF == ord('q'):                #按 Q 键离开循环
18.     break                                   #离开循环
19. cap.release()                               #关闭所有摄像机
20. cv2.destroyAllWindows()                     #关闭所有窗口
```

运行结果如图 17-7 所示。

运行后将纸对准摄像机即可看到输出,并可看到摄像机捕捉的画面,由原本的彩色图片转换为灰度图,缩小至 28×28,转换成两种颜色,黑白颜色相反。

注意:需根据摄影头和现场的灯光亮度,适当调整 threshold 函数中的数字,如果颜色小于 28 则设置为 0,否则设置为 255。调整后的图和 MNIST 数据集中的格式相近。

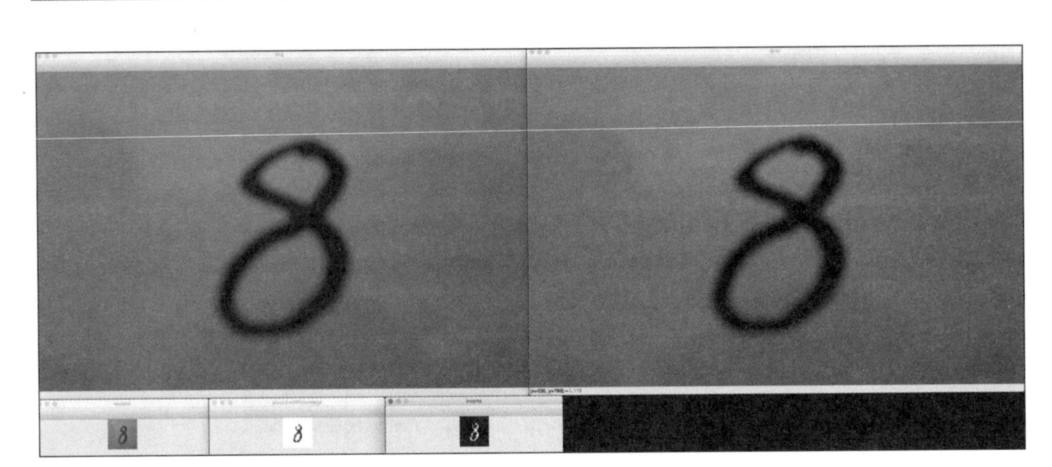

图 17-7 实例 137 运行结果

微课视频：05-openCV-webcam-convert. mp4。

下面通过 MNIST 数据集所训练的模型和权重进行整合和预测。按 C 键即可使用 predict 函数预测，并输出预测结果(实例 138——06-openCV-webcam-MNIST-predict. py)：

```
1. import cv2                                                # 导入 OpenCV 函数库
2. import numpy as np                                        # 导入 NumPy 函数库
3. from time import gmtime, strftime                         # 导入时间函数库
4. import TensorFlow as tf                                   # 导入 TensorFlow 函数库
5. from TensorFlow.keras.models import model_from_json       # 导入模型函数库
6.
7. json_file = open('model.json', 'r')                       # 打开 MNIST 数据集的模型结构
8. loaded_model_json = json_file.read()                      # 提取 MNIST 数据集的模型结构
9. json_file.close()                                         # 关闭 MNIST 数据集的模型结构
10. model = model_from_json(loaded_model_json)               # 指定 CNN 模型
11. model.load_weights("model.h5")                           # 提取模型权重
12. model.compile(loss = tf.keras.losses.categorical_crossentropy,
13.       optimizer = tf.keras.optimizers.Adadelta(),metrics = ['accuracy'])
14.
15. cap = cv2.VideoCapture(0)                                # 打开摄像机
16. while(True):
17.   ret, frame = cap.read()                                # 获取摄像机捕捉的实时画面
18.   if ret == True:
19.     gray = cv2.cvtColor(img, cv2.COLOR_BGR2GRAY)         # 彩色转灰度
20.     cv2.imshow('gray',gray)
```

```
21.     resized = cv2.resize(gray, (28,28), interpolation = cv2.INTER_AREA)        #缩小
22.    cv2.imshow('resized',resized)                          #显示改后图片
23.     (thresh, blackAndWhite) = cv2.threshold(resized, 80, 255, cv2.THRESH_BINARY) #2色
24.     cv2.imshow('blackAndWhiteImage',blackAndWhiteImage)
25.     inverte = cv2.bitwise_not(blackAndWhite)          #颜色相反
26.     cv2.imshow('inverte',inverte)
27.    key = cv2.waitKey(1)                                   #延迟 1ms,等待按键
28.    if key & 0xFF == ord('q'):                             #按 Q 键离开循环
29.      break                                                #离开循环
30.    elif key & 0xFF == ord('s'):                           #按 S 键存储
31.      if ret == True:                                      #判断是否成功获取摄像机画面
32.        filename1 = strftime("%Y-%m-%d %H:%M:%S", gmtime()) + '.jpg'
                                                                        #时间为文档名
33.        print(filename1)                                   #打印出文档名
34.        cv2.imwrite(filename = filename1, img = img)       #存储
35. elif key & 0xFF == ord('c'):                              #按 C 键预测
36.      b = inverte.astype(dtype = np.float32)               #转成浮点数
37.      x_test = b.reshape(1, 28, 28, 1)                     #将原始数据转换为正确的影像排列方式
38.      x_test /= 255                                        #标准化输入数据
39.      predict2 = model.predict_classes(x_test)             #得出预测答案
40.      print("predict_classes:", predict2)                  #打印出预测答案
41. cap.release()                                             #关闭所有摄像机
42. cv2.destroyAllWindows()                                   #关闭所有窗口
```

运行后将纸对准摄像机并在窗口上按 C 键即可看到输出。留意采光,并注意使数字处于画面中间。可以发现摄像机的画面与 MNIST 数据集接近时效果较好,但仍有误判,稍后将继续改善。

实例 138 稍做修改即可用于其他数据集,如 CIFAR-10、CIFAR-100、Food101 和 Fashion-MNIST 等,只需留意颜色和尺寸问题。

微课视频:06-openCV-webcam-MNIST-predict.mp4。

17.6 OpenCV 手写程序

下面将验证之前所做的手写数字 OCR 人工智能识别的能力,首先通过 OpenCV 做一个小画家应用程序。因为要结合手写识别的部分,而 MINST 数据集的图片为尺寸 28×28 的灰度图片,所以在程序起始时指定一个 NumPy 库的尺寸为(28,28,1)、背景为黑色(fill_value=0)的灰度图片,调用函数 dtype=np.uint8 使整数尺寸为 0~255:

```
img = np.full(shape=(28, 28, 1), fill_value=0, dtype=np.uint8)        #背景色为黑色
```

初始化窗口：

```
cv2.namedWindow('image')                                                #初始化窗口
```

循环显示该NumPy库的内容。休息1ms并判断按的按键(按Esc键离开循环程序，按C键恢复NumPy库的数据，按M键则调用当前为空的CNN函数)：

```
def CNN():
  print("CNN")

while (1):                                                    #在无限循环中
  cv2.imshow('image', img)                                    #显示该 NumPy 库的图片
  k = cv2.waitKey(1) & 0xFF                                   #休息 1ms 并判断按的按键
  if k == ord('s'):                                           #判断是否按 M 键
    CNN()
  elif k == ord('c'):                                         #判断是否按 C 键
    img = np.full(shape=(32, 32, 1), fill_value=0, dtype=np.uint8)    #恢复
  elif k == 27:                                               #判断是否按 Esc 键
    break                                                     #离开循环
cv2.destroyAllWindows()                                       #关闭所有窗口
```

目前为止还是只显示NumPy库内容的图片APP，如何处理小画家手绘写字呢？此时需要调用setMouseCallback函数，其功能是创建鼠标回调函数，使用方法如下：

```
cv2.setMouseCallback('image',draw_circle)
```

需要在循环之前调用一次，并指定针对image窗口。而鼠标回调函数需要做如下处理：

```
defdraw_circle(event,x,y,flags,param):
```

实例139——07_openCVDraw.py。

```
1. import cv2                                                 #导入 OpenCV
2. import numpy as np                                         #导入 NumPy
3. img = np.full(shape=(28, 28, 1), fill_value=255, dtype=np.uint8)    #背景色为黑色
4. cv2.namedWindow('image')                                   #初始化窗口
5.
6. drawing = False                                            #判断鼠标按下时是否移动
7. def draw_circle(event,x,y,flags,param):                    #处理鼠标动作的自定义函数
8.   global img,drawing                                       #调用全局变量
9.   if event == cv2.EVENT_LBUTTONDOWN:                       #右击
10.     drawing = True                                        #记录鼠标拖动
11.     cv2.circle(img, (x, y), 1, (255), -1)                 #x,y 绘制半径为 1 的白色圆
12.   elif event == cv2.EVENT_MOUSEMOVE:                      #移动鼠标
```

```
13.      if drawing == True:                              #判断鼠标按下时是否移动
14.        cv2.circle(img,(x,y),1,(255), - 1)             #x,y绘制半径为1的白色圆
15.    elif event == cv2.EVENT_LBUTTONUP:                 #松开鼠标右键
16.      drawing = False                                  #取消鼠标按键动作
17.      cv2.circle(img,(x,y),1,(255), - 1)               #x,y绘制半径1个点的白色圆
18. cv2.setMouseCallback('image', draw_circle)            #创建鼠标回调函数
19.
20. def CNN():                                            #按S键调用的函数
21.   print("CNN")
22. while (1):                                            #无限循环
23.   cv2.imshow('image', img)                            #显示该NumPy库的图片
24.   k = cv2.waitKey(1) & 0xFF                           #休息1ms并判断按键
25.   if k == ord('s'):                                   #判断是否按M键
26.     CNN()
27.   elif k == ord('c'):                                 #判断是否按C键
28.     img = np.full(shape = (28, 28, 1), fill_value = 255, dtype = np.uint8)    #恢复
29.   elif k == 27:                                       #判断是否按Esc键
30.     break                                             #离开循环
31. cv2.destroyAllWindows()                               #关闭所有窗口
```

运行结果如图17-8所示。

图17-8 实例139运行结果

微课视频：07_openCVDraw.mp4。

17.7 即时手写识别App

下面介绍识别TensorFlow的训练集和测试的方法。实例139结合之前的MNIST数据集即可体验实时识别效果。

下面使用前面训练出的model.h5和model.json，通过提取使用训练模型和训练后的结果来做0～9的数字识别。

程序开始将通过以下程序打开和提取TensorFlow的神经网络模型，并从HDF5中提

取模型权重值：

```
from TensorFlow.keras.models import model_from_json                   # 导入 model_from_json
json_file = open('model.json', 'r')                                   # 打开文档
loaded_model_json = json_file.read()                                  # 提取文档
json_file.close()                                                     # 关闭文档
model = model_from_json(loaded_model_json)                            # 将 JSON 转回模型
model.load_weights("model.h5")                                        # 提取模型权重
model.compile(optimizer = tf.keras.optimizers.Adam(lr = 0.001),       # 使用 Adam 算法移动 0.001
  loss = tf.keras.losses.categorical_crossentropy,                    # 使用稀疏分类交叉熵
  metrics = ['accuracy'])                                 # 模型在培训和测试期间要评估的度量列表
```

只需将预测函数转换成 NumPy 库，并通过 TensorFlow 做出预测，即可得到预测答案（实例 140——08_OCR_CNN.py）：

```
1. …                                               # 相同，省略
2. def CNN():
3.    b = img.astype(dtype = np.float32)           # 手绘数据转换成浮点数
4.    x_test = b.reshape((1, 28, 28, 1))           # 将初始数据转为正确的影像排列方式
5.    x_test /= 255                                # 标准化输入数据
6.
7.    predict = model.predict(x_test)              # 预测每个概率
8.    print(predict[0])                            # 输出预测概率
9.    predict2 = model.predict_classes(x_test)     # 预测结果
10.    print("predict_classes:", predict2)         # 输出预测结果
11. …                                              # 相同，省略
```

使用鼠标写出 0～9 中的一个数字，并按 S 键做预测，即可看到输出的答案。按 C 键可清除画面继续手写识别，按 Esc 键即可退出。

运行结果如图 17-9 所示。

图 17-9　实例 140 运行结果

预测结果如图 17-10 所示。

```
[1.5682885e-16 1.0548054e-07 7.1648208e-11 4.2674317e-10 1.9149825e-21
 2.1588949e-14 8.0708257e-17 9.9999988e-01 2.7580248e-15 2.9125690e-13]
predict_classes: [7]
[2.8864115e-14 1.1643899e-12 8.2090253e-07 1.3811974e-08 1.0326714e-15
 1.3645859e-11 2.0664106e-16 1.5795905e-11 9.9999881e-01 4.0589941e-07]
predict_classes: [8]
```

图 17-10　预测结果

微课视频：08_OCR_CNN.mp4。

17.8　改善实际运用上的准确度

可以发现，每一个用CNN和类神经预测的数据，都可以在MNIST数据集中找到类似的数据。但即使预测正确率已经近1.0，实际预测效果距离商业化差距还是较大。可以从以下两点进行改善。

1. 尽量使预测数据与训练数据接近

(1) 以17.7节的手写数据为例，因为训练时MNIST数据集中有很多图片物体边缘是灰色，但手写数字图片颜色只有0和255，所以可以将MNIST数据集的数据调整为0和255，再进行训练。

(2) 训练时加上函数Conv2D，使图片边缘更明显。

(3) 调整放大、缩小及旋转等因数。

2. 将预测环境下的图片也放入训练集中，增加训练的数据

很多软件在商品化时，都会要求用户反馈和同意开发者取得用户使用数据，这样做是因为当训练效果不佳时，可以把错误的图片保存下来，然后和MNIST数据集放在一起重复训练，对错误的数据做出修正。

17.9　二值化

二值化是一个常见的影像处理技巧，适用于识别类似文字的图片，可避免颜色影响识别结果，一个特征只有0和1有两个数字，比0～255这256个数字容易处理。

在OpenCV库中的二值化函数为：

```
(thresh,blackAndWhite) = cv2.threshold(train, 80, 255, cv2.THRESH_BINARY)   #2色
```

在NumPy库中的二值化函数为：

```
blackAndWhite = np.where(x_train <= 80, 0, 255)
```

本实例将通过MNIST的训练集，对NumPy库中对数据做二值化后，再将其重新训练一次创建出mnist_Binarization.h5。本程序是对实例138修改后的(实例141——09_mnist_CNN_Binarization.py)：

```
1. …                                                        #导入预定义文档
2. (x_train, y_train), (x_test, y_test) = tf.keras.datasets.mnist.load_data()
3. print(x_train[0][14:15])
4. x_train = np.where(x_train <= 30, 0, 255)                 #二值化
5. x_test = np.where(x_test <= 30, 0, 255)                   #二值化
6.
7. printMatrixE(x_train[0])                                  #显示第 0 笔的图(内容)
8. print('y_train[0] = ' + str(y_train[0]))                  #显示第 0 笔的答案
9. …                                                         #相同,省略
10. with open("mnist_Binarization.json", "w") as json_file:  #保存模型结构
11.     json_file.write(model.to_json())
12. …                                                        #训练模型,相同,省略
13. model.save_weights("mnist_Binarization.h5")              #保存模型权重
```

运行结果如图 17-11 所示。

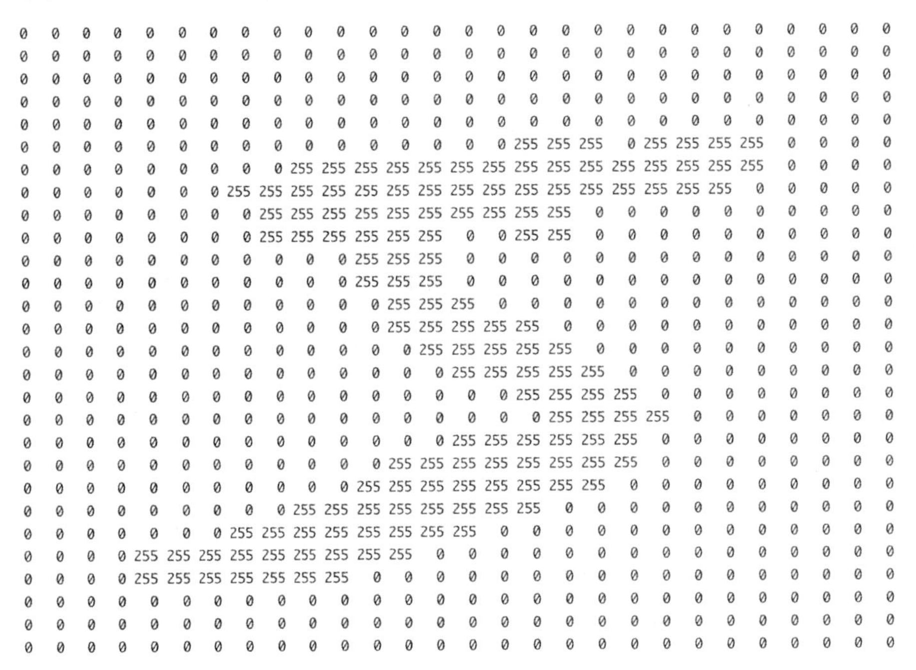

```
0 0 0 0 0 0 0 0 0 0 0 0 0 0 0 0 0 0 0 0 0 0 0 0 0 0 0 0
0 0 0 0 0 0 0 0 0 0 0 0 0 0 0 0 0 0 0 0 0 0 0 0 0 0 0 0
0 0 0 0 0 0 0 0 0 0 0 0 0 0 0 0 0 0 0 0 0 0 0 0 0 0 0 0
0 0 0 0 0 0 0 0 0 0 0 0 0 0 0 0 0 0 0 0 0 0 0 0 0 0 0 0
0 0 0 0 0 0 0 0 0 0 0 0 0 0 0 0 0 0 0 0 0 0 0 0 0 0 0 0
0 0 0 0 0 0 0 0 0 0 0 0 0 0 0 0 255 255 255 0 255 255 255 255 0 0 0 0
0 0 0 0 0 0 0 0 0 255 255 255 255 255 255 255 255 255 255 255 255 255 255 255 0 0 0 0
0 0 0 0 0 0 0 255 255 255 255 255 255 255 255 255 255 255 255 255 255 255 255 0 0 0 0 0
0 0 0 0 0 0 0 0 255 255 255 255 255 255 255 255 255 255 0 0 0 0 0 0 0 0 0 0
0 0 0 0 0 0 0 0 255 255 255 255 255 255 0 0 255 255 0 0 0 0 0 0 0 0 0 0
0 0 0 0 0 0 0 0 0 0 0 255 255 255 0 0 0 0 0 0 0 0 0 0 0 0 0 0
0 0 0 0 0 0 0 0 0 0 0 255 255 255 0 0 0 0 0 0 0 0 0 0 0 0 0 0
0 0 0 0 0 0 0 0 0 0 0 0 255 255 255 0 0 0 0 0 0 0 0 0 0 0 0 0
0 0 0 0 0 0 0 0 0 0 0 0 255 255 255 255 255 0 0 0 0 0 0 0 0 0 0 0
0 0 0 0 0 0 0 0 0 0 0 0 0 255 255 255 255 255 0 0 0 0 0 0 0 0 0 0
0 0 0 0 0 0 0 0 0 0 0 0 0 0 255 255 255 255 255 0 0 0 0 0 0 0 0 0
0 0 0 0 0 0 0 0 0 0 0 0 0 0 0 0 255 255 255 255 0 0 0 0 0 0 0 0
0 0 0 0 0 0 0 0 0 0 0 0 0 0 0 0 0 255 255 255 255 0 0 0 0 0 0 0
0 0 0 0 0 0 0 0 0 0 0 0 0 0 255 255 255 255 255 255 0 0 0 0 0 0 0 0
0 0 0 0 0 0 0 0 0 0 0 0 255 255 255 255 255 255 255 255 0 0 0 0 0 0 0 0
0 0 0 0 0 0 0 0 0 0 0 255 255 255 255 255 255 255 255 0 0 0 0 0 0 0 0 0
0 0 0 0 0 0 0 0 0 255 255 255 255 255 255 255 255 0 0 0 0 0 0 0 0 0 0 0
0 0 0 0 0 0 0 255 255 255 255 255 255 255 255 0 0 0 0 0 0 0 0 0 0 0 0 0
0 0 0 0 255 255 255 255 255 255 255 255 255 0 0 0 0 0 0 0 0 0 0 0 0 0 0 0
0 0 0 0 255 255 255 255 255 255 255 0 0 0 0 0 0 0 0 0 0 0 0 0 0 0 0 0
0 0 0 0 0 0 0 0 0 0 0 0 0 0 0 0 0 0 0 0 0 0 0 0 0 0 0 0
0 0 0 0 0 0 0 0 0 0 0 0 0 0 0 0 0 0 0 0 0 0 0 0 0 0 0 0
0 0 0 0 0 0 0 0 0 0 0 0 0 0 0 0 0 0 0 0 0 0 0 0 0 0 0 0
```

图 17-11 实例 141 运行结果

微课视频：09_mnist_CNN_Binarization.mp4。

下面程序先导入 mnist_Binarization. h5 权重文档然后再训练，并创建新的 mnist_Binarization. h5 权重文档(实例 142——10_OCR_mnist_CNN_Binarization. py)：

```
1. from TensorFlow.keras.models import model_from_json
2. json_file = open('mnist_Binarization.json', 'r')          # 导入二值化的模型
3. loaded_model_json = json_file.read()                      # 提取文档
4. json_file.close()                                         # 关闭文档
5. model = model_from_json(loaded_model_json)                # 将 JSON 转回模型
6. model.load_weights("mnist_Binarization.h5")               # 提取模型权重
7. …                                                         # 相同，省略
```

运行结果如图 17-12 所示。

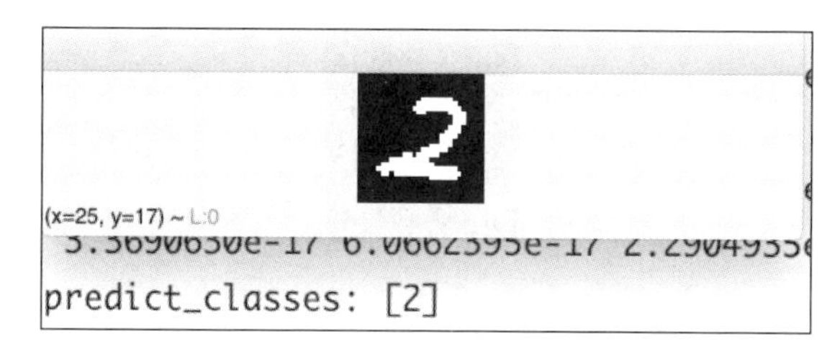

图 17-12　实例 142 运行结果

微课视频：10_OCR_mnist_CNN_Binarization. mp4。

随书附赠的光盘中有训练完毕后成功率接近 100%的权重文档，可在即时手写辨识应用 08_OCR_CNN. py 的基础上更换权重文档重新进行测试。

摄像机部分可参照实例 120 修改训练的模型和权重整合和预测，按 C 键即可使用 predict 函数预测，并输出预测结果(实例 143——11-openCV-webcam-MNIST-predict_Binarization. py)：

```
1. …                                                   # 导入模型函数库
2. json_file = open('mnist_Binarization.json', 'r')    # 打开 MNIST 数据集的模型结构
3. loaded_model_json = json_file.read()                # 提取 MNIST 数据集的模型结构
4. json_file.close()                                   # 关闭 MNIST 数据集的模型结构
5. model = model_from_json(loaded_model_json)          # 指定 CNN 模型
6. model.load_weights("mnist_Binarization.h5")         # 提取模型权重
7. model.compile(loss = tf.keras.losses.categorical_crossentropy,
8.         optimizer = tf.keras.optimizers.Adadelta(),metrics = ['accuracy'])
9.
10. cap = cv2.VideoCapture(0)                          # 打开摄像机
11. …                                                  # 相同，省略
```

运行结果如图 17-13 所示。

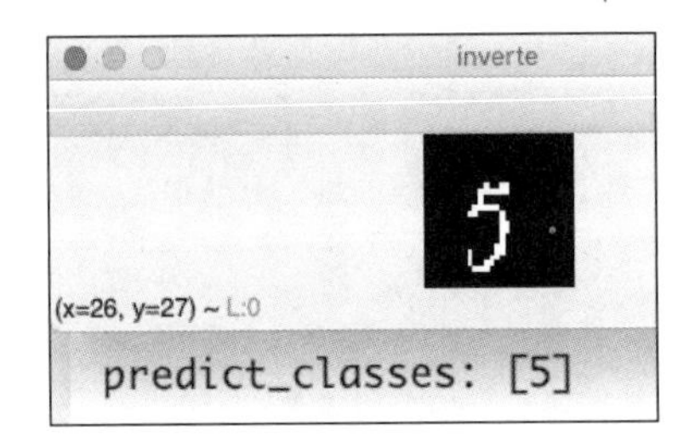

图 17-13　实例 143 运行结果

微课视频：11-openCV-webcam-MNIST-predict_Binarization. mp4。

第 18 章 卷积神经网络原理

CHAPTER 18

18.1 Conv2D 函数的数学原理

卷积神经网络 CNN 的核心是卷积,其函数为:

```
tf.keras.layers.Conv2D(...)                #用于指定滤镜的数量,增加图片
```

主要参数如下。

(1) filters:整数,输出的维数(即卷积中输出滤波器的数量)。

(2) kernel_size:两个整数或元组/清单,指定二维卷积窗口的高度和宽度。

(3) strides:两个整数或元组/清单,指定卷积向外扩展的高度和宽度。

(4) padding:可选值为 valid(有效)或 same(相同)。

下面通过一段程序了解 Conv2D 函数的数学原理。以一张 3×3 的图片为例,方便起见,只有一个为 2,其他为 0(实例 144——01_conv2d.py):

```
1. import TensorFlow as tf
2. import numpy as np
3. import matplotlib.pyplot as plt                              #绘图函数库
4. img = np.array([[1,2,3],[4,5,6],[7,8,9]])                    #定义一串连续数字
5. print(img.shape)                                             #输出维度( 3, 3)
6. plt.imshow(img)
7. img = img.reshape(1,img.shape[0], img.shape[1], 1)           #改变维度( 1,3, 3,1 )
8. print(img.shape)                                             #输出维度( 1,3, 3,1 )
9. plt.show()                                                   #显示图片
```

运行结果如图 18-1 所示。

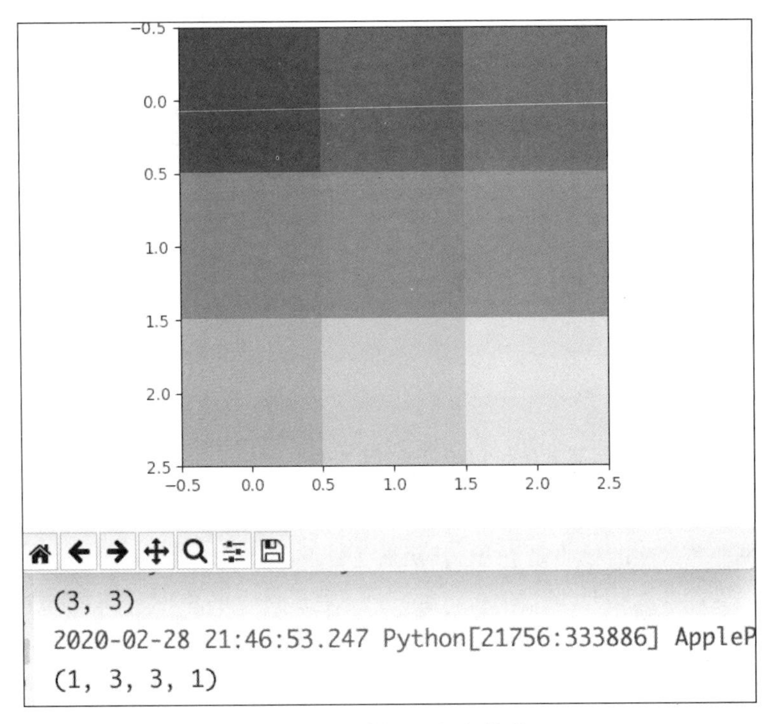

图 18-1　实例 144 运行结果

微课视频：1_image_circle_cross. mp4。

下面构建一个简易的 CNN 模型，将 filter 设置为 1，不做调试直接预测（实例 145——02_conv2d_CNN. py）：

```
1.  …                                               #同上，省略
2.  model = tf.keras.models.Sequential()            #创建模型
3.  model.add(tf.keras.layers.Conv2D(filters=1,     #一个滤镜
4.            kernel_size=(3, 3),                   #滤镜为 3×3
5.            padding="valid",                      #边缘不处理(默认值)
6.            input_shape=(3,3,1)))                 #输入训练维度
7.  model.summary()                                 #输出模型
8.  conv_img = model.predict(img)                   #预测
9.  print(conv_img.shape)                           #输出维度(1,1,1,1)
10. print(conv_img)                                 #输出答案
```

运行结果如图 18-2 所示。

```
Model: "sequential"
_________________________________________________________________
Layer (type)                 Output Shape              Param #
=================================================================
conv2d (Conv2D)              (None, 1, 1, 1)           10
=================================================================
Total params: 10
Trainable params: 10
Non-trainable params: 0
_________________________________________________________________
2020-02-28 22:00:42.209517: I tensorflow/core/platform/cpu_feature_
(1, 1, 1, 1)
[[[[1.1407346]]]]
```

图 18-2 实例 145 运行结果

微课视频：02_conv2d_CNN. mp4。

这里的重点有两个：一个是输出的维度(1,1,1,1)，另一个是输出的答案 1.140 73。输出答案是怎么得来的？数字 1.140 73 就是实际 CNN 计算出来的数字，由于表达式的关系，每次答案都会不同。

通过以下程序输出权重并观察：

```
tf.keras.layers.Conv2D(filters = 1, kernel_size = (3, 3),input_shape = (3,3,1))
```

因为这里可以只用一个 filter(滤镜)，所以输出就是 Conv2D 函数所创建的 3×3 的二维数组，其中的数字范围为-1~1。

实例 146——03_CNN_conv2d_weights. py。

```
1. …                                                #同上，省略
2. weights, biases = model.layers[0].get_weights()
3. print(biases)                                    #输出偏移值 0
4. print(weights.shape)                             #输出权重维度(3,3,1,1)
5. weights = weights.reshape(3,3)                   #调整维度
6. print(weights)                                   #输出权重
```

运行结果如图 18-3 所示。

```
[0.]
(3, 3, 1, 1)
[[ 0.20887828  0.11501336 -0.33699864]
 [-0.02066571 -0.10079977  0.0392381 ]
 [ 0.0197013   0.13662165  0.09257513]]
```

图 18-3 实例 146 运行结果

微课视频：03_CNN_conv2d_weights. mp4。

注意：实际的权重值会因随机数变化而有所不同。

实例 146 中预测的数字，是通过数组相乘后，将全部数组相加的结果(实例 147——04_CNN_conv2d_math. py)：

```
1. …                                          #同上,省略
2. img = img.reshape(3,3)
3. b = [[0,1,2], [0,1,2],[0,1,2]]
4. print(np.sum(img * b))                      #数组相乘后相加
5. print(np.sum(img * weights))                #数组相乘后相加
```

运行结果如下：

```
51
1.1407345235347748
```

微课视频：04_CNN_conv2d_math. mp4。

这里出现两组二维数组，分别为数组相乘之后的结果。先利用第 1 组练习数组相乘的数学式。当数组[[1,2,3],[4,5,6],[7,8,9]]乘以[[0,1,2], [0,1,2],[0,1,2]]，如表 18-1 和表 18-2 所示，数学计算答案为 30。下面将两个数组以表格的形式表示，计算方法如下：

表 18-1　数组 1

1	2	3
4	5	6
7	8	9

乘以

表 18-2　数组 2

0	1	2
0	1	2
0	1	2

计算后如表 18-3 所示。

表 18-3　结果 1

1×0	2×1	3×2
4×0	5×1	6×2
7×0	8×1	9×2

1×0+2×1+3×2+4×0+5×1+6×2+7×0+8×1+9×2=51，这就是矩阵相乘。另一个权重的输出如表 18-4 和表 18-5 所示。

表 18-4　数组 3

1	2	3
4	5	6
7	8	9

乘以

表 18-5　数组 4

0.208	0.115	−0.336
−0.020	−0.100	0.039
0.019	0.136	0.092

计算后如表 18-6 所示。

表 18-6　结果 2

1×0.208	2×0.115	3×(−0.336)
4×(−0.020)	5×(−0.100)	6×0.039
7×0.019	8×0.136	9×0.092

1×0.208+2×0.115+3×(−0.336)+4×(−0.020)+5×(−0.100)+6×0.039+7×0.019+8×0.136+9×0.092=1.407

可以发现 1.407 就是当时预测的答案。

18.2　Conv2D 函数对图片每一个点的处理

实际图片一般均大于 3×3 像素。对于较大的图片，Conv2D 的输出会如何？下面程序用一张 5×5 像素的图片，并设置“kernel_size=(3, 3)”“tf.keras.layers.Conv2D(filters=1, kernel_size=(3, 3)、input_shape=(3,3,1))”来讲解 Conv2D 函数对图片每一个点的处理（实例 148——05_CNN_conv2d_5×5math.py）：

```
1.  import TensorFlow as tf
2.  import numpy as np
3.  import matplotlib.pyplot as plt                                  #绘图数据库
4.  img = np.array([[1, 2, 3, 4, 5],
5.          [6, 7, 8, 9,10],
6.          [11,12,13,14,15],
7.          [16,17,18,19,20],
8.          [21,22,23,24,25]])
9.  img = img.reshape(1,img.shape[0], img.shape[1], 1)               #改变维度(1,5, 5,1)
10.
11. #创建模型 model = tf.keras.models.Sequential()                   #创建模型
12. model.add(tf.keras.layers.Conv2D(filters = 1,                    #一个滤镜
13.         kernel_size = (3, 3),                                    #滤镜尺寸为3×3
14.         padding = "valid",                                       #图片边缘不处理
15.         input_shape = (5,5,1)))                                  #输入训练维度
16. model.summary()                                                  #输出模型
17. conv_img = model.predict(img)                                    #预测
18. print(conv_img.shape)                                            #输出维度(1, 3, 3, 1)
19. print("predict = ")
20. print(conv_img)                                                  #输出答案
21.
```

运行结果如图 18-4 所示。

```
Model: "sequential"
_________________________________________________________________
Layer (type)                 Output Shape              Param #
=================================================================
conv2d (Conv2D)              (None, 3, 3, 1)           10
=================================================================
Total params: 10
Trainable params: 10
Non-trainable params: 0
_________________________________________________________________
2020-02-28 23:16:05.503047: I tensorflow/core/platform/cpu_feature_guard.
(1, 3, 3, 1)
```

图 18-4　实例 148 运行结果

每次输出都会有所不同，此次预测的输出如下：

```
predict =
[[[[-8.17225] [-8.546914] [-8.921579]]
  [[-10.045573] [-10.4202385] [-10.794903]]
  [[-11.918899] [-12.293564] [-12.668229]]]]
```

实例 149——05_CNN_conv2d_5x5math.py。

```
1. …                                                    #同上,省略
2. weights, biases = model.layers[0].get_weights()      #权重维度(3,3,1,1)
3. weights = weights.reshape(3,3)
```

```
4. print("weights = ")
5. print(weights)                                      # 输出权重
```

运行结果如下：

```
weights =
[[0.5075749 0.19612217 0.20361847]
 [ - 0.27389553  - 0.3932829  - 0.5514351]
[ - 0.02370721 0.09873408  - 0.13839379]]
```

同样地，将图片的 3×3 的数据和权重的 3×3 的数据，通过以下程序相乘后相加（实例 150——05_CNN_conv2d_5x5math.py）：

```
1. …                                         # 同上，省略
2. print("math = ")
3. img  =  img.reshape(5,5)
4. for i in range(0,3):
5.    for j in range(0,3):
6.       c = img[i:i + 3,j:j + 3]            # 取出 3×3 的尺寸
7.       print(np.sum(c * weights))          # 数组相乘后相加
```

运行结果如下：

```
math =
 - 8.172249287366867      - 8.54691419005394      - 8.921579092741013
 - 10.04557380080223      - 10.420238703489304    - 10.794903606176376
 - 11.918898314237595     - 12.293563216924667    - 12.66822811961174
```

为方便阅读，将输出都调整成 3×3，相乘并相加后如表 18-7 所示。

表 18-7　输出结果

1×0.5＋2×1.9＋3×0.2＋6×(－0.2)＋7×(－0.3)＋8×(－0.5)＋11×(－0.02)＋12×0.09＋13×(－0.1)	2×0.5＋3×1.9＋4×0.2＋7×(－0.2)＋8×(－0.3)＋9×(－0.5)＋12×(－0.02)＋13×0.09＋14×(－0.1)	3×0.5＋4×1.9＋5×0.2＋8×(－0.2)＋9×(－0.3)＋10×(－0.5)＋13×(－0.02)＋14×0.09＋15×(－0.1)
6×0.5＋7×1.9＋8×0.2＋11×(－0.2)＋12×(－0.3)＋13×(－0.5)＋16×(－0.02)＋17×0.09＋18×(－0.1)	7×0.5＋8×1.9＋9×0.2＋12×(－0.2)＋13×(－0.3)＋14×(－0.5)＋17×(－0.02)＋18×0.09＋19×(－0.1)	8×0.5＋9×1.9＋10×0.2＋13×(－0.2)＋14×(－0.3)＋15×(－0.5)＋18×(－0.02)＋19×0.09＋20×(－0.1)
11×0.5＋12×1.9＋13×0.2＋16×(－0.2)＋17×(－0.3)＋18×(－0.5)＋21×(－0.02)＋22×0.09＋23×(－0.1)	12×0.5＋13×1.9＋14×0.2＋17×(－0.2)＋18×(－0.3)＋19×(－0.5)＋22×(－0.02)＋23×0.09＋24×(－0.1)	13×0.5＋14×1.9＋15×0.2＋18×(－0.2)＋19×(－0.3)＋20×(－0.5)＋23×(－0.02)＋24×0.09＋25×(－0.1)

所以用一个 Conv2D(filters＝1，kernel_size＝(3，3))函数即可将 predict 函数转换后的答案向下一层 Conv2D 函数传递，如图 18-5 所示。

1	2	3	4	5
6	7	8	9	10
11	12	13	14	15
16	17	18	19	20
21	22	23	24	25

1 x0.50	2 x0.19	3 x 0.20	4	5
6 x-0.27	7 x-0.39	8 x-0.55	9	10
11 x-0.02	12 x0.09	13 x-0.13	14	15
16	17	18	19	20
21	22	23	24	25

-8.17		

1	2 x0.50	3 x0.19	4 x 0.20	5
6	7 x-0.27	8 x-0.39	9 x-0.55	10
11	12 x-0.02	13 x0.09	14 x-0.13	15
16	17	18	19	20
21	22	23	24	25

-8.17	-8.54	

1	2	3 x0.50	4 x0.19	5 x 0.20
6	7	8 x-0.27	9 x-0.39	10 x-0.55
11	12	13 x-0.02	14 x0.09	15 x-0.13
16	17	18	19	20
21	22	23	24	25

-8.17	-8.54	-8.92

1	2	3	4	5
6 x0.50	7 x0.19	8 x 0.20	9	10
11 x-0.27	12 x-0.39	13 x-0.55	14	15
16 x-0.02	17 x0.09	18 x-0.13	19	20
21	22	23	24	25

-8.17	-8.54	-8.92
-10.0		

1	2	3	4	5
6	7	8	9	10
11	12	13 x0.50	14 x0.19	15 x 0.20
16	17	18 x-0.27	19 x-0.39	20 x-0.55
21	22	23 x-0.02	24 x0.09	25 x-0.13

-8.17	-8.54	-8.92
-10.0	-10.4	-10.7
-11.9	-12.2	-12.6

图 18-5　Conv2D 函数计算实例图

微课视频：05_CNN_conv2d_5×5math. mp4。

18.3　Conv2D 函数对边缘的处理

由实例 149 可以发现，由于 padding 参数的默认值为 valid，所以：

```
tf.keras.layers.Conv2D(filters = 1, kernel_size = (3, 3),input_shape = (3,3,1))
```

等同于：

```
tf.keras.layers.Conv2D(filters = 1, kernel_size = (3, 3),padding = "valid", input_shape = (3,3,1))
```

使用此函数处理后，图片维度尺寸将由输入的(5,5,1)变成(3,3,1)，由于边缘部分无法处理，所以图片会上、下、左、右各减少 1 点。

第 17 章中的 CNN 程序几乎都采用“padding＝"same"”，例如：

```
tf.keras.layers.Conv2D(filters = 1, kernel_size = (3, 3),padding = "same", input_shape = (3,3,1))
```

这样才可使图片的输出与输入保持同样的尺寸。

通过以下实例来验证 CNN 程序处理 3×3 像素的图片时，其输出和输入的关系(实例 151——06_CNN_conv2d_math_padding_same. py)：

```
1.  import TensorFlow as tf
2.  import numpy as np
3.  import matplotlib.pyplot as plt                          #绘图数据库
4.  img = np.array( [[ 1, 2, 3],
5.          [ 4, 5, 6],
6.          [ 7, 8, 9]])
7.  img = img.reshape(1,img.shape[0], img.shape[1], 1)       #改变维度(1, 3, 3,1)
8.
9.  #创建模型 model = tf.keras.models.Sequential()            #创建模型
10. model.add(tf.keras.layers.Conv2D(filters = 1,            #一个滤镜
11.             kernel_size = (3, 3),                        #滤镜尺寸为 3×3
12.             padding = "same",                            #图片处理边缘
13.             input_shape = (5,5,1)))                      #输入训练维度
14. model.summary()                                          #输出模型
15. conv_img = model.predict(img)                            #预测
16. print(conv_img.shape)                                    #输出维度(1, 3, 3, 1)
17. print("predict = ")
18. print(conv_img)                                          #输出答案
```

运行结果如图 18-6 所示。

```
Model: "sequential"
_________________________________________________________________
Layer (type)                 Output Shape              Param #
=================================================================
conv2d (Conv2D)              (None, 3, 3, 1)           10
=================================================================
Total params: 10
Trainable params: 10
Non-trainable params: 0
_________________________________________________________________
2020-02-28 23:18:43.326221: I tensorflow/core/platform/cpu_feature_
(1, 3, 3, 1)
```

图 18-6 实例 151 运行结果

此次预测的输出为：

```
predict =
[[[[-1.35041] [0.21237063] [4.51563]]
  [[-1.6458592] [0.95490015] [6.685641]]
  [[1.3224856] [2.7010918] [3.8440266]]]]
```

实例 152——06_CNN_conv2d_math_padding_same. py。

```
1. …                                                   #同上,省略
2. weights, biases = model.layers[0].get_weights()     #权重维度(3,3,1,1,)
3. weights = weights.reshape(3,3)
4. print("weights = ")
5. print(weights)                                      #输出权重
```

运行结果如下：

```
weights =
[[-0.4736111  -0.30170986  -0.27958065]
 [ 0.47206688 0.47175622 0.07811683]
 [ 0.22555995 0.1714046  -0.53280365]]
```

将图片原本的 3×3 的数据，上、下、左、右都加上 0，然后将图片的 3×3 的数据分别和权重的 3×3 的数据通过以下程序相乘后相加（实例 153——06_CNN_conv2d_math_padding_same. py）：

```
1. …                                     #同上,省略
2. img = np.array([[0, 0, 0, 0, 0],
3.               [0, 1, 2, 3, 0],
4.               [0, 4, 5, 6, 0],
5.               [0, 7, 8, 9, 0],
6.               [0, 0, 0, 0, 0]])
7. print("math = ")
```

```
8. img = img.reshape(5,5)
9. for i in range(0,3):
10.    for j in range(0,3):
11.        c = img[i:i+3,j:j+3]                    #取出3×3的尺寸
12.        print(np.sum(c * weights))               #数组相乘后相加
```

运行结果如下：

```
math =
-1.350409984588623    0.21237069368362427    4.515629768371582
-1.6458591520786285   0.9549004137516022     6.685640960931778
 1.3224855065345764   2.701091855764389      3.844026416540146
```

为方便阅读，将输出都调整为3×3。方法也是3×3并相加，计算如表18-8所示。

表18-8 输出结果

0×(−0.47)+0×(−0.301)+0×(−0.279)+0×0.472+1×0.471+2×0.781+0×0.225+4×0.1714+5×(−0.532)	0×(−0.47)+0×(−0.301)+0×(−0.279)+1×0.472+2×0.471+3×0.781+4×0.225+5×0.1714+6×(−0.532)	0×(−0.47)+0×(−0.301)+0×(−0.279)+2×0.472+3×0.471+0×0.781+5×0.225+6×0.1714+0×(−0.532)
0×(−0.47)+1×(−0.301)+2×(−0.279)+0×0.472+4×0.471+5×0.781+0×0.225+7×0.1714+8×(−0.532)	1×(−0.47)+2×(−0.301)+3×(−0.279)+4×0.472+5×0.471+6×0.781+7×0.225+8×0.1714+9×(−0.532)	2×(−0.47)+3×(−0.301)+0×(−0.279)+5×0.472+6×0.471+0×0.781+8×0.225+9×0.1714+0×(−0.532)
0×(−0.47)+4×(−0.301)+5×(−0.279)+0×0.472+7×0.471+8×0.781+0×0.225+0×0.1714+0×(−0.532)	4×(−0.47)+5×(−0.301)+6×(−0.279)+7×0.472+8×0.471+9×0.781+0×0.225+0×0.1714+0×(−0.532)	5×(−0.47)+6×(−0.301)+0×(−0.279)+8×0.472+9×0.471+0×0.781+0×0.225+0×0.1714+0×(−0.532)

微课视频：06_CNN_conv2d_math_padding_same.mp4。

18.4 使用Conv2D函数显示图片

本实例将用图形化的方法，将一张图片通过Conv2D函数输出显示，以帮助读者理解为何要使用Conv2D函数。

首先通过以下程序提取一张彩色照片，并转换成(1,32,32,1)的灰度图(实例154——07_CNN_conv2d_img_display.py)：

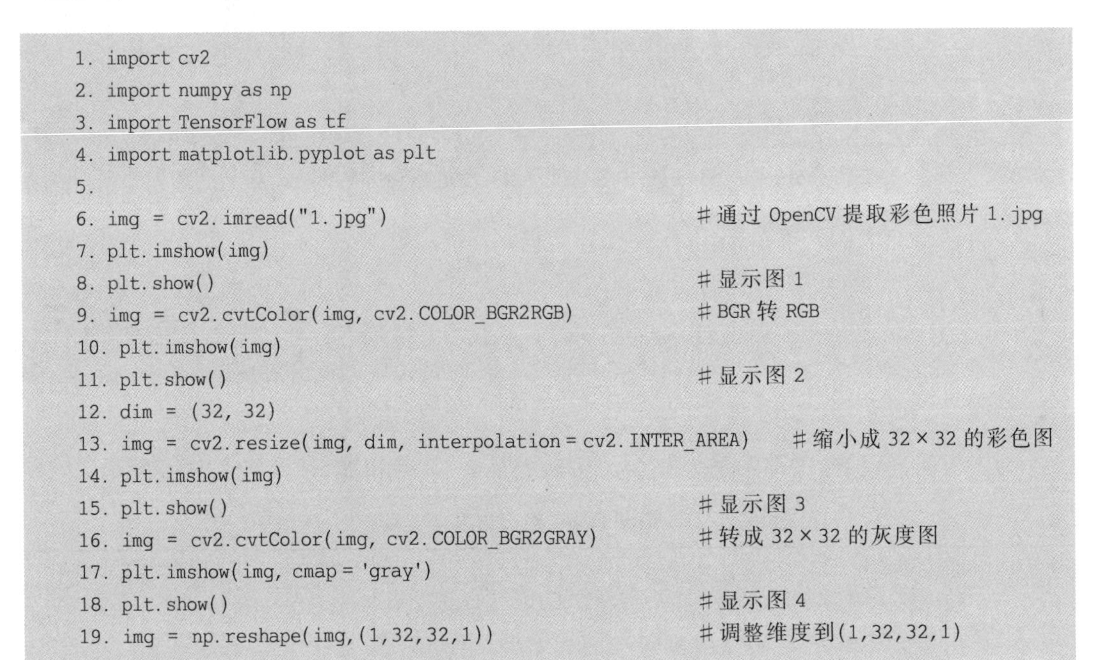

```
1. import cv2
2. import numpy as np
3. import TensorFlow as tf
4. import matplotlib.pyplot as plt
5.
6. img = cv2.imread("1.jpg")                                    # 通过 OpenCV 提取彩色照片 1.jpg
7. plt.imshow(img)
8. plt.show()                                                   # 显示图 1
9. img = cv2.cvtColor(img, cv2.COLOR_BGR2RGB)                   # BGR 转 RGB
10. plt.imshow(img)
11. plt.show()                                                  # 显示图 2
12. dim = (32, 32)
13. img = cv2.resize(img, dim, interpolation = cv2.INTER_AREA)  # 缩小成 32×32 的彩色图
14. plt.imshow(img)
15. plt.show()                                                  # 显示图 3
16. img = cv2.cvtColor(img, cv2.COLOR_BGR2GRAY)                 # 转成 32×32 的灰度图
17. plt.imshow(img, cmap = 'gray')
18. plt.show()                                                  # 显示图 4
19. img = np.reshape(img,(1,32,32,1))                           # 调整维度到(1,32,32,1)
```

运行结果如图 18-7 所示。

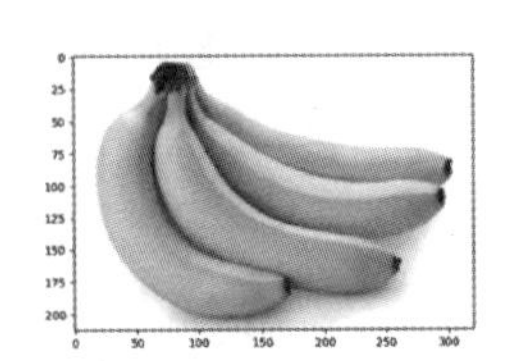
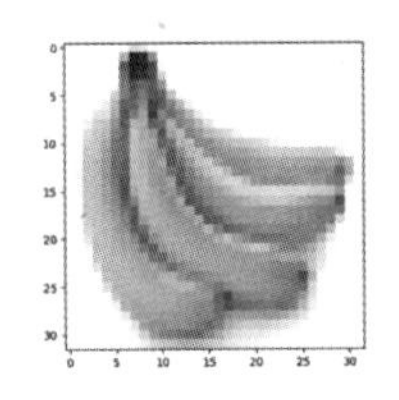
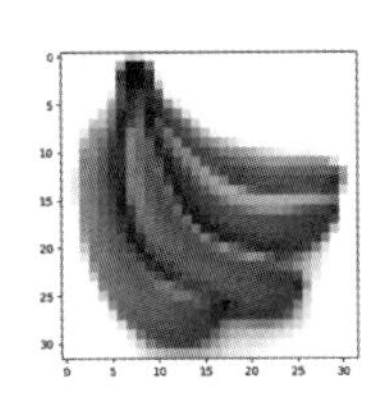

图 18-7　实例 154 运行结果

微课视频：07_CNN_conv2d_img_display.mp4。

实例 155——08_CNN_conv2d_img_gray.py。

```
1. …                                                    # 延续实例 154,省略
2. model = tf.keras.models.Sequential()                 # 模型
3. model.add(tf.keras.layers.Conv2D(filters = 1, kernel_size = (3, 3),padding = "same",
4.           input_shape = (32,32,1)))                  # CNN 输出相同尺寸
5.
6. predict_img = model.predict(img)                     # 取得 Conv2D 函数输出
7. predict_img2 = np.reshape(predict_img,(32,32))       # 调整维度
```

```
8. plt.imshow(predict_img2, cmap = 'gray')          # 显示 Conv2D 函数处理后的图片
9. plt.show()                                        # 显示图片
```

运行结果如图 18-8 所示。

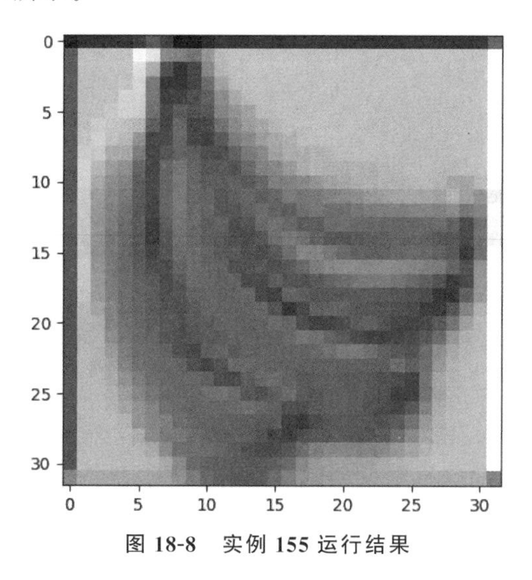

图 18-8　实例 155 运行结果

微课视频：08_CNN_conv2d_img_gray.py。

18.5　参数 kernel_size 和 padding 的差异

下面通过调整 Conv2D 函数的 kernel_size 参数将图片显示出来，以帮助读者理解调整 Conv2D()函数的滤镜尺寸的作用。

首先通过以下程序提取一张彩色照片，并转换成(1,64,64,1)的灰度图，分别通过函数 kernel_size 3×3 和 kernel_size 10×10 处理(实例 156——09_CNN_conv2d_kernel_size.py)：

```
1. import cv2
2. import numpy as np
3. import TensorFlow as tf
4. import matplotlib.pyplot as plt
5. s = 64                                                       # 图片尺寸为 64×64
6. img = cv2.imread("1.jpg")                                    # 通过 OpenCV 提取彩色照片 1.jpg
7. img = cv2.resize(img, (s, s), interpolation = cv2.INTER_AREA)  # 缩小成 64×64 彩色图
8. img = cv2.cvtColor(img, cv2.COLOR_BGR2GRAY)                  # 彩色转灰度
```

```
9. model = tf.keras.models.Sequential()                                    #模型 1
10. model.add(tf.keras.layers.Conv2D(filters = 1, kernel_size = (3, 3),     #3×3 尺寸去边
11.         input_shape = (s,s,1)))                                         #输入(64,64,1)
12.
13. model2 = tf.keras.models.Sequential()                                   #模型 2
14. model2.add(tf.keras.layers.Conv2D(filters = 1, kernel_size = (10, 10),  #10×10 尺寸去边
15.         input_shape = (s,s,1)))                                         #输入(64,64,1)
16.
17. def visualize_img(i_model,i_img,i_subplot):
18.   i_img = np.reshape(i_img,(1,s,s,1))                                   #改变维度
19.   img = i_model.predict(i_img)                                          #取得 Conv2D 函数结果
20.   img = np.reshape(img,(img.shape[1],img.shape[2]))                     #改变维度
21.   plt.subplot(i_subplot)                                                #画面切割
22.   plt.imshow(img, cmap = 'gray')                                        #显示图片
23.
24. visualize_img(model, img,121)                                           #处理模型 1
25. visualize_img(model2, img,122)                                          #处理模型 2
26. plt.show()                                                              #显示
```

“kernel_size=(3,3)”的运行结果如图 18-9(a)所示,“kernel_size=(10,10)”的运行结果如图 18-9(b)所示。

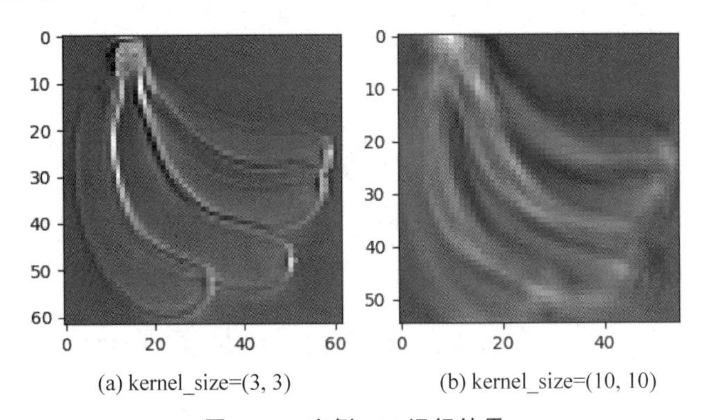

(a) kernel_size=(3, 3)　　(b) kernel_size=(10, 10)

图 18-9　实例 156 运行结果

由结果可以看出:

(1) 当 Conv2D 函数未指定 padding 时,默认“padding="valid"”,不会进行补齐边缘的计算,所以不会有黑框出现。

(2) 当 Conv2D 函数的 kernel_size 的数字较大时,计算后的图像,因为计算范围较大,所以会变模糊。

微课视频:09_CNN_conv2d_kernel_size.mp4。

18.6 滤镜数量的意义

在 Conv2D()函数中增加滤镜可以提高 CNN 的准确率。

首先通过以下程序提取一张彩色照片，转换成(1,64,64,1)的灰度图，设置 filters=9(实例 157——10_CNN_conv2d_filter.py)：

```
1. import cv2
2. import numpy as np
3. import TensorFlow as tf
4. import matplotlib.pyplot as plt
5. s = 64                                                    #图片尺寸为 64×64
6. img = cv2.imread("1.jpg")                            #通过 OpenCV 提取 1.jpg 彩色照片
7. img = cv2.resize(img, (s, s), interpolation = cv2.INTER_AREA)  #缩小成 64×64 彩色图
8. img = cv2.cvtColor(img, cv2.COLOR_BGR2GRAY)               #彩色转灰度
9. model = tf.keras.models.Sequential()                      #模型 1
10. model.add(tf.keras.layers.Conv2D(filters = 9,            #9 个滤镜
11.           kernel_size = (3, 3),                          #3×3 尺寸去边
12.          input_shape = (s,s,1)))                         #输入(64,64,1)
13.        input_shape = (s,s,1)))                           #输入(64,64,1)
14. model.summary()                                          #显示模型
15. i_img = np.reshape(img, (1,s,s,1))                       #改变维度
16. img = model.predict(i_img)                               #取得 Conv2D 函数结果
17. print(img.shape)                                         #显示维度(1, 62, 62, 9)
18. for i in range(0,9):
19.   img2 = img[:,:,:,i]                                    #取得 Conv2D 函数结果
20.   img2 = np.reshape(img2, (img.shape[1], img.shape[1]))  #改变维度 (62,62)
21.   plt.subplot(331 + i)                                   #画面切割
22.   plt.imshow(img2, cmap = 'gray')                        #显示图片
23. plt.show()                                               #显示
```

运行结果如图 18-10 所示。

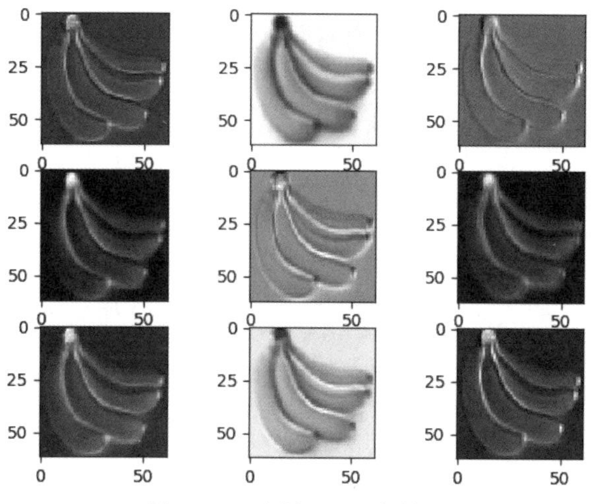

图 18-10　实例 157 运行结果

运行模型输出结果如图 18-11 所示。

```
Model: "sequential"
_________________________________________________________________
Layer (type)                 Output Shape              Param #
=================================================================
conv2d (Conv2D)              (None, 62, 62, 9)         90
=================================================================
Total params: 90
Trainable params: 90
Non-trainable params: 0
_________________________________________________________________
Backend MacOSX is interactive backend. Turning interactive mode on.
2020-02-29 02:42:08.054448: I tensorflow/core/platform/cpu_feature_g
(1, 62, 62, 9)
```

图 18-11　运行模型输出

由运行结果可以看出以下 4 点：

(1) 预测的最后一个维度，就是计算后的每一张图的结果。

(2) 因为 Conv2D 函数所创建的“kernel_size=(3,3)”是范围为−1～1 的随机数，所以当“filters=9”时将创建 9 组图片。

(3) 9 组图片通过计算后将成为不同的图片。

(4) 不同图片有不同特征，可呈现更多细节，如边缘、颜色深浅、明暗及线条等。

微课视频：10_CNN_conv2d_filter。

18.7　激活函数的意义

在 Conv2D 函数中可以添加参数 activation(激活函数)。通过以下程序提取一张彩色照片并转换成(1,64,64,1)的灰度图，通过函数“activation='relu'”显示其计算后的结果(实例 158——11_CNN_conv2d_filter_relu.py)：

```
1. import cv2
2. import numpy as np
3. import TensorFlow as tf
4. import matplotlib.pyplot as plt
5. s = 64                                                  #图片尺寸为 64×64
6. img = cv2.imread("1.jpg")                               #通过 OpenCV 提取 1.jpg 彩色照片
7. img = cv2.resize(img, (s, s), interpolation = cv2.INTER_AREA)    #缩小成 64×64 彩色图
8. img = cv2.cvtColor(img, cv2.COLOR_BGR2GRAY)             #彩色转灰度
9. model = tf.keras.models.Sequential()                    #模型 1
```

```
10. model.add(tf.keras.layers.Conv2D(filters = 1, kernel_size = (3, 3),        #3×3 尺寸去边
11.         input_shape = (s,s,1)))                                           #输入(64,64,1)
12.
13. model2 = tf.keras.models.Sequential()                                     #模型 2
14. model2.add(tf.keras.layers.Conv2D(filters = 1, kernel_size = (3,3),        #3×3 尺寸去边
15.          activation = 'relu',                                             #使用激活函数 ReLU
16.         input_shape = (s,s,1)))                                           #输入(64,64,1)
17.
18. def visualize_img(i_model,i_img,i_subplot):
19.    i_img = np.reshape(i_img,(1,s,s,1))                                     #改变维度
20.    img = i_model.predict(i_img)                                            #取得 Conv2D 结果
21.    img = np.reshape(img,(img.shape[1],img.shape[2]))                       #改变维度
22.    plt.subplot(i_subplot)                                                  #画面切割
23.    plt.imshow(img, cmap = 'gray')                                          #显示图片
24.
25. visualize_img(model, img,121)                                              #处理模型 1
26. visualize_img(model2, img,122)                                             #处理模型 2
27. plt.show()                                                                 #显示
```

运行结果如图 18-12 所示(其中右边为调用过激活函数的结果)。

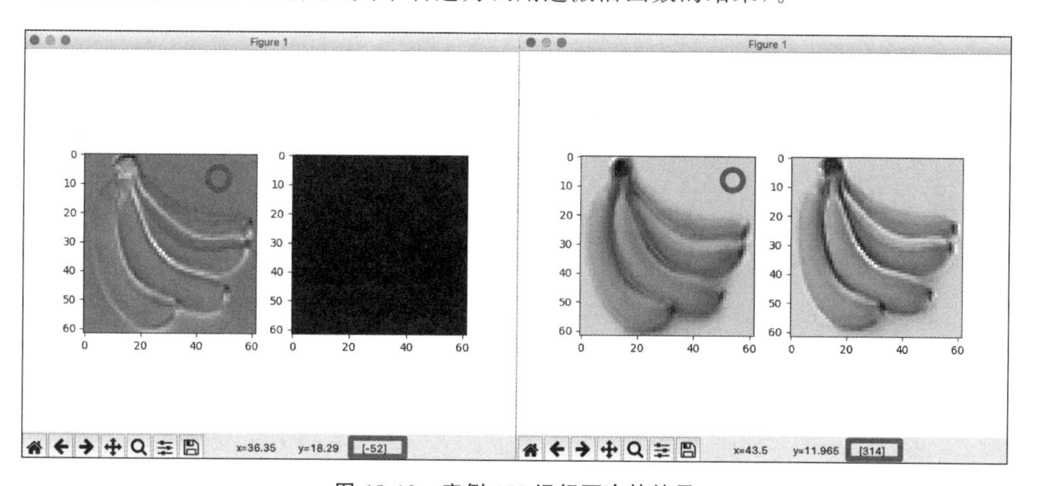

图 18-12　实例 158 运行两次的结果

该程序重复运行几次,可发现调用激活函数"activation='relu'"后的图形有一定概率呈现黑色,这是由于 ReLU 算法的问题。推荐用鼠标单击图 18-12 中的圆圈标注的位置,在窗口下方查看标注位置的数据,如果显示计算后的数字小于 0 时,右边调用激活函数处理后的图片就将为黑色;如果数字大于 0,调用激活函数处理后的图片就可以正常显示。

激活函数的曲线如图 18-13 所示。

将数字代入激活函数 ReLU,$x<0$ 时,y 就为 0;$x\geqslant 0$ 时,$x=y$。可以看出,在 Conv2D 函数中使用激活函数不是一个好主意。

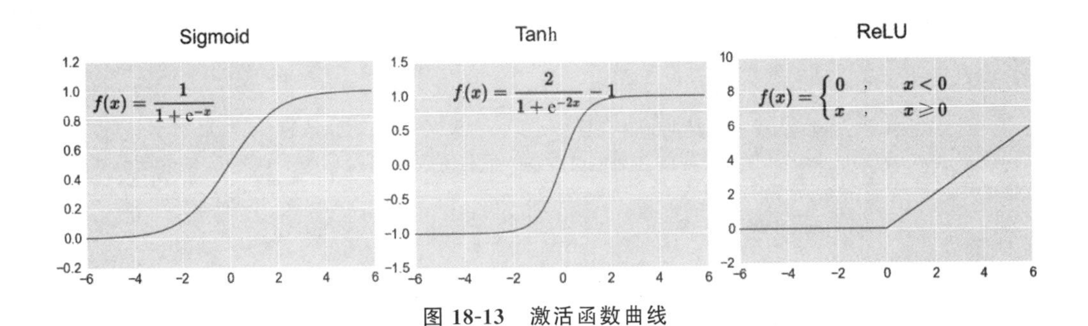

图 18-13　激活函数曲线

微课视频：11_CNN_conv2d_filter_relu. mp4。

18.8　多层 Conv2D 函数

在 CNN 中常多次调用 Conv2D 函数。下面通过以下程序来说明调用 1 次和调用 4 次 Conv2D 函数的差异(实例 159——12_CNN_conv2d_Layers. py)：

```
1. import cv2
2. import numpy as np
3. import TensorFlow as tf
4. import matplotlib.pyplot as plt
5. s = 64                                                      #图片尺寸 64×64
6. img = cv2.imread("1.jpg")                             #通过 OpenCV 提取 1.jpg 彩色照片
7. img = cv2.resize(img, (s, s), interpolation = cv2.INTER_AREA)   #缩小成 64×64 彩色图
8. img = cv2.cvtColor(img, cv2.COLOR_BGR2GRAY)                   #彩色转灰度
9. model = tf.keras.models.Sequential()                          #模型 1
10. model.add(tf.keras.layers.Conv2D(filters = 1, kernel_size = (3, 3),   #3×3 尺寸去边
11.         input_shape = (s,s,1)))                              #输入(64,64,1)
12.
13. model2 = tf.keras.models.Sequential()                        #模型 2
14. model2.add(tf.keras.layers.Conv2D(filters = 1, kernel_size = (3,3),   #3×3 尺寸去边
15.         input_shape = (s,s,1)))                              #输入(64,64,1)
16. model2.add(tf.keras.layers.Conv2D(filters = 1, kernel_size = (3,3)))   #第 2 次卷积
17. model2.add(tf.keras.layers.Conv2D(filters = 1, kernel_size = (3,3)))   #第 3 次卷积
18. model2.add(tf.keras.layers.Conv2D(filters = 1, kernel_size = (3,3)))   #第 4 次卷积
19.
20. def visualize_img(i_model,i_img,i_subplot):
21.   i_img = np.reshape(i_img,(1,s,s,1))                         #改变维度
```

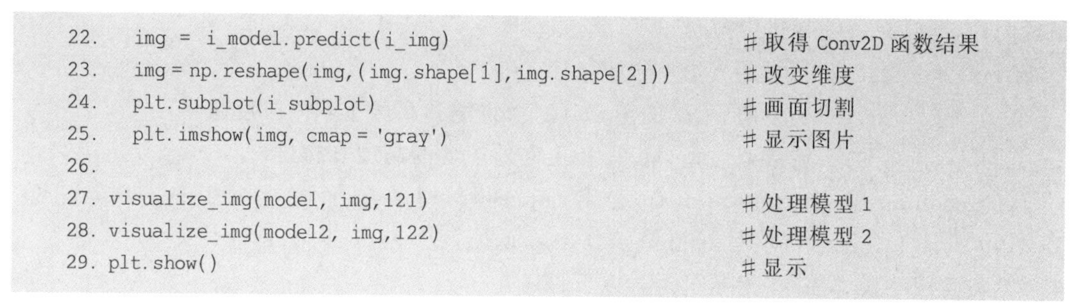

```
22.    img = i_model.predict(i_img)                              #取得 Conv2D 函数结果
23.    img = np.reshape(img,(img.shape[1],img.shape[2]))         #改变维度
24.    plt.subplot(i_subplot)                                    #画面切割
25.    plt.imshow(img, cmap = 'gray')                            #显示图片
26.
27. visualize_img(model, img,121)                                #处理模型 1
28. visualize_img(model2, img,122)                               #处理模型 2
29. plt.show()                                                   #显示
```

运行结果如图 18-14 所示。

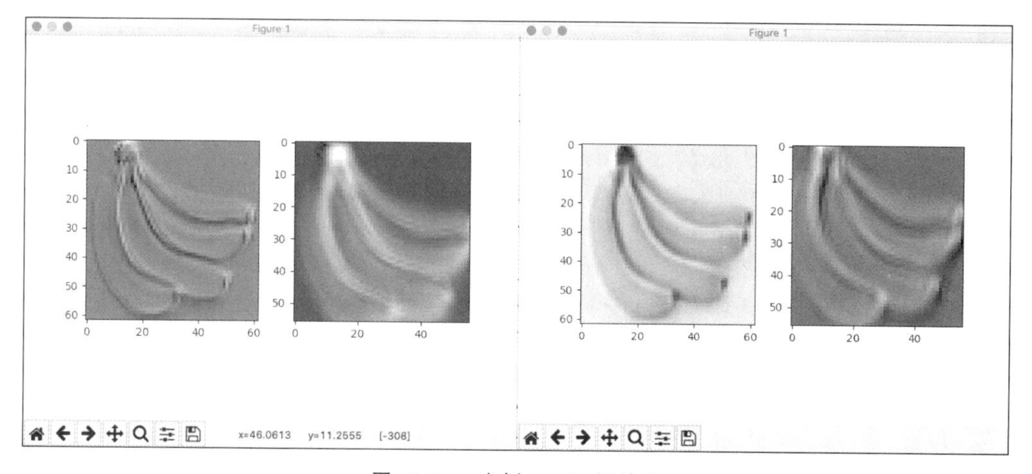

图 18-14　实例 159 运行结果

该程序多运行几次，并用鼠标单击图片任意位置，观察该位置上的数值，可以看出：

(1) 调用 4 次 Conv2D 函数的图中的香蕉，明显比调用 1 次的图中的香蕉大，这是由于香蕉周围的图片被裁掉了。

(2) 因为焦点的图比较大，所以细节也比较明显。

(3) 因为调用了 4 次的 Conv2D 函数，所以数字大的更大，小的更小。

微课视频：12_CNN_conv2d_Layers.mp4。

18.9　多层池化层 MaxPooling2D 函数

在 CNN 中常多次调用 MaxPooling2D 函数。该函数通常在卷积层后面插入，作用是逐渐降低卷积神经网络的空间尺寸，以减少卷积神经网络中参数的数量，减少计算资源消耗并

节约内存，同时有效控制过度拟合。

MaxPooling2D 函数常用参数有以下 4 个。

(1) pool_size：缩小纵向、水平的量，如(2,2)将宽和高两个空间维度减半。

(2) strides：两个整数或元组/清单，指定向外扩展的高度和宽度。

(3) padding：可选值为 valid(有效)或 same(相同)。

(4) data_format：可填写 channels_last(默认值)或 channels_first。

如需将图片尺寸缩小一半，可通过以下程序：

```
tf.keras.layers.MaxPool2D(pool_size = (2, 2))
```

处理后图片宽度和高度将各缩小 1/2。

另外，MaxPooling2D 和 MaxPool2D 是相同的函数，只是名称不同。

实例 160——13_CNN_MaxPooling.py。

```
1. import cv2
2. import numpy as np
3. import TensorFlow as tf
4. import matplotlib.pyplot as plt
5. s = 64                                                  #图片尺寸为 64× 64
6. img = cv2.imread("1.jpg")                               #通过 OpenCV 提取彩色照片 1.jpg
7. img = cv2.resize(img, (s, s), interpolation = cv2.INTER_AREA)      #缩小成 64×64 彩色图
8. img = cv2.cvtColor(img, cv2.COLOR_BGR2GRAY)              #彩色转灰度
9. model = tf.keras.models.Sequential()                    #模型 1
10. model.add(tf.keras.layers.Conv2D(filters = 1, kernel_size = (3, 3),       #3×3 尺寸去边
11.           input_shape = (s,s,1)))                      #输入(64,64,1)
12.
13. model2 = tf.keras.models.Sequential()                  #模型 2
14. model2.add(tf.keras.layers.Conv2D(filters = 1, kernel_size = (3,3),       #3×3 尺寸去边
15.           input_shape = (s,s,1)))                      #输入(64,64,1)
16. model2.add(tf.keras.layers.MaxPool2D(pool_size = (2,2)))     #缩小输出(32,32,1)
17. model2.summary()
18.
19. def visualize_img(i_model,i_img,i_subplot):
20.     i_img = np.reshape(i_img,(1,s,s,1))                #改变维度
21.     img = i_model.predict(i_img)                       #取得 Conv2D
22.     img = np.reshape(img,(img.shape[1],img.shape[2]))  #改变维度
23.     plt.subplot(i_subplot)                             #画面切割
24.     plt.imshow(img, cmap = 'gray')                     #显示图片
25.
26. visualize_img(model, img,121)                          #处理模型 1
27. visualize_img(model2, img,122)                         #处理模型 2
28. plt.show()                                             #显示
```

运行结果如图 18-15 所示。

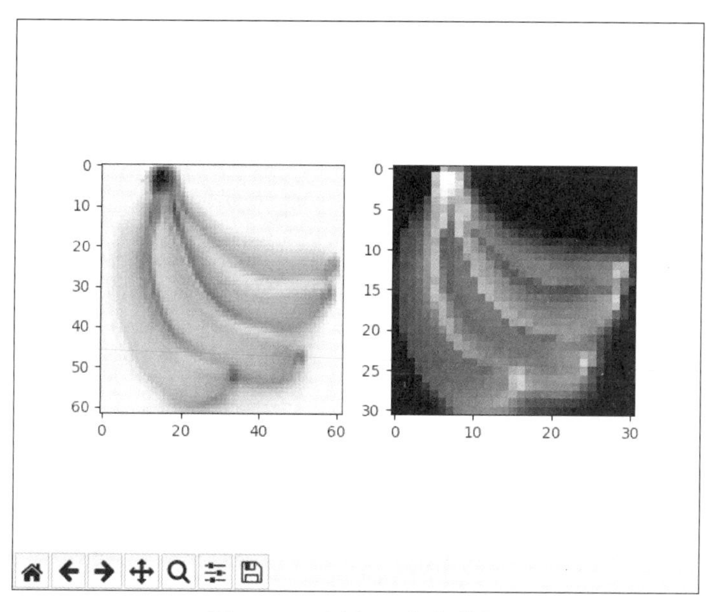

图 18-15　实例 160 运行结果

model2. summary()运行结果如图 18-16 所示。

```
Model: "sequential_1"
_________________________________________________________________
Layer (type)                 Output Shape              Param #
=================================================================
conv2d_1 (Conv2D)            (None, 62, 62, 1)         10
_________________________________________________________________
max_pooling2d (MaxPooling2D) (None, 31, 31, 1)         0
=================================================================
Total params: 10
Trainable params: 10
Non-trainable params: 0
_________________________________________________________________
```

图 18-16　model2. summary()运行结果

微课视频：13_CNN_MaxPooling. mp4。

18.10　池化层计算方法

本节讲解池化层(Max Pooling)的计算方法。如果 MaxPooling2D(pool_size=(2,2))，结果将如图 18-17 所示。

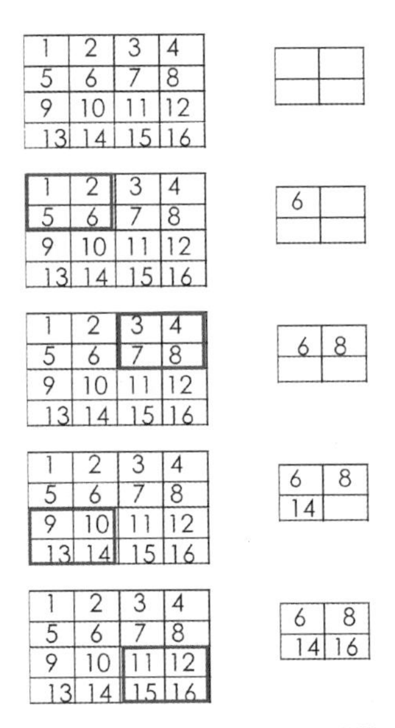

图 18-17 MaxPooling2D 函数计算结果

实例 161——14_CNN_MaxPooling_math. py。

```
1. import cv2
2. import numpy as np
3. import TensorFlow as tf
4. import matplotlib.pyplot as plt
5. s = 4                                                      #图片尺寸为 4×4
6. img = np.array([[1,2,3,4],[5,6,7,8],[9,10,11,12],[13,14,15,16]])
7. print(img)
8. model = tf.keras.models.Sequential()                       #模型 1
9. model.add(tf.keras.layers.MaxPool2D(pool_size = (2,2)      #池子尺寸(2,2)
10.                  ,input_shape = (s,s,1)))                 #输入(64,64,1)
11.
12. def visualize_img(i_model,i_img,i_subplot):
13.     i_img = np.reshape(i_img,(1,s,s,1))                   #改变维度
14.     img = i_model.predict(i_img)                          #取得 Conv2D 结果
15.     img = np.reshape(img,(img.shape[1],img.shape[2]))     #改变维度
16.     plt.subplot(i_subplot)                                #画面切割
17.     plt.imshow(img, cmap = 'gray')                        #显示图片
18.     print(img)
19.
20.
21. visualize_img(model, img,111)                             #处理模型 1
22. plt.show()                                                #显示
```

运行结果如图 18-18 所示。

```
[[ 1  2  3  4]
 [ 5  6  7  8]
 [ 9 10 11 12]
 [13 14 15 16]]
Model: "sequential"
_________________________________________________________________
Layer (type)                 Output Shape              Param #
=================================================================
max_pooling2d (MaxPooling2D) (None, 2, 2, 1)           0
=================================================================
Total params: 0
Trainable params: 0
Non-trainable params: 0
_________________________________________________________________
[[ 6.  8.]
 [14. 16.]]
```

图 18-18 实例 161 运行结果

由运行结果可以看出：

(1) 右边的模型使用了函数 MaxPooling2D(pool_size=(2,2))，将 64×64 的图片调整为 32×32。

(2) MaxPooling2D()函数处理后将图中较大的特征值留下，使图片特征明显。

微课视频：14_CNN_MaxPooling_math. mp4。

18.11 平均池化 Average Pooling

池化层一般有如下两种方式：

(1) Max Pooling，在池子中挑选最大的数字。

(2) Average Pooling，在池子中求平均数字。平均池化(Average Pooling)用法如下(实例 162——15_CNN_MaxPooling_MeanPooling. py)：

```
1. import cv2
2. import numpy as np
3. import TensorFlow as tf
4. import matplotlib.pyplot as plt
5. s = 64                                                    #图片尺寸为 64×64
6. img = cv2.imread("1.jpg")                                 #通过 OpenCV 提取彩色照 1.jpg
7. img = cv2.resize(img, (s, s), interpolation = cv2.INTER_AREA)    #缩小成 64×64 彩色图
8. img = cv2.cvtColor(img, cv2.COLOR_BGR2GRAY)                #彩色转灰度
9. model = tf.keras.models.Sequential()                      #模型 1
```

```
10. model.add(tf.keras.layers.MaxPool2D(pool_size = (2,2),input_shape = (s,s,1)))
11. model.summary()                                      #输出模型
12.
13. model2 = tf.keras.models.Sequential()                 #模型 2
14. model2.add(tf.keras.layers.AveragePooling2D(pool_size = (2,2),input_shape = (s,s,1)))
15. model2.summary()                                     #输出模型
16.
17. def visualize_img(i_model,i_img,i_subplot):
18.     i_img = np.reshape(i_img,(1,s,s,1))               #改变维度
19.     img = i_model.predict(i_img)                      #取得 Conv2D 函数结果
20.     img = np.reshape(img,(img.shape[1],img.shape[2]))  #改变维度
21.     plt.subplot(i_subplot)                            #画面切割
22.     plt.imshow(img, cmap = 'gray')                    #显示图片
23.
24. visualize_img(model, img,121)                         #处理模型 1
25. visualize_img(model2, img,122)                        #处理模型 2
26. plt.show()                                            #显示
```

运行结果如图 18-19 所示。

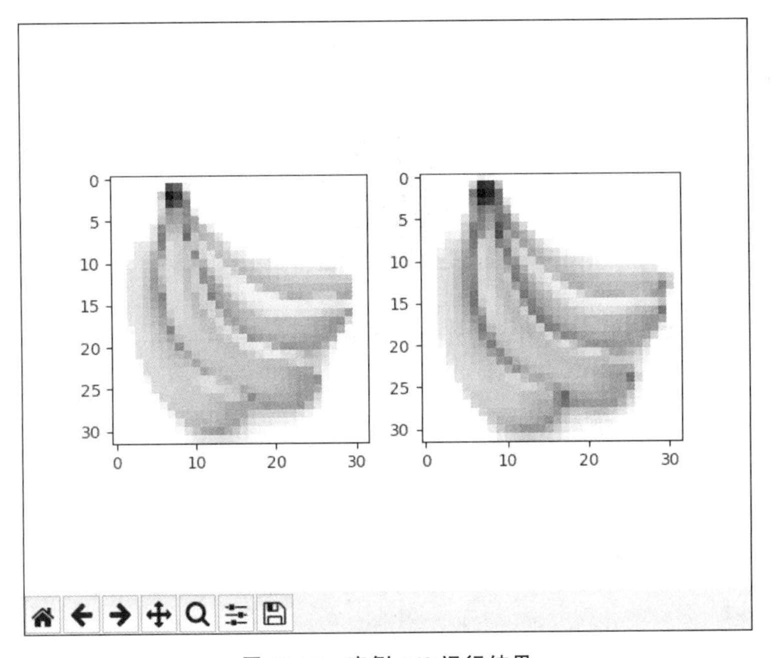

图 18-19　实例 162 运行结果

微课视频：15_CNN_MaxPooling_MeanPooling.mp4。

18.12 均值池化 MeanPooling

均值池化(MeanPooling)用法如下(实例 163——15_CNN_MaxPooling_MeanPooling_math.py):

```
1.  import cv2
2.  import numpy as np
3.  import TensorFlow as tf
4.  import matplotlib.pyplot as plt
5.  s = 4                                                    #图片尺寸为 4×4
6.  img = np.array([[1,2,3,4],[5,6,7,8],[9,10,11,12],[13,14,15,16]])
7.  print(img)                                               #输出数值
8.
9.  model = tf.keras.models.Sequential()                     #模型 1
10. model.add(tf.keras.layers.MaxPool2D(pool_size = (2,2),input_shape = (s,s,1)))
11. model.summary()                                          #输出模型
12.
13. model2 = tf.keras.models.Sequential()                    #模型 2
14. model2.add(tf.keras.layers.AveragePooling2D(pool_size = (2,2),input_shape = (s,s,1)))
15. model2.summary()                                         #输出模型
16.
17. def visualize_img(i_model,i_img,i_subplot):
18.     i_img = np.reshape(i_img,(1,s,s,1))                  #改变维度
19.     img = i_model.predict(i_img)                         #取得 Conv2D
20.     img = np.reshape(img,(img.shape[1],img.shape[2]))    #改变维度
21.     plt.subplot(i_subplot)                               #画面切割
22.     plt.imshow(img, cmap = 'gray')                       #显示图片
23.   print(img)                                             #输出数值
24.
25. visualize_img(model, img,121)                            #处理模型 1
26. visualize_img(model2, img,122)                           #处理模型 2
27. plt.show()                                               #显示
```

运行结果如图 18-20 所示。

其中 AveragePooling2D 函数的算法如下:

$$3.5=(1+2+5+6)/4$$

$$5.5=(3+4+7+8)/4$$

$$11.5=(9+10+13+14)/4$$

$$13.5=(11+12+15+16)/4$$

由运行结果可以看出:

(1) 左侧 MaxPooling2D 函数处理后的图片颜色较深,右侧 AveragePooling2D 函数处理后的图片颜色接近原图。

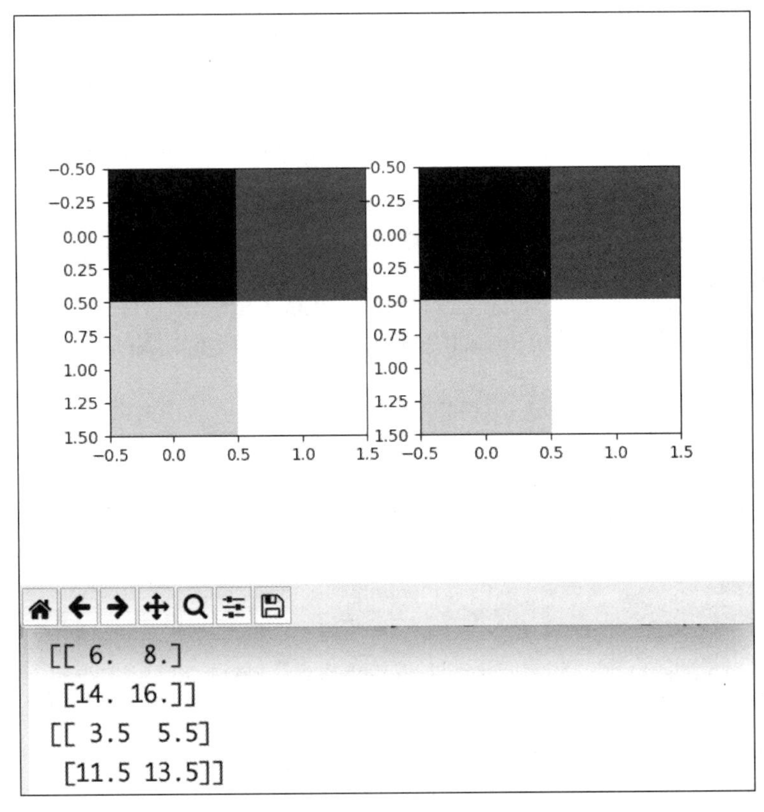

图 18-20 实例 163 运行结果

(2) 需辨别图片轮廓宜采用 MaxPooling2D 函数，辨别轮廓相同但颜色不同的图片宜采用 AveragePooling2D 函数。

微课视频：16_CNN_MaxPooling_MeanPooling_math. mp4。

第19章 CHAPTER 19 利用卷积神经网络提高准确率的技巧

19.1 利用 ImageDataGenerator 函数创建更多训练集

通过之前的实例可以知道，图像深度学习工作中，训练集越多，预测就越准确。这里将介绍函数 ImageDataGenerator，该函数在训练中通过放大、缩小、旋转及明暗创建大量图片，直至达到规定的期数。

ImageDataGenerator 函数使用方法如下：

```
tf.keras.preprocessing.image.ImageDataGenerator()
```

主要参数有以下 14 个。

(1) zca_whitening：白化处理，布尔代数，对图形进行 ZCA（Zero-phase Component Analysis，零相成分分析）。

(2) rotation_range：随机转动的角度，整数。

(3) width_shift_range：图片宽度的比例，浮点数，图片水平偏移。

(4) height_shift_range：图片高度的比例，浮点数，图片垂直偏移。

(5) shear_range：剪切强度，浮点数，逆时针方向的剪切变换角度。

(6) zoom_range：缩放范围，浮点数或（高，低），随机缩放。

(7) channel_shift_range：随机通道（颜色）偏移，浮点数。

(8) fill_mode：填充模式，字符串，处理空白的方法，有 constant（固定）、nearest（最近）、reflect（镜射）及 wrap（包装）等。

(9) cval：浮点数或整数，当“fill_mode=constant”时，指定向超出边界的点填充的值。

(10) horizontal_flip：水平翻转，布尔代数，进行随机水平翻转。

(11) vertical_flip：垂直翻转，布尔代数，进行随机垂直翻转。

(12) rescale：重缩放，默认值为 None。如非 0，将以其值乘以数据。

(13) preprocessing_function：用于每个输入的函数。

(14) data_format：字符串。以 128×128 的 RGB 图像为例，channel_first 输入的图像

的数据为(3,128,128),而 channel_last 应将图像格式化为(128,128,3),这是内定值。

创建图片的 flow 函数如下:

```
flow(self, X, y, batch_size = 32, shuffle = True, seed = None, save_to_dir = None, save_prefix =
'', save_format = 'png')
```

接收 NumPy 数组和标签为参数,创建经过数据提升或标准化后的 batch 数据,并循环返回 batch 数据。

主要参数有以下 9 个。

(1) x: 样本数据,维度为 4,灰度图 channel 轴的值为 1,彩色图为 3。

(2) y: 标签。

(3) batch_size: 整数,默认为 32。

(4) shuffle: 布尔代数,是否随机打印随机数据,默认为 True。

(5) save_to_dir: None 或字符串,保存图片,用以可视化。

(6) save_prefix: None 或字符串,图片文档名称。

(7) save_format: 指定图片的数据格式,扩展名为 png 或 jpeg,默认为 jpeg。

(8) yields: 形如(x,y)的数组。其中 x 代表图像数据的 NumPy 数组,y 代表标签的 NumPy 数组。

(9) seed: 整数,随机数种子。

通过以下实例,用一张图片创建经过 9 种不同变换过的图片(实例 164——01_ImageDataGenerator. py):

```
1. import TensorFlow as tf
2. import numpy as np
3. from sklearn. datasets import load_digits
4. import matplotlib. pyplot as plt                                   #绘图函数库
5. datagen = tf. keras. preprocessing. image. ImageDataGenerator(    #图片创建
6.     rotation_range = 15,                                           #旋转 15°
7.     width_shift_range = 0.1,                                       #平移 10%
8.     height_shift_range = 0.1,                                      #上下 10%
9.     rescale = 1./255,                                              #数值差异
10.     shear_range = 0.2,                                            #减掉 20%
11.     zoom_range = 0.2,                                             #缩放 20%
12.     brightness_range = (0.6,1.4),                                 #亮度
13.     horizontal_flip = True,                                       #水平翻转
14.     vertical_flip = True,                                         #垂直翻转
15.     fill_mode = 'nearest')                                        #空白处理
16.
17. img = tf. keras. preprocessing. image. load_img('1. jpg',         #读取图 1. jpg
18.             target_size = (28,28))                                #图片尺寸为 28 × 28
19. x = tf. keras. preprocessing. image. img_to_array(img)            #转 NumPy
20. print(x. shape)                                                   #输出(28,28,3)
21. x = x. reshape(1, 28, 28, 3)                                      #改变维度为(1, 28, 28, 3)
```

```
22. print(x.shape)                                    # 输出(1,28,28,3)
23. max = 9
24. batchs  =  datagen.flow(x,                        # 指定原图
25.              batch_size = max,                    # 创建 9 张图
26.              save_to_dir = 'preview',             # 存储路径
27.              save_prefix = 'image',               # 存储文档名
28.              save_format = 'jpeg')                # 存储格式
29. print(batchs.batch_size)                          # 输出 9
30. i = 1
31. for batch in batchs:
32.   augImage  =  batch[0]
33.   plt.subplot(330  +  i)                          # 画面切割
34.   plt.imshow(augImage)                            # 显示图片
35.   if i >= 9:
36.     break
37.   i = i + 1
38. plt.show()                                        # 显示图片
39.
```

运行结果如图 19-1 所示，运行后，ImageDataGenerator 图片创建器会把这 9 张图片存储至 preview 的路径下。

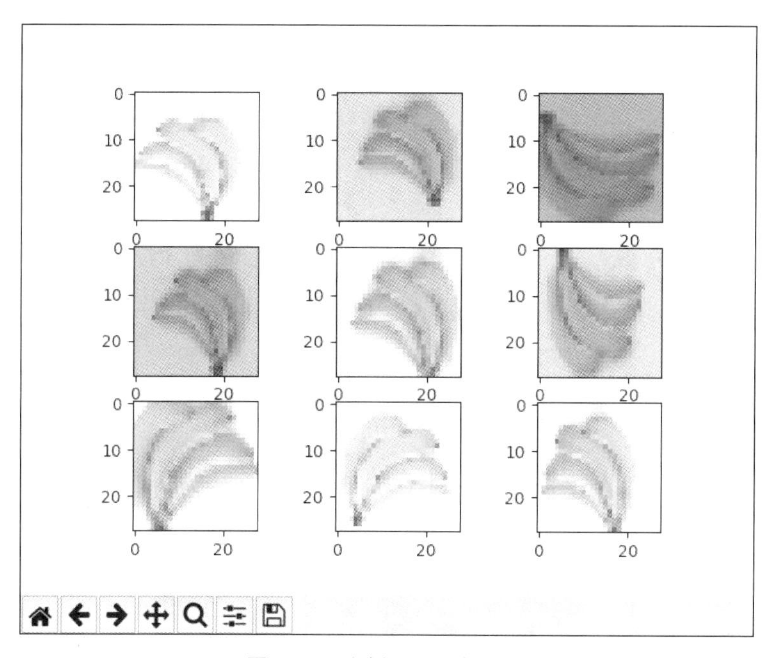

图 19-1　实例 164 运行结果

微课视频：01_ImageDataGenerator.mp4。

19.2 利用 width_shift_range 参数水平移动图片

下面通过用一张照片创建出 9 种水平平移变换的实例，介绍 width_shift_range 参数（实例 165——02_ImageDataGenerator_width_shift_range.py）：

```
1. img = tf.keras.preprocessing.image.load_img('1.jpg',                    #读取图 1.jpg
2.              target_size = (28,28))                                    #图尺寸为 28×28
3. data = tf.keras.preprocessing.image.img_to_array(img)                  #转 NumPy
4. samples = data.reshape(1,28,28,3)                                      #改变维度(1, 28, 28, 3)
5. datagen = tf.keras.preprocessing.image.ImageDataGenerator(             #图片创建
6.      width_shift_range = [ - 10,10]                      #图像随机水平平移,平移范围为 - 10～10
7.      #width_shift_range = 0.1)                                         #也可写成平移 10 %
8. it = datagen.flow(samples, batch_size = 1)                             #指定原图创建 1 张图
9. for i in range(9):
10.    plt.subplot(330 + i)                                               #画面切割
11.    batch = it.next()                                                  #再创建图
12.    image = batch[0].astype('uint8')                                   #取第 0 张
13.    plt.imshow(image)                                                  #显示图片
14. plt.show()                                                            #显示图片
```

运行结果如图 19-2 所示。

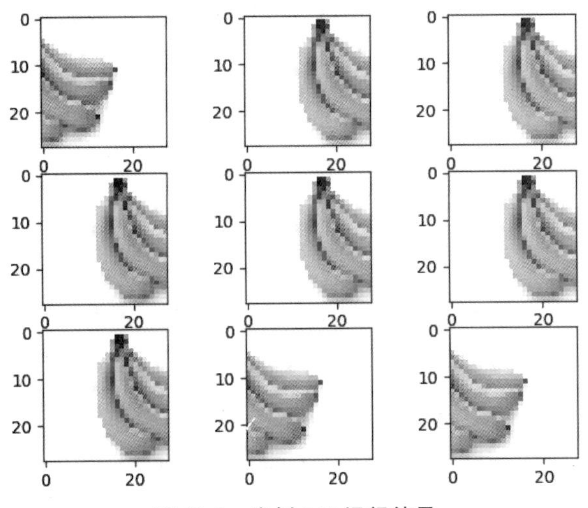

图 19-2　实例 165 运行结果

微课视频：02_ImageDataGenerator_width_shift_range. mp4。

19.3 利用 rotation_range 参数旋转图片

下面通过用一张照片创建出 9 种旋转变换介绍 rotation_range 参数(实例 166——03_ImageDataGenerator_rotation_range. py)：

```
1. …                                                          #相同,省略
2. datagen = tf.keras.preprocessing.image.ImageDataGenerator(  #图片创建
3.     rotation_range = 45)                                   #旋转 - 45°～45°
4. …                                                          #相同,省略
```

运行结果如图 19-3 所示。

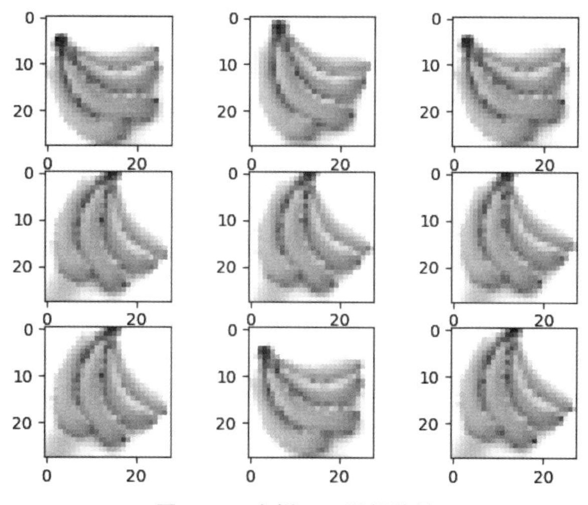

图 19-3 实例 166 运行结果

微课视频：03_ImageDataGenerator_rotation_range. mp4。

19.4 利用 zoom_range 参数放大缩小图片

下面介绍利用 zoom_range 参数将图片缩放 30%的方法,可写成“zoom_range=[0.7,1.3]”或“zoom_range=0.3”(实例 167——04_ImageDataGenerator_zoom_range.py):

```
1. …                                                          #相同,省略
2. datagen = tf.keras.preprocessing.image.ImageDataGenerator(  #图片创建
3.     zoom_range=[0.7,1.3])                                  #放大缩小 1.3%～70%
4. …                                                          #相同,省略
```

运行结果如图 19-4 所示。

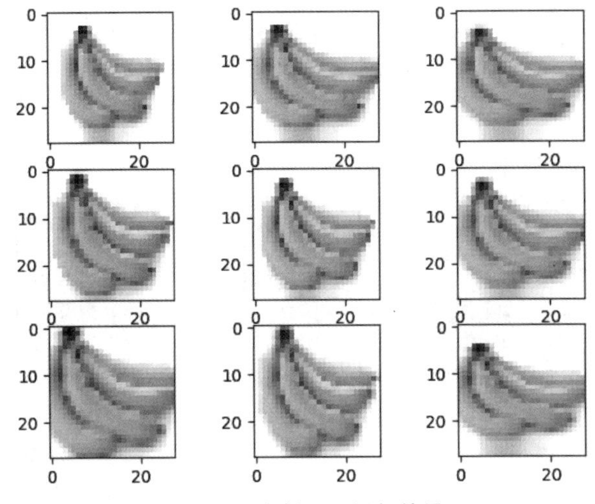

图 19-4 实例 167 运行结果

微课视频:04_ImageDataGenerator_zoom_range.mp4。

19.5 利用 brightness_range 参数调整明暗度

下面介绍利用 brightness_range 参数将图片明暗度调整 30%的方法,可以写成“brightness_range=[0.7,1.3]”或“brightness_range=0.3”(实例 168——05_ImageDataGenerator_brightness_range.py):

```
1. …                                                              # 相同,省略
2. datagen = tf.keras.preprocessing.image.ImageDataGenerator(      # 图片创建
3.     brightness_range = [0.7,1.3])                               # 明暗度调整 30 %
4. …                                                              # 相同,省略
```

运行结果如图 19-5 所示。

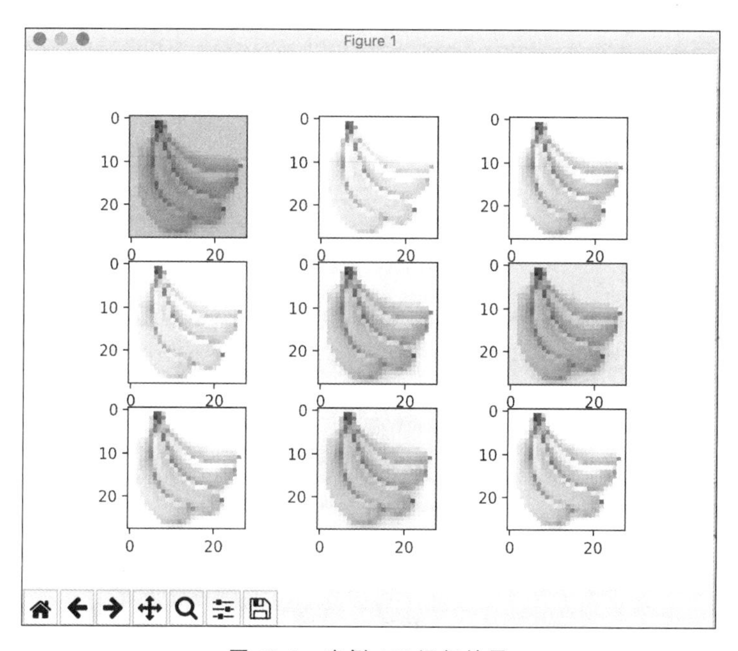

图 19-5　实例 168 运行结果

微课视频：05_ImageDataGenerator_brightness_range.mp4。

19.6　height_shift_range、fill_mode 及 cval 参数

下面介绍利用 height_shift_range 参数调整上下、利用 fill_mode 参数空白处理及利用 cval 参数指定空白颜色的方法，空白处用灰色（125，125，125）填充（实例 169——06_ImageDataGenerator_fill_mode.py）：

```
1. …                                                              # 相同,省略
2. datagen = tf.keras.preprocessing.image.ImageDataGenerator(      # 图片创建
3.         height_shift_range = 0.5,                               # 上下移动 50 %
```

```
4.      cval = 125,fill_mode = 'constant')                #固定颜色,如图 19-6 所示
5.      #fill_mode = 'nearest')                           #用边缘框的颜色,如图 19-7 所示
6.      #fill_mode = 'reflect')                           #镜射,如图 19-8 所示
7.      #fill_mode = 'wrap')                              #重复图片,如图 19-9 所示
8.   …                                                    #相同,省略
```

其中,height_shift_range＝0.5 的意思是将图片上下移动 50%,fill_mode 为字符串,值为 constant(固定颜色),使用时须配合 cval,如"ImageDataGenerator(cval＝125,fill_mode＝'constant')"。

固定颜色运行结果如图 19-6 所示。

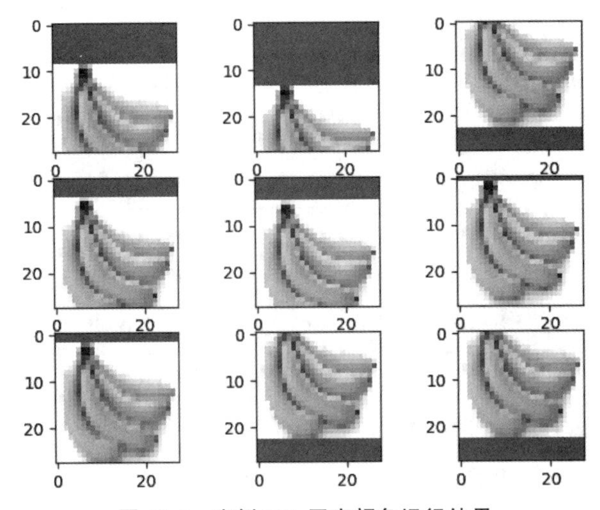

图 19-6　实例 169-固定颜色运行结果

采用边缘框颜色运行结果如图 19-7 所示。

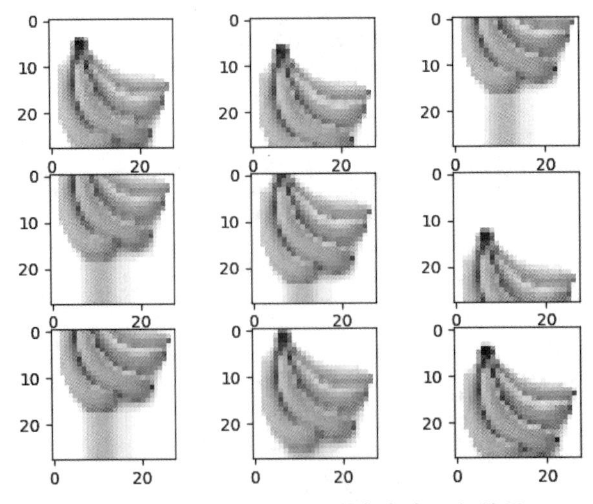

图 19-7　实例 169-采用边缘框颜色运行结果

镜射结果如图 19-8 所示。

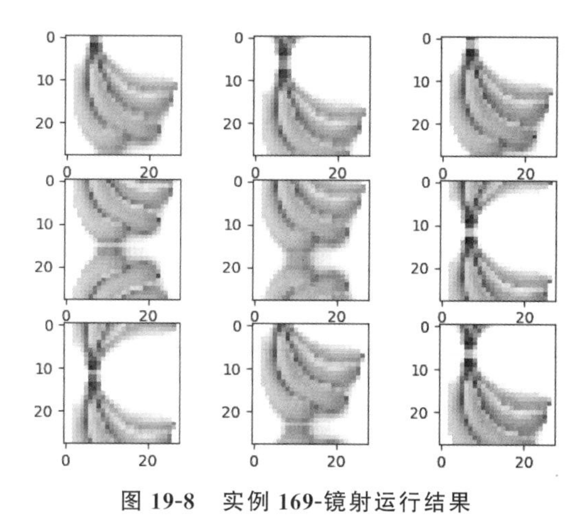

图 19-8　实例 169-镜射运行结果

重复图片运行结果如图 19-9 所示。

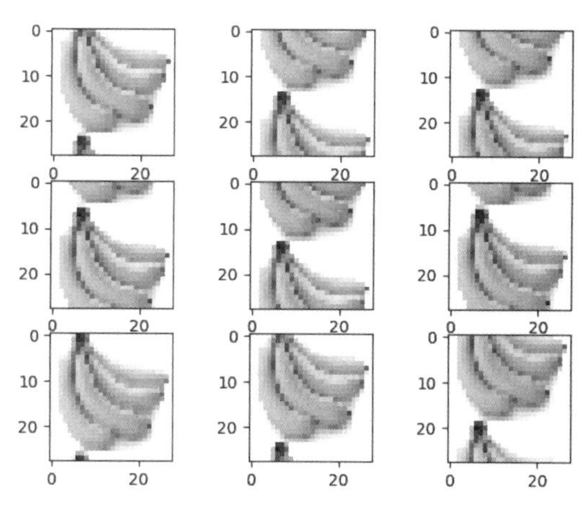

图 19-9　实例 169-重复图片运行结果

微课视频：06_ImageDataGenerator_fill_mode. mp4。

19.7　将 ImageDataGenerator 用于 MNIST 数据

通过以下实例用 MNIST 数据集中第 1 张手写图片来做变化，演示影像创建器的参数调整方法(实例 170——07_ImageDataGenerator_MINST. py)：

```
1. import TensorFlow as tf
2. import numpy as np
3. from sklearn.datasets import load_digits
4. import matplotlib.pyplot as plt                                    #绘图函数库
5. (X_train, y_train), (X_test, y_test) = tf.keras.datasets.mnist.load_data()
6. print(X_train[0].shape)                                            #输出 (28,28)
7. samples = X_train[0].reshape(1,28,28,1)                            #调整第1张图片的维度
8. print(samples.shape)                                               #输出 (1,28,28,1)
9. datagen = tf.keras.preprocessing.image.ImageDataGenerator(         #图片创建
10.                rotation_range = 25,                                #旋转 -25°~25°
11.                width_shift_range = [-3,3],                         #平移3%
12.                height_shift_range = [-3,3],                        #上下移动3%
13.                zoom_range = 0.3,                                   #缩放30%
14.                data_format = 'channels_last')                      #最终颜色
15. it = datagen.flow(samples, batch_size = 1)                         #指定原图
16. for i in range(25):
17.     plt.subplot(5,5, 1 + i)                                        #画面切割
18.     batch = it.next()                                              #创建下一张图片
19.     image = batch[0].astype('uint8')                               #整数
20.     print(image.shape)                                             #输出(28,28,1)
21.     image = image.reshape(28,28)                                   #调整第1张图片的维度
22.     plt.imshow(image, cmap = plt.get_cmap('gray'))                 #显示图片
23. plt.show()                                                         #显示图片
```

运行结果如图 19-10 所示。

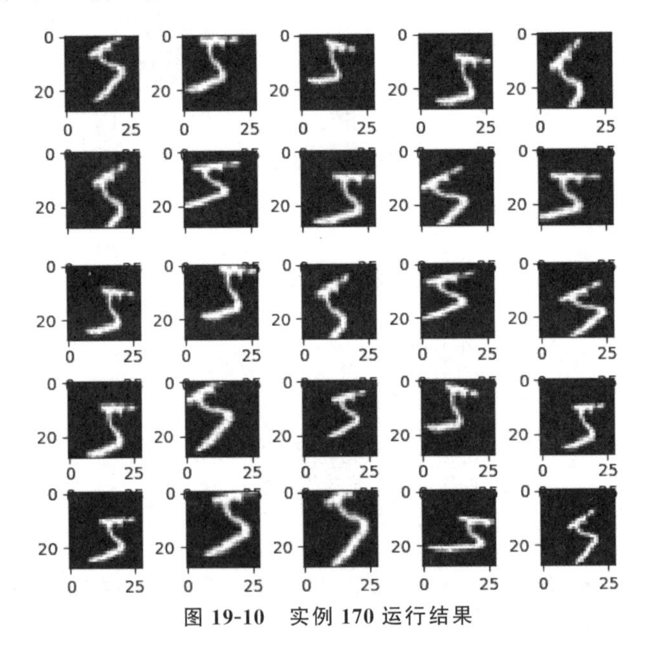

图 19-10　实例 170 运行结果

注意：对于手写字，不可使用水平翻转、垂直翻转、超过 90°的旋转、超过手写数据的放大等破坏手写字数据的操作。

微课视频：07_ImageDataGenerator_MINST.mp4。

上述程序把一张图片变成了多张图片。下面介绍通过图片创建器，将每一张手写图片都放大、缩小和旋转，并显示前25张的方法，只需修改部分变量即可，将下面代码：

```
samples = X_train[0].reshape(1,28,28,1)
it = datagen.flow(samples, batch_size = 1)
```

修改为：（实例171——08_ImageDataGenerator_MINST_all.py）：

```
samples = X_train.reshape(X_train.shape[0],28,28,1)   #也可写成 reshape (60000, 28, 28, 1)
it = datagen.flow(samples, batch_size = 1)
```

运行结果如图19-11所示。

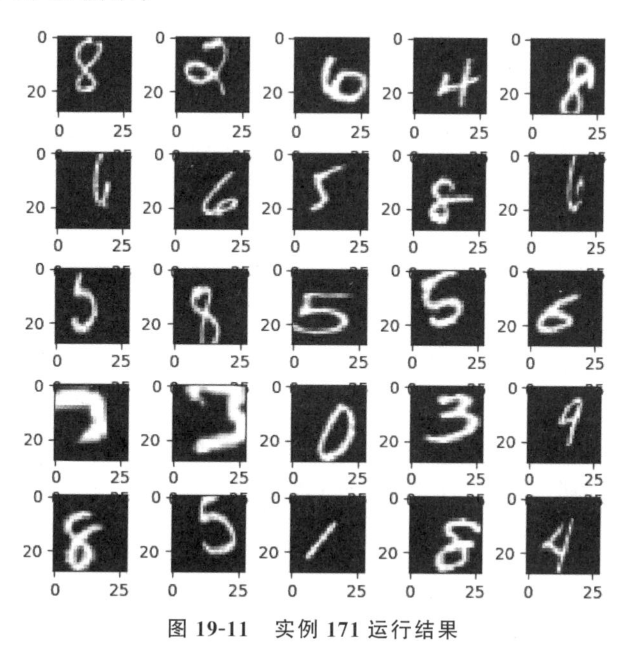

图 19-11　实例 171 运行结果

微课视频：08_ImageDataGenerator_MINST_all.mp4。

接下来结合 CNN 算法和影像创建器的程序如下(实例 172——07_ImageDataGenerator_MINST.py):

```
1.  …                                                        # 导入数据库,省略
2.  (x_train, y_train), (x_test, y_test) = tf.keras.datasets.mnist.load_data()    # 装载
3.  print(x_train.shape)                                     # 输出数据(60000, 28, 28)
4.
5.  x_train = x_train.astype('float32')                      # 转浮点数
6.  x_test = x_test.astype('float32')                        # 转浮点数
7.  x_train = x_train/255                                    # 特征值增强度
8.  x_test = x_test/255                                      # 特征值增强度
9.
10. samples = x_train.reshape(x_train.shape[0],28,28,1)      # 训练值改维度
11. x_test = x_test.reshape(x_test.shape[0],28,28,1)         # 测试值改维度
12. print(samples.shape)                                     # 输出数据(60000, 28, 28,1)
13. datagen = tf.keras.preprocessing.image.ImageDataGenerator(   # 图创建
14.               rotation_range = 25,                       # 旋转 - 25°~25°
15.               width_shift_range = [ - 3,3],              # 平移 3 %
16.               height_shift_range = [ - 3,3],             # 上下移动 3 %
17.               zoom_range = 0.3,                          # 缩放 30 %
18.               data_format = 'channels_last')             # 最后为颜色
19. model = tf.keras.models.Sequential()                     # 创建模型
20. model.add(tf.keras.layers.Conv2D(filters = 3, kernel_size = (3, 3),    # 38 个卷积
21.         padding = "same",                                # 相同尺寸
22.         input_shape = (28,28,1)))                        # 输入的数据尺寸数组
23. model.add(tf.keras.layers.Flatten())                     # 将影像维度转为一维
24. model.add(tf.keras.layers.Dense(10, activation = 'relu'))    # 10 个神经元
25. model.add(tf.keras.layers.Dense(units = 10,              # 10 种答案
26.   activation = tf.nn.softmax))                           # 使用 Softmax 激活函数
27. model.compile(optimizer = 'Adam', loss = 'categorical_crossentropy', metrics = ['accuracy'])
28. model.summary()                                          # 输出模型
29. with open("model_ImageDataGenerator.json", "w") as json_file: # 存储模型
30.   json_file.write(model.to_json())
31. with open('model_ImageDataGenerator.h5', 'r') as load_weights:
32.     model.load_weights("model_ImageDataGenerator.h5")    # 提取上次权重
33.
34. checkpoint = tf.keras.callbacks.ModelCheckpoint("model_ImageDataGenerator.h5", monitor
    = 'loss', verbose = 1, save_best_only = True, mode = 'auto', save_freq = 1)    # 存储权重
35.
36. # 将数字转为 One - hot 向量
37. y_train2 = tf.keras.utils.to_categorical(y_train, 10)
38. y_test2 = tf.keras.utils.to_categorical(y_test, 10)
39.
40. trainData = datagen.flow(samples,y_train2,batch_size = 64)    # 创建图片
```

```
41. history = model.fit(trainData,                             #进行训练
42.                 epochs = 1000,                             #设置训练次数
43.                 callbacks = [checkpoint])                  #每次都调用存储函数
44. score = model.evaluate(x_test, y_test2, batch_size = 128)  #测试评估
45. print("score:",score)                                      #输出结果
46. predict = model.predict(x_test)                            #预测
47. print("Ans:",np.argmax(predict[0]),np.argmax(predict[1]),np.argmax(predict[2]),
    np.argmax(predict[3]))                                     #预测答案
48. predict2 = model.predict_classes(x_test)                   #预测
49. print("predict_classes:",predict2)                         #预测答案
50. print("y_test",y_test[:])                                  #真正答案
```

微课视频：09_ImageDataGenerator_MINST_CNN.mp4。

由运行结果可以看出，使用影像创建器之后的训练结果变差，这是因为图形变化越大导致结果越不理想，所以应尽可能收敛影像创建器的参数。

19.8　二值化和更多神经元

由实例172可知，使用影像创建器后的图片变复杂，训练结果变差，所以神经网络的训练需加强，并通过二值化使图形数值更固定。

实例173——10_ImageDataGenerator_MINST_CNN_Binarization.py。

```
1. …                                                          #导入预定义文档
2. (x_train, y_train), (x_test, y_test) = tf.keras.datasets.mnist.load_data()
3. print(x_train[0][14:15])
4. x_train = np.where(x_train <= 30, 0, 255)                   #二值化
5. x_test = np.where(x_test <= 30, 0, 255)                     #二值化
6. x_train = x_train.astype('float32')
7. x_test = x_test.astype('float32')
8. x_train = x_train/255
9. x_test = x_test/255
10.
11. samples = x_train.reshape(x_train.shape[0],28,28,1)        #调整维度
12. x_test = x_test.reshape(x_test.shape[0],28,28,1)           #调整维度
13. datagen = tf.keras.preprocessing.image.ImageDataGenerator( #图创建
14.             rotation_range = 25 ,                          #旋转-25°~25°
15.             width_shift_range = [-3,3],                    #平移3%
```

```
16.                 height_shift_range = [ - 3,3],              # 上下移动 3 %
17.                 zoom_range = 0.3,                           # 缩放 30 %
18.                 data_format = 'channels_last')              # 最后为颜色
19. category = 10
20. model  =  tf.keras.models.Sequential()                      # 创建模型
21. model.add(tf.keras.layers.Conv2D(filters = 3, kernel_size = (3, 3),     # 38 个卷积
22.           padding = "same",                                 # 相同尺寸
23.           input_shape = (28,28,1)))                         # 输入的数据尺寸数组
24. model.add(tf.keras.layers.Conv2D(filters = 9, kernel_size = (2, 2),padding = "same"))
25. model.add(tf.keras.layers.Conv2D(filters = 81, kernel_size = (2, 2),padding = "same"))
26. model.add(tf.keras.layers.Flatten())                        # 将影像维度转为一维
27. model.add(tf.keras.layers.Dense(100, activation = 'relu'))  # 100 个神经元
28. model.add(tf.keras.layers.Dense(100, activation = 'relu'))  # 100 个神经元
29. model.add(tf.keras.layers.Dense(units = 10,                 # 10 种答案
30.    activation = tf.nn.softmax))                             # 使用 Softmax 激活函数
31. model.compile(optimizer = 'Adam' , loss = 'categorical_crossentropy' , metrics = ['accuracy'])
32. model.summary()                                             # 输出模型
33. …                                                           # 相同,省略
```

运行结果如图 19-12 所示。

```
Epoch 391/40000

  1/469 [..............................] - ETA: 51s - loss: 0.0557 - acc: 0.9844
  2/469 [..............................] - ETA: 41s - loss: 0.0830 - acc: 0.9766
  3/469 [..............................] - ETA: 38s - loss: 0.0922 - acc: 0.9714
  4/469 [..............................] - ETA: 37s - loss: 0.0895 - acc: 0.9707
```

图 19-12　实例 173 运行结果

本程序先导入 model_ImageDataGenerator_Binarization.h5 权重然后训练，并创建新的 model_ImageDataGenerator_Binarization.h5 权重文档和 model_ImageDataGenerator_Binarization.json 模型文档。随书附赠光盘中有花费将近两天的训练的权重文档。

微课视频：10_ImageDataGenerator_MINST_CNN_Binarization.mp4。

19.9　MNIST 手写预测

对实例 140 的即时手写数字识别 App 换一个权重进行测试(实例 174——11_OCR_mnist_CNN_Binarization.py)：

```
1. …                                                          # 导入预定义文档
2. json_file = open('model_ImageDataGenerator_Binarization.json', 'r')     # 提取模型结构
3. loaded_model_json = json_file.read()
4. json_file.close()
5. model = tf.keras.models.model_from_json(loaded_model_json)
6. model.load_weights("model_ImageDataGenerator_Binarization.h5")          # 提取模型权重
7. model.compile(loss = tf.keras.losses.categorical_crossentropy,
8.         optimizer = tf.keras.optimizers.Adadelta(),              # 设置模型 Loss 函数
9.         metrics = ['accuracy'])
10. …                                                         # 与 08_OCR_CNN.py 相同,省略
```

运行结果如图 19-13 所示。

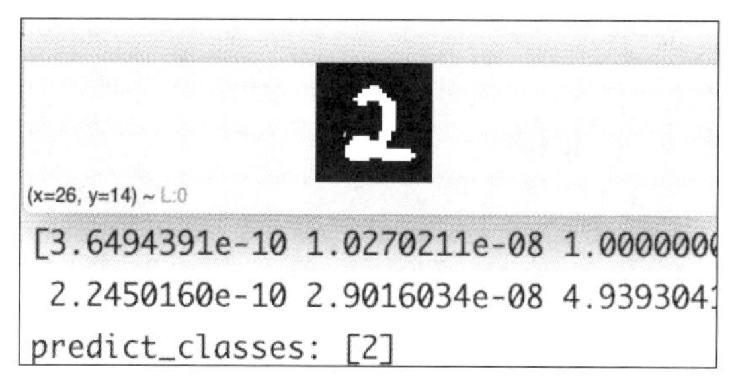

图 19-13 实例 174 运行结果

微课视频：11_OCR_mnist_CNN_Binarization.mp4。

对实例 138 的摄像机识别程序，换一个权重进行测试（实例 175——12-openCV-webcam-mnist_CNN_Binarizationy.py）：

```
1. …                                                          # 导入预定义文档
2. json_file = open('model_ImageDataGenerator_Binarization.json', 'r') # 提取模型结构
3. loaded_model_json = json_file.read()
4. json_file.close()
5. model = tf.keras.models.model_from_json(loaded_model_json)
6. model.load_weights("model_ImageDataGenerator_Binarization.h5")# 提取模型权重
7. model.compile(loss = tf.keras.losses.categorical_crossentropy,
8.         optimizer = tf.keras.optimizers.Adadelta(),              # 设置 Loss 函数
9.         metrics = ['accuracy'])
10. cap = cv2.VideoCapture(0)                                    # 调用摄像机
11. predict_Text = "."
12. while(True):
```

```
13.   ret, frame = cap.read()                                 # 获取摄像机的即时画面
14.   if ret == True:
15.     gray = cv2.cvtColor(img, cv2.COLOR_BGR2GRAY)   # 彩色转灰度
16.     cv2.imshow('gray',gray)
17.    resized = cv2.resize(gray, (28,28), interpolation = cv2.INTER_AREA)    # 缩小
18.    cv2.imshow('resized',resized)                          # 显示改后图片
19.    (thresh, blackAndWhite) = cv2.threshold(resized, 80, 255, cv2.THRESH_BINARY)
                                                              # 二值化
20.    cv2.imshow('blackAndWhiteImage',blackAndWhiteImage)
21.    inverte = cv2.bitwise_not(blackAndWhite)        # 颜色相反
22.    cv2.imshow('inverte',inverte)
23.     ernel = np.ones((2, 2), np.uint8)
24.     dilation = cv2.dilate(inverte, kernel, iterations = 1)     # 加粗
25.     cv2.imshow('dilation', dilation)
26.
27.     b = dilation.astype(dtype = np.float32)         # 转成浮点数
28.     x_test = b.reshape(1, 28, 28, 1)                # 将原始数据转为正确的影像排列方式
29.     x_test /= 255                                   # 标准化输入数据
30.     predict2 = model.predict_classes(x_test)        # 输出预测答案
31.     print("predict_classes:", predict2)             # 打印出预测答案
32.     predict_Text = str(predict2)
33. …                                    # 与 05 - openCV - webcam - convert.py 相同,省略
```

运行后,将纸对准摄像头即可看到输出,如图 19-14 所示。

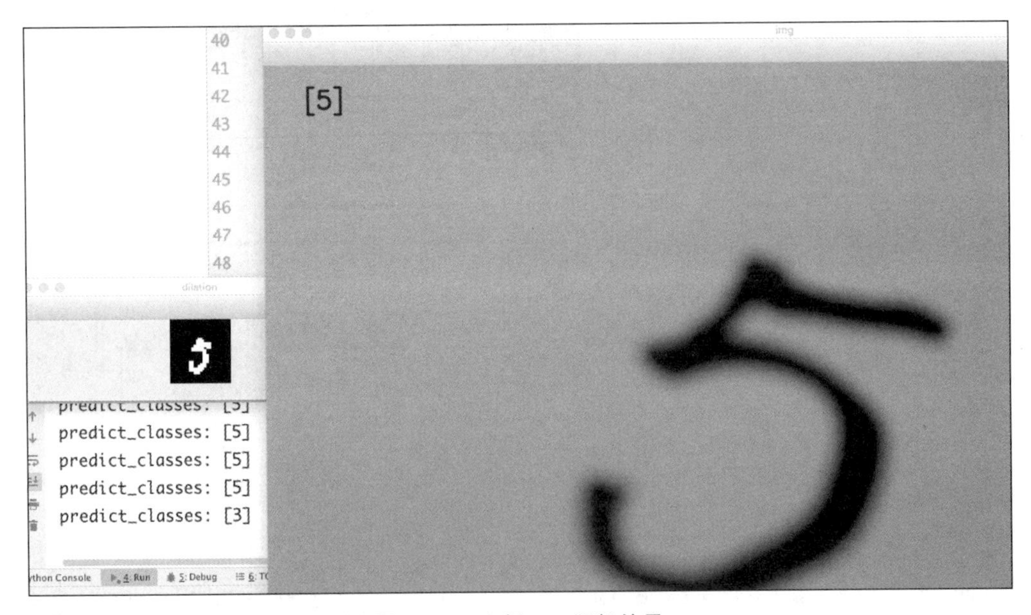

图 19-14 实例 175 运行结果

微课视频：12-openCV-webcam-mnist_CNN_Binarizationy. mp4。

19.10 混淆数组 Confusion Matrix

人工智能的判断还需注意其训练集的正确性，分析出容易出错的数据并补强。

通过以下程序，演示在机器学习及深度学习中如何使用混淆数组(Confusion Matrix)评估模型(实例 176——13_ImageDataGenerator_MINST_CNN_ConfisionMatrix. py)：

```
1. …                                                           #同一般的 CNN 训练程序
2. score = model.evaluate(x_test, y_test2, batch_size = 128)    #测试评估
3. print("score:",score)                                        #输出结果
4. predict = model.predict(x_test)                              #预测
5. print("Ans:",np.argmax(predict[0]),np.argmax(predict[1]),np.argmax(predict[2]),
   np.argmax(predict[3]))                                       #预测答案
6. predict2 = model.predict_classes(x_test)                     #预测
7. print("predict_classes:",predict2)                           #预测答案
8. print("y_test",y_test[:])                                    #正确答案
9.
10. con_mat = tf.confusion_matrix(labels = y_test,              #混淆数组
11.           predictions = predict2,                           #预测值
12.           dtype = tf.int32, name = None)
13. with tf.Session():
14.   con_matValue = tf.Tensor.eval(con_mat,feed_dict = None, session = None)    #转成表格
15.   print('Confusion Matrix: \n\n', con_matValue)             #输出
```

运行结果如图 19-15 所示。

```
Confusion Matrix:

[[961   0   5   3   0   6   3   1   1   0]
 [ 24 976  10   7   9   2   6  64  35   2]
 [  1   3 971  39   1   5   0   9   0   3]
 [  2   0  16 969   0  14   0   8   0   1]
 [  1   6   3   2 834   4  11  55  12  54]
 [  4   1   1  31   0 845   2   2   3   3]
 [ 34   1   5   0   2  72 832   0  12   0]
 [  1   1  27  27   0   0   0 966   2   4]
 [ 27   0  74  95   5  35   1  18 710   9]
 [  2   0   3  38   3  16   0  41  55 851]]
```

图 19-15 实例 176 运行结果

显示出来 Y 的部分是真实的分类,X 的部分是预测的分类。

如需图形化,可通过以下程序完成(实例 177——13_ImageDataGenerator_MINST_CNN_ConfisionMatrix. py):

```
1. …                                                    #同一般的 CNN 训练程序
2.  figure = plt.figure(figsize = (category, category))
3.  sns.heatmap(con_matValue, annot = True, cmap = plt.cm.Blues)
4.  plt.tight_layout()
5.  plt.ylabel('True label')
6.  plt.xlabel('Predicted label')
7.  plt.show()
```

运行结果如图 19-16 所示。

True label	0	1	2	3	4	5	6	7	8	9
0	9.6e+02	0	5	3	0	6	3	1	1	0
1	24	9.8e+02	10	7	9	2	6	64	35	2
2	1	3	9.7e+02	39	1	5	0	9	0	3
3	2	0	16	9.7e+02	0	14	0	8	0	1
4	1	6	3	2	8.3e+02	4	11	55	12	54
5	4	1	1	31	0	8.4e+02	2	2	3	3
6	34	1	5	0	2	72	8.3e+02	0	12	0
7	1	1	27	27	0	0	0	9.7e+02	2	4
8	27	0	74	95	5	35	1	18	7.1e+02	9
9	2	0	3	38	3	16	0	41	55	8.5e+02

图 19-16　实例 177 运行结果

微课视频:13_ImageDataGenerator_MINST_CNN_ConfisionMatrix. mp4。

第 20 章 图学网络应用模块

CHAPTER 20

20.1 图学网络应用模块

TensorFlow 的 tf. keras. applications 函数的 keras. applications(Keras 应用程序)提供了训练好的权重和深度学习模型,这些模型可以用于预测、特征提取和微调。这些都是有论文基础的神经网络模型,准确率较高。

在 tf. keras. applications 函数中有以下用于图像分类的模型。

(1) vgg16: Keras 的 VGG16 模型。

(2) vgg19: Keras 的 VGG19 模型。

(3) densitynet: 用于 Keras 的 DenseNet 模型。

(4) imagenet_utils: 用于 ImageNet 数据预处理和预测解码的实用程序。

(5) inception_resnet_v2: Keras 的 Inception-ResNet V2 模型。

(6) inception_v3: Keras 的 Inception V3 模型。

(7) mobilenet: Keras 的 MobileNet v1 模型。

(8) mobilenet_v2: Keras 的 MobileNet v2 模型。

(9) nasnet: Keras 的 NASNet-A 模型。

(10) resnet: Keras 的 ResNet 模型。

(11) resnet50: tf. keras. applications. resnet50 模型。

(12) resnet101: tf. keras. applications. resnet101 模型。

(13) resnet_v2: Keras 的 ResNet v2 模型。

(14) xception: 用于 Keras 的 Xception V1 模型。

每个应用模块初始化预训练模型时,都要下载训练好的权重文档。权重文档参数如表 20-1 所示。

这些模型通常用 ImageNet 图库事先训练权重,表 20-1 中的准确率也是由 ImageNet 图库预测出来的。ImageNet 图库的官方网站为 http://www. image-net. org/,首页如图 20-1 所示。

表 20-1　权重文档参数

图学网络模型	文档尺寸(MB)①	第1个正确率②	前5个正确率③	Total params(总参数)④	模型隐藏层⑤
Xception	88	0.790	0.945	22 910 480	126
VGG16	528	0.713	0.901	138 357 544	23
VGG19	549	0.713	0.900	143 667 240	26
ResNet50	98	0.749	0.921	25 636 712	—
ResNet101	171	0.764	0.928	44 707 176	—
ResNet152	232	0.766	0.931	60 419 944	—
ResNet50V2	98	0.760	0.930	25 613 800	—
ResNet101V2	171	0.772	0.938	44 675 560	—
ResNet152V2	232	0.780	0.942	60 380 648	—
InceptionV3	92	0.779	0.937	23 851 784	159
InceptionResNetV2	215	0.803	0.953	55 873 736	572
MobileNet	16	0.704	0.895	4 253 864	88
MobileNetV2	14	0.713	0.901	3 538 984	88
DenseNet121	33	0.750	0.923	8 062 504	121
DenseNet169	57	0.762	0.932	14 307 880	169
DenseNet201	80	0.773	0.936	20 242 984	201
NASNetMobile	23	0.744	0.919	5 326 716	—
NASNetLarge	343	0.825	0.960	88 949 818	—

注：①要下载的权重尺寸；②图片的正确率；③判断的物体在前5个内正确的比率；④用于计算的Param(神经元)数；⑤使用的隐藏层数。

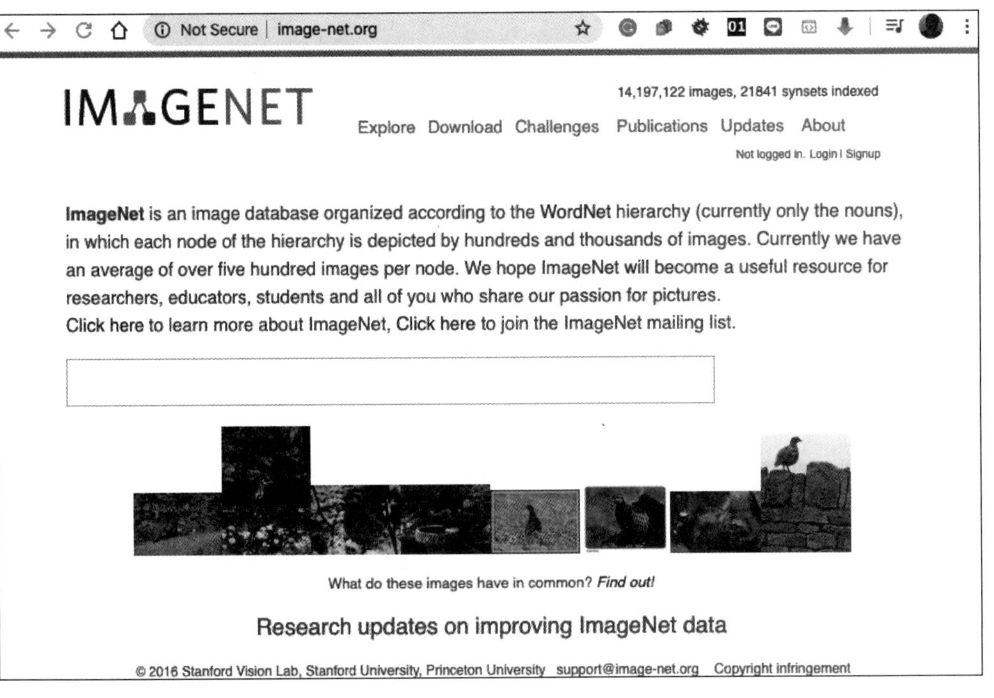

图 20-1　ImageNet 图库官方网站首页

另一个常用的图库是 Microsoft COCO 数据集，官方网站为 http://cocodataset.org/。另外，kaggle 上也有很多与图库相关的数据，官方网站为 https://www.kaggle.com/。

20.2　使用 VGG16 预测 1000 种对象

VGG16 模型的权值由 ImageNet 训练而来，相关学术论文请参考 VGG 技术论文(https://arxiv.org/abs/1409.1556)。

默认输入维度尺寸是 224×224×3 的彩色图片。VGG16 使用方法如下：

```
tf.compat.v1.keras.applications.vgg16.VGG16(include_top = True,weights = 'imagenet', input_
tensor = None, input_shape = None, pooling = None, classes = 1000)
```

主要参数有以下 6 个。

(1) include_top：是否为 model 的第 1 个。

(2) weights：None 代表随机初始化，imagenet 代表使用 ImageNet 1000 种分类预训练的权重值。

(3) input_tensor：模型的输入。

(4) input_shape：输入训练集的维度。

(5) pooling：None 代表不池化，avg 代表全局平均池化，max 代表取最大值。

(6) classes：内置 1000 种分类。

将图片转换成 VGG16 格式的方法如下：

```
tf.compat.v1.keras.applications.vgg16.preprocess_input(image)
```

将预测分类的答案转换成对应的分类名称字符串，代码如下：

```
tf.compat.v1.keras.applications.vgg16.decode_predictions(predict2)
```

准备一张图片 1.jpg，如图 20-2 所示，放在和程序相同的路径。也可使用其他图片，VGG16 可以辨识 10 000 种对象。

图 20-2　图片 1.jpg

通过以下实例将图片 1.jpg 送入 VGG16 做预测(实例 178——01_ImageDataGenerator.py)：

```
1. import numpy as np
2. import TensorFlow as tf
3. model = tf.compat.v1.keras.applications.vgg16.VGG16()
4. model.summary()                                          #提取图片并转换成 224×244 尺寸
5. img = tf.keras.preprocessing.image.load_img('1.jpg', target_size=(224, 224))
6. image = tf.keras.preprocessing.image.img_to_array(img)   #转成 NumPy
7. image=image.reshape((1,224,224,3))                        #转维度
8. image = tf.compat.v1.keras.applications.vgg16.preprocess_input(image)    #图送入模型
9. predict2 = model.predict(image)                           #预测
10. print(np.argmax(predict2[0]))                            #输出预测概率最大
11. print(predict2.shape)                                    #输出几种 VGG16 分类
12. label = tf.compat.v1.keras.applications.vgg16.decode_predictions(predict2) #转文字
13. label = label[0][0]
14. print('%s (%.2f%%)' % (label[1], label[2]*100))      #输出 banana(96.36%)
```

运行结果如图 20-3 所示。

```
Model: "vgg16"
_________________________________________________________________
Layer (type)                 Output Shape              Param #
=================================================================
input_1 (InputLayer)         [(None, 224, 224, 3)]     0
_________________________________________________________________
block1_conv1 (Conv2D)        (None, 224, 224, 64)      1792
_________________________________________________________________
block1_conv2 (Conv2D)        (None, 224, 224, 64)      36928
_________________________________________________________________
block1_pool (MaxPooling2D)   (None, 112, 112, 64)      0
_________________________________________________________________
block2_conv1 (Conv2D)        (None, 112, 112, 128)     73856
_________________________________________________________________
block2_conv2 (Conv2D)        (None, 112, 112, 128)     147584
_________________________________________________________________
block2_pool (MaxPooling2D)   (None, 56, 56, 128)       0
_________________________________________________________________
block3_conv1 (Conv2D)        (None, 56, 56, 256)       295168
_________________________________________________________________
block3_conv2 (Conv2D)        (None, 56, 56, 256)       590080
_________________________________________________________________
block3_conv3 (Conv2D)        (None, 56, 56, 256)       590080
_________________________________________________________________
block3_pool (MaxPooling2D)   (None, 28, 28, 256)       0
_________________________________________________________________
block4_conv1 (Conv2D)        (None, 28, 28, 512)       1180160
_________________________________________________________________
block4_conv2 (Conv2D)        (None, 28, 28, 512)       2359808
_________________________________________________________________
block4_conv3 (Conv2D)        (None, 28, 28, 512)       2359808
_________________________________________________________________
block4_pool (MaxPooling2D)   (None, 14, 14, 512)       0
_________________________________________________________________
block5_conv1 (Conv2D)        (None, 14, 14, 512)       2359808
_________________________________________________________________
block5_conv2 (Conv2D)        (None, 14, 14, 512)       2359808
_________________________________________________________________
block5_conv3 (Conv2D)        (None, 14, 14, 512)       2359808
_________________________________________________________________
block5_pool (MaxPooling2D)   (None, 7, 7, 512)         0
_________________________________________________________________
flatten (Flatten)            (None, 25088)             0
_________________________________________________________________
fc1 (Dense)                  (None, 4096)              102764544
_________________________________________________________________
fc2 (Dense)                  (None, 4096)              16781312
_________________________________________________________________
predictions (Dense)          (None, 1000)              4097000
=================================================================
Total params: 138,357,544
Trainable params: 138,357,544
Non-trainable params: 0
_________________________________________________________________
954
(1, 1000)
banana (96.36%)
```

图 20-3　实例 178 运行结果

由结果可以看出，banana (96.36%)意为判断图片 96.36%的概率是香蕉。

微课视频：01_ImageDataGenerator.mp4。

20.3 自制 VGG16 模型

实例 179 通过 model.summary()函数将图片送入 VGG16 的模型做预测太复杂，可以自己编写 VGG16 模型(实例 179——02_vgg16_Conv2d.py)：

```
1.  import TensorFlow as tf
2.  from TensorFlow.keras.layers import Dense,Activation,Dropout
3.  from TensorFlow.keras.layers import Flatten,Conv2D,MaxPool2D      #导入函数库
4.
5.  input_shape = (224,224,3)     #预定义输入 RGB 图片(224×224×3)(height,width,channel)
6.  model = tf.keras.models.Sequential(name = 'vgg16 - sequential')   #创建模型
7.  #                                                          #第 1 个卷积块(block1)
8.  model.add(Conv2D(filters = 64,kernel_size = (3,3),padding = 'same',activation = 'relu',
        input_shape = input_shape,name = 'block1_conv1'))
9.  model.add(Conv2D(64,(3,3),padding = 'same',activation = 'relu',name = 'block1_conv2'))
10. model.add(MaxPool2D((2,2),strides = (2,2),name = 'block1_pool'))
11. #                                                          #第 2 个卷积块(block2)
12. model.add(Conv2D(128,(3,3),padding = 'same',activation = 'relu',name = 'block2_conv1'))
13. model.add(Conv2D(128,(3,3),padding = 'same',activation = 'relu',name = 'block2_conv2'))
14. model.add(MaxPool2D((2,2),strides = (2,2),name = 'block2_pool'))
15. #                                                          #第 3 个卷积块(block3)
16. model.add(Conv2D(256,(3,3),padding = 'same',activation = 'relu',name = 'block3_conv1'))
17. model.add(Conv2D(256,(3,3),padding = 'same',activation = 'relu',name = 'block3_conv2'))
18. model.add(Conv2D(256,(3,3),padding = 'same',activation = 'relu',name = 'block3_conv3'))
19. model.add(MaxPool2D((2,2),strides = (2,2),name = 'block3_pool'))
20. #                                                          #第 4 个卷积块(block4)
21. model.add(Conv2D(512,(3,3),padding = 'same',activation = 'relu',name = 'block4_conv1'))
22. model.add(Conv2D(512,(3,3),padding = 'same',activation = 'relu',name = 'block4_conv2'))
23. model.add(Conv2D(512,(3,3),padding = 'same',activation = 'relu',name = 'block4_conv3'))
24. model.add(MaxPool2D((2,2),strides = (2,2),name = 'block4_pool'))
25. #                                                          #第 5 个卷积块(block5)
26. model.add(Conv2D(512,(3,3),padding = 'same',activation = 'relu',name = 'block5_conv1'))
27. model.add(Conv2D(512,(3,3),padding = 'same',activation = 'relu',name = 'block5_conv2'))
```

```
28. model.add(Conv2D(512,(3,3),padding = 'same',activation = 'relu',name = 'block5_conv3'))
29. model.add(MaxPool2D((2,2),strides = (2,2),name = 'block5_pool'))
30. #                                                      #接到 MLP 块
31. model.add(Flatten(name = 'flatten'))
32. model.add(Dense(4096,activation = 'relu',name = 'fc1'))
33. model.add(Dense(4096,activation = 'relu',name = 'fc2'))
34. model.add(Dense(1000,activation = 'softmax',name = 'predictions'))
35. #                                                      #输出模型
36. model.summary()
```

运行结果如图 20-4 所示。

```
Model: "vgg16-sequential"
_________________________________________________________________
Layer (type)                 Output Shape              Param #
=================================================================
block1_conv1 (Conv2D)        (None, 224, 224, 64)      1792
_________________________________________________________________
block1_conv2 (Conv2D)        (None, 224, 224, 64)      36928
_________________________________________________________________
block1_pool (MaxPooling2D)   (None, 112, 112, 64)      0
_________________________________________________________________
block2_conv1 (Conv2D)        (None, 112, 112, 128)     73856
_________________________________________________________________
block2_conv2 (Conv2D)        (None, 112, 112, 128)     147584
_________________________________________________________________
block2_pool (MaxPooling2D)   (None, 56, 56, 128)       0
_________________________________________________________________
block3_conv1 (Conv2D)        (None, 56, 56, 256)       295168
_________________________________________________________________
block3_conv2 (Conv2D)        (None, 56, 56, 256)       590080
_________________________________________________________________
block3_conv3 (Conv2D)        (None, 56, 56, 256)       590080
_________________________________________________________________
block3_pool (MaxPooling2D)   (None, 28, 28, 256)       0
_________________________________________________________________
block4_conv1 (Conv2D)        (None, 28, 28, 512)       1180160
_________________________________________________________________
block4_conv2 (Conv2D)        (None, 28, 28, 512)       2359808
_________________________________________________________________
block4_conv3 (Conv2D)        (None, 28, 28, 512)       2359808
_________________________________________________________________
block4_pool (MaxPooling2D)   (None, 14, 14, 512)       0
_________________________________________________________________
block5_conv1 (Conv2D)        (None, 14, 14, 512)       2359808
_________________________________________________________________
block5_conv2 (Conv2D)        (None, 14, 14, 512)       2359808
_________________________________________________________________
block5_conv3 (Conv2D)        (None, 14, 14, 512)       2359808
_________________________________________________________________
block5_pool (MaxPooling2D)   (None, 7, 7, 512)         0
_________________________________________________________________
flatten (Flatten)            (None, 25088)             0
_________________________________________________________________
fc1 (Dense)                  (None, 4096)              102764544
_________________________________________________________________
fc2 (Dense)                  (None, 4096)              16781312
_________________________________________________________________
predictions (Dense)          (None, 1000)              4097000
=================================================================
Total params: 138,357,544
Trainable params: 138,357,544
Non-trainable params: 0
_________________________________________________________________
```

图 20-4 实例 179 运行结果

微课视频：02_vgg16_Conv2d.mp4。

20.4 将模型存储成图片

本节将介绍如何将模型内的关系表转换为图片，以方便检查和模型结构研究。此方法可用于所有模型。

首先安装相关包，代码如下：

```
pip3 install pydot
pip3 install graphviz
```

苹果操作系统还需要通过 brew 安装 graphviz 包，代码如下：

```
brew install graphviz
```

实例 180——03_vgg16_Conv2d_ToImage.py：

```
1. …                                                         # 延续上一个实例
2. import matplotlib.pyplot as plt
3. tf.keras.utils.plot_model(model,to_file = 'vgg16.png')      # 将模型存储成图片
4. ..                                                        # 显示该图片
5. img = tf.keras.preprocessing.image.load_img('vgg16.png')    # 提取图片
6. image = tf.keras.preprocessing.image.img_to_array(img)      # 提取图片
7. image = image.astype('uint8')                              # 整数模式
8. plt.imshow(image)                                          # 显示图片
9. plt.show()
```

运行结果如图 20-5 所示。

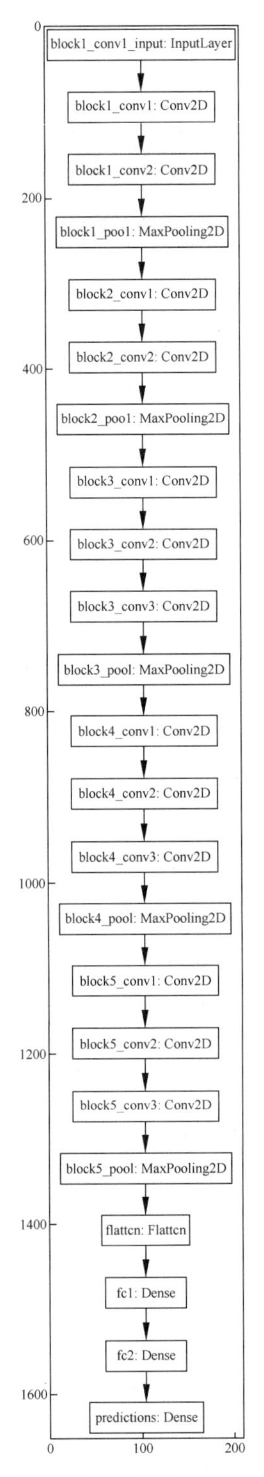

图 20-5　实例 180 运行结果

微课视频：03_vgg16_Conv2d_ToImage.mp4。

20.5 使用VGG16模型做CIFAR-10彩色数据训练

VGG16模型是经过验证的优秀模型，下面介绍如何将可用的数据放进VGG模型做训练和预测。

首先导入CIFAR-10数据库，并调整(50000，224，224，3)(实例181——04_vgg16_cifar10.py)：

```
1. import TensorFlow as tf                                      #导入 TensorFlow 函数库
2. #装载 10 种物体数据(将数据打散,放入 train 与 test 数据集)
3. (x_train, y_train), (x_test, y_test) = tf.keras.datasets.cifar10.load_data()
4. s = 224
5. x_train = np.asarray([img_to_array(array_to_img(im,      #将图片放大(50000,224,224,3)
   scale = False,data_format = "channels_last").resize((s,s))) for im in x_train])
6. x_test = np.asarray([img_to_array(array_to_img(im,       #将图片放大(50000,224,224,3)
   scale = False,data_format = "channels_last").resize((s,s))) for im in x_test])
7. x_train = x_train.reshape(x_train.shape[0],s,s,3)          #转维度(50000,224,224,3)
8. x_test = x_test.reshape(x_test.shape[0],s,s,3)
9. category = 10
10. y_train2 = tf.keras.utils.to_categorical(y_train, category)     #热编码
11. y_test2 = tf.keras.utils.to_categorical(y_test, category)
```

创建模型，在开始时加入VGG并通过(实例182——04_vgg16_cifar10.py)：

```
1. model = tf.keras.models.Sequential()                        #创建模型
2. model.add(VGG16(input_shape = (s,s,3),                      #输入数据的维度(224,224,3)
3.         include_top = False,                                #其上没有其他层
4.         weights = None))                                    #全新的权重
5. model.add(tf.keras.layers.GlobalAveragePooling2D()) #平均
6. model.add(tf.keras.layers.Dense(units = category,          #10 种分类标签
7.    activation = tf.nn.softmax))                             #分类法的输出
8. model.compile(optimizer = tf.optimizers.Adam(),
9.    loss = tf.keras.losses.categorical_crossentropy,
10.    metrics = ['accuracy'])
11. history = model.fit(x_train,y_train2,epochs = 100)
```

运行结果如图 20-6 所示。

```
Model: "sequential"
_________________________________________________________________
Layer (type)                 Output Shape              Param #
=================================================================
vgg16 (Model)                (None, 1, 1, 512)         14714688
_________________________________________________________________
global_average_pooling2d (Gl (None, 512)               0
_________________________________________________________________
dense (Dense)                (None, 10)                5130
=================================================================
Total params: 14,719,818
Trainable params: 14,719,818
Non-trainable params: 0
_________________________________________________________________
W0303 01:18:44.862236 4448902592 deprecation_wrapper.py:119] From /Users/powenko/Desktop/l

Epoch 1/100
2000/2000 [==============================] - 40s 20ms/sample - loss: 6.1102 - acc: 0.1045
Epoch 2/100
2000/2000 [==============================] - 39s 19ms/sample - loss: 2.3025 - acc: 0.1035
```

图 20-6　实例 181 和实例 182 运行结果

微课视频：04_vgg16_cifar10.mp4。

20.6　使用 VGG16 模型做 MNIST_fashion 灰度数据训练

本节将用另外一个流行服饰灰度的数据库做测试。此处的挑战是 VGG16 至少需要 32×32×3 的数据，需要将原本 28×28×1 的灰度图转换成 RGB 格式并放大至 32×32×3。首先导入 MNIST_fashion 数据库，并调整(50000,32,32,3)(实例 183——05_vgg16_MNIST_fashion.py)：

```
1.  import TensorFlow as tf                                  # 导入 TensorFlow 函数库
2.  # 装载流行服饰数据(将数据打散,放入 train 与 test 数据集)
3.  (x_train, y_train), (x_test, y_test) = tf.keras.datasets.fashion_mnist.load_data()
4.  x_train = x_train.reshape(x_train.shape[0],32,32,1)      # 转维度(50000,32,32,1)
5.  x_test = x_test.reshape(x_test.shape[0],32,32,1)
6.  s = 224
7.  x_train = np.asarray([img_to_array(array_to_img(im,      # 将图片放大(50000,224,224,1)
    scale = False,data_format = "channels_last").resize((s,s))) for im in x_train])
8.  x_test = np.asarray([img_to_array(array_to_img(im,       # 将图片放大(50000,224,224,1)
    scale = False,data_format = "channels_last").resize((s,s))) for im in x_test])
9.  x_train = np.stack((x_train,) * 3, axis = -1)  # 灰度转彩色,输出转维度(50000,224,224,1,3)
10. x_test = np.stack((x_test,) * 3, axis = -1)
```

```
11. x_train = x_train.reshape(x_train.shape[0],32,32,1)            #转维度(50000,224,224,3)
12. x_test = x_test.reshape(x_test.shape[0],32,32,1)
13. category = 10
14. y_train2 = tf.keras.utils.to_categorical(y_train, category)           #热编码
15. y_test2 = tf.keras.utils.to_categorical(y_test, category)
16.                                                                 #创建模型和预测,同前,省略
```

运行结果如图 20-7 所示。

```
Model: "sequential"
_________________________________________________________________
Layer (type)                 Output Shape              Param #
=================================================================
vgg16 (Model)                (None, 7, 7, 512)         14714688
_________________________________________________________________
global_average_pooling2d (Gl (None, 512)               0
_________________________________________________________________
W0303 02:25:22.057627 4512021952 deprecation_wrapper.py:119] From /Users/powenko/Desktop/
dense (Dense)                (None, 10)                5130
=================================================================

Total params: 14,719,818
Trainable params: 14,719,818
Non-trainable params: 0
_________________________________________________________________
2020-03-03 02:25:22.589846: I tensorflow/core/platform/cpu_feature_guard.cc:142] Your CPU
Epoch 1/100
200/200 [==============================] - 53s 267ms/sample - loss: 3.4981 - acc: 0.0900
```

图 20-7　实例 183 运行结果

创建、使用和预测 VGG 模型,同前,不做赘述。注意重点在改变图片尺寸、维度和颜色。

微课视频:05_vgg16_MNIST_fashion.mp4。

20.7　使用摄像机和 VGG16 模型即时识别 10 000 种对象

本节将通过 OpenCV 的摄像机功能及时抓图转成 NumPy 224×224×3 的尺寸,通过 VGG16 和 ImageNet 训练权重做出预测(实例 184——06_vgg16_web.py):

```
1. import TensorFlow as tf                                  #导入 TensorFlow 函数库
2. import cv2                                               #导入 OpenCV 函数库
3. import numpy as np                                       #导入 NumPy 函数库.
```

```
4.  model = tf.compat.v1.keras.applications.vgg16.VGG16(weights = 'imagenet')
5.  model.summary()                                                    # 输出模型
6.  cap = cv2.VideoCapture(0)                                          # 调用摄像机
7.  while(True):
8.    ret, img = cap.read()                                            # 获取摄像机的即时画面
9.    if ret == True:
10.     resized = cv2.resize(img, (224, 224), interpolation = cv2.INTER_AREA)        # 缩小
11.     image = cv2.cvtColor(resized, cv2.COLOR_BGR2RGB)        # 转成 RGB 颜色
12.     image = image.reshape((1, image.shape[0], image.shape[1], image.shape[2]))
13.     image = tf.compat.v1.keras.applications.vgg16.preprocess_input(image)        # 送入
14.     yhat = model.predict(image)                                    # 预测
15.     label = tf.compat.v1.keras.applications.vgg16.decode_predictions(yhat, top = 3)
16.     str1 = str(label[0][0][1]) + " " + str(label[0][0][2] )    # 第 1 个分类和概率转文字
17.     str2 = str(label[0][1][1]) + " " + str(label[0][1][2] )    # 第 2 个分类和概率转文字
18.     str3 = str(label[0][2][1]) + " " + str(label[0][2][2] )    # 第 3 个分类和概率转文字
19.     print(str1)
20.     img = cv2.putText(img, str1, (30, 50), cv2.FONT_HERSHEY_SIMPLEX, 1,
            (0, 255, 0),2,cv2.LINE_AA)                                 # 写文字
21.     img = cv2.putText(img, str2, (30, 80), cv2.FONT_HERSHEY_SIMPLEX, 1,
            (255, 0, 0),2,cv2.LINE_AA)                                 # 写文字
22.     img = cv2.putText(img, str3, (30, 110), cv2.FONT_HERSHEY_SIMPLEX, 1,
           (0, 0, 255),2,cv2.LINE_AA)                                  # 写文字
        cv2.imshow('image',img)                                        # 显示
23.   if cv2.waitKey(50) & 0xFF == ord('q'):                           # 按 Q 键离开循环程序
24.     break
25. cap.release()                                                      # 关闭摄像机
26. cv2.destroyAllWindows()                                            # 关闭窗口
```

运行结果如图 20-8 所示。

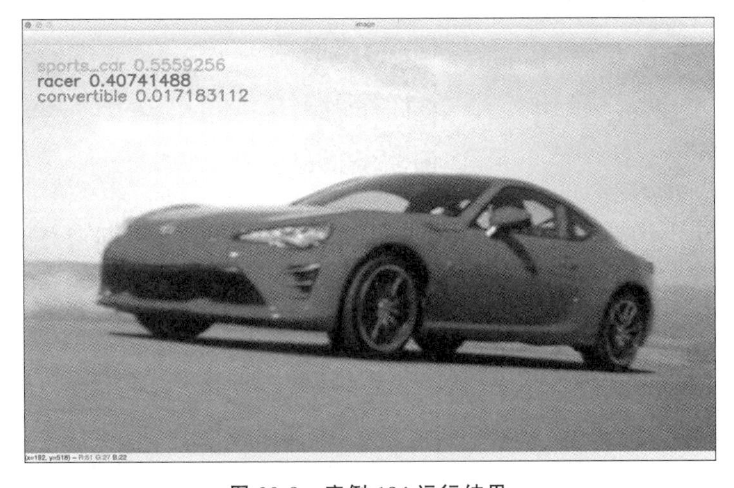

图 20-8　实例 184 运行结果

由结果可以看出，sport_car (0.55)意思是判断图片55.59%的概率是跑车。

微课视频：06_vgg16_web.py.mp4。

20.8　图学网络应用模块 VGG19

VGG19模型相关学术论文请参考VGG技术论文，网址为 https://arxiv.org/abs/1409.1556，默认输入为224×224×3的彩色图片。

常见的VGG有以下3种。

(1) VGG-13：将错误率从9.4%～9.3%降低至9.2%。

(2) VGG-16：将错误率从8.8%～8.7%降低至8.6%。

(3) VGG-19：将错误率从9.0%～8.7%降低至8.7%～8.6%。

VGG网络结构于2014年由Simonyan和Zisserman在论文 *Very Deep Convolutional Networks for Large Scale Image Recognition* 中介绍。与其他网络相比，训练时间较慢。

注意：VGG19的3个主要的数据库分别如下：

```
from TensorFlow.compat.v1.keras.applications.vgg19 import preprocess_input
from TensorFlow.compat.v1.keras.applications.vgg19 import decode_predictions
from TensorFlow.compat.v1.keras.applications.vgg19 import VGG19
```

通过以下实例将图片1.jpg送入VGG19的模型，按照ImageNet训练好的权重做出预测(实例185——07_vgg19.py)：

```
1.  import TensorFlow as tf
2.  from TensorFlow.compat.v1.keras.applications.vgg19 import preprocess_input
3.  from TensorFlow.compat.v1.keras.applications.vgg19 import decode_predictions
4.  from TensorFlow.compat.v1.keras.applications.vgg19 import VGG19
5.
6.  model = VGG19()
7.  model.summary()
8.                                                 #提取图片并将尺寸转换成224×224
9.  img = tf.keras.preprocessing.image.load_img('1.jpg', target_size=(224, 224))
10. image = tf.keras.preprocessing.image.img_to_array(img)   #转成NumPy
11. image=image.reshape((1,224,224,3))             #转维度
12. image = preprocess_input(image)                #图片送入模型
13. predict2 = model.predict(image)                #预测
14. print(np.argmax(predict2[0]))                  #输出预测最大概率
15. print(predict2.shape)                          #输出分类
16. label = decode_predictions(predict2, top=3)    #取得前3名的文字答案
17. print(label)
```

```
18. label2 = label[0][0]
19. print('%s (%.2f%%)' % (label2[1], label2[2] * 100))      #输出 banana(99.38%)
20. for i in range(0,3):
21.     label2 = label[0][i]
22.     print('top %d:%s (%.2f%%)' % (i+1,label2[1], label2[2]*100))    #显示分类和概率
```

运行结果如图 20-9 所示。

```
Model: "vgg19"
_________________________________________________________________
Layer (type)                 Output Shape              Param #
=================================================================
input_1 (InputLayer)         [(None, 224, 224, 3)]     0
_________________________________________________________________
block1_conv1 (Conv2D)        (None, 224, 224, 64)      1792
_________________________________________________________________
block1_conv2 (Conv2D)        (None, 224, 224, 64)      36928
_________________________________________________________________
block1_pool (MaxPooling2D)   (None, 112, 112, 64)      0
_________________________________________________________________
block2_conv1 (Conv2D)        (None, 112, 112, 128)     73856
_________________________________________________________________
block2_conv2 (Conv2D)        (None, 112, 112, 128)     147584
_________________________________________________________________
block2_pool (MaxPooling2D)   (None, 56, 56, 128)       0
_________________________________________________________________
block3_conv1 (Conv2D)        (None, 56, 56, 256)       295168
_________________________________________________________________
block3_conv2 (Conv2D)        (None, 56, 56, 256)       590080
_________________________________________________________________
block3_conv3 (Conv2D)        (None, 56, 56, 256)       590080
_________________________________________________________________
block3_conv4 (Conv2D)        (None, 56, 56, 256)       590080
_________________________________________________________________
block3_pool (MaxPooling2D)   (None, 28, 28, 256)       0
_________________________________________________________________
block4_conv1 (Conv2D)        (None, 28, 28, 512)       1180160
_________________________________________________________________
block4_conv2 (Conv2D)        (None, 28, 28, 512)       2359808
_________________________________________________________________
block4_conv3 (Conv2D)        (None, 28, 28, 512)       2359808
_________________________________________________________________
block4_conv4 (Conv2D)        (None, 28, 28, 512)       2359808
_________________________________________________________________
block4_pool (MaxPooling2D)   (None, 14, 14, 512)       0
_________________________________________________________________
block5_conv1 (Conv2D)        (None, 14, 14, 512)       2359808
_________________________________________________________________
block5_conv2 (Conv2D)        (None, 14, 14, 512)       2359808
_________________________________________________________________
block5_conv3 (Conv2D)        (None, 14, 14, 512)       2359808
_________________________________________________________________
block5_conv4 (Conv2D)        (None, 14, 14, 512)       2359808
_________________________________________________________________
block5_pool (MaxPooling2D)   (None, 7, 7, 512)         0
_________________________________________________________________
flatten (Flatten)            (None, 25088)             0
_________________________________________________________________
fc1 (Dense)                  (None, 4096)              102764544
_________________________________________________________________
fc2 (Dense)                  (None, 4096)              16781312
_________________________________________________________________
predictions (Dense)          (None, 1000)              4097000
=================================================================
Total params: 143,667,240
Trainable params: 143,667,240
Non-trainable params: 0
_________________________________________________________________
(1, 1000)
[[('n07753592', 'banana', 0.99384576), ('n07749582', 'lemon', 0.0035042819), ('n07747607', 'orange', 0.0005499632)]]
banana (99.38%)
top 1:banana (99.38%)
top 2:lemon (0.35%)
top 3:orange (0.05%)
```

图 20-9　实例 185 运行结果

结果中，banana(99.38%)意思是判断图片 99.38%的概率是香蕉，可以看出 VGG19 准确率比 VGG16 高。

微课视频：07_vgg19.mp4。

20.9　图学网络应用模块 ResNet50

ResNet50 模型相关学术论文请参考 VGG 技术论文，网址为 https://arxiv.org/abs/1512.03385 和 https://arxiv.org/abs/1603.05027。默认输入为 224×224×3 的彩色图片。

ResNet50 模型于 2015 年由 He 等在论文 *Deep Residual Learning for Image Recognition* 中发表。ResNet50 的 50 意思是 50 个层。

注意：其 3 个主要函数库分别如下：

```
tf.keras.applications.ResNet50()
tf.keras.applications.resnet50.preprocess_input()
tf.keras.applications.resnet50.decode_predictions()
```

通过以下实例将图片 1.jpg 送入 ResNet50 的模型，按照 ImageNet 训练好的权重做出预测(实例 186——08_ResNet50.py)：

```
1.  import TensorFlow as tf
2.  import numpy as np
3.  model = tf.keras.applications.ResNet50()
4.  model.summary()
5.                                                    #提取图片并转换成 224×224
6.  img = tf.keras.preprocessing.image.load_img('1.jpg', target_size=(224, 224))
7.  image = tf.keras.preprocessing.image.img_to_array(img)#转换成 NumPy
8.  image=image.reshape((1,224,224,3))                #转维度
9.  image = tf.keras.applications.resnet50.preprocess_input(image)#图片送入模型
10. predict2 = model.predict(image)                   #预测
11. print(np.argmax(predict2[0]))                     #输出最大预测概率
12. print(predict2.shape)                             #输出分类
13. label = tf.keras.applications.resnet50.decode_predictions(predict2,top=3)
14.                                                   #取得前 3 名的文字答案和概率
15. print(label)
16. label2 = label[0][0]
17. print('%s (%.2f%%)' % (label2[1], label2[2] * 100))  #输出
```

```
18. for i in range(0,3):
19.     label2 = label[0][i]
20.     print('top %d:%s (%.2f%%)' % (i+1,label2[1], label2[2]*100))      #显示分类和概率
```

运行结果如图 20-10[①] 所示。

Model: "resnet50"

Layer (type)	Output Shape	Param #	Connected to
input_1 (InputLayer)	[(None, 224, 224, 3)	0	
conv1_pad (ZeroPadding2D)	(None, 230, 230, 3)	0	input_1[0][0]
conv1 (Conv2D)	(None, 112, 112, 64)	9472	conv1_pad[0][0]
bn_conv1 (BatchNormalization)	(None, 112, 112, 64)	256	conv1[0][0]
activation (Activation)	(None, 112, 112, 64)	0	bn_conv1[0][0]
pool1_pad (ZeroPadding2D)	(None, 114, 114, 64)	0	activation[0][0]
max_pooling2d (MaxPooling2D)	(None, 56, 56, 64)	0	pool1_pad[0][0]
res2a_branch2a (Conv2D)	(None, 56, 56, 64)	4160	max_pooling2d[0][0]
bn2a_branch2a (BatchNormalizati	(None, 56, 56, 64)	256	res2a_branch2a[0][0]
activation_1 (Activation)	(None, 56, 56, 64)	0	bn2a_branch2a[0][0]
res2a_branch2b (Conv2D)	(None, 56, 56, 64)	36928	activation_1[0][0]
bn2a_branch2b (BatchNormalizati	(None, 56, 56, 64)	256	res2a_branch2b[0][0]
activation_2 (Activation)	(None, 56, 56, 64)	0	bn2a_branch2b[0][0]

图 20-10　实例 186 运行结果

结果有 50 层，将其合成一张图片显示，可以看出模型的复杂度。banana(97.51%)意思是图片 97.51%的概率是香蕉，可以看出 RetNet50 比 VGG19 准确率低。

微课视频：08_ResNet50.mp4。

① 由于图片较大，下面只展示部分运行结果，读者可扫描右侧二维码观看全图。图 20-11～图 20-15 同此，不再单独说明。

20.10 图学网络应用模块 Xception

Xception 模型相关学术论文请参考 Xception 技术论文，网址为 https://arxiv.org/abs/1610.02357。

Xception 技术由 François Chollet 在 *Xception: Deep Learning with Depthwise Separable Convolutions* 中首次发表，特色是最小的权重序列化，默认输入为 299×299×3 的彩色图片。

注意：Xception 的 3 个主要数据库分别如下：

```
tf.keras.applications.Xception()
tf.keras.applications.xception.preprocess_input()
tf.keras.applications.xception.decode_predictions()
```

通过以下实例将图片 1.jpg 送入 Xception 的模型，按照 ImageNet 训练好的权重做出预测(实例 187——09_Xception.py)：

```
1.  import TensorFlow as tf
2.  import numpy as np
3.
4.  model  = tf.keras.applications.Xception()
5.  model.summary()
6.                        #提取图片并将尺寸转换成(299, 299)
7.  img  =  tf.keras.preprocessing.image.load_img('1.jpg', target_size = (299, 299))
8.  image  =  tf.keras.preprocessing.image.img_to_array(img)           #转换成 NumPy
9.  image = image.reshape((1,224,224,3))                               #转维度
10. image  =  tf.keras.applications.xception.preprocess_input(image)   #图片送入模型
11. predict2  =  model.predict(image)                                  #预测
12. print(np.argmax(predict2[0]))                                       #输出最大预测概率
13. print(predict2.shape)                                              #输出分类
14. label  = tf.keras.applications.xception.decode_predictions(predict2,top = 3)
15. print(label)
16. label2  =  label[0][0]
17. print('%s (%.2f%%)' % (label2[1], label2[2] * 100))               #输出
18. for i in range(0,3):                                               #显示分类和概率
19.   label2  =  label[0][i]
20.   print('top %d: %s (%.2f%%)' % (i+1,label2[1], label2[2]*100))
```

运行结果如图 20-11 所示。

```
Model: "xception"
__________________________________________________________________________________________________
Layer (type)                    Output Shape         Param #     Connected to
==================================================================================================
input_1 (InputLayer)            [(None, 299, 299, 3) 0
__________________________________________________________________________________________________
block1_conv1 (Conv2D)           (None, 149, 149, 32) 864         input_1[0][0]
__________________________________________________________________________________________________
block1_conv1_bn (BatchNormaliza (None, 149, 149, 32) 128         block1_conv1[0][0]
__________________________________________________________________________________________________
block1_conv1_act (Activation)   (None, 149, 149, 32) 0           block1_conv1_bn[0][0]
__________________________________________________________________________________________________
block1_conv2 (Conv2D)           (None, 147, 147, 64) 18432       block1_conv1_act[0][0]
__________________________________________________________________________________________________
block1_conv2_bn (BatchNormaliza (None, 147, 147, 64) 256         block1_conv2[0][0]
__________________________________________________________________________________________________
block1_conv2_act (Activation)   (None, 147, 147, 64) 0           block1_conv2_bn[0][0]
__________________________________________________________________________________________________
block2_sepconv1 (SeparableConv2 (None, 147, 147, 128 8768        block1_conv2_act[0][0]
__________________________________________________________________________________________________
block2_sepconv1_bn (BatchNormal (None, 147, 147, 128 512         block2_sepconv1[0][0]
__________________________________________________________________________________________________
block2_sepconv2_act (Activation (None, 147, 147, 128 0           block2_sepconv1_bn[0][0]
__________________________________________________________________________________________________
block2_sepconv2 (SeparableConv2 (None, 147, 147, 128 17536       block2_sepconv2_act[0][0]
__________________________________________________________________________________________________
block2_sepconv2_bn (BatchNormal (None, 147, 147, 128 512         block2_sepconv2[0][0]
__________________________________________________________________________________________________
conv2d (Conv2D)                 (None, 74, 74, 128)  8192        block1_conv2_act[0][0]
__________________________________________________________________________________________________
block2_pool (MaxPooling2D)      (None, 74, 74, 128)  0           block2_sepconv2_bn[0][0]
__________________________________________________________________________________________________
batch_normalization (BatchNorma (None, 74, 74, 128)  512         conv2d[0][0]
__________________________________________________________________________________________________
add (Add)                       (None, 74, 74, 128)  0           block2_pool[0][0]
                                                                 batch_normalization[0][0]
__________________________________________________________________________________________________
```

图 20-11　实例 187 运行结果

微课视频：09_Xception. py。

20.11　图学网络应用模块 InceptionV3

InceptionV3 模型相关学术论文请参考 Inception 技术论文，网址为 https://arxiv.org/abs/1409.4842 和 https://arxiv.org/abs/1512.00567，默认输入为 224×224×3 的彩色图片。

InceptionV3 模型于 2014 年由 Szegedy 等在论文 *Deep Residual Learning for Image Recognition* 中介绍。初始模块的目标是在神经网络的同一模块内计算 1×1、3×3 和 5×5 卷积，来充当多级特征提取器（multi-level feature extractor）在 GoogLeNet 中的 Inception vN(N 代表谷歌的版本号)。

注意，InceptionV3 的 3 个主要函数库如下：

```
tf.keras.applications.inception_v3.InceptionV3()
tf.keras.applications.inception_v3.preprocess_input(image)
tf.keras.applications.inception_v3.decode_predictions(predict2, top=3)
```

通过以下实例将图片 1.jpg 送入 VGG19 的模型，按照 ImageNet 权重做预测(实例 188——10_ InceptionV3.py)：

```
1.  import TensorFlow as tf
2.  import numpy as np
3.  model = tf.keras.applications.inception_v3.InceptionV3()
4.  model.summary()
5.
6.  img = tf.keras.preprocessing.image.load_img('1.jpg', target_size=(224, 224))
                                                    #提取图片并将尺寸转换成 224×244
7.  image = tf.keras.preprocessing.image.img_to_array(img)  #转换成 NumPy
8.  image=image.reshape((1,224,224,3))                     #转维度
9.  image = tf.keras.applications.inception_v3.preprocess_input(image)
10. predict2 = model.predict(image)                         #预测
11. print(np.argmax(predict2[0]))                          #输出预测最大概率
12. print(predict2.shape)                                   #输出分类
13. label = tf.keras.applications.inception_v3.decode_predictions(predict2, top=3)
14.                                                         #取得前 3 名的文字答案和概率
15. print(label)
16. label2 = label[0][0]
17. print('%s (%.2f%%)' % (label2[1], label2[2] * 100)) #输出
18. for i in range(0,3):                                    #显示分类和概率
19.   label2 = label[0][i]
20.   print('top %d:%s (%.2f%%)' % (i+1,label2[1], label2[2]*100))
```

运行结果如图 20-12 所示。

输出的预测结果如下：

```
banana(97.17%)
top 1:banana(97.17%)
top 2:orange(0.32%)
top 3:lemon(0.05%)
```

```
Model: "inception_v3"
__________________________________________________________________________________________________
Layer (type)                    Output Shape         Param #     Connected to
==================================================================================================
input_1 (InputLayer)            [(None, 299, 299, 3) 0
__________________________________________________________________________________________________
conv2d (Conv2D)                 (None, 149, 149, 32) 864         input_1[0][0]
__________________________________________________________________________________________________
batch_normalization (BatchNorma (None, 149, 149, 32) 96          conv2d[0][0]
__________________________________________________________________________________________________
activation (Activation)         (None, 149, 149, 32) 0           batch_normalization[0][0]
__________________________________________________________________________________________________
conv2d_1 (Conv2D)               (None, 147, 147, 32) 9216        activation[0][0]
__________________________________________________________________________________________________
batch_normalization_1 (BatchNor (None, 147, 147, 32) 96          conv2d_1[0][0]
__________________________________________________________________________________________________
activation_1 (Activation)       (None, 147, 147, 32) 0           batch_normalization_1[0][0]
__________________________________________________________________________________________________
conv2d_2 (Conv2D)               (None, 147, 147, 64) 18432       activation_1[0][0]
__________________________________________________________________________________________________
batch_normalization_2 (BatchNor (None, 147, 147, 64) 192         conv2d_2[0][0]
__________________________________________________________________________________________________
activation_2 (Activation)       (None, 147, 147, 64) 0           batch_normalization_2[0][0]
__________________________________________________________________________________________________
max_pooling2d (MaxPooling2D)    (None, 73, 73, 64)   0           activation_2[0][0]
__________________________________________________________________________________________________
conv2d_3 (Conv2D)               (None, 73, 73, 80)   5120        max_pooling2d[0][0]
__________________________________________________________________________________________________
batch_normalization_3 (BatchNor (None, 73, 73, 80)   240         conv2d_3[0][0]
__________________________________________________________________________________________________
activation_3 (Activation)       (None, 73, 73, 80)   0           batch_normalization_3[0][0]
__________________________________________________________________________________________________
```

图 20-12 实例 188 运行结果

微课视频：10_ InceptionV3. mp4。

20.12 图学网络应用模块 InceptionResNetV2

Inception-ResNetV2 模型相关学术论文请参考 VGG 技术论文，网址为 https://arxiv.org/abs/1602.07261，默认输入为 224×224×3 的彩色图片。

近年来涌现出很多带有隐藏层的卷积网络，其中最重要的是 Inception 系列，该系列技术计算成本相对较低，但性能非常好。在 2015 年的 ILSVRC 挑战赛中引入残差连接的结构，效果良好。

VGG 网络结构由 Christian Szegedy、Sergey Ioffe、Vincent Vanhoucke 和 Alex Alemi 于 2016 年在论文 *Inception-v4, Inception-ResNet and the Impact of Residual Connections on Learning* 中介绍。

注意：InceptionResNetV2 的 3 个主要函数库分别如下：

```
tf.compat.v1.keras.applications.inception_resnet_v2.InceptionResNetV2()
tf.compat.v1.keras.applications.inception_resnet_v2.preprocess_input(image)
tf.compat.v1.keras.applications.inception_resnet_v2.decode_predictions(predict2, top=3)
```

通过以下实例将图片 1.jpg 送入 VGG19 的模型，按照 ImageNet 训练好的权重做出预测（实例 189——11_ InceptionResNetV2.py）：

```
1.  import TensorFlow as tf
2.  import numpy as np
3.  model = tf.compat.v1.keras.applications.inception_resnet_v2.InceptionResNetV2()
4.  model.summary()
5.                              #提取图片并将尺寸转换成 224×244
6.  img = tf.keras.preprocessing.image.load_img('1.jpg', target_size=(224, 224))
7.  image = tf.keras.preprocessing.image.img_to_array(img)   #转换成 NumPy
8.  image=image.reshape((1,224,224,3))                       #转维度
9.  image=tf.compat.v1.keras.applications.inception_resnet_v2.preprocess_input(image)
10. predict2 = model.predict(image)                          #预测
11. print(np.argmax(predict2[0]))                           #输出预测最大概率
12. print(predict2.shape)                                   #输出分类几种
13. label = tf.compat.v1.keras.applications.inception_resnet_v2
    .decode_predictions(predict2, top=3)                    #取得前三名的文字答案和概率
14. print(label)
15. label2 = label[0][0]
16. print('%s (%.2f%%)' % (label2[1], label2[2] * 100)) #输出
17. for i in range(0,3):
18.   label2 = label[0][i]
19.   print('top %d:%s (%.2f%%)' % (i+1,label2[1], label2[2]*100))   #显示分类和概率
```

运行结果如图 20-13 所示。

本实例将打印出：

```
(1, 1000)
[[('n07753592', 'banana', 0.90973014), ('n07747607', 'orange', 0.003468001), ('n07749582',
'lemon', 0.00092019385)]]
banana(90.97%)
top 1:banana(90.97%)
top 2:orange(0.35%)
top 3:lemon(0.09%)
```

model.summary()的模型看起来很大，ResNetc 和残差连接也较复杂，不过实际运行速度并不慢。

```
Model: "inception_resnet_v2"
__________________________________________________________________________________________________
Layer (type)                    Output Shape         Param #     Connected to
==================================================================================================
input_1 (InputLayer)            [(None, 299, 299, 3) 0
__________________________________________________________________________________________________
conv2d (Conv2D)                 (None, 149, 149, 32) 864         input_1[0][0]
__________________________________________________________________________________________________
batch_normalization (BatchNorma (None, 149, 149, 32) 96          conv2d[0][0]
__________________________________________________________________________________________________
activation (Activation)         (None, 149, 149, 32) 0           batch_normalization[0][0]
__________________________________________________________________________________________________
conv2d_1 (Conv2D)               (None, 147, 147, 32) 9216        activation[0][0]
__________________________________________________________________________________________________
batch_normalization_1 (BatchNor (None, 147, 147, 32) 96          conv2d_1[0][0]
__________________________________________________________________________________________________
activation_1 (Activation)       (None, 147, 147, 32) 0           batch_normalization_1[0][0]
__________________________________________________________________________________________________
conv2d_2 (Conv2D)               (None, 147, 147, 64) 18432       activation_1[0][0]
__________________________________________________________________________________________________
batch_normalization_2 (BatchNor (None, 147, 147, 64) 192         conv2d_2[0][0]
__________________________________________________________________________________________________
activation_2 (Activation)       (None, 147, 147, 64) 0           batch_normalization_2[0][0]
__________________________________________________________________________________________________
max_pooling2d (MaxPooling2D)    (None, 73, 73, 64)   0           activation_2[0][0]
__________________________________________________________________________________________________
conv2d_3 (Conv2D)               (None, 73, 73, 80)   5120        max_pooling2d[0][0]
__________________________________________________________________________________________________
batch_normalization_3 (BatchNor (None, 73, 73, 80)   240         conv2d_3[0][0]
__________________________________________________________________________________________________
activation_3 (Activation)       (None, 73, 73, 80)   0           batch_normalization_3[0][0]
__________________________________________________________________________________________________
conv2d_4 (Conv2D)               (None, 71, 71, 192)  138240      activation_3[0][0]
__________________________________________________________________________________________________
batch_normalization_4 (BatchNor (None, 71, 71, 192)  576         conv2d_4[0][0]
__________________________________________________________________________________________________
activation_4 (Activation)       (None, 71, 71, 192)  0           batch_normalization_4[0][0]
__________________________________________________________________________________________________
```

图 20-13 实例 189 运行结果

微课视频：11_ InceptionResNetV2. mp4。

20.13 图学网络应用模块 NASNetLarge

NASNetLarge 模型相关学术论文请参考相关 VGG 技术论文，网址为 https://arxiv.org/abs/1409.1556，内定图形输入维度尺寸是 224×224×3 的彩色图片。

NASNetLarge 网络结构由 Barret Zoph、Vijay Vasudevan、Jonathon Shlens 和 Quoc V. Le 在其 2017 年的论文 *Learning Transferable Architectures for Scalable Image*

Recognition 中介绍，该论文的主要贡献是设计了一个新的搜索网络 NASNet。

注意：NASNetLarge 的 3 个主要函数库分别如下：

```
tf.keras.applications.nasnet.NASNetLarge()
tf.keras.applications.nasnet.preprocess_input(image)
tf.keras.applications.nasnet.decode_predictions(predict2, top = 3)
```

通过以下实例将图片 1.jpg 送入 VGG19 的模型，按照 ImageNet 训练好的权重做出预测(实例 190——12_NASNetLarge.py)：

```
1.  import TensorFlow as tf
2.  import numpy as np
3.  model = tf.keras.applications.nasnet.NASNetLarge()
4.  model.summary()
5.                              #提取图片并将尺寸转换成 224×244
6.  img = tf.keras.preprocessing.image.load_img('1.jpg', target_size = (224, 224))
7.  image = tf.keras.preprocessing.image.img_to_array(img)          #转成 NumPy
8.  image = image.reshape((1,224,224,3))                            #转换维度
9.  image = tf.keras.applications.nasnet.preprocess_input(image) #将图片送入模型
10. predict2 = model.predict(image)                                  #预测
11. print(np.argmax(predict2[0]))                                    #输出预测最大概率
12. print(predict2.shape)                                           #输出分类
13. label = tf.keras.applications.nasnet.decode_predictions(predict2, top = 3)
14. print(label)
15. label2 = label[0][0]
16. print('%s (%.2f%%)' % (label2[1], label2[2] * 100))         #输出
17. for i in range(0,3):                                            #显示分类和概率
18.   label2 = label[0][i]
19.   print('top %d: %s (%.2f%%)' % (i+1,label2[1], label2[2]*100))
```

运行结果如图 20-14 所示。

```
Model: "NASNet"
______________________________________________________________________________________
Layer (type)                    Output Shape          Param #    Connected to
======================================================================================
input_1 (InputLayer)            [(None, 331, 331, 3) 0
______________________________________________________________________________________
stem_conv1 (Conv2D)             (None, 165, 165, 96) 2592       input_1[0][0]
______________________________________________________________________________________
stem_bn1 (BatchNormalization)   (None, 165, 165, 96) 384        stem_conv1[0][0]
______________________________________________________________________________________
activation (Activation)         (None, 165, 165, 96) 0          stem_bn1[0][0]
______________________________________________________________________________________
reduction_conv_1_stem_1 (Conv2D (None, 165, 165, 42) 4032       activation[0][0]
______________________________________________________________________________________
reduction_bn_1_stem_1 (BatchNor (None, 165, 165, 42) 168        reduction_conv_1_stem_1[0][0]
______________________________________________________________________________________
```

图 20-14　实例 190 运行结果

model.summary 的模型是笔者看过的最大的模型，还好使用起来只需 3 个函数即可完成。

本实例打印结果如下：

```
(1, 1000)
[[('n07753592', 'banana', 0.8986851), ('n07747607', 'orange', 0.00267919), ('n07749582', 'lemon',
0.0015670274)]]
banana(89.87%)
top 1:banana(89.87%)
top 2:orange(0.27%)
top 3:lemon(0.16%)
```

微课视频：12_NASNetLarge.mp4。

20.14 图学网络应用模块 DenseNet121

DenseNet 模型学术论文请参考网址 https://arxiv.org/abs/1707.07012 中相关论文，默认图形输入维度尺寸是 224×224×3 的彩色图片。

常见 DenseNet 模型有 DenseNet121(有 121 个深度)、DenseNet169(有 169 个深度)和 DenseNet201(有 201 个深度)。

DenseNet 网络结构 2014 年由 Simonyan 和 Zisserman 在论文 *Learning Transferable Architectures for Scalable Image Recognition* 中介绍。

DenseNet 使用 NASNet 结构，并加上一种称为 ScheduledDropPath 的技术，该技术可显著改善 NASNet 模型的扩散化问题。其 3 个主要数据库分别如下：

```
from TensorFlow.compat.v1.keras.applications.vgg19 import preprocess_input
tf.compat.v1.keras.applications.DenseNet121()
 = tf.keras.applications.densenet.preprocess_input(image)
from TensorFlow.compat.v1.keras.applications.vgg19 import decode_predictions
from TensorFlow.compat.v1.keras.applications.vgg19 import VGG19
```

通过以下实例将图片 1.jpg 送入 VGG19 的模型，按照 ImageNet 训练好的权重做出预测(实例 191——13_DenseNet121.py)：

```
1. import TensorFlow as tf
2. import numpy as np
3. model = tf.compat.v1.keras.applications.DenseNet121()
```

```
4.  model.summary()
5.                           #提取图片并将尺寸转换成 224×224
6.  img = tf.keras.preprocessing.image.load_img('1.jpg', target_size=(224, 224))
7.  image = tf.keras.preprocessing.image.img_to_array(img)          #转换成 NumPy
8.  image = image.reshape((1,224,224,3))                            #转维度
9.  image = = tf.keras.applications.densenet.preprocess_input(image)
10. predict2 = model.predict(image)                                 #预测
11. print(np.argmax(predict2[0]))                                   #输出预测最大概率
12. print(predict2.shape)                                           #输出分类
13. label = tf.keras.applications.densenet.decode_predictions(predict2, top=3)
14.                                                         #取得前3名的文字答案和概率
15. print(label)
16. label2 = label[0][0]
17. print('%s(%.2f%%)' % (label2[1], label2[2] * 100))          #输出 banana (99.38%)
18. for i in range(0,3):
19.   label2 = label[0][i]
20.   print('top %d:%s(%.2f%%)' % (i+1,label2[1], label2[2]*100))   #显示分类和概率
```

运行结果如图 20-15 所示。

```
Model: "densenet121"
________________________________________________________________________________________
Layer (type)                    Output Shape          Param #     Connected to
========================================================================================
input_1 (InputLayer)            [(None, 224, 224, 3) 0
________________________________________________________________________________________
zero_padding2d (ZeroPadding2D)  (None, 230, 230, 3)  0           input_1[0][0]
________________________________________________________________________________________
conv1/conv (Conv2D)             (None, 112, 112, 64) 9408        zero_padding2d[0][0]
________________________________________________________________________________________
conv1/bn (BatchNormalization)   (None, 112, 112, 64) 256         conv1/conv[0][0]
________________________________________________________________________________________
conv1/relu (Activation)         (None, 112, 112, 64) 0           conv1/bn[0][0]
________________________________________________________________________________________
zero_padding2d_1 (ZeroPadding2D (None, 114, 114, 64) 0           conv1/relu[0][0]
________________________________________________________________________________________
pool1 (MaxPooling2D)            (None, 56, 56, 64)   0           zero_padding2d_1[0][0]
________________________________________________________________________________________
conv2_block1_0_bn (BatchNormali (None, 56, 56, 64)   256         pool1[0][0]
________________________________________________________________________________________
conv2_block1_0_relu (Activation (None, 56, 56, 64)   0           conv2_block1_0_bn[0][0]
________________________________________________________________________________________
conv2_block1_1_conv (Conv2D)    (None, 56, 56, 128)  8192        conv2_block1_0_relu[0][0]
________________________________________________________________________________________
conv2_block1_1_bn (BatchNormali (None, 56, 56, 128)  512         conv2_block1_1_conv[0][0]
________________________________________________________________________________________
conv2_block1_1_relu (Activation (None, 56, 56, 128)  0           conv2_block1_1_bn[0][0]
________________________________________________________________________________________
```

图 20-15　实例 191 运行结果

本实例打印内容如下：

```
(1, 1000)
[[('n07753592', 'banana', 0.99454767), ('n07749582', 'lemon', 0.0013416613), ('n07716358',
'zucchini', 0.00058107707)]]
banana(99.45 % )
top 1:banana(99.45 % )
top 2:lemon(0.13 % )
top 3:zucchini(0.06 % )
```

微课视频：13_DenseNet121. mp4。

第21章 多影像识别实战

CHAPTER 21

21.1 创建或设计识别图片

准备一张白纸，将物体放在白纸上，将摄像机对准物体，运行以下 OpenCV 程序，并按 S 键，即可创建 224×224×3 的 JPG 格式图片。在 OpenCV 中通过 imread 函数即可提取常见的图片文档格式，如 JPG、GIF、PNG 和 BMP 等，也可通过 imwrite 函数存储不同的文档格式（实例 192——01-openCV-save.py）：

```
1. import cv2                                               #导入 OpenCV 函数库
2. import numpy as np                                       #导入 NumPy 函数库
3. cap = cv2.VideoCapture(0)                                #调用摄像机
4. while(True):
5.   ret, img = cap.read()                                  #获取摄像机的即时画面
6.   if ret == True:                                        #判断是否成功获取摄像机画面
7.     cv2.imshow('image', img)                             #显示 img 图像，窗口名称为 image
8.   key = cv2.waitKey(1)                                   #延迟 1ms，等待按键
9.   if key & 0xFF == ord('q'):                             #按 Q 键离开循环
10.     break                                               #离开循环
11.   elif key & 0xFF == ord('s'):                          #按 S 键存储
12.     if ret == True:                                     #判断是否成功获取摄像机画面
13.       filename1 = strftime("%Y-%m-%d %H:%M:%S", gmtime()) + '.jpg'
                                                            #时间为文档名
14.       img = cv2.resize(img, (224, 224), interpolation = cv2.INTER_AREA)    #缩放图片
15.       print(filename1)                                  #打印出文档名
16.       cv2.imwrite(filename = filename1, img = img)      #存储
17. cap.release()                                           #关闭所有摄像机
18. cv2.destroyAllWindows()                                 #关闭所有窗口
```

运行结果如图 21-1 所示。

按 Q 键将离开程序。注意，为满足训练张数要求，应尽可能选用不同颜色的物体。

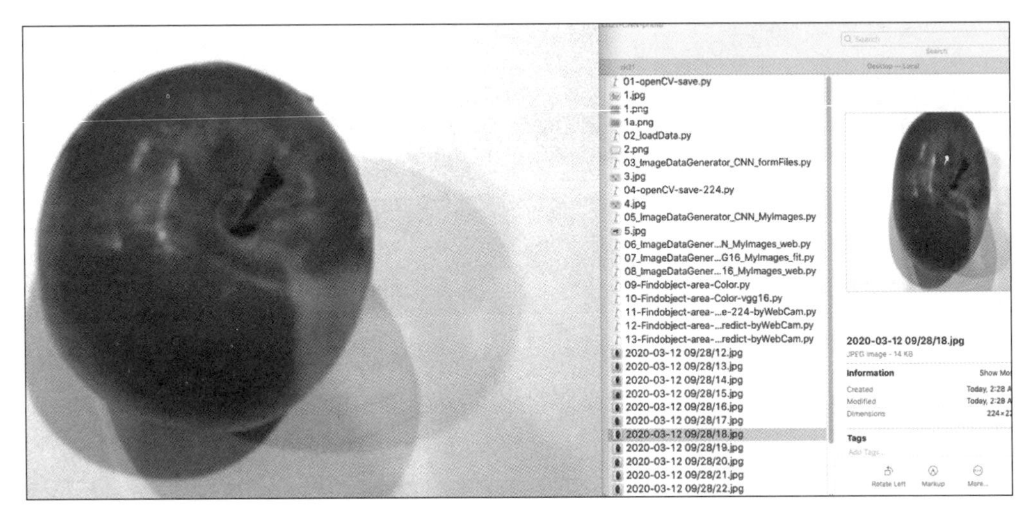

图 21-1　实例 192 运行结果

微课视频：01-openCV-save. mp4。

21.2　创建训练图库

创建子目录，并将实例 192 创建的图片按照种类放进不同的子目录，如苹果的图片全部放在子目录 images\apple\ * . jpg 中，如图 21-2 所示。

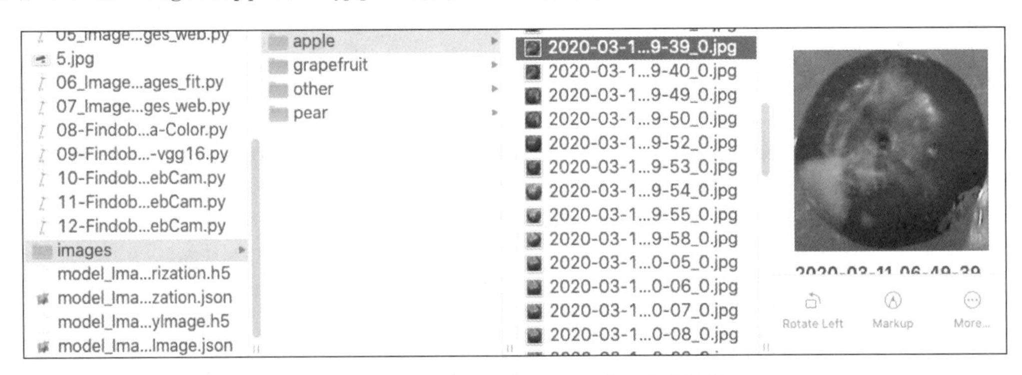

图 21-2　images\apple\ * . jpg 内的苹果照片

尽量使图片中只有单一物品，背景色尽量单一。

通过以下实例提取照片，并放入 NumPy 的数据函数(实例 193——02_loadData. py)：

```
1. IMAGEPATH = 'images'
2. dirs = os.listdir(IMAGEPATH)                          #取得所有文件夹名称
3. X=[]
4. Y=[]
5. print(dirs);
6. i=0
7. for name in dirs:
8.    file_paths = glob.glob(path.join(IMAGEPATH+"/"+name, '*.*'))  #取该文件夹名
9.    for path3 in file_paths:
10.       img = cv2.imread(path3)                         #提取图片
11.       img = cv2.resize(img, (32, 32), interpolation=cv2.INTER_AREA)  #转换尺寸
12.       im_rgb = cv2.cvtColor(img, cv2.COLOR_BGR2RGB)   #转换成 RGB
13.       X.append(im_rgb)                                #添加
14.       Y.append(i)                                     #添加
15.   i=i+1
16.
17. X = np.asarray(X)                                     #转 NumPy
18. Y = np.asarray(Y)                                     #转 NumPy
19. X = X.astype('float32')                               #转浮点数
20. X=X/255                                               #数据落在 0~1 之间
21. X=X.reshape(X.shape[0],32,32,3); )                    #转维度至(图档数, 32,32,3)
22.
23. category=len(dirs)                                    #分类数量
24. x_train , x_test , y_train , y_test = train_test_split(X,Y,test_size=0.05)  #数据拆分
25. print(x_train.shape)
26. print(y_train.shape)
```

运行结果如图 21-3 所示。

```
['apple', 'pear', '.DS_Store', 'grapefruit', 'other']
(201, 224, 224, 3)
(201,)
```

图 21-3　实例 193 运行结果

程序准备好后，即可用于训练自己的图库并通过 CNN 做模式识别。

微课视频：02_loadData.mp4。

21.3　训练图库

通过图片生成器(ImageDataGenerator)和标准的 CNN，将图片送入后训练并做出预测。例如使用 224×224×3 的图片，因图片数量太少，准确率将较低，故推荐用 cv2.resize

函数将图片尺寸调整为 32×32×3，并改变 CNN 输入维度，以提高准确率（实例 194——03_ImageDataGenerator_CNN_formFiles.py）：

```
1. …                                                              #延续上一个实例
2.
3. y_train2 = tf.keras.utils.to_categorical(y_train, category)     #转独热编码
4. y_test2 = tf.keras.utils.to_categorical(y_test, category)       #转独热编码
5.
6. datagen = tf.keras.preprocessing.image.ImageDataGenerator(      #生成图像数据
7.               rotation_range = 25,                              #旋转 - 25～25°
8.               width_shift_range = [ - 3,3],                     #平移 3 %
9.               height_shift_range = [ - 3,3],                    #上下移动 3 %
10.               zoom_range = 0.3,                                #缩放 30 %
11.               data_format = 'channels_last')
12. model = tf.keras.models.Sequential()                           #创建模型
13. model.add(tf.keras.layers.Conv2D(filters = 3, kernel_size = (3, 3),      #38 个卷积
14.          padding = "same",                                     #相同尺寸
15.          input_shape = (w,h,1)))                               #输入的数据尺寸数组
16. model.add(tf.keras.layers.Flatten())                           #将影像维度转为一维
17. model.add(tf.keras.layers.Dense(50, activation = 'relu'))      #50 个类神经元
18. model.add(tf.keras.layers.Dense(units = category,              #输出答案
19.    activation = tf.nn.softmax))                                #使用 Softmax 激活函数
20. learning_rate = 0.001
21. opt1 = tf.keras.optimizers.Adam(lr = learning_rate)            #Adam 算法优化
22. model.compile(optimizer = opt1, loss = 'categorical_crossentropy', metrics = ['accuracy'])
23. model.summary()                                                #输出模型
24. with open("model_ImageDataGenerator_myImage.json", "w") as json_file:      #存储模型
25.    json_file.write(model.to_json())
26. checkpoint = tf.keras.callbacks.ModelCheckpoint("model_ImageDataGenerator_myImage.h5",
    monitor = 'loss', verbose = 1, save_best_only = True, mode = 'auto', save_freq = 1)     #存储权重
27.
28. trainData = datagen.flow(x_train,y_train2,batch_size = 64)     #创建图片
29. history = model.fit(trainData,                                 #进行训练
30.         epochs = 200,                                          #设置训练次数
31.         callbacks = [checkpoint])                              #每次都调用存储函数
32. score = model.evaluate(x_test, y_test2, batch_size = 128)      #测试评估
33. print("score:",score)                                          #输出结果
34. predict = model.predict(x_test)                                #预测
35. print("Ans:",np.argmax(predict[0]),np.argmax(predict[1]),np.argmax(predict[2]),
    np.argmax(predict[3]))                                         #预测答案
36. predict2 = model.predict_classes(x_test)                       #预测
```

```
37. print("predict_classes:",predict2)                    # 预测答案
38. print("y_test",y_test[:])                             # 真正答案
39. for t1 in predict2:
40.   print(dirs[t1])                                     # 输出答案的分类文件夹
```

运行结果如图 21-4 所示。

```
Epoch 00200: loss did not improve from 0.00033
4/4 [==============================] - 0s 50ms/step - loss: 0.0016 - acc: 1.0000
11/11 [==============================] - 0s 3ms/sample - loss: 2.4678e-04 - acc: 1.0000
score: [0.0002467811282258481, 1.0]
Ans: 0 3 3 3
predict_classes: [0 3 3 3 1 3 0 1 0 0 4]
y_test [0 3 3 3 1 3 0 1 0 0 4]
apple
grapefruit
grapefruit
grapefruit
pear
grapefruit
apple
pear
apple
apple
other
apple   0.99999964
```

图 21-4　实例 194 运行结果 1

通过以下程序将答案写在图片上,并在 OpenCV 中显示:

```
1. …                                                             # 延续上一个实例
2. img = x_test[0]                                               # 显示测试第 1 张
3. img = img.reshape(w,h,3)
4. img = img * 255
5. img  =  img.astype('uint8')                                   # 转换成整数
6. img  =  cv2.resize(img, (224, 224), interpolation = cv2.INTER_AREA)   # 放大图片
7. im_bgr  =  cv2.cvtColor(img, cv2.COLOR_RGB2BGR)               # 转 EBGR
8. i  =  np.argmax(predict[0])
9. str1  =  dirs[i]  +  "   "  +  str(predict[0][i])             # 目录名称和准确率
10. print(str1);
11. im_bgr  =  cv2.putText(im_bgr, str1, (10,30), cv2.FONT_HERSHEY_SIMPLEX, 1, (255,0, 0), 1,
    cv2.LINE_AA)                                                 # OpenCV 显示文字
12. cv2.imshow('image', im_bgr)                                  # OpenCV 显示图片
13. cv2.waitKey(0)
14. cv2.destroyAllWindows()
```

运行结果如图 21-5 所示。

```
Epoch 00200: loss did not improve from 0.00043
4/4 [==============================] - 0s 52ms/step - loss: 6.3467e-04 - acc: 1.0000
11/11 [==============================] - 0s 2ms/sample - loss: 2.6843e-04 - acc: 1.0000
score: [0.0002684300416149199, 1.0]
Ans: 0 1 3 0
predict_classes: [0 1 3 0 1 3 1 0 4 1 1]
y_test [0 1 3 0 1 3 1 0 4 1 1]
apple
pear
grapefruit
apple
pear
grapefruit
pear
apple
```

图 21-5 实例 194 运行结果 2

微课视频：03_ImageDataGenerator_CNN_formFiles. mp4。

21.4 结合摄像机即时判断训练的图库

本实例利用 OpenCV 的摄像机功能，通过事先训练出的权重做出预测（实例 195——04_ImageDataGenerator_CNN_MyImages_webcam. py）：

```
1.  import TensorFlow as tf                                  # 导入 TensorFlow 函数库
2.  import cv2                                               # 导入 OpenCV 函数库
3.  import numpy as np                                       # 导入 NumPy 函数库
4.  import os.path as path                                   # 导入 os 函数库
5.  import os
6.
7.  IMAGEPATH = 'images'
8.  dirs = os.listdir(IMAGEPATH)                             # 用文件夹名称作为 Y 的名称
9.  json_file = open('model_ImageDataGenerator_myImage.json', 'r')      # 打开模型文档
10. loaded_model_json = json_file.read()                     # 提取模型文档
11. json_file.close()                                        # 关闭模型文档
12. model = tf.keras.models.model_from_json(loaded_model_json) # 转换成模型
13. model.load_weights("model_ImageDataGenerator_myImage.h5")  # 打开权重
14. model.compile(loss = tf.keras.losses.categorical_crossentropy,   # 设置编译
15.         optimizer = tf.keras.optimizers.Adadelta(),
```

```
16.         metrics = ['accuracy'])
17. model.summary()                                            # 显示模型
18. cap = cv2.VideoCapture(0)                                  # 调用摄像机
19. while(True):
20.   ret, img = cap.read()                                    # 获取摄像机的实时画面
21.   if ret == True:
22.     resized = cv2.resize(img, (32, 32), interpolation = cv2.INTER_AREA)          # 缩小
23.     image = cv2.cvtColor(resized, cv2.COLOR_BGR2RGB)    # 转成 RGB 颜色
24.     image = image.reshape((1, image.shape[0], image.shape[1], image.shape[2]))
25.     predict = model.predict(image)                         # 送入预测
26.     i = np.argmax(predict[0])
27.     str1 = dirs[i] + "  " + str(predict[0][i])             # 预测出答案转成文字
28.     print(str1);
29.     img = cv2.putText(img, str1, (30, 50), cv2.FONT_HERSHEY_SIMPLEX, 1, (0, 255, 0),2,
            cv2.LINE_AA)
30.     cv2.imshow('image',img)                                # 显示
31.   if cv2.waitKey(50) & 0xFF == ord('q'):                   # 按 Q 键离开程序循环
32.     break
33. cap.release()                                              # 关闭摄像机
34. cv2.destroyAllWindows()                                    # 关闭窗口
```

运行结果如图 21-6 所示。

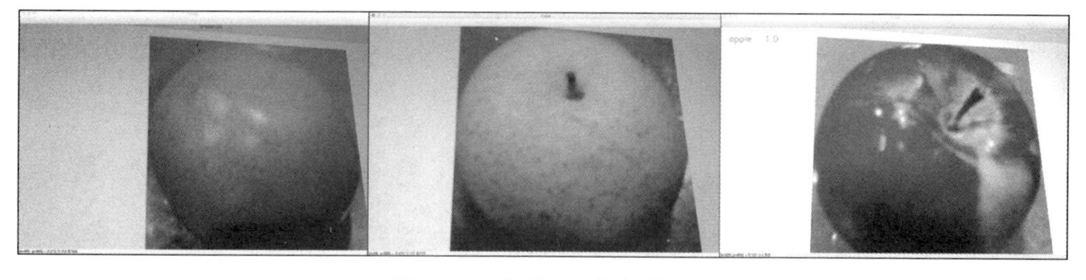

图 21-6 实例 195 运行结果

微课视频：04_ImageDataGenerator_CNN_MyImages_webcam.mp4。

21.5 使用 VGG16 训练和测试图库

VGG16 的模型已经被论文验证为非常优秀的模型。下面介绍将手头的数据送入该模型中训练和预测的方法。

下面简单修改实例 191，提取图片，将维度转换成(224，224，4)并放入 NumPy 库(实

例196——05_ImageDataGenerator_VGG16_MyImages_fit. py)：

```
1. IMAGEPATH = 'images'
2. dirs = os.listdir(IMAGEPATH)                                    #取得所有文件夹名称
3. X = []
4. Y = []
5. print(dirs);
6. w = 224                                                         #指定图片尺寸
7. h = 224
8. i = 0
9. for name in dirs:
10.    file_paths = glob.glob(path.join(IMAGEPATH + "/" + name, '*.*'))
11.    for path3 in file_paths:
12.       img = cv2.imread(path3)                                  #提取图片
13.       img = cv2.resize(img, (w,h), interpolation = cv2.INTER_AREA)#转换尺寸
14.       im_rgb = cv2.cvtColor(img, cv2.COLOR_BGR2RGB)            #转成 RGB
15.       X.append(im_rgb)                                         #添加
16.       Y.append(i)                                              #添加
17.    i = i + 1
18.
19. X = np.asarray(X)                                              #转 NumPy
20. Y = np.asarray(Y)                                              #转 NumPy
21. X = X.astype('float32')                                        #转浮点数
22. X = X/255                                                      #数据落在 0～1
23. X = X.reshape(X.shape[0],w,h,3); )                    #转维度至(图片档数, 224,224,3)
24.
25. category = len(dirs)                                           #分类数量
26. x_train , x_test , y_train , y_test = train_test_split(X,Y,test_size = 0.05)  #数据拆分
27. #将数字转为 One - hot 向量
28. y_train2 = tf.keras.utils.to_categorical(y_train, category)
29. y_test2 = tf.keras.utils.to_categorical(y_test, category)
```

接下来把数据送至ImageDataGenerator和VGG16的程序进行训练(部分实例197——05_ImageDataGenerator_VGG16_MyImages_fit. py)：

```
1. #装载数据(将数据打散,放入 train 与 test 数据集)
2. print(x_train.shape)
3. datagen = tf.keras.preprocessing.image.ImageDataGenerator(
4.                 rotation_range = 25,
5.                 width_shift_range = [-3,3],
6.                 height_shift_range = [-3,3],
7.                 zoom_range = 0.3,
8.                 data_format = 'channels_last')
9.
10. #创建模型
```

```
11. model = tf.keras.models.Sequential()                                #创建模型
12. model.add(VGG16(input_shape = (w,h,3),                              #输入数据的维度(224,224,3)
13.         include_top = False,                                        #其上没有其他层
14.         weights = None))                                            #全新的权重
15. model.add(tf.keras.layers.GlobalAveragePooling2D())                 #平均
16. model.add(tf.keras.layers.Dense(units = category,                   #10 种分类标签
17.     activation = tf.nn.softmax))                                    #分类法的输出
18.
19. learning_rate = 0.001
20. opt1 = tf.keras.optimizers.Adam(lr = learning_rate)
21. model.compile(
22.     optimizer = opt1,
23.     loss = tf.keras.losses.categorical_crossentropy,
24.     metrics = ['accuracy'])
25.
26. model.summary()
```

运行结果如图 21-7 所示。

```
Model: "sequential"
_________________________________________________________________
Layer (type)                 Output Shape              Param #
=================================================================
vgg16 (Model)                (None, 7, 7, 512)         14714688
_________________________________________________________________
global_average_pooling2d (Gl (None, 512)               0
_________________________________________________________________
dense (Dense)                (None, 5)                 2565
=================================================================
Total params: 14,717,253
Trainable params: 14,717,253
Non-trainable params: 0
```

图 21-7 实例 197 运行结果

实例 198——05_ImageDataGenerator_VGG16_MyImages_fit.py:

```
1. with open("model_ImageDataGenerator_VGG16_myImage.json", "w") as json_file:
2.     json_file.write(model.to_json())
3. try:
4.     with open('model_ImageDataGenerator_VGG16_myImage.h5', 'r') as load_weights:
5.         model.load_weights("model_ImageDataGenerator_VGG16_myImage.h5")
6. except IOError:
7.     print("File not exists")
8.
9. checkpoint = tf. keras. callbacks. ModelCheckpoint ( " model _ ImageDataGenerator _ VGG16 _
   myImage.h5", monitor = 'loss', verbose = 1, save_best_only = True, mode = 'auto', save_freq = 1)
10. trainData = datagen.flow(x_train, y_train2)                         #训练模型
11. history = model.fit(trainData, epochs = 100, callbacks = [checkpoint])
12. ..                                                                  #测试,省略
```

运行结果如图 21-8 所示。

```
1/7 [===>..........................] - ETA: 16s - loss: 0.0029 - acc: 1.0000
2/7 [=======>......................] - ETA: 30s - loss: 0.0019 - acc: 1.0000
3/7 [===========>..................] - ETA: 28s - loss: 0.0015 - acc: 1.0000
4/7 [================>.............] - ETA: 23s - loss: 0.0013 - acc: 1.0000
5/7 [====================>.........] - ETA: 16s - loss: 0.0012 - acc: 1.0000
6/7 [========================>.....] - ETA: 8s - loss: 0.0011 - acc: 1.0000
Epoch 00024: loss did not improve from 0.00000

7/7 [==============================] - 59s 8s/step - loss: 9.0495e-04 - acc: 1.0000
Epoch 25/10000

1/7 [===>..........................] - ETA: 56s - loss: 4.1830e-04 - acc: 1.0000
```

图 21-8　实例 198 运行结果

微课视频：05_ImageDataGenerator_VGG16_MyImages_fit. mp4。

测试部分使用实例 196，并修改模型文档名、权重文档名和判断图片的尺寸即可（实例 199——06_ImageDataGenerator_VGG16_MyImages_webcam. py）：

```
1. …                                                               #import,相同,省略
2. dirs = os.listdir(IMAGEPATH)                                    #用文件夹名作为Y的名称
3. json_file = open('model_ImageDataGenerator_VGG16_myImage.json', 'r')   #打开模型文档
4. loaded_model_json = json_file.read()                            #提取模型文档
5. json_file.close()                                               #关闭模型文档
6. model = tf.keras.models.model_from_json(loaded_model_json)      #转换成模型
7. model.load_weights("model_ImageDataGenerator_VGG16_myImage.h5")        #打开权重
8. model.compile(loss = tf.keras.losses.categorical_crossentropy,         #设置编译
9.       optimizer = tf.keras.optimizers.Adadelta(),
10.       metrics = ['accuracy'])
11. model.summary()                                                #显示模型
12. cap = cv2.VideoCapture(0)                                      #调用摄像机
13. while(True):
14.   ret, img = cap.read()                                        #获取摄像机的实时画面
15.   if ret == True:
16.     resized = cv2.resize(img, (224, 224), interpolation = cv2.INTER_AREA)     #缩小
17.     image = cv2.cvtColor(resized, cv2.COLOR_BGR2RGB)           #转成RGB颜色
18.     image = image.reshape((1, image.shape[0], image.shape[1], image.shape[2]))
19.     predict = model.predict(image)                             #送入预测
20.     i = np.argmax(predict[0])
21.     str1 = dirs[i] + "  " + str(predict[0][i])                 #将预测答案转成文字
22.     print(str1);
23.     img = cv2.putText(img, str1, (30, 50), cv2.FONT_HERSHEY_SIMPLEX, 1, (0, 255, 0),2,
        cv2.LINE_AA)                                               #在图片上写位置(30, 50)
```

```
24.       cv2.imshow('image',img)                        #显示
25.    if cv2.waitKey(50) & 0xFF == ord('q'):            #按Q键离开循环程序
26.       break
27. cap.release()                                        #关闭摄像机
28. cv2.destroyAllWindows()                              #关闭窗口
```

运行结果如图21-9所示。

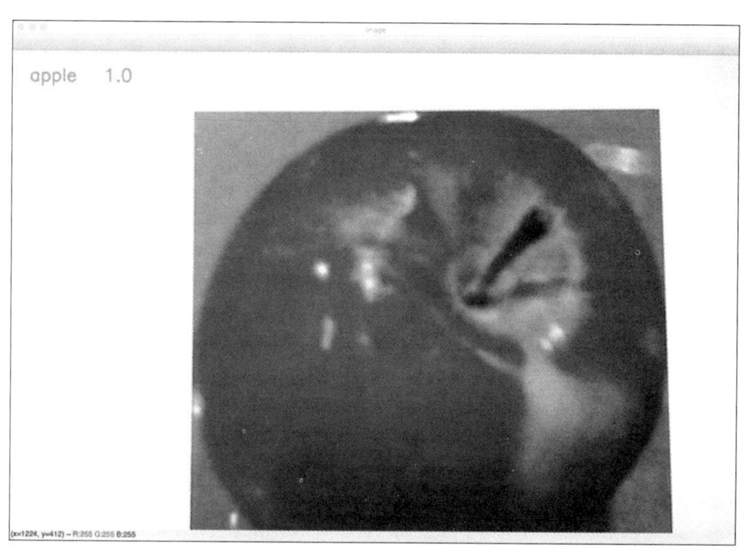

图21-9 实例199运行结果

可以发现VGG16实际预测准确率较低，这是因为训练的图片数量太少，而VGG16的图片(224,224,3)远大于自定义CNN图片(32,32,3)，神经元数量太多，从而使预测准确度较差。

微课视频：06_ImageDataGenerator_VGG16_MyImages_webcam.mp4。

21.6 使用OpenCV找出多个物体

本节将介绍使用OpenCV从背景色为白色的照片中辨认出彩色的物体的方法。

实例200——07-Findobject-area-Color.py。

```
1. import numpy as np                                   #导入数值计算扩展程序库
2. import cv2                                           #导入OpenCV数据库
```

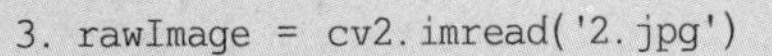

```
3. rawImage = cv2.imread('2.jpg')                           #提取图片 2.jpg
4. print(rawImage.shape)                                    #当前外形为(2268, 3591, 3)
5. print(rawImage.shape[0] * 640/rawImage.shape[1])#计划缩放为(640,404,3)
6. resize = cv2.resize(rawImage, (640, int(rawImage.shape[0] * 640/rawImage.shape[1])),
   interpolation = cv2.INTER_AREA)                          #缩放图片为 640×404
7. cv2.imshow('resize Image',resize)
```

运行结果如图 21-10 所示。

图 21-10　实例 200 运行结果

将 BGR 转换成 HSV：

```
hsv = cv2.cvtColor(resize, cv2.COLOR_BGR2HSV).              #BGR 转换成 HSV
cv2.imshow('HSV Image',hsv)                                 #显示
```

运行结果如图 21-11 所示。

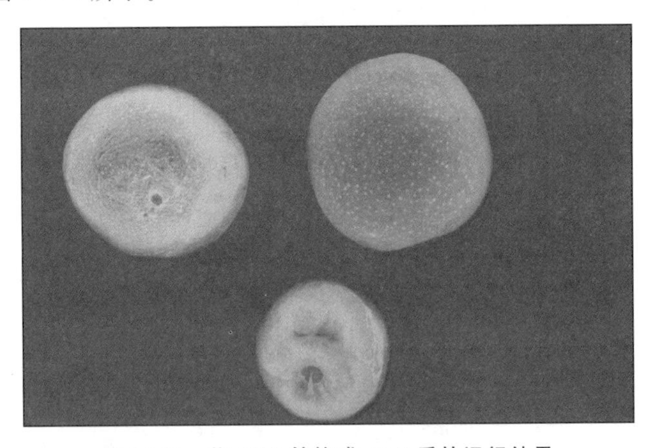

图 21-11　将 BGR 转换成 HSV 后的运行结果

HSL 和 HSV 都是一种将 RGB 色彩模型中的点在圆柱坐标系中表示的方法，如图 21-12 所示。HSL 即 Hue、Saturation、Lightness（色相、饱和度、亮度）；HSV 即 Hue、Saturation、Value（色相、饱和度、明度），又称 HSB，其中 B 即 Brightness（亮度）。这两种表示法都试图做到比基于笛卡儿坐标系的几何结构 RGB 更加直观。

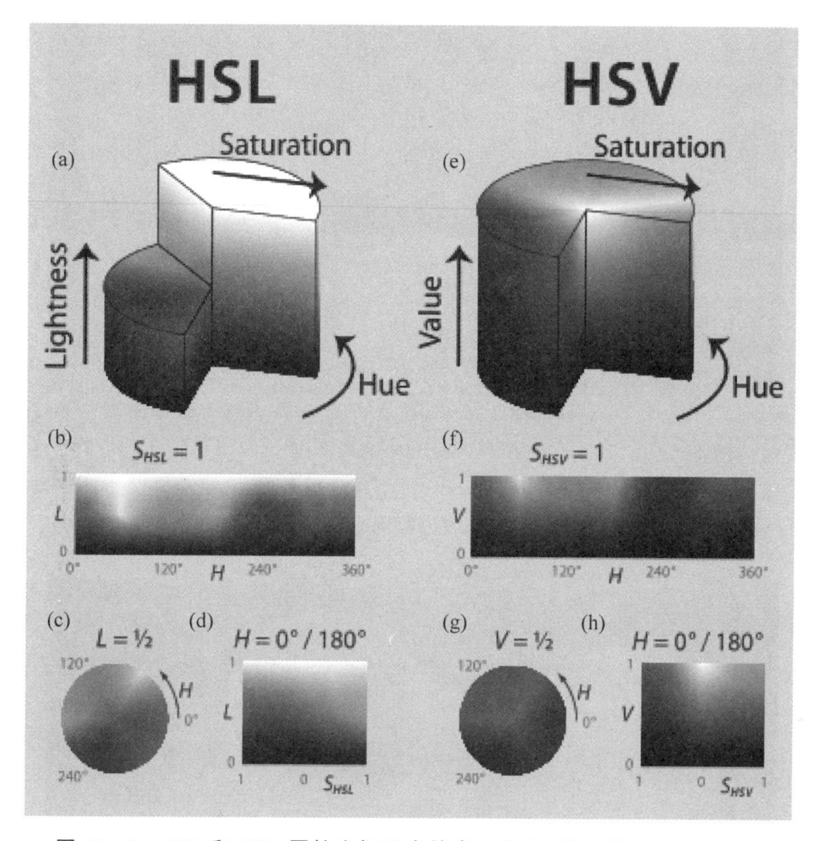

图 21-12　HSL 和 HSV 圆柱坐标系中的表示法（图片来源于 Wikipedia）

把颜色度分开，并提取饱和度：

```
hue,saturation,value = cv2.split(hsv)                    #把颜色度分开
cv2.imshow('Saturation Image',saturation)
```

结果如图 21-13 所示。

二值化图片的代码如下：

```
retval, thresholded = cv2.threshold(saturation, 0, 255,
              cv2.THRESH_BINARY + cv2.THRESH_OTSU).       #二值化图片
cv2.imshow('Thresholded Image',thresholded)
```

结果如图 21-14 所示。

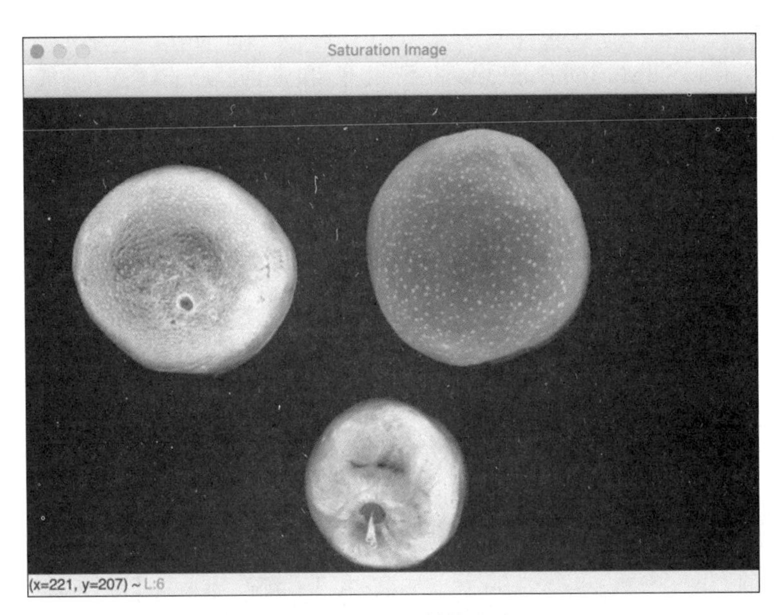

图 21-13　HSV 的饱和度

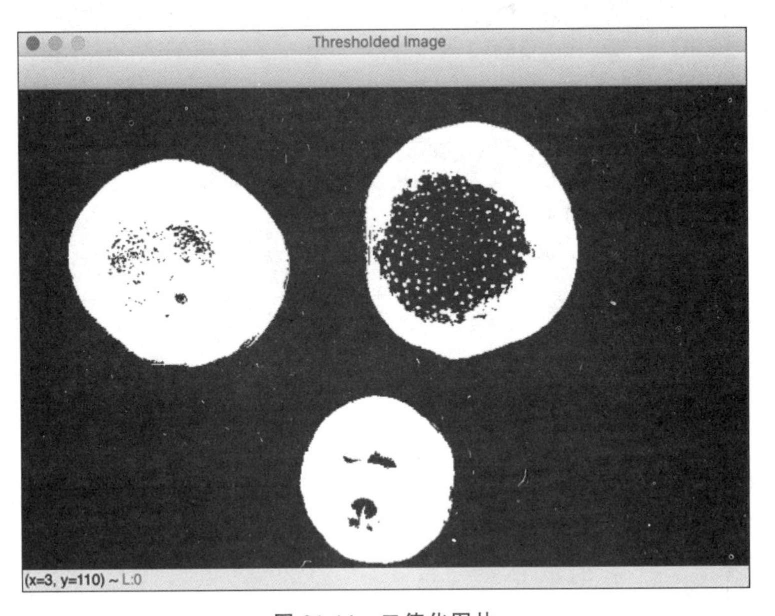

图 21-14　二值化图片

模糊图片,以去除微小噪声,代码如下:

```
medianFiltered = cv2.medianBlur(thresholded,5)                #模糊
cv2.imshow('Median Filtered Image',medianFiltered)
```

结果如图 21-15 所示。

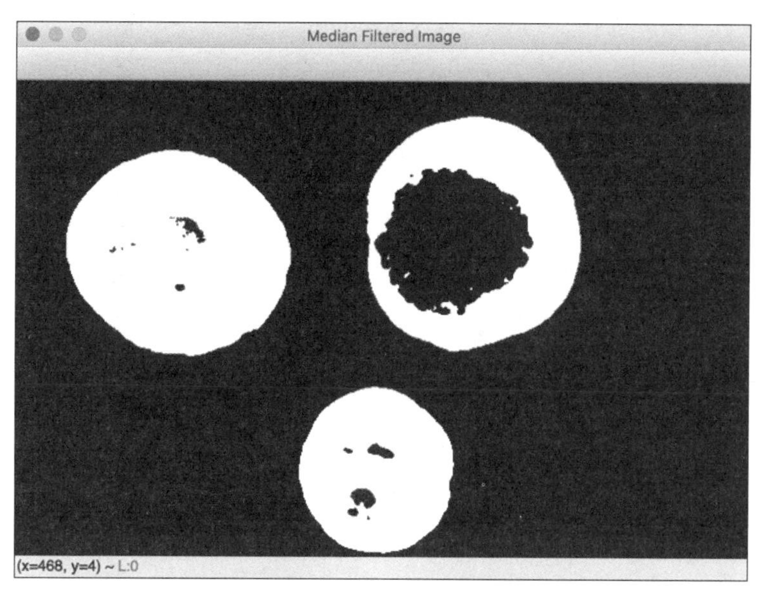

图 21-15　模糊图片

查找面积大于 12 000 的封闭轮廓的边缘,代码如下：

```
contours, hierarchy = cv2.findContours(medianFiltered,
             cv2.RETR_TREE, cv2.CHAIN_APPROX_SIMPLE)          #查找封闭轮廓的边缘
contour_list = []
for contour in contours:
  area = cv2.contourArea(contour)                             #计算该封闭空间的尺寸
  if area > 12000 :
    contour_list.append(contour)                              #保留该封闭轮廓的边缘数据
```

运行结果如图 21-16 所示。

```
▼ contour_list = {list} <class 'list'>: [array([[[311, 259]],\n\n       [[310, 260]],\n\n       [[305, 260]],\n\n       [[304, 261]],\n\n       [[301, 261]],\n\n       [[300, 262]],\n\n       [[29(... View
  ▶ 0 = {ndarray} [[[311 259]]\n\n [[310 260]]\n\n [[305 260]]\n\n [[304 261]]\n\n [[301 261]]\n\n [[300 262]]\n\n [[298 262]]\n\n [[297 263]]\n\n [[296 263]]\n\n [[...View as Array
  ▶ 1 = {ndarray} [[[128  59]]\n\n [[127  60]]\n\n [[123  60]]\n\n [[122  61]]\n\n [[117  61]]\n\n [[116  62]]\n\n [[114  62]]\n\n [[113  63]]\n\n [[111  63]]\n\n [[110  6...View as Array
  ▶ 2 = {ndarray} [[[393  29]]\n\n [[392  30]]\n\n [[387  30]]\n\n [[386  31]]\n\n [[383  31]]\n\n [[382  32]]\n\n [[378  32]]\n\n [[377  33]]\n\n [[374  33]]\n\n [[373  3...View as Array
    __len__ = {int} 3
▼ contours = {list} <class 'list'>: [array([[[311, 259]],\n\n       [[310, 260]],\n\n       [[305, 260]],\n\n       [[304, 261]],\n\n       [[301, 261]],\n\n       [[300, 262]],\n\n       [[298, 2... View
  ▶ 00 = {ndarray} [[[311 259]]\n\n [[310 260]]\n\n [[305 260]]\n\n [[304 261]]\n\n [[301 261]]\n\n [[300 262]]\n\n [[298 262]]\n\n [[297 263]]\n\n [[296 263]]\n\n |...View as Array
  ▶ 01 = {ndarray} [[[307 369]]\n\n [[308 368]]\n\n [[310 370]]\n\n [[310 371]]\n\n [[309 372]]\n\n [[308 372]]\n\n [[307 371]]] ...View as Array
  ▶ 02 = {ndarray} [[[296 362]]\n\n [[297 361]]\n\n [[299 363]]\n\n [[299 364]]\n\n [[300 365]]\n\n [[300 366]]\n\n [[299 367]]\n\n [[299 368]]\n\n [[298 369]]\n\n |...View as Array
  ▶ 03 = {ndarray} [[[298 345]]\n\n [[307 345]]\n\n [[308 346]]\n\n [[309 346]]\n\n [[313 350]]\n\n [[313 351]]\n\n [[314 352]]\n\n [[314 353]]\n\n [[315 354]]\n\n |...View as Array
  ▶ 04 = {ndarray} [[[288 310]]\n\n [[289 310]]\n\n [[290 311]]\n\n [[292 311]]\n\n [[293 312]]\n\n [[294 312]]\n\n [[295 313]]\n\n [[295 314]]\n\n [[293 316]]\n\n |...View as Array
  ▶ 05 = {ndarray} [[[314 307]]\n\n [[315 306]]\n\n [[318 309]]\n\n [[319 309]]\n\n [[320 310]]\n\n [[322 310]]\n\n [[323 311]]\n\n [[325 311]]\n\n [[326 312]]\n\n |...View as Array
  ▶ 06 = {ndarray} [[[128  59]]\n\n [[127  60]]\n\n [[123  60]]\n\n [[122  61]]\n\n [[117  61]]\n\n [[116  62]]\n\n [[114  62]]\n\n [[113  63]]\n\n [[111  63]]\n\n [[110  ...View as Array
  ▶ 07 = {ndarray} [[[140 172]]\n\n [[145 172]]\n\n [[147 174]]\n\n [[147 177]]\n\n [[146 178]]\n\n [[145 178]]\n\n [[144 179]]\n\n [[141 179]]\n\n [[138 176]]\n\n |...View as Array
  ▶ 08 = {ndarray} [[[147 143]]\n\n [[148 142]]\n\n [[149 142]]\n\n [[150 143]]\n\n [[149 144]]\n\n [[148 144]]] ...View as Array
  ▶ 09 = {ndarray} [[[ 91 142]]\n\n [[ 92 141]]\n\n [[ 93 142]]\n\n [[ 93 143]]\n\n [[ 92 144]]\n\n [[ 91 143]]] ...View as Array
  ▶ 10 = {ndarray} [[[ 85 140]]\n\n [[ 86 141]]\n\n [[ 86 142]]\n\n [[ 87 143]]\n\n [[ 84 146]]\n\n [[ 82 146]]\n\n [[ 80 144]]\n\n [[ 81 143]]\n\n [[ 83 143]]\n\n [[ 83 1...View as Array
```

图 21-16　找到 3 笔

从 26 个封闭轮廓中找到 3 个面积大于 12 000 的封闭轮廓。对这 3 笔数据,找出 x_1、y_1、x_2、y_2 的左上角和右下角的位置,显示该位置的内容,在该位置上框出颜色并显示文

字，然后画出该封闭的边缘(实例 201——07-Findobject-area-Color.py)：

```
1. i = 0
2. for contour1 in contour_list:
3.                  # 找出 x1、y1、x2、y2 的左上角和右下角的位置
4.   x = contour1[0][0][0]
5.   y = contour1[0][0][1]
6.   contour_list_x = []
7.   contour_list_y = []
8.   for xy in contour1:
9.     contour_list_x.append(xy[0][0])                          # 集合 x 的位置
10.    contour_list_y.append(xy[0][1])                          # 集合 y 的位置
11.   x1 = min(contour_list_x)                                  # 最小的 x
12.   y1 = min(contour_list_y)                                  # 最小的 y
13.   x2 = max(contour_list_x)                                  # 最大的 x
14.   y2 = max(contour_list_y)                                  # 最大的 y
15.                                                             # 显示出该位置的内容
16.   cv2.imshow(str(i), resize[y1:y2,x1:x2,:])
17.                                                             # 在该位置上框出颜色
18.   cv2.rectangle(resize, (x1,y1), (x2,y2), (0,255, 0), 1)    # 画方块
19.   area = cv2.contourArea(contour1)                          # 计算面积
20.   str1 = str(i) + " , " + str(area)                         # 在该位置上显示文字
21.
22.   cv2.putText(resize,str(str1), (x1,y1), cv2.FONT_HERSHEY_SIMPLEX, 1, (255,0,0))
23.   i = i + 1
24.
25. cv2.drawContours(resize, contour_list, -1, (255,0,0), 2)   # 画出该封闭的边缘
26. cv2.imshow('Objects Detected',resize)                      # 显示
27. cv2.waitKey(0)
```

运行结果如图 12-17 所示。

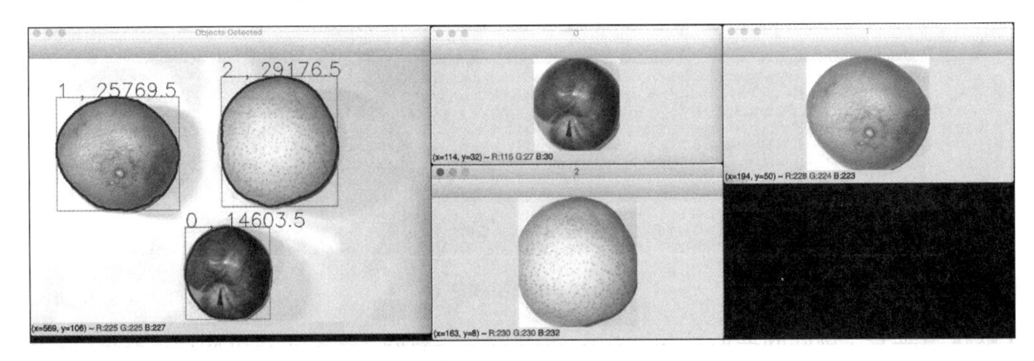

图 12-17　实例 201 运行结果

微课视频：07-Findobject-area-Color. mp4。

21.7　多对象的预测

延续实例 201，通过以下实例将图片 2. jpg 送入 CNN 做出预测（实例 202——08-Findobject-area-Color-CNN-predict. py）：

```
1. …                                                          # import，相同，省略
2. dirs = os.listdir(IMAGEPATH)                               # 以文件夹名作为 Y 的名称
3. json_file = open('model_ImageDataGenerator_VGG16_myImage.json', 'r')     # 打开模型文档
4. loaded_model_json = json_file.read()                       # 提取模型文档
5. json_file.close()                                          # 关闭模型文档
6. model = tf.keras.models.model_from_json(loaded_model_json)  # 转换成模型文档
7. model.load_weights("model_ImageDataGenerator_VGG16_myImage.h5")      # 导入权重
8. model.compile(loss = tf.keras.losses.categorical_crossentropy,      # 设置编译
9.       optimizer = tf.keras.optimizers.Adadelta(),
10.       metrics = ['accuracy'])
11. model.summary()
```

准备预测的函数 CNNPredict，把找到的对象转换成(1，32，32，3)的 RGB 图片做预测，代码如下：

```
12. def CNNPredict(img):
13.   resized = cv2.resize(img, (32, 32), interpolation = cv2.INTER_AREA)     # 缩放 32×32
14.   image = cv2.cvtColor(resized, cv2.COLOR_BGR2RGB)                       # 改成 RGB
15.   image = image.reshape((1, image.shape[0], image.shape[1], image.shape[2]))
16.   predict2 = model.predict(image)                                        # 预测
17.   return predict2
```

最后对找到的部分修改，调用 CNNPredict 函数即可完成，代码如下：

```
1. for contour1 in contour_list:
2.   …                                                          # 相同，省略
3.   obj_area = resize2[y1:y2,x1:x2,:].copy()                   # 复制该封闭的边缘
4.   cv2.imshow( str(i), obj_area)                              # 显示该对象
5.   predict = CNNPredict(obj_area)                             # 预测
6.   cv2.rectangle(resize, (x1,y1), (x2,y2), (0,255, 0), 1)     # 画正方形
7.   area = cv2.contourArea(contour1)                           # 计算出该封闭的面积
8.   i = np.argmax(predict[0])
9.   str1 = dirs[i] + " ," + str(predict[0][i]) + " , " + str(area)  # 预测的文字
10.   cv2.putText(resize,str(str1), (x,y), cv2.FONT_HERSHEY_SIMPLEX, 1, (255,0,0) )
11.   …                                                          # 相同，省略
```

运行结果如图 21-18 所示。

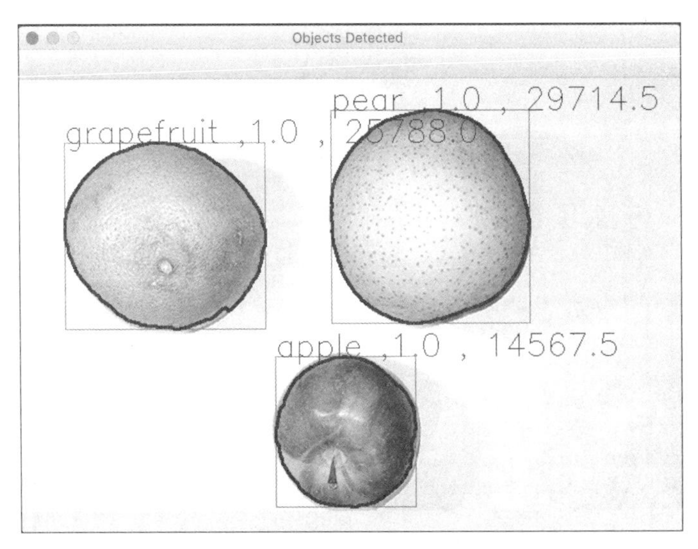

图 21-18 实例 202 运行结果

微课视频：08-Findobject-area-Color-CNN-predict. mp4。

21.8 利用摄像机做多对象的预测

同样的方法也可用于摄像机做即时预测。延续实例 202，修改如下（实例 203——09-Findobject-area-Color-CNN-predict-byWebCam. py）：

```
1.   …                                                   #相同,省略
2. cap = cv2.VideoCapture(0)
3. while(True):
4.   ret, rawImage = cap.read(                           #提取摄像机
5.   if ret == True:
6.     resize = cv2.resize(rawImage,
7.   (w, int(rawImage.shape[0] * w/rawImage.shape[1])), interpolation = cv2.INTER_AREA)
8.     hsv = cv2.cvtColor(resize, cv2.COLOR_BGR2HSV)      #转 HSV
9.     hue ,saturation ,value = cv2.split(hsv)
10.     retval, thresholded = cv2.threshold(saturation, 0, 255,
11.            cv2.THRESH_BINARY + cv2.THRESH_OTSU)        #二值化
12.     medianFiltered = cv2.medianBlur(thresholded,5)     #模糊
13.     contours, hierarchy = cv2.findContours(medianFiltered,
```

```
14.         cv2.RETR_TREE, cv2.CHAIN_APPROX_SIMPLE)           #找边缘
15.     contour_list = []
16.     for contour in contours:
17.       area = cv2.contourArea(contour)                     #计算该封闭空间的尺寸
18.       if area > 12000 :
19.         contour_list.append(contour)                      #保留该封闭的边缘的数据
20.     i = 0
21.     for contour1 in contour_list:
22.       contour_list_x = []
23.       contour_list_y = []
24.       for xy in contour1:
25.         contour_list_x.append(xy[0][0])                   #集合 x 的位置
26.         contour_list_y.append(xy[0][1])                   #集合 y 的位置
27.       x = x1 = min(contour_list_x)                        #最小的 x
28.       y = y1 = min(contour_list_y)                        #最小的 y
29.       x2 = max(contour_list_x)                            #最大的 x
30.       y2 = max(contour_list_y)                            #最大的 y
31.       obj_area = resize[y1:y2, x1:x2, :].copy()
32.       predict = CNNPredict(obj_area)                      #预测
33.       cv2.rectangle(resize, (x1, y1), (x2, y2), (0, 255, 0), 1)
34.       area = cv2.contourArea(contour1)
35.       i = np.argmax(predict[0])
36.       str1 = dirs[i] + " ," + str(predict[0][i]) + " , " + str(area)      #预测结果
37.       cv2.putText(resize, str(str1), (x, y),
38.           cv2.FONT_HERSHEY_SIMPLEX, 1, (255, 0, 0))      #显示文字
39.       i = i + 1
40.     cv2.drawContours(resize, contour_list, -1, (255,0,0), 2)     #画出该封闭的边缘
41.     cv2.imshow('Objects Detected',resize)                 #显示
42.     key = cv2.waitKey(10)
43.     if key & 0xFF == ord('q'):
44.       break
```

运行结果如图 21-19 所示。

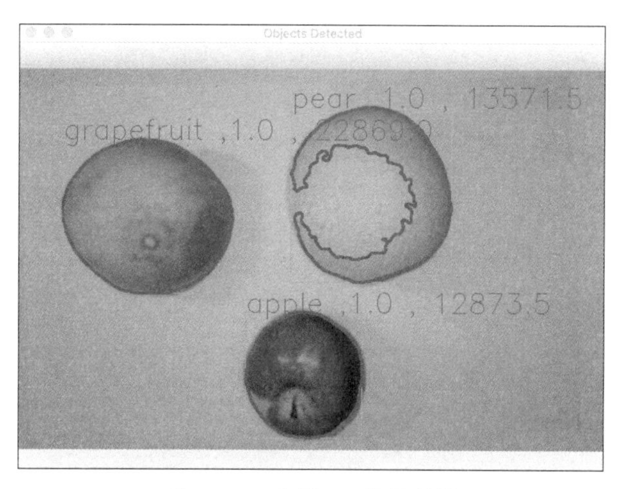

图 21-19　实例 203 运行结果

微课视频：09-Findobject-area-Color-CNN-predict-byWebCam.py。

21.9 文字的即时识别

因为文字大多是黑白的，需对实例 203 进行修改，即可识别文字，代码如下：

```
retval, thresholded = cv2.threshold(value, 0, 255, cv2.THRESH_BINARY + cv2.THRESH_OTSU)
```

另外，MNIST 训练的图片，文字外围有一个白色区域，所以抓图时不能再用以前简单的 resize (32,32)，需抓取比封闭的边缘更大的范围，即按照文字比例抓出等比例的范围(实例 204——10-Findobject-area-MNIST-predict-byWebCam.py)：

```
1.  …                                                   # 相同,省略
2. def MyPredict(i,i_img,x1,x2,y1,y2):
3.    w = 28                                            # 按照文字比例抓出等比例的范围
4.    s = 10
5.    new_x1 = x1
6.    new_y1 = y1
7.    if(x1 - s > 0): new_x1 = x1 - s
8.    if(y1 - s > 0): new_y1 = y1 - s
9.    if(x2 - x1)>(y2 - y1):                            # 如果比较宽
10.       ratio1 = float(x2 - x1)
11.       new_y2 = y1 + ratio1
12.       new_y2 = int(new_y2)
13.       new_x2 = int(x2)
14.   else:                                             # 如果比较高
15.       ratio1 = float(y2 - y1)
16.       new_x2 = int(x1 + ratio1)
17.       new_y2 = int(y2)
18.   i_img = i_img[new_y1:new_y2, new_x1:new_x2, :]    # 比例缩放
19.   i_img = cv2.resize(i_img, (28, 28), interpolation = cv2.INTER_AREA)
20.   i_img = cv2.cvtColor(i_img,cv2.COLOR_BGR2GRAY)                      # 转灰度
21.   (thresh, i_img) = cv2.threshold(i_img, 80, 255, cv2.THRESH_BINARY)  # 二值化
22.   i_img = cv2.bitwise_not(i_img)                    # 黑白相反
23.   kernel = np.ones((2, 2), np.uint8)
24.   i_img = cv2.dilate(i_img, kernel, iterations = 1) # 文字加粗
25.   if(i == 1):
26.     cv2.imshow("Obj", i_img)                        # 显示单一文字
27.   i_img = i_img.reshape(1,28,28,1)
```

```
28.    X = i_img.astype('float32')/255
29.    predict = model.predict(X)                        # 预测
30.    return np.argmax(predict[0])
31. …                                                    # 相同,省略
```

运行结果如图 21-20 所示。

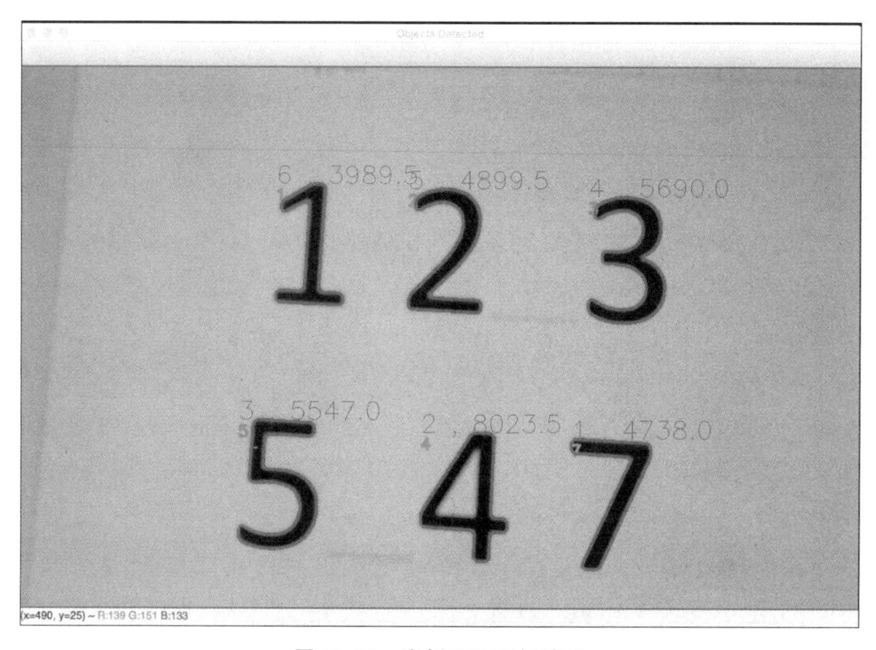

图 21-20 实例 204 运行结果

微课视频：10-Findobject-area-MNIST-predict-byWebCam. mp4。

第 22 章 多影像识别技术

CHAPTER 22

22.1 多对象检测和多影像识别技术

随着自动驾驶等需求的大量出现，计算机视觉近年来受到越来越多的关注，视觉辨识成为各大公司的研究重点。

之前学习的 CNN 算法，训练时必须先固定图片的宽度和高度，这会限制其实际应用，因为很多物体通常不是正方形，输入和输出层的长度不固定。解决此问题的方法是从图像中获取不同的局部，并使用 CNN 对该对象在该局部进行分类。

在实际应用中，常需要在一个画面中识别多个物体，可以通过 R-CNN、Mask R-CNN、Fast R-CNN、Faster R-CNN 和 YOLO 等实现。每个算法差异都很大，并有专门的开源项目来实现。本章将专注介绍 Mask R-CNN 的应用和训练。

22.2 Mask R-CNN 简介

Mask R-CNN 由 Kaiming He、Georgia Gkioxari、Piotr Dollár 和 Ross Girshick 提出，相关论文可以参考网站 https://arxiv.org/abs/1703.06870。实例运行结果见图 22-1。

Mask R-CNN 的技术原理是分割画面，分别有效检测画面中的对象。通过画面颜色差异，找出边界并框起预测对象，即可加快速度，成为 Faster R-CNN。

当前公开的并经过实践的函数和实例可从 GitHub 官方网站 https://github.com/matterport/Mask_RCNN 获取，如图 22-2 所示。

图 22-1 Mask R-CNN 的实例运行结果

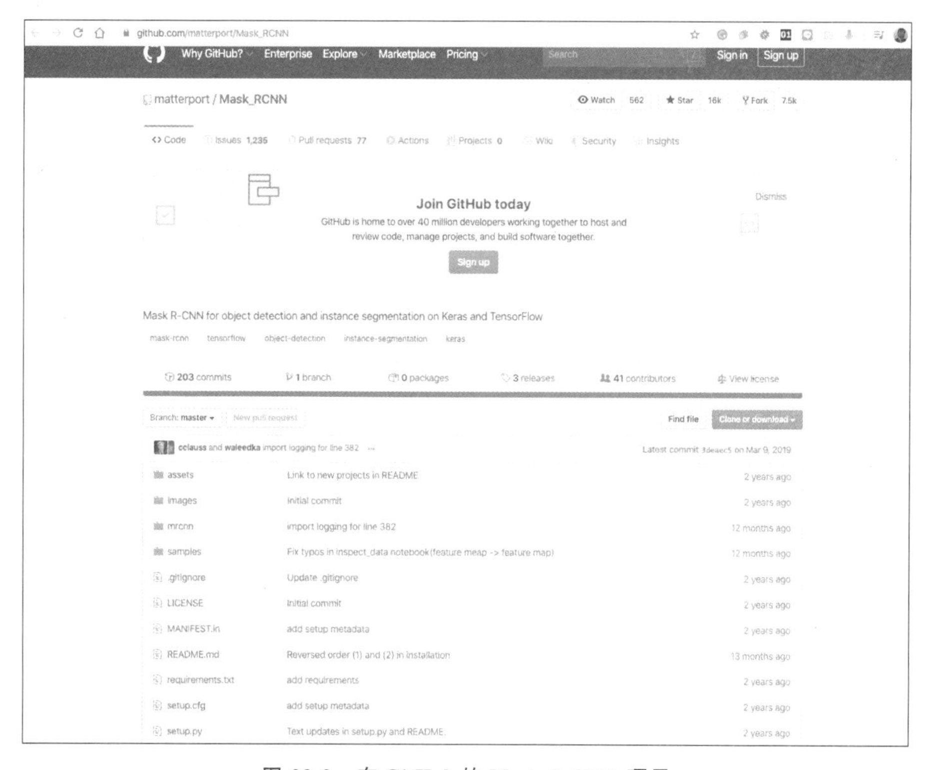

图 22-2 在 GitHub 的 Mask R-CNN 项目

22.3 Mask R-CNN 使用

首次使用 Mask R-CNN 需安装相关函数库，程序如下：

```
Python  -m pip install --upgrade pip
pip3 install scikit-image
pip3 install keras==2.2.5
pip3 install Cython
pip3 install imgaug
pip3 install pycocotools
pip3 install https://github.com/matterport/Mask_RCNN/archive/master.zip
```

通过以下实例将图片 1.jpg 送入 Mask R-CNN 做出预测(实例 205——01_maskrcnn_demo.py)：

```
1. from mrcnn import utils
2. import mrcnn.model as modellib
3. from mrcnn import visualize
4. from mrcnn.config import Config
5.
6. class_names = ['BG', 'person', 'bicycle', 'car', 'motorcycle', 'airplane',
7.         'bus', 'train', 'truck', 'boat', 'traffic light',
8.         'fire hydrant', 'stop sign', 'parking meter', 'bench', 'bird',
9.         'cat', 'dog', 'horse', 'sheep', 'cow', 'elephant', 'bear',
10.         'zebra', 'giraffe', 'backpack', 'umbrella', 'handbag', 'tie',
11.         'suitcase', 'frisbee', 'skis', 'snowboard', 'sports ball',
12.         'kite', 'baseball bat', 'baseball glove', 'skateboard',
13.         'surfboard', 'tennis racket', 'bottle', 'wine glass', 'cup',
14.         'fork', 'knife', 'spoon', 'bowl', 'banana', 'apple',
15.         'sandwich', 'orange', 'broccoli', 'carrot', 'hot dog', 'pizza',
16.         'donut', 'cake', 'chair', 'couch', 'potted plant', 'bed',
17.         'dining table', 'toilet', 'tv', 'laptop', 'mouse', 'remote',
18.         'keyboard', 'cell phone', 'microwave', 'oven', 'toaster',
19.         'sink', 'refrigerator', 'book', 'clock', 'vase', 'scissors',
20.         'teddy bear', 'hair drier', 'toothbrush']        #辨识的分类名称
21. class SimpleConfig(Config):
22.   NAME = "coco_inference"                               #指定使用 Microsoft COCO 数据集
23.   GPU_COUNT = 1                                         #设置要使用的 GPU 数量及图像数量
24.   IMAGES_PER_GPU = 1                                    #设置每个 GPU 计算的图像数量
25.   NUM_CLASSES = len(class_names)                        #分类的数量
26.
27.
28. config = SimpleConfig()                                 #初始化设置
29.                                                         #设置 Mask R-CNN 模型
30. model = modellib.MaskRCNN(mode = "inference", model_dir = "", config = config)
31.                                    #使用已经用 Microsoft COCO 数据集训练后的权重
```

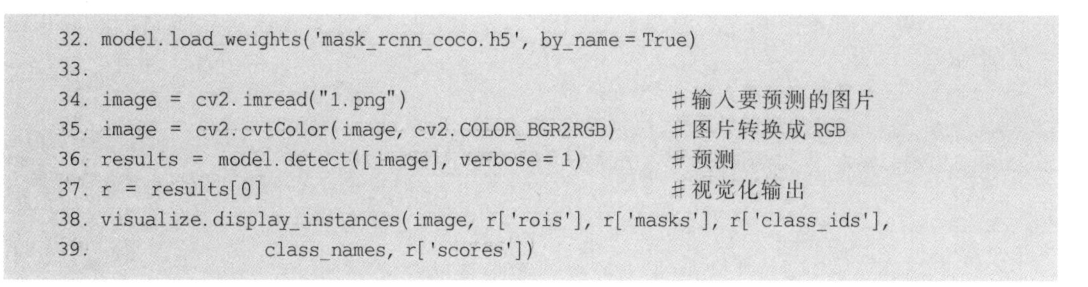

```
32. model.load_weights('mask_rcnn_coco.h5', by_name = True)
33.
34. image = cv2.imread("1.png")                          # 输入要预测的图片
35. image = cv2.cvtColor(image, cv2.COLOR_BGR2RGB)       # 图片转换成 RGB
36. results = model.detect([image], verbose = 1)         # 预测
37. r = results[0]                                       # 视觉化输出
38. visualize.display_instances(image, r['rois'], r['masks'], r['class_ids'],
39.                 class_names, r['scores'])
```

运行结果如图 22-3 所示。

图 22-3　实例 205 运行结果

可以看出，Mask R-CNN 算法可以在图片中找到多个物体并显示出分类，并抓出该物体的边缘。

注意：本书中，Mask R-CNN 需配合使用 TensorFlow 1.14 版本，无法使用 TensorFlow 2.1。如果执行程序过程中 tf.placeholder 出现问题，建议使用 TensorFlow 1.14。

微课视频：01_maskrcnn_demo.mp4。

22.4　取得预测率和对象位置

Mask R-CNN 算法可以找出对象的边缘。实例 205 通过"visualize.display_instances(image, r['rois'], r['masks'], r['class_ids'],class_names, r['scores'])"中的"r['masks']"画

出对象的边缘，下面通过 OpenCV 和 NumPy 实现类似功能，首先需针对预测函数的回传值做处理，程序如下：

```
results = model.detect([image], verbose = 1)
r = results[0]
```

下面介绍预测的回传值。

(1) r['rois']：该对象在图片中的位置(左上角的 Y，左上角的 X，右下角的 Y，右下角的 X)。

(2) r['masks']：该对象在图片中的掩码。

(3) r['class_ids']：该对象的分类标签号码。

(4) r['scores']：该对象的预测的准确率。

实例 206——02_maskrcnn_predict.mp4。

```
1. for i in range(0, r["rois"].shape[0]):                              # 每一个对象
2.   classID = r["class_ids"][i]                                       # 该对象的分类标签号码
3.   mask = r["masks"][:, :, i]                                        # 该对象在图片中的掩码
4.   color = [classID/len(class_names),1,1]                            # 设置掩码的颜色(0～1 之间)
5.   image = visualize.apply_mask(image, mask, color, alpha = 0.5)    # 绘制
6.   print(str(i) + " ------------- ")                                 # 输出第几个对象
7.   print("rois = " + str(r["rois"][i]))                              # 输出对象位置
8.   print("class_ids = " + str(r["class_ids"][i]))                    # 输出分类标签号码
9.   print("scores = " + str(r["scores"][i]))                          # 输出对象的预测准确率
10. image = cv2.cvtColor(image, cv2.COLOR_RGB2BGR)                     # 转换成 BGR
11. cv2.imshow("visualize",image)                                      # 显示
```

运行结果如图 22-4 所示。

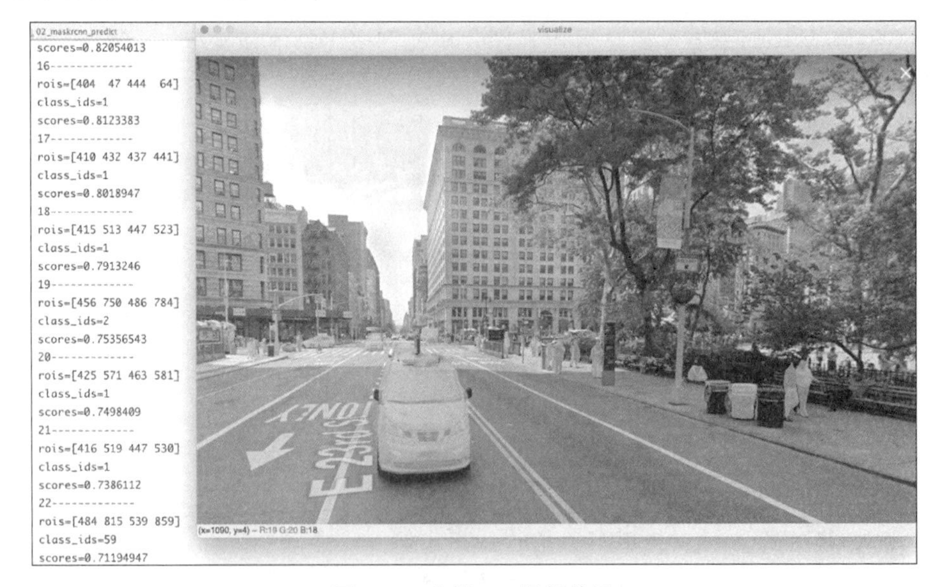

图 22-4 实例 206 运行结果

如需像 visualize. display_instances 一样在画面上显示对象的名称和概率，可以通过以下程序实现(实例 207——02_maskrcnn_predict. mp4)：

```
1. for i in range(0, r["rois"].shape[0]):                                  #每一个对象
2.   (startY, startX, endY, endX) = r["rois"][i]                           #对象的位置
3.   classID = r["class_ids"][i]                                           #对象的预测标签
4.   label = class_names[classID]                                          #预测出的对象名称
5.   score = r["scores"][i]                                                #准确率分数
6.   color = [0,255,0]                                                     #颜色
7.   cv2.rectangle(image, (startX, startY), (endX, endY), color, 2)        #框出该对象
8.   text = "{}: {:.3f}".format(label, score)                              #字符串,名称和准确率
9.   y = startY - 10 if startY - 10 > 10 else startY + 10                  #文字的 Y 位置
10.   cv2.putText(image, text, (startX, y), cv2.FONT_HERSHEY_SIMPLEX,
11.      0.6, color, 2)                                                    #在图片上写出文字
12. cv2.imshow("Output", image)                                            #显示图片
13. cv2.waitKey()                                                          #等待按键
```

运行结果如图 22-5 所示。

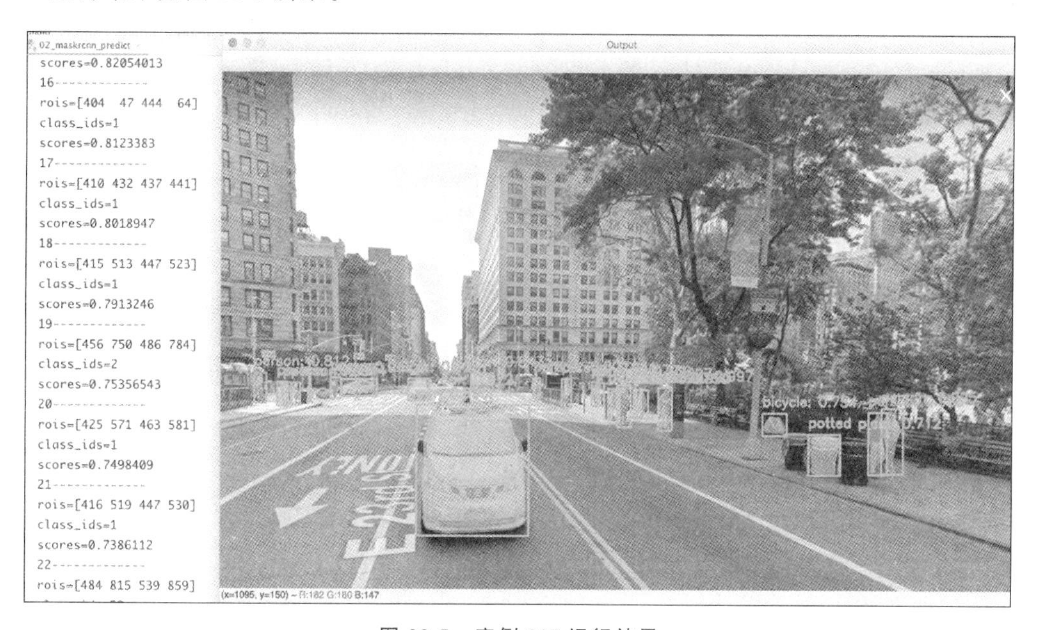

图 22-5　实例 207 运行结果

如果认为判断有误，可以调整判断的准确度，程序如下：

```
class SimpleConfig(Config):
  DETECTION_MIN_CONFIDENCE = 0.99
```

让 model. detect 回传对象时，只回传准确率大于 99%的对象的相关信息。

运行结果如图 22-6 所示。

图 22-6　调整判断的准确度后的运行结果

微课视频：02_maskrcnn_predict.mp4。

22.5　Mask R-CNN 结合 OpenCV 和摄像机即时识别

本节介绍通过 Mask R-CNN 结合 OpenCV 和摄像机即时识别来识别影像（实例 208——03_maskrcnn_predict_web.py）：

```
1. …                                                  # 导入函数,省略
2. class_names = ['BG', 'person',…, 'hair drier', 'toothbrush']    # 要识别的分类
3. class SimpleConfig(Config):
4.     DETECTION_MIN_CONFIDENCE = 0.8                   # 回传准确率> 0.8 的答案
5.     NAME = "coco_inference"
6.     GPU_COUNT = 1                                    # 设置要使用的 GPU 数量及图像数量
7.     IMAGES_PER_GPU = 1                               # 设置每个 GPU 计算的图像数量
8.     NUM_CLASSES = len(class_names)                   # 分类的数量
9.
10. config = SimpleConfig()                             # 初始化设置
```

```
11. #设置 Mask R-CNN 模型
12. model = modellib.MaskRCNN(mode = "inference", model_dir = "", config = config)
13. #使用已经用 Microsoft COCO 数据集训练后的权重
14. model.load_weights('mask_rcnn_coco.h5', by_name = True)
15. #输入要预测的图片
16. def rcnn_predict(image):
17.   #image = cv2.resize(image, (224, 224), interpolation = cv2.INTER_AREA)         #缩小
18.   image = cv2.cvtColor(image, cv2.COLOR_BGR2RGB)              #图片转换成 RGB
19.   results = model.detect([image], verbose = 1)                #预测
20.   r = results[0]                                              #预测答案
21.   for i in range(0, r["rois"].shape[0]):                      #每一个对象
22.     classID = r["class_ids"][i]                               #该对象的分类标签号码
23.     mask = r["masks"][:, :, i]                                #该对象在图片中的掩码
24.     label = class_names[classID]                              #预测出的对象名称
25.     score = r["scores"][i]                                    #准确率分数
26.     (startY, startX, endY, endX) = r["rois"][i]               #对象的位置
27.     color = [classID/len(class_names),1,1]                    #设置掩码的颜色(0~1 之间)
28.     image = visualize.apply_mask(image, mask, color, alpha = 0.5)   #绘制掩码
29.     cv2.rectangle(image, (startX, startY), (endX, endY), color, 2)  #框出该对象
30.     text = "{}: {:.3f}".format(label, score)                  #字符串、名称和准确率
31.     y = startY - 10 if startY - 10 > 10 else startY + 10    #文字的 Y 位置
32.     cv2.putText(image, text, (startX, y), cv2.FONT_HERSHEY_SIMPLEX,
33.     0.5, color, 1)                                            #在图片上写出文字
34.   image = cv2.cvtColor(image, cv2.COLOR_RGB2BGR)              #转换为 BGR
35.   return image;                                               #回传 image
36. cap = cv2.VideoCapture(0)                                     #调用第 0 个摄像机
37. while(True):
38.   ret, img = cap.read()                                       #获取摄像机的画面
39.   if ret == True:
40.     image = rcnn_predict(img)                                 #调用自制函数
41.     cv2.imshow('frame', image)                                #显示图片
42.   if cv2.waitKey(50) & 0xFF == ord('q'):                      #按 Q 键
43.     break                                                     #离开程序
44. cap.release()
45. cv2.destroyAllWindows()
```

运行结果如图 22-7 所示。

如计算机速度较慢，可通过缩小图片来节省处理时间，程序如下：

```
image = cv2.resize(image, (224, 224), interpolation = cv2.INTER_AREA)   #缩小
```

图 22-7 实例 208 运行结果

微课视频：03_maskrcnn_predict_web. mp4。

22.6 通过 Mask R-CNN 判断视频上的多对象并存储视频

Mask R-CNN 算法非常好用，只需对 OpenCV 稍做修改，即可提取视频，找出对象，并把结果存回视频文档(实例 209——04_maskrcnn_predict_video. py)：

```
1. …                                                            #同上一实例,省略
2. try:
3.   fourcc = cv2.VideoWriter_fourcc( * 'XVID')                 #存档影像解码 XVID
4.   out = cv2.VideoWriter('output.avi', fourcc, 12.0,(1024,768))   #分配文档名
5. except:
6.   fourcc = cv2.VideoWriter_fourcc('M', 'J', 'P', 'G')        #存档影像解码 MJPG
7.   out = cv2.VideoWriter('output.mov', fourcc, 12.0,(1024,768))   #分配文档名
8.
```

```
9.  cap = cv2.VideoCapture("highway.mp4")                     #提取视频文档
10. while(True):
11.   ret, img = cap.read()                                   #获取视频画面
12.   if ret == True:
13.     image = rcnn_predict(img)                             #调用自制函数
14.     out.write(image)                                      #存储图片
15.     cv2.imshow('frame', image)                            #显示图片
16.   if cv2.waitKey(50) & 0xFF == ord('q'):                  #按Q键
17.     break                                                 #离开程序
18. out.release()                                             #关闭文档
19. cap.release()                                             #关闭视频文档
20. cv2.destroyAllWindows()                                   #关闭窗口
```

运行结果如图 22-8 所示。

图 22-8 实例 209 运行结果

微课视频：04_maskrcnn_predict_video.mp4。

22.7 准备训练图片

目前本章一直使用 Microsoft COCO 数据集，通过 Mask R-CNN 所训练的权重来做预测，本节将介绍如何准备自己的训练图片，步骤如下：

（1）准备好一种要训练的对象，此处使用气球图片，并如图 22-9 所示分别将 62 张图片放在 balloon\train 中，13 张图片放在 balloon\val 中。

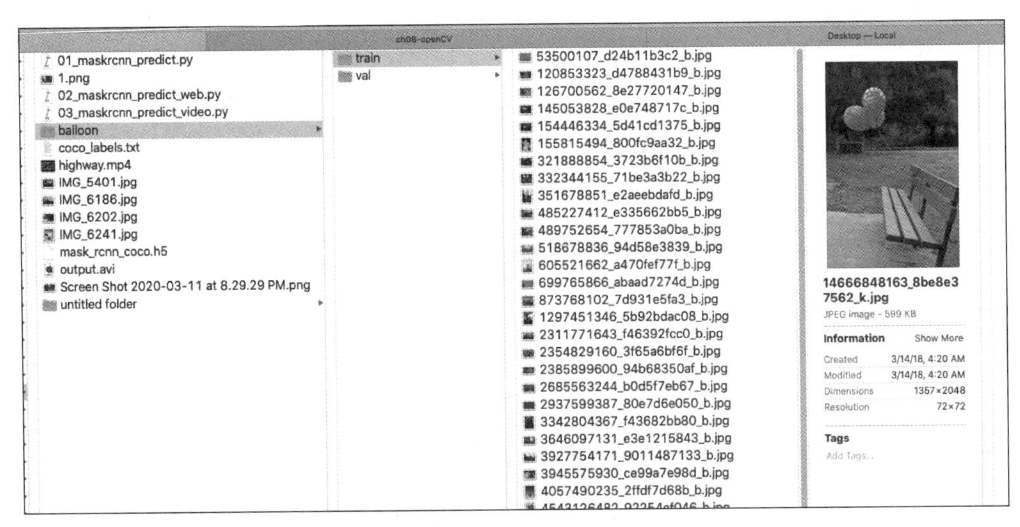

图 22-9　图片位置

（2）打开浏览器，进入网站 http://www.robots.ox.ac.uk/～vgg/software/via/，下载 VGG 工具 via-2.x.x.zip，如图 22-10 所示。

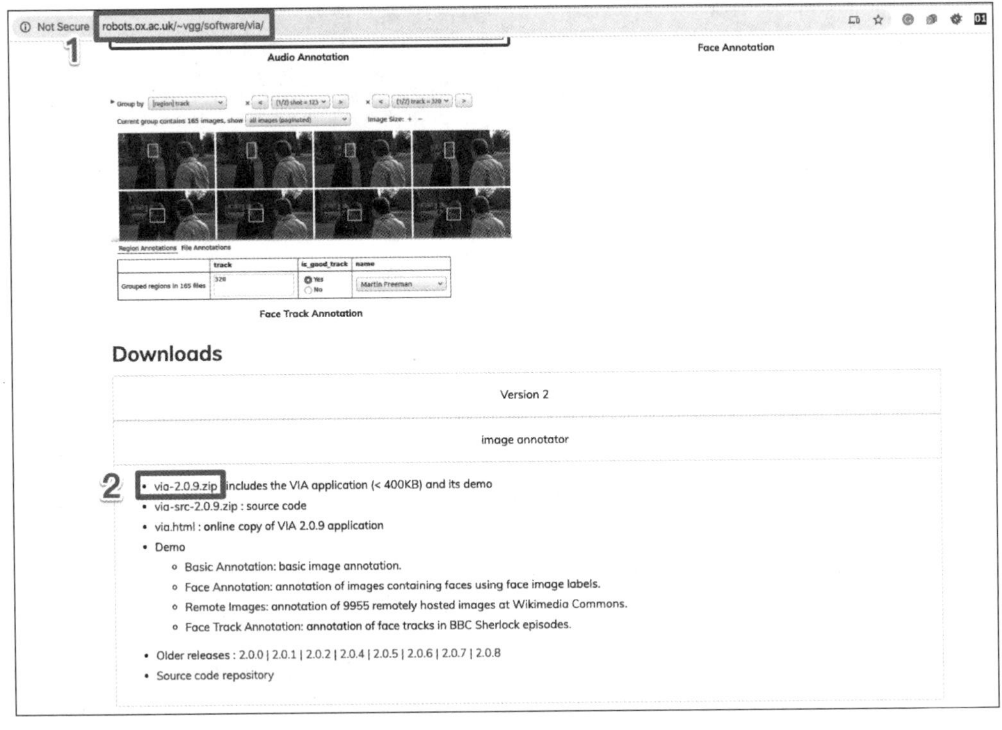

图 22-10　下载 VGG 工具

(3) 下载后解压缩文档并运行 via.html,如图 22-11 所示。

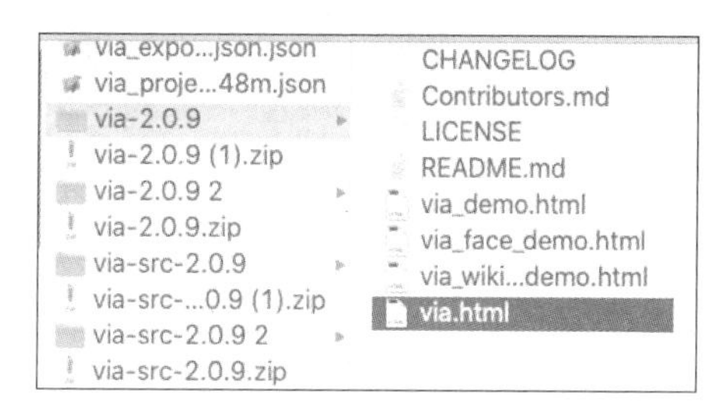

图 22-11 运行 via.html

(4) 单击 Add Files 按钮,添加 62 张图片至 balloon\train\ *.jpg。单击第 1 张图片,如图 22-12 所示。

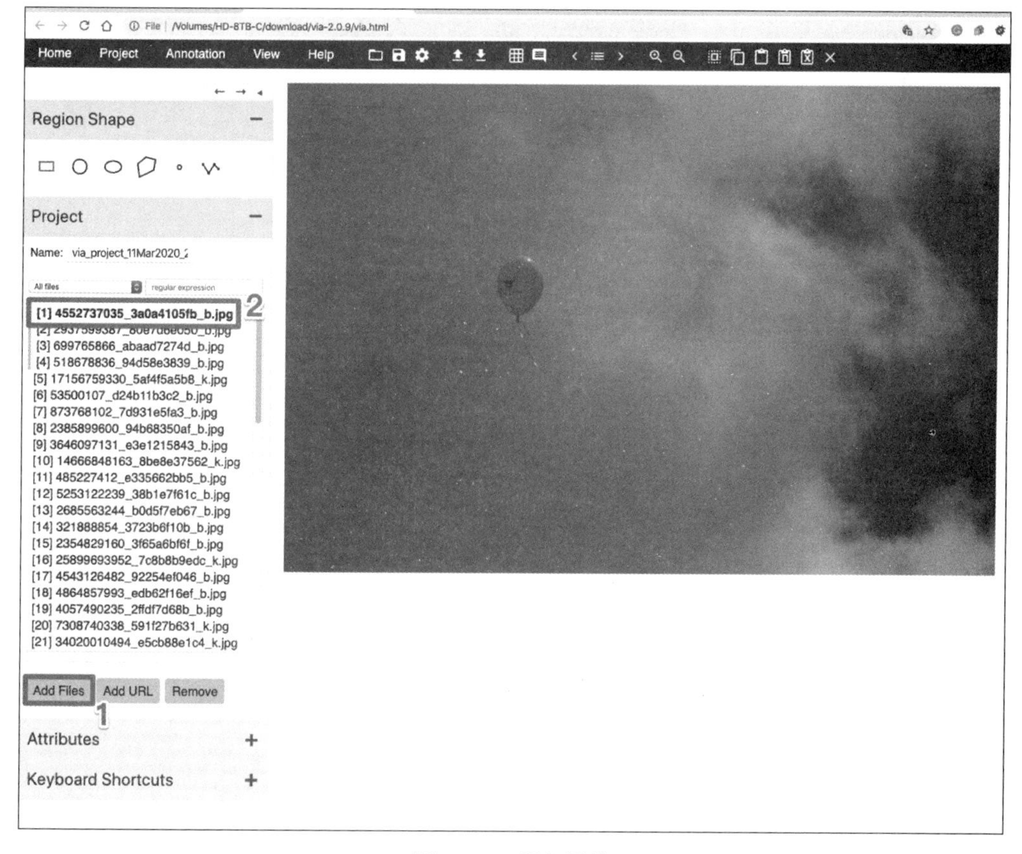

图 22-12 添加图片

(5) 选择不规则选取工具,沿物体轮廓选取选区,如图 22-13 所示,完成后按 Enter 键离开。

(6) 在第 1 次选取时,设置圈起来的物体 Attributes(属性),名称为 balloon,在下面列表框中选择 balloon,Name 设置为 balloon,Type 设置为 dropdown,如图 22-14 所示。

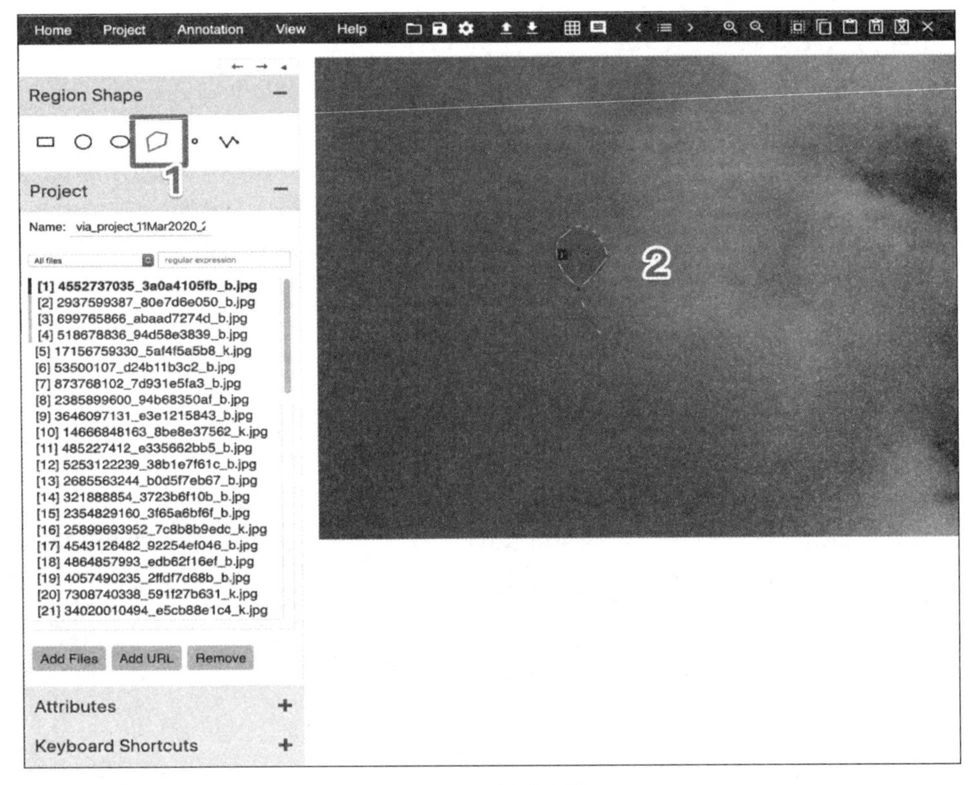

图 22-13 圈选物体

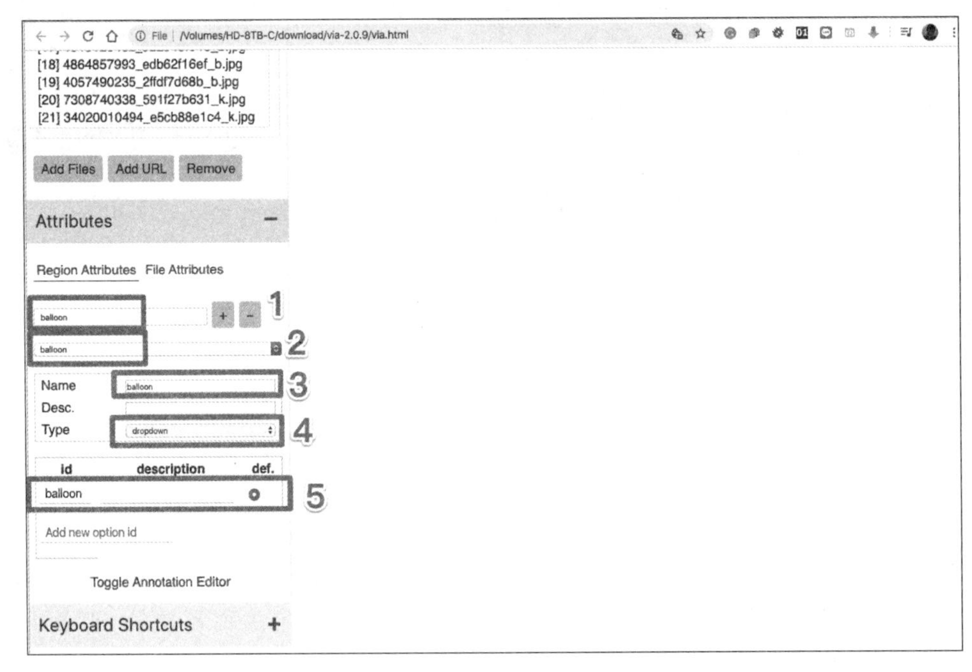

图 22-14 设置属性名称

（7）ID 设置为 balloon，选中 def。

（8）重复以上步骤，为全部图片设置属性，然后单击图中的 Annotation\Export Annotation and JSON 即可下载一个扩展名为.json 的文档。

将该文档放在与图片相同的路径下，并将文档名修改为 via_region_data.json，如图 22-15 所示。

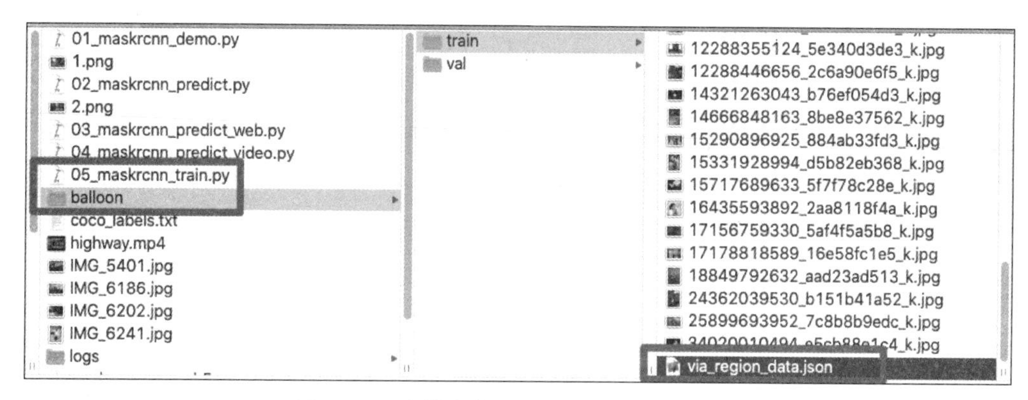

图 22-15　文档名修改为 via_region_data.json

（9）用同样方法处理 balloon\val\中的图片。

微课视频：05_vgg_json.mp4。

22.8　训练自己的 Mask R-CNN 权重

在 DOS 模式下移动至程序 05_maskrcnn_train.py 的位置，运行以下指令：

```
Python  05_maskrcnn_train.py train -dataset=balloon\  --weights=coco
```

1min 后将显示 Epoch 1/30 的训练过程，如图 22-16 所示。训练过程持续时间较长，笔者的计算机耗时两天才完成。

本训练程序使用的是 Mask R-CNN 官方程序中的 samples\balloon\balloon.py。

```
Command Prompt - python 05_maskrcnn_train.py train --dataset=balloon --weights=coco

C:\Users\User\Desktop\googleDrive\ShareToMyPC\20200215-Python-AI\ch22-RCNN>python 05_maskrcnn_train.py  train --dataset=balloon  --weights=coco
Using TensorFlow backend.
Weights:  coco
Dataset:  balloon
Logs:  C:\Users\User\Desktop\googleDrive\ShareToMyPC\20200215-Python-AI\ch22-RCNN\logs

Configurations:
BACKBONE                       resnet101
BACKBONE_STRIDES               [4, 8, 16, 32, 64]
BATCH_SIZE                     2
BBOX_STD_DEV                   [0.1 0.1 0.2 0.2]
COMPUTE_BACKBONE_SHAPE         None
DETECTION_MAX_INSTANCES        100
DETECTION_MIN_CONFIDENCE       0.9
DETECTION_NMS_THRESHOLD        0.3
FPN_CLASSIF_FC_LAYERS_SIZE     1024
GPU_COUNT                      1
GRADIENT_CLIP_NORM             5.0
IMAGES_PER_GPU                 2
IMAGE_CHANNEL_COUNT            3
IMAGE_MAX_DIM                  1024
IMAGE_META_SIZE                14
IMAGE_MIN_DIM                  800
IMAGE_MIN_SCALE                0
IMAGE_RESIZE_MODE              square
IMAGE_SHAPE                    [1024 1024    3]
LEARNING_MOMENTUM              0.9
LEARNING_RATE                  0.001
```

图 22-16　进行训练

微课视频：06_maskrcnn_train.mp4。

22.9　测试自己训练的物体

训练完毕后将创建文档 logs/balloonxxx/mask_rcnn_balloon_0030.h5，将该文档复制到与 05_maskrcnn_train.py 相同的路径下，DOS 模式下移动到程序 05_maskrcnn_train.py 的位置，运行以下指令：

```
Python  05_maskrcnn_train.py splash  - dataset = balloon
        -- weights = mask_rcnn_balloon_0030.h5  -- image 4.jpg
```

成功后将创建一张名为 splash_xxxx.png 的图片，图片将 4.jpg 中的气球保持彩色，其余部分变成黑白色，如图 22-17 所示。

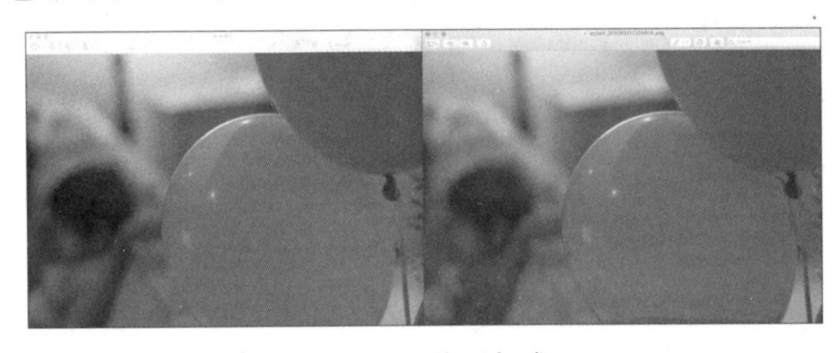

图 22-17　找到气球

微课视频：07_maskrcnn_train_test.mp4。

22.10 调整训练程序

Mask R-CNN 训练物体的程序 05_maskrcnn_train_test.py 过于复杂，下面介绍一个容易理解的版本，继承 Mask R-CNN 的方法，并调整其中 3 个函数。

要了解 Mask R-CNN 的训练原理，首先需要了解 VGG.json 的数据格式：

```
{ 'filename': '28503151_5b5b7ec140_b.jpg',
  'regions': {
    '0': {
      'region_attributes': {},
      'shape_attributes': {
        'all_points_x': [...],
        'all_points_y': [...],
        'name': 'polygon'}},
    ... more regions ...
  },
  'size': 100202
}
```

使用继承 utils.Dataset 类，通过改写 load_balloon()函数修改图片数量，通过关键函数 self.add_image()指定要训练的图片的文档和内容，通过以下程序提取 json 文档并转换（实例 210——06_maskrcnn_train_easy.py）：

```
1. class BalloonDataset(utils.Dataset):
2.   def load_balloon(self, dataset_dir, subset):
3.     self.add_class("balloon", 1, "balloon")        #添加 balloon 的分类
4.     print(self.class_info)  #输出[{'source': '', 'id': 0, 'name': 'BG'},
5.                 #输出 {'source': 'balloon', 'id': 1, 'name': 'balloon'}]
6.     #提取 balloon\train\via_region_data.json
7.     assert subset in ["train", "val"]
8.     dataset_dir = os.path.join(dataset_dir, subset)
9.     annotations = json.load(open(os.path.join(dataset_dir, "via_region_data.json")))
10.                            #json 文档中的 regions
11.     annotations = list(annotations.values())
12.     annotations = [a for a in annotations if a['regions']]
13.     print(len(annotations))
14.     print(annotations[0])
```

```
15.     for a in annotations:
16.       if type(a['regions']) is dict:             # json 文档中的 regions/shape_attributes
17.         polygons = [r['shape_attributes'] for r in a['regions'].values()]
18.       else:
19.         polygons = [r['shape_attributes'] for r in a['regions']]     # 版本差异
20.       # 图片路径 balloon/train/xx.jpg
21.       image_path = os.path.join(dataset_dir, a['filename'])
22.       image = skimage.io.imread(image_path)    # 提取图片
23.       height, width = image.shape[:2]          # 图片宽和高
24.       self.add_image(                          # 添加图片预定义
25.         "balloon",
26.         image_id = a['filename'],              # 使用文档名作为 ID
27.         path = image_path,
28.         width = width, height = height,
29.         polygons = polygons)
30.       print(len(self.image_info))              # 61
31.       print(self.image_info[len(self.image_info) - 1])
```

运行结果如下：

```
{'fileref': '', 'size': 1115004, 'filename': '34020010494_e5cb88e1c4_k.jpg', 'base64_img_data': '', 'file_attributes': {}, 'regions': {'0': {'shape_attributes': {'name': 'polygon', 'all_points_x': [1020, 1000, 994, 1003,..., 1112, 1129, 1134, 1144, 1153, 1166, 1166, 1150, 1136, 1129, 1122, 1112, 1084, 1037, 989, 963]}, 'region_attributes': {}}}}
```

使用继承 utils.Dataset 类，还需要改写 load_mask()函数，将 balloon 对象画出 polygon 多边形，创建 mask 掩码(实例 211——06_maskrcnn_train_easy.py)：

```
1. def load_mask(self, image_id):
2.     image_info = self.image_info[image_id]                    # 取得图片数据
3.     if image_info["source"] != "balloon":
4.      return super(self.__class__, self).load_mask(image_id)   # 其他对象不处理
5.     info = self.image_info[image_id]
6.     mask = np.zeros([info["height"], info["width"], len(info["polygons"])],
7.             dtype = np.uint8)
8.     for i, p in enumerate(info["polygons"]):                  # 框出多边行
9.       rr, cc = skimage.draw.polygon(p['all_points_y'], p['all_points_x'])
10.      mask[rr, cc, i] = 1
11.    return mask.astype(np.bool), np.ones([mask.shape[-1]], dtype = np.int32)
```

最后调整继承 utils.Dataset 类，改写 image_reference()函数，指定图片路径(实例 212——06_maskrcnn_train_easy.py)：

```
1. def image_reference(self, image_id):
2.   info = self.image_info[image_id]
```

```
3.   if info["source"] == "balloon":
4.     return info["path"]                          #回传路径
5.   else:
6.     super(self.__class__, self).image_reference(image_id)
```

通过以下程序即可进行训练(实例 213——06_maskrcnn_train_easy.py):

```
1. class_names = ['BG', 'balloon']
2. class SimpleConfig(Config):
3.   NAME = "balloon"                               #指定图库名称
4.   GPU_COUNT = 1                                  #设置要使用的 GPU 数量及图像数量
5.   IMAGES_PER_GPU = 1                             #设置每个 GPU 计算的图像数量
6.   NUM_CLASSES = len(class_names)                 #分类的数量
7.   步骤 S_PER_EPOCH = 100                         #每次训练的笔数
8.
9. config = SimpleConfig()                          #初始化设置
10. config.display()                                #输出初始化设置
11.
12. model = modellib.MaskRCNN(mode = "training", config = config,
13.                           model_dir = "logs/")
14. weights_path = "mask_rcnn_coco.h5"              #使用 Microsoft COCO 数据集训练后的权重
15. if not os.path.exists(weights_path):
16.   utils.download_trained_weights(weights_path)          #下载
17. model.load_weights(weights_path, by_name = True, exclude =
18.      ["mrcnn_class_logits", "mrcnn_bbox_fc",
19.      "mrcnn_bbox", "mrcnn_mask"])
20.
21.
22. dataset_train = BalloonDataset()                #提取训练集 balloon/train/*.*
23. dataset_train.load_balloon("balloon/", "train")
24. dataset_train.prepare()
25.
26. dataset_val = BalloonDataset()                  #提取训练集 balloon/val/*.*
27. dataset_val.load_balloon("balloon/", "val")
28. dataset_val.prepare()
29.
30. model.train(dataset_train, dataset_val,
31.        learning_rate = config.LEARNING_RATE,
32.        epochs = 30,                             #学习次数
33.        layers = 'heads')
```

运行结果如图 22-18 所示。

```
Epoch 1/30

  1/100 [..............................] - ETA: 1:00:12 - loss: 3.6972 - rpn_class_loss: 0.0025 - rpn_bbox_loss: 0.0106
  2/100 [..............................] - ETA: 40:36 - loss: 3.5284 - rpn_class_loss: 0.0025 - rpn_bbox_loss: 0.0106 -
  3/100 [..............................] - ETA: 33:46 - loss: 3.2618 - rpn_class_loss: 0.0025 - rpn_bbox_loss: 0.0106 -
  4/100 [>.............................] - ETA: 30:18 - loss: 2.9675 - rpn_class_loss: 0.0025 - rpn_bbox_loss: 0.0105 -
  5/100 [>.............................] - ETA: 28:09 - loss: 2.7144 - rpn_class_loss: 0.0025 - rpn_bbox_loss: 0.0104 -
```

图 22-18　实例 213 运行结果

微课视频：08_maskrcnn_train_easy. mp4。

22.11　使用 Mask R-CNN 识别多个气球的位置

训练出来扩展名为.h 的权重文件也可以用于之前的程序，只需稍做修改即可。

通过以下实例将图片 3.jpg 送入 Mask R-CNN 做出预测(实例 214——07_maskrcnn_balloon_demo.py)：

```
1. from mrcnn import utils
2. import mrcnn.model as modellib
3. from mrcnn import visualize
4. from mrcnn.config import Config
5.
6. class_names = ['BG', 'balloon']                        #要识别的分类
7.
8. class SimpleConfig(Config):
9. NAME = "balloon"                                       #指定图库名称 balloon
10.   GPU_COUNT = 1                                       #设置要使用的 GPU 数量及图像数量
11.   IMAGES_PER_GPU = 1                                  #设置每个 GPU 计算的图像数量
12.   NUM_CLASSES = len(class_names)                      #分类的数量
13.
14.
15. config = SimpleConfig()                               #初始化设置
16.                                                       #设置 Mask R-CNN 模型
17. model = modellib.MaskRCNN(mode = "inference", model_dir = "", config = config)
18.                                                       #使用自己训练的权重
19. model.load_weights('mask_rcnn_balloon_0030.h5', by_name = True)
20.
21. image = cv2.imread("3.jpg")                           #输入要预测的图片
22. image = cv2.cvtColor(image, cv2.COLOR_BGR2RGB)        #图片转换成 RGB
23. results = model.detect([image], verbose = 1)          #预测
24.
```

```
25. r = results[0]                                        #视觉化输出
26. visualize.display_instances(image, r['rois'], r['masks'], r['class_ids'],
27.                    class_names, r['scores'])
```

运行结果如图 22-19 所示。

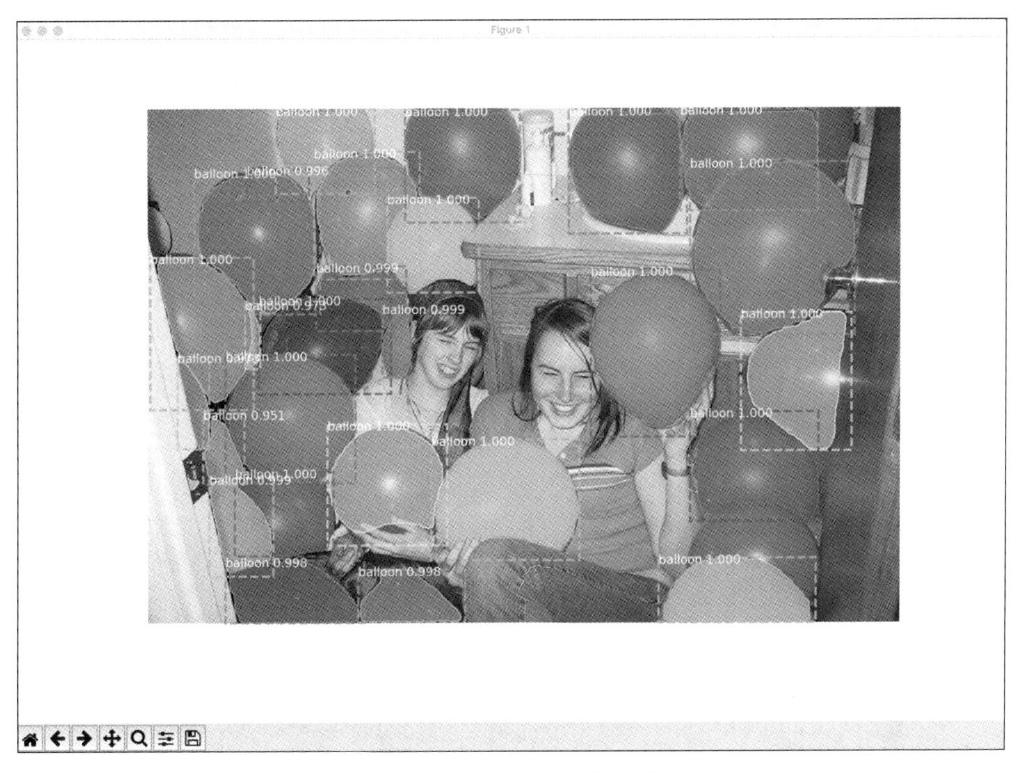

图 22-19　实例 214 运行结果

微课视频：09_maskrcnn_balloon_demo.mp4。

要获得预测率和对象位置，对之前的程序稍做修改即可完成（实例 215——08_maskrcnn_balloon_predict.py）：

```
1. …                                                       #相同,省略
2. config = SimpleConfig()                                 #初始化设置
3.                                                         #设置 Mask R-CNN 模型
4. model = modellib.MaskRCNN(mode = "inference", model_dir = "", config = config)
```

```
5.  #使用自己训练的权重
6.  model.load_weights('mask_rcnn_balloon_0030.h5', by_name = True)
7.
8.  image = cv2.imread("3.jpg")                                      #输入要预测的图片
9.  image = cv2.cvtColor(image, cv2.COLOR_BGR2RGB)                   #图片转换成 RGB
10. results = model.detect([image], verbose = 1)                     #预测
11. r = results[0]                                                   #视觉化输出
12.
13. for i in range(0, r["rois"].shape[0]):                           #每一个对象
14.   classID = r["class_ids"][i]                                    #该对象的分类标签号码
15.   mask = r["masks"][:, :, i]                                     #该对象在图片中的掩码
16.   color = [classID/len(class_names),1,1]                         #设置掩码的颜色(0～1 之间)
17.   image = visualize.apply_mask(image, mask, color, alpha = 0.5)    #绘制
18.   print(str(i) + " -------------- ")                             #输出第几个对象
19.   print("rois = " + str(r["rois"][i]))                           #输出对象位置
20.   print("class_ids = " + str(r["class_ids"][i]))                 #输出分类标签号码
21.   print("scores = " + str(r["scores"][i]))                       #输出对象的预测准确率
22. image = cv2.cvtColor(image, cv2.COLOR_RGB2BGR)                   #转换成 BGR
23. cv2.imshow("visualize",image)                                    #显示
24.
25. for i in range(0, r["rois"].shape[0]):                           #每一个对象
26.   (startY, startX, endY, endX) = r["rois"][i]                    #对象的位置
27.   classID = r["class_ids"][i]                                    #对象的预测标签
28.   label = class_names[classID]                                   #预测出的对象名称
29.   score = r["scores"][i]                                         #准确率分数
30.   color = [0,255,0]                                              #颜色
31.   cv2.rectangle(image, (startX, startY), (endX, endY), color, 2)    #框出该对象
32.   text = "{}: {:.3f}".format(label, score)                       #字符串、名称和准确率
33.   y = startY - 10 if startY - 10 > 10 else startY + 10           #文字的 Y 位置
34.   cv2.putText(image, text, (startX, y), cv2.FONT_HERSHEY_SIMPLEX,
35.     0.6, color, 2)                                               #在图片上写出文字
36. cv2.imshow("Output", image)                                      #显示图片
37. cv2.waitKey()                                                    #等待按键
```

运行结果如图 22-20 所示。

图 22-20　实例 215 运行结果

微课视频：10_maskrcnn_balloon_predict.mp4。

22.12　TensorFlow 1.14 和 TensorFlow 2.1 版本程序差异

学习 TensorFlow 时常遇到旧版本 1.09～1.14 和新版本 2.1 的程序执行问题，可用官方工具 tf_upgrade_v2 自动修改程序：

```
tf_upgrade_v2 --intree old/ --outtree new/ --reportfile report.txt
```

此工具可将 old/*.py 修改为 new/*.py 并将修改记录写进 report.txt。

修改后如果发现还有问题，可以手动修改。下面列出本书范例中所有 TensorFlow 1.14 版本修改到 TensorFlow 2.1 版本的对照表，读者遇到时只需替换代码即可修正。

函数库的位置为：

```
TensorFlow.contrib.keras
```

在 TensorFlow 2.1 中修改为：

```
TensorFlow.keras
```

历史记录的参数名称如下：

```
history.history['acc']
history.history['mean_squared_error']
history.history['mean_absolute_error']
history.history['mean_absolute_percentage_error']
history.history['cosine_proximity']
```

在 TensorFlow 2.1 中修改为：

```
history.history['accuracy']
history.history['mse']
history.history['mae']
history.history['mape']
history.history['cosine_similarity']
```

参数名称为：

```
checkpoint = tf.keras.callbacks.ModelCheckpoint("model_ImageDataGenerator_Binarization.h5", monitor='loss', verbose=1, save_best_only=True, mode='auto', period=1)
```

period 参数在 TensorFlow 2.1 修改为 save_freq：

```
checkpoint = tf.keras.callbacks.ModelCheckpoint("model_ImageDataGenerator_Binarization.
h5", monitor='loss', verbose=1,save_best_only=True, mode='auto', save_freq=1)
```

函数名称为：

```
model.fit_generator()
tf.train.AdamOptimizer()
```

在 TensorFlow 2.1 中修改为：

```
model.fit()
tf.optimizers.Adam()
```

参数名称为：

```
checkpoint = tf.keras.callbacks.ModelCheckpoint("model_ImageDataGenerator_Binarization.
h5", monitor='loss', verbose=1, save_best_only=True, mode='auto', save_freq=1)
```

save_freq 参数在 TensorFlow 2.1 中修改为 save_freq：

```
checkpoint = tf.keras.callbacks.ModelCheckpoint("model_ImageDataGenerator_Binarization.
h5", monitor='loss', verbose=1,save_best_only=True, mode='auto', save_freq=1)
```

函数名称为：

```
model.fit()
tf.optimizers.Adam()
```

在 TensorFlow 2.1 中修改为：

```
model.fit()
tf.optimizers.Adam()
```

TensorFlow GPU 设定在 TensorFlow 2.1 中变动较大，此处不再详述。

图书资源支持

感谢您一直以来对清华大学出版社图书的支持和爱护。为了配合本书的使用，本书提供配套的资源，有需求的读者请扫描下方的“书圈”微信公众号二维码，在图书专区下载，也可以拨打电话或发送电子邮件咨询。

如果您在使用本书的过程中遇到了什么问题，或者有相关图书出版计划，也请您发邮件告诉我们，以便我们更好地为您服务。

我们的联系方式：

地　　址：北京市海淀区双清路学研大厦 A 座 714

邮　　编：100084

电　　话：010-83470236　010-83470237

资源下载：http://www.tup.com.cn

客服邮箱：tupjsj@vip.163.com

QQ：2301891038（请写明您的单位和姓名）

教学资源 · 教学样书 · 新书信息

人工智能科学与技术
人工智能|电子通信|自动控制

资料下载 · 样书申请

书圈

用微信扫一扫右边的二维码，即可关注清华大学出版社公众号。